U0315655

高职高专"十二五"规划教材

高等数学简明教程

主编 张永涛 张泽南 李 麟

北 京

冶金工业出版社

2015

内 容 提 要

本书在介绍了初等数学函数的基础上,主要讲解了函数的极限与连续、导数与微分、定积分与不定积分、常微分方程、多元函数微积分、级数以及线性代数等内容。各章除章后有小结和习题外,各小节后也安排有针对性更强的习题。书后还附有初等数学常用公式和习题参考答案。

本书可作为高职院校的公共基础课"高等数学"的教材,尤其适合高职院校理工和财经类专业使用,也可供自学"高等数学"者参考。

图书在版编目(CIP)数据

高等数学简明教程/张永涛,张泽南,李麟主编. —北京:冶金工业出版社,2015.9

高职高专"十二五"规划教材

ISBN 978-7-5024-7077-7

Ⅰ.①高… Ⅱ.①张… ②张… ③李… Ⅲ.①高等数学—高等职业教育—教材 Ⅳ.①O13

中国版本图书馆 CIP 数据核字(2015)第 222127 号

出 版 人　谭学余
地　　　址　北京市东城区嵩祝院北巷 39 号　邮编　100009　电话　(010)64027926
网　　　址　www.cnmip.com.cn　电子信箱　yjcbs@cnmip.com.cn
责任编辑　俞跃春　陈慰萍　贾怡雯　美术编辑　杨　帆　版式设计　葛新霞
责任校对　王永欣　责任印制　牛晓波
ISBN 978-7-5024-7077-7
冶金工业出版社出版发行;各地新华书店经销;固安华明印业有限公司印刷
2015 年 9 月第 1 版,2015 年 9 月第 1 次印刷
787mm×1092mm　1/16;15.5 印张;371 千字;235 页
36.00 元
冶金工业出版社　投稿电话　(010)64027932　投稿信箱　tougao@cnmip.com.cn
冶金工业出版社营销中心　电话　(010)64044283　传真　(010)64027893
冶金书店　地址　北京市东四西大街 46 号(100010)　电话　(010)65289081(兼传真)
冶金工业出版社天猫旗舰店　yjgycbs.tmall.com
(本书如有印装质量问题,本社营销中心负责退换)

前　言

　　为满足高职高专理工和财经类专业基础课程——高等数学的教学需要，我们遵循教育部最新制定的《高职高专教育高等数学课程教学基本要求》，结合高职高专院校目前学生的实际情况，在深入调研基础上，组织具有丰富教学经验的教师编写了这本《高等数学简明教程》。本书可作为高职高专理工和财经类专业的公共基础课程"高等数学"的教材使用。

　　本书立足于高职高专的理工和财经类专业，根据专业对高等数学的要求，贯彻"理解概念、强化应用和适用"的教学原则，以"教师好用、学生好学"为编写出发点，凸显高职特色，明确技能要求；充分考虑数学知识服务于专业需要，从学生的实际出发，不拔高、不刻意追求知识系统，立足"以应用为目的、以必须够用为度"为基本编写原则；通过案例分析解决数学知识与专业知识的结合问题，增强数学知识的应用能力，在综合习题的设置上，考虑的是知识综合运用，难度与例题持平。

　　全书共分9章，总课时为80～120学时，任课教师可根据专业实际情况决定内容的取舍。

　　本书由安徽冶金科技职业学院张永涛、张泽南、李麟主编，雷炜、龚义书、夏红、侯涵、刘良和参与编写。

　　由于编者水平有限，本书中的不足之处，恳请广大读者批评指正，以便日后修订完善。

编　者

2015 年 8 月

目　录

1 函数极限与连续

1.1 初等数学函数

1.1.1 函数的定义与表示

1.1.1.1 函数的定义

定义 1-1　设有两个变量 x 和 y,当 x 在它的取值范围 D 内任意取定一个数值时,变量 y 按照某种法则 f 有唯一确定的值与之对应,则称 y 是 x 的函数,记作 $y = f(x)$,$x \in D$. 其中变量 x 称为自变量,变量 y 称为自变量 x 的函数(或因变量). 自变量 x 的取值范围 D 称为函数的定义域. 对于确定的 $x_0 \in D$,函数 y 有唯一确定的值 y_0 相对应,则称 y_0 为 $y = f(x)$ 在 x_0 处的函数值,记作 $y|_{x = x_0}$ 或 $f(x_0)$.

所有函数值的集合,称为函数的值域,记作 M.

这里所讨论的定义域 D 和值域 M 是由实数组成的集合. 确定一个函数需要两个要素,一是函数的定义域,二是函数的对应法则. 当定义域和对应法则确定时,函数的值域也随之确定. 实质上,函数是表示定义域和值域中的数之间的对应关系,而与定义域和值域中的数用什么字母表示无关. 自然也可以用其他字母来表示(定义域和值域里的数)自变量和因变量. 当同时讨论多个函数时,也用其他字母来表示对应法则,如

$$y = f(x) \text{、} y = g(x) \text{、} v = h(t).$$

当同时讨论的函数较多时,使用角坐标可以区别更多的函数,如

$$y = f_1(x) \text{、} y = f_2(x) \text{、} \cdots.$$

【例 1-1】　设 $y = f(x) = \dfrac{1}{x} \sin \dfrac{1}{x}$,求 $f\left(\dfrac{2}{\pi}\right)$.

解：$f\left(\dfrac{2}{\pi}\right) = \dfrac{\pi}{2} \sin \dfrac{\pi}{2} = \dfrac{\pi}{2}$.

【例 1-2】　设 $f(x + 1) = x^2 + 3x$,求 $f(x)$.

解：设 $t = x + 1$,则 $x = t - 1$. 所以

$$f(t) = (t - 1)^2 + 3(t - 1) = t^2 + t - 2,$$

即

$$f(x) = x^2 + x - 2.$$

【例 1-3】　求 $y = \sqrt{4 - x^2} + \ln(x^2 - 1)$ 的定义域.

解：由 $4 - x^2 \geq 0$ 且 $x^2 - 1 > 0$，得：

$$\begin{cases} -2 \leq x \leq 2, \\ x < -1, \end{cases} \quad \text{或} \quad \begin{cases} -2 \leq x \leq 2, \\ x > 1. \end{cases}$$

所以定义域为：$[-2, -1) \cup (1, 2]$.

【例 1-4】　下列函数是否相同？为什么？

（1）$y = \ln x^2$ 与 $y = 2\ln x$；（2）$v = \sqrt{u}$ 与 $y = \sqrt{x}$.

解：（1）函数 $y = \ln x^2$ 定义域是 $(-\infty, +\infty)$，函数 $y = 2\ln x$ 定义域是 $(0, +\infty)$. 因为定义域不同，所以它们不是相同的函数.

（2）$v = \sqrt{u}$ 与 $y = \sqrt{x}$ 是相同的函数，因为对应法则与定义域均相同.

1.1.1.2　函数的表示法

函数常用三种不同的方法来表示，即表格法、图像法和公式法.

（1）表格法.

用表格把自变量的值与之对应的函数值一一列举出来，这种表示函数的方法，称为表格法.

例如，表 1-1 所示为某工厂 1～12 月份的生产情况统计表，它是用月份表示自变量、产量表示自变量的函数.

表 1-1

月份	1	2	3	4	5	6	7	8	9	10	11	12
产量/公斤	300	302	402	450	460	480	500	480	470	465	463	420

（2）图像法.

设 $x_0 \in D$，$y_0 = f(x_0)$，以 x 为横坐标，y 为纵坐标，在直角坐标平面上对应一个点 (x_0, y_0)，所有这些点在直角坐标平面上构成一个图像. 这个图像称为函数 $y = f(x)$ 的图像. 同样这样的图像也可以表示一个函数.

用直角坐标平面上的图像来表示函数的方法，称为图像法.

【例 1-5】　作出函数 $y = \begin{cases} x^2, x \leq 0, \\ x+1, x > 0 \end{cases}$ 的图像.

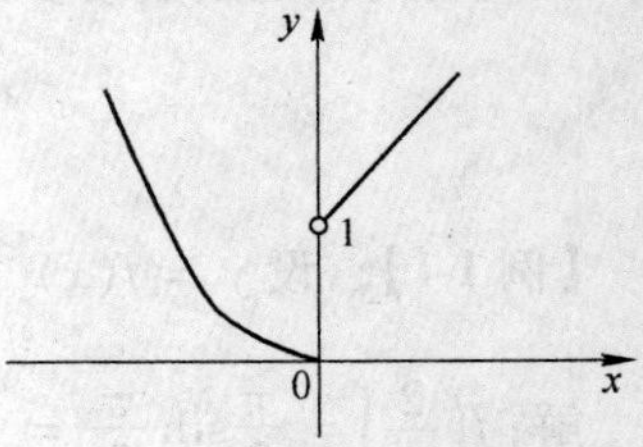

解：函数的图像如图 1-1 所示. 同样也可用此图像表示该函数.

图 1-1

【例 1-6】　零件自动设计要求确定零件轮廓线与扫过的面积的函数关系. 已知零件轮廓下部分为长 $\sqrt{2}a$、宽 $\frac{\sqrt{2}}{2}a$ 的矩形 $ABCD$，上部分为 $\overset{\frown}{CD}$，其圆心在 AB 中点 O，如图 1-2 所示. M 点在 BC、$\overset{\frown}{CD}$、DA 上移动，设 $BM = x$，OM 所扫过的面积 OBM（或 $OBCM$ 或 $OBCDM$）为 y，试求 $y = f(x)$ 函数表达式.

解：$y = f(x) = \begin{cases} \dfrac{\sqrt{2}}{4}ax, & 0 \leqslant x \leqslant \dfrac{\sqrt{2}}{2}a, \\[3mm] \dfrac{1}{4}a^2 + \dfrac{ax}{2}, & \dfrac{\sqrt{2}}{2}a \leqslant x \leqslant \dfrac{\pi+\sqrt{2}}{2}a, \\[3mm] \dfrac{2-\sqrt{2}}{8}\pi a^2 + \dfrac{\sqrt{2}}{4}ax + \dfrac{\sqrt{2}}{4}a^2, & \dfrac{\pi+\sqrt{2}}{2}a \leqslant x \leqslant \dfrac{\pi+2\sqrt{2}}{2}a. \end{cases}$

（3）公式法．

用公式表示函数的方法，称为公式法．例如 $y =$
$\ln x^2$、$y = \sqrt{x^2+1}$ 等．又如函数

$$f(x) = \begin{cases} x+1, & x \geqslant 1, \\ x-1, & x < 1 \end{cases}$$

的定义域为 $(-\infty, +\infty)$，但它在定义域内不同的区间

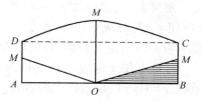

图 1-2

上是用不同解析式来表示的．这样在定义域内的不同区间上用不同解析式表示的函数，称
为分段函数．

表格法直接而且方便查找函数值，但仅能描述离散和有限个函数值；图像法形象直观；
公式法精确而便于理论分析．三者各有所长和用处．在高等数学中主要讨论的函数是以公
式法表示的函数．

1.1.2　函数的几种特性

（1）有界性．

若存在 $M > 0$，使对任意 $x \in (a,b)$（或 $[a,b]$），恒有 $|f(x)| \leqslant M$ 成立，则称函数 $f(x)$ 在
(a,b) 内（或 $[a,b]$ 上）有界．在定义域 D 上的有界函数，称为有界函数；否则称为无界函
数．

（2）单调性．

设函数 $f(x)$ 在 (a,b) 内（或 $[a,b]$ 上）有定义，若对任意 $x_1, x_2 \in (a,b)$（或 $[a,b]$），且
$x_1 < x_2$，都有 $f(x_1) < f(x_2)$（或 $f(x_1) > f(x_2)$），则称函数 $f(x)$ 在 (a,b) 内（或 $[a,b]$ 上）是单调
增加的（或单调减少的）．区间 (a,b)（或 $[a,b]$）称为单调增加的区间（或单调减少的区间）．
单调增加的区间和单调减少的区间统称为单调区间．在定义域内单调增加和单调减少的函
数统称为单调函数．

（3）奇偶性．

设函数 $f(x)$ 的定义域为 D，若对任意 $x \in D$，都有 $f(-x) = -f(x)$（或 $f(-x) = f(x)$），则
称函数 $f(x)$ 是奇函数（或偶函数）．

设函数 $y = f(x)$ 是奇函数，若点 $(x_0, f(x_0))$ 是函数图像上的点，则点 $(-x_0, -f(x_0))$ 也
是图像上的点．所以奇函数的图像是关于坐标原点对称的．

设函数 $y = f(x)$ 是偶函数，若点 $(x_0, f(x_0))$ 是函数图像上的点，则点 $(-x_0, f(x_0))$ 也是
图像上的点．所以偶函数的图像是关于 y 轴对称的．

例如，$y = x^2$ 是偶函数，其图像关于 y 轴对称；$y = x^3$ 是奇函数，其图像关于坐标原点对
称．

（4）周期性.

若存在 $T \neq 0$ 使函数满足 $f(x+T) = f(x)(x \in D)$，则称函数是周期函数. T 称为函数的周期. 其中最小的正数称为最小正周期，简称周期.

例如，$y = \sin x$ 是周期函数，周期为 2π；$y = \tan x$ 是周期函数，周期为 π.

1.1.3　反函数

定义 1-2　设函数 $y = f(x)$ 的定义域为 D，值域为 M，如果任给 $y \in M$，在 D 中都有唯一的 x 值使 $y = f(x)$ 成立，此时确定一个 y 到 x 的函数. 这个函数称为函数 $y = f(x)$ 的反函数，记作 $x = f^{-1}(y)$，定义域为 M，值域为 D.

习惯上用 x 来表示自变量，y 表示自变量的函数，$y = f(x)$ 的反函数常表示为 $y = f^{-1}(x)$.

设 $y_0 = f(x_0)$，所以 $x_0 = f^{-1}(y_0)$，即如果点 (x_0, y_0) 是函数 $y = f(x)$ 图像上的点，则点 (y_0, x_0) 是反函数 $y = f^{-1}(x)$ 图像上的点. 所以函数的图像与反函数的图像关于直线 $y = x$ 对称，如图 1-3 所示.

例如，$y = x^3$ 的反函数表示为 $y = \sqrt[3]{x}$；$y = x^2$ 在定义域 $(-\infty, +\infty)$ 内没有反函数.

定理 1-1　单调函数一定有反函数.

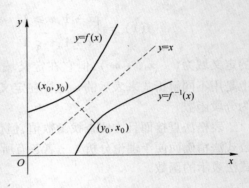

图 1-3

1.1.4　复合函数

定义 1-3　设函数 $u = \varphi(x)$ 的定义域为 D，值域为 M_1，$y = f(u)$ 的定义域为 D_1，若 M_1 与 D_1 重合或部分重合，则部分或全部 x 取的值，通过 u 可唯一对应一个 y，即 y 通过 u 也是 x 的函数. 这个函数称为 $u = \varphi(x)$ 与 $y = f(u)$ 的复合函数. 记作 $y = f(\varphi(x))$.

例如：（1）函数 $y = \sin^2 x$ 是由 $y = u^2$、$u = \sin x$ 复合而成的复合函数，其定义域为 $(-\infty, +\infty)$，这也是 $u = \sin x$ 的定义域.

（2）函数 $y = \sqrt{1-x^2}$ 是由 $y = \sqrt{u}$、$u = 1 - x^2$ 复合而成的，其定义域为 $[-1, 1]$.

（3）$y = \arctan 2^{\sqrt{x}}$ 可以看做是 $y = \arctan u$、$u = 2^v$、$v = \sqrt{x}$ 复合成的复合函数.

【例 1-7】　求函数 $y = \ln u$ 和 $u = 1 - x^2$ 的复合函数.

解：函数 $y = \ln u$ 的定义域为 $(0, +\infty)$；函数 $u = 1 - x^2$ 的定义域为 $(-\infty, +\infty)$，值域为 $(-\infty, 1]$. 因此复合函数为 $y = \ln(1 - x^2)$，其定义域为 $(-1, 1)$.

【例 1-8】　分析下列复合函数的结构.

$$(1)\ y = 2\sqrt{\cot \frac{x}{2}}; \qquad (2)\ y = e^{\sin\sqrt{2x^2+1}}.$$

解：（1）函数 $y = 2\sqrt{\cot \dfrac{x}{2}}$ 是由 $y = 2\sqrt{u}$、$u = \cot v$、$v = \dfrac{x}{2}$ 复合而成的函数.

（2）函数 $y = e^{\sin\sqrt{2x^2+1}}$ 是由 $y = e^u$、$u = \sin v$、$v = \sqrt{t}$、$t = 2x^2 + 1$ 复合而成的函数.

【例 1-9】 设 $f(x)=x^2$、$g(x)=2^x$，求 $f[g(x)]$、$g[f(x)]$.

解： $f[g(x)]=f(2^x)=(2^x)^2=2^{2x}$，

$g[f(x)]=g(x^2)=2^{x^2}$.

1.1.5 基本初等函数

（1）幂函数.

形如 $y=x^\mu$（μ 为常数）的函数称为幂函数. 它的定义域随着 μ 的取值不同而有所不同. 如当 μ 为非负整数时，其定义域为 $(-\infty,+\infty)$；当 μ 为负整数时，其定义域为 $(-\infty,0)\cup(0,+\infty)$. 图 1-4 所示为 μ 分别取 -1、2、$\frac{1}{2}$ 时幂函数的曲线.

（2）指数函数.

形如 $y=a^x$（$a>0,a\neq1$）的函数称为指数函数，其定义域为 $(-\infty,+\infty)$，其图形总在 x 轴上方，且过 $(0,1)$ 点.

当 $a>1$ 时，$y=a^x$ 是单调增加的；当 $0<a<1$ 时，$y=a^x$ 是单调减少的. 图像都经过 $(1,1)$ 点，整个图像都在 ox 轴的上方，如图 1-5 所示.

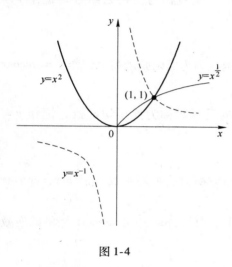

图 1-4

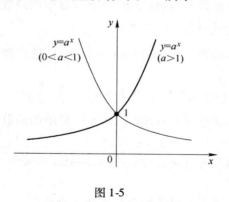

图 1-5

（3）对数函数.

指数函数 $y=a^x$ 的反函数，记作 $y=\log_a x$（a 为常数，$a>0,a\neq1$），称为对数函数，其定义域为 $(0,+\infty)$. 由函数与反函数图像的关系可知，$y=a^x$ 的图形和 $y=\log_a x$ 的图形是关于 $y=x$ 对称的.

当 $a>1$ 时，$y=\log_a x$ 是单调递增的；当 $0<a<1$ 时，$y=\log_a x$ 是单调递减的. $y=\log_a x$ 图形总在 y 轴右方，且过 $(1,0)$ 点，如图 1-6 所示.

工程上常用以 e 为底的对数函数 $y=\log_e x$，记作 $y=\ln x$，称为自然对数函数.

（4）三角函数.

1）正弦函数 $y=\sin x=\dfrac{y_0}{r}$，定义域为 $(-\infty,+\infty)$，周期为 2π.

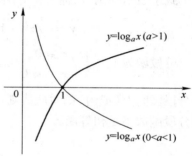

图 1-6

2）余弦函数 $y = \cos x = \dfrac{x_0}{r}$，定义域为 $(-\infty, +\infty)$，周期 2π.

3）正切函数 $y = \tan x = \dfrac{y_0}{x_0}$，定义域为 $x \neq \dfrac{\pi}{2} + k\pi (k \in Z)$，周期为 π.

4）余切函数 $y = \cot x = \dfrac{x_0}{y_0}$，定义域为 $x \neq + k\pi (k \in Z)$，周期为 π.

5）正割函数 $y = \sec x = \dfrac{r}{x_0}$，定义域为 $x \neq \dfrac{\pi}{2} + k\pi (k \in Z)$，周期为 2π.

6）余割函数 $y = \csc x = \dfrac{r}{y_0}$，定义域为 $x \neq + k\pi (k \in Z)$，周期为 2π.

正弦函数、正切函数、余切函数、余割函数都是奇函数，余弦函数为偶函数.

（5）反三角函数.

1）函数 $y = \sin x \left(x \in \left[-\dfrac{\pi}{2}, \dfrac{\pi}{2} \right] \right)$ 是单调函数，它的反函数称为反正弦函数. 记作 $y = \arcsin x \left(x \in [-1, 1], y \in \left[-\dfrac{\pi}{2}, \dfrac{\pi}{2} \right] \right)$.

2）函数 $y = \cos x (x \in [0, \pi])$ 是单调函数，它的反函数称为反余弦函数. 记作 $y = \arccos x$ $\left(x \in [-1, 1], y \in [0, \pi] \right)$.

3）函数 $y = \tan x \left(x \in \left(-\dfrac{\pi}{2}, \dfrac{\pi}{2} \right) \right)$ 是单调函数，它的反函数称为反正切函数. 记作 $y = \arctan x \left(x \in (-\infty, +\infty), y \in \left(-\dfrac{\pi}{2}, \dfrac{\pi}{2} \right) \right)$.

4）函数 $y = \cot x (x \in (0, \pi))$ 是单调函数，它的反函数称为反余切函数. 记作 $y = \operatorname{arccot} x$ $\left(x \in (-\infty, +\infty), y \in (0, \pi) \right)$.

由互为反函数性质可知，$\arcsin x$ 和 $\arctan x$ 是单调递增的，$\arccos x$ 和 $\operatorname{arccot} x$ 是单调递减的.

上述五类函数称为基本初等函数.

1.1.6　初等函数

定义 1-4　由基本初等函数和常数，经过有限次四则运算和有限次复合运算构成并能用一个式子表示的函数，称为初等函数，如

$$y = \sqrt[3]{x^2 - 1} + \log_{10}(1 + x) - \sin[\ln(x^3 - 2)].$$

分段函数 $y = \begin{cases} x, & x \geq 0, \\ -x, & x < 0 \end{cases}$ 与 $y = \sqrt{x^2}$ 的定义域相同，对应法则也相同，即此分段函数在各分段区间上（或内）的对应法则可用同一个解析式 $\sqrt{x^2}$ 来表示，所以它是初等函数. 但有些分段函数不是初等函数.

习题 1.1

1. 求下列函数的定义域：

（1）$y = \sqrt{x + 1}$；　　　　（2）$y = \sqrt[3]{x + 1}$；　　　　（3）$y = \sqrt{x^2 - 2}$；

（4）$y = \sqrt{2 + x - x^2}$；　　（5）$y = \sqrt{-x} + \dfrac{1}{\sqrt{2 + x}}$；　　（6）$y = \arccos\dfrac{2x}{1 + x}$．

2. 判断下列函数的奇偶性：

（1）$f(x) = \dfrac{1}{2}(a^x + a^{-x})$；　　　　　　（2）$f(x) = \sqrt{1 + x + x^2} - \sqrt{1 - x + x^2}$；

（3）$f(x) = \ln(x + \sqrt{1 + x^2})$；　　　　（4）$f(x) = \lg(x + \sqrt{1 + x})$．

3. 设 $\varphi(x) = x^2$、$\psi(x) = 2^x$，求 $\varphi[\psi(x)]$、$\psi[\varphi(x)]$．

4. 设 $f(x) = \dfrac{1}{1 - x}$，求 $f[f(x)]$．

5. 设 $f(x - 1) = x^2$，求 $f(x)$．

6. 设 $f(x) = \begin{cases} 2^x, & x \geq 0, \\ x^2 + 1, & x < 0, \end{cases}$　求 $f(1)$、$f(0)$、$f(-1)$．

7. 求下列函数的反函数和定义域：

（1）$y = 2x + 3$；　　（2）$y = \sqrt[3]{1 - x^3}$；　　（3）$y = \log_2\dfrac{x}{3}$；　　（4）$y = 2\arctan x$．

8. 指出下列复合函数的复合过程分解：

（1）$y = \sqrt{x^2 + 2}$；　　（2）$y = \arctan e^{x+1}$；　　（3）$y = \log_2\sqrt{x^3 + 1}$；　　（4）$y = \cos^2(2\ln x)$．

1.2　极限

1.2.1　数列的极限

定义 1-5　按照自然顺序排列的一串数 $u_1, u_2, \cdots, u_n, \cdots$，称为数列，记作 $\{u_n\}$，其中 u_n 称为数列的第 n 项．若第 n 项表示为项数 n 的函数，即 $u_n = f(n)$，称为数列的通项公式．

（1）单调数列．如果从第二项起，每一项都比前一项大，即 $u_n < u_{n+1}$，则称数列 $\{u_n\}$ 为单调递增数列；类似地，如果从第二项起，每一项都比前一项小，即 $u_n > u_{n+1}$，则称数列 $\{u_n\}$ 为单调递减数列．

单调递增数列和单调递减数列，统称为单调数列．

（2）有界数列．如果存在一个正常数 M，使列 $\{u_n\}$ 的每一项 u_n 都有 $|u_n| \leq M$，则称数列 $\{u_n\}$ 为有界数列；否则称为无界数列．

例如，数列 $1, 2, 2^2, \cdots, 2^n, \cdots$ 是单调数列和无界数列；数列 $-1, 1, -1, \cdots, (-1)^n, \cdots$ 是有界数列．

数列 $a, a, \cdots, a, \cdots$ 是有界数列，称为常数数列．

对一个数列 $\{u_n\}$，由通项公式 $u_n = f(n)$ 可以计算出任意有限项，但数列以后项是如何变化呢？需要考虑当项数 n 无限增大（记作 $n \to \infty$ 时），数列的一般项的变化趋势．

【例 1-10】　当 $n \to \infty$ 时，观察下列数列的变化趋势：

（1）$u_n = \dfrac{n}{n + 1}$；　　　　（2）$u_n = \dfrac{1}{2^n}$；

（3）$u_n = 2n + 1$；　　　　（4）$u_n = (-1)^{n+1}$．

解：（1）对于数列 $u_n = \dfrac{n}{n+1}$，即 $\dfrac{1}{2}$，$\dfrac{2}{3}$，$\dfrac{3}{4}$，$\cdots$，$\dfrac{n}{n+1}$，$\cdots$，当 $n \to \infty$ 时，显然数列的一般项 $u_n = \dfrac{n}{n+1} = 1 - \dfrac{1}{n+1}$ 无限接近常数 1.

（2）对于数列 $u_n = \dfrac{1}{2^n}$，即 $\dfrac{1}{2}$，$\dfrac{1}{2^2}$，$\dfrac{1}{2^3}$，$\cdots$，$\dfrac{1}{2^n}$，$\cdots$，当 $n \to \infty$ 时，显然数列的一般项 $u_n = \dfrac{1}{2^n}$ 无限接近常数 0.

（3）对于数列 $u_n = 2n + 1$，即 $3, 5, 7, \cdots, 2n+1, \cdots$，当 $n \to \infty$ 时，数列的一般项 $u_n = 2n + 1$ 不接近任何常数.

（4）对于数列 $u_n = (-1)^{n+1}$，即 $1, -1, 1, \cdots, (-1)^{n+1}, \cdots$，当 $n \to \infty$ 时，数列的一般项 $u_n = (-1)^{n+1}$ 在 -1 和 $+1$ 之间跳动，始终不无限接近任何常数.

定义 1-6　对于数列 $\{u_n\}$，如果当 n 无限增大时，通项 u_n 无限接近于某个确定的常数 A，则称 A 为数列 $\{u_n\}$ 在 $n \to \infty$ 时的极限，此时称数列 $\{u_n\}$ 收敛于 A，记作 $\lim\limits_{n \to \infty} \{u_n\} = A$ 或 $u_n \to A (n \to \infty)$. 若数列 $\{u_n\}$ 没有极限，则称该数列发散.

所以例 1-10 中，$\lim\limits_{n \to \infty} \dfrac{n}{n+1} = 1$，$\lim\limits_{n \to \infty} \dfrac{1}{2^n} = 0$，$\lim\limits_{n \to \infty}(2n+1)$ 不存在，$\lim\limits_{n \to \infty}(-1)^n$ 不存在.

判断数列的极限是否存在，我们有下列定理：

定理 1-2（单调有界原理）　单调有界数列必有极限.

定理 1-3（夹逼定理）　若 $\lim\limits_{n \to \infty} u_n = A$，$\lim\limits_{n \to \infty} v_n = A$，并且 $u_n \leqslant h_n \leqslant v_n$，则 $\lim\limits_{n \to \infty} h_n = A$.

显然当 $n \to \infty$ 时，数列的敛散性与其前有限项无关，即改变数列的前有限项不改变数列的敛散性.

1.2.2　函数的极限

当自变量有某种变化趋势时，函数值是如何变化的呢？或者说当考虑函数在 x_0（有定义或无定义）点处附近的函数值的变化情况或无穷远点附近的函数值的变化情况时，我们需要研究当 x 无限接近于 x_0（记作 $x \to x_0$，读作 x 趋向于 x_0）时，或当 $|x|$ 无限增大（记作 $x \to \infty$，读作 x 趋向于无穷大）时，函数的变化情况.

（1）$x \to x_0$ 时，函数 $f(x)$ 的极限.

先从函数图形特征观察简单函数极限.

如图 1-7 所示，当已知 $x \to 1$ 时，$f(x) = x + 1$ 无限接近于 2.

如图 1-8 所示，当已知 $x \to 1$ 时，$f(x) = \dfrac{x^2 - 1}{x - 1}$ 无限接近于 2.

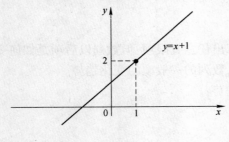

图 1-7

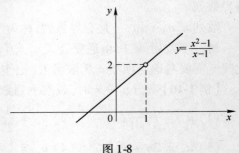

图 1-8

函数 $f(x) = x + 1$ 与 $f(x) = \dfrac{x^2 - 1}{x - 1}$ 是两个不同的函数，前者在 $x = 1$ 处有定义，后者在 $x = 1$ 处无定义，因此当 $x \to 1$ 时，$f(x)$、$g(x)$ 是否无限接近于 2，与其在 $x = 1$ 点处是否有定义或函数值无关，而只与该点附近的函数值有关. 我们把 x_0 点附近的函数值组成的集合，即开区间 $(x_0 - \delta, x_0 + \delta)(\delta > 0)$，称为 x 的 δ 邻域，记作 $N(x, \delta)$. 用 $N(\hat{x}_0, \delta)$ 表示集合 $(x_0 - \delta, x_0)$ $\cup (x_0, x_0 + \delta)(\delta > 0)$，称为 x_0 的去心邻域.

定义 1-7　设函数 $y = f(x)$ 在 x_0 的某一去心邻域 $N(\hat{x}_0, \delta)$ 内有定义，当自变量 $x(x \neq x_0)$ 无限接近于 x_0 时，相应的函数值无限接近于常数 A，则称 $x \to x_0$ 时，A 为函数 $f(x)$ 的极限，记作

$$\lim_{x \to x_0} f(x) = A \quad \text{或} \quad f(x) \to A(x \to x_0).$$

所以

$$\lim_{x \to 1}(x + 1) = 2, \quad \lim_{x \to 1}\frac{x^2 - 1}{x - 1} = 2.$$

（2）$x \to x_0^+$ 时，函数 $f(x)$ 的极限.

定义 1-8　设函数 $f(x)$ 在 x_0 的右半邻域 $(x_0, x_0 + \delta)$ 内有定义，当自变量 $x(x > x_0)$ 无限接近于 x_0 时，相应的函数值 $f(x)$ 无限接近于常数 A，则称 $x \to x_0$ 时，A 为函数 $f(x)$ 在 x_0 处的右极限，记作

$$f(x_0 + 0) = \lim_{x \to x_0^+} f(x) = A \quad \text{或} \quad f(x) \to A(x \to x_0^+).$$

（3）$x \to x_0^-$ 时，函数 $f(x)$ 的极限.

定义 1-9　设函数 $f(x)$ 在 x_0 的左半邻域 $(x_0 - \delta, x_0)$ 内有定义，当自变量 $x(x < x_0)$ 无限接近于 x_0 时，相应的函数值 $f(x)$ 无限接近于常数 A，则称当 $x \to x_0$ 时，A 为函数 $f(x)$ 在 x_0 点处的左极限，记作

$$f(x_0 - 0) = \lim_{x \to x_0^-} f(x) = A \quad \text{或} \quad f(x) \to A(x \to x_0^-).$$

由定义 1-7，函数 $f(x)$ 在 x_0 处的极限 $\lim\limits_{x \to x_0} f(x) = A$ 存在，则无论自变量 x 从左边 $(x < x_0)$ 或者右边 $(x > x_0)$ 无限接近于 x_0 时，函数 $f(x)$ 的极限都存在并且相等. 一般有下列定理.

定理 1-4　极限 $\lim\limits_{x \to x_0} f(x)$ 存在的充要条件是函数 $f(x)$ 在 x_0 点处的左右极限存在并且相等，即

$$\lim_{x \to x_0^+} f(x) = \lim_{x \to x_0^-} f(x).$$

【例 1-11】　设 $f(x) = \begin{cases} x^2, & x \leq 0, \\ x + 1, & x > 0, \end{cases}$ 画出该函数的图形，并讨论 $\lim\limits_{x \to 0^-} f(x), \lim\limits_{x \to 0} f(x), \lim\limits_{x \to 0^+} f(x)$ 是否存在.

解：$f(x)$ 的图像如图 1-9 所示. 不难看出：

$$\lim_{x \to 0^-} f(x) = \lim_{x \to 0^-} x^2 = 0,$$

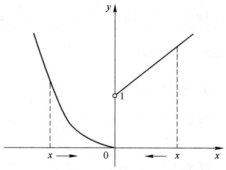

图 1-9

$$\lim_{x\to 0^+} f(x) = \lim_{x\to 0^+} (x+1) = 1.$$

所以,$\lim_{x\to 0} f(x)$不存在.

【例 1-12】　设函数 $f(x) = \begin{cases} Ae^{x+1}, & x>0, \\ x+1, & x\leqslant 0, \end{cases}$ 问当 $x\to 0$ 时,A 等于何值,函数的极限存在?

解:因为

$$f(0+0) = \lim_{x\to 0^+} f(x) = \lim_{x\to 0^+} Ae^{x+1} = Ae,$$

$$f(0-0) = \lim_{x\to 0^-} f(x) = \lim_{x\to 0^-} (x+1) = 1.$$

由定理 1-4 有: $f(0+0) = f(0-0)$,所以 $A = \dfrac{1}{e}$.

(4) $x\to\infty$ 时,函数 $f(x)$ 的极限.

定义 1-10　设函数 $f(x)$ 在 $|x|>a$ 时有定义(a 为某个正实数),当自变量的绝对值 $|x|$ 无限增大时,相应的函数值 $f(x)$ 无限接近于常数 A,则称当 $x\to\infty$ 时,A 为函数 $f(x)$ 的极限,记作

$$\lim_{x\to\infty} f(x) = A \quad 或 \quad f(x)\to A(x\to\infty).$$

(5) $x\to+\infty$ 时,函数 $f(x)$ 的极限.

定义 1-11　设函数 $f(x)$ 在 $(a,+\infty)$ 内有定义(a 为某个正实数),当自变量 $x(x>0)$ 无限增大时,相应的函数值 $f(x)$ 无限接近于常数 A,则称当 $x\to+\infty$ 时,A 为函数 $f(x)$ 的极限,记作

$$\lim_{x\to+\infty} f(x) = A \quad 或 \quad f(x)\to A(x\to+\infty).$$

(6) $x\to-\infty$ 时,函数 $f(x)$ 的极限.

定义 1-12　设函数 $f(x)$ 在 $(-\infty,a)$ 内有定义(a 为某个实数),当自变量 $x(x<0)$ 无限增大时,相应的函数值 $f(x)$ 无限接近于常数 A,则称 A 为 $x\to-\infty$ 时函数 $f(x)$ 的极限,记为

$$\lim_{x\to-\infty} f(x) = A \quad 或 \quad f(x)\to A(x\to-\infty).$$

同样有下列定理:

定理 1-5　函数 $f(x)$ 的极限 $\lim_{x\to\infty} f(x)$ 存在的充要条件是 $\lim_{x\to-\infty} f(x)$ 和 $\lim_{x\to+\infty} f(x)$ 存在并且相等,即

$$\lim_{x\to-\infty} f(x) = \lim_{x\to+\infty} f(x).$$

例如,由图 1-10 可知: $\lim\limits_{x\to+\infty} \dfrac{1}{x} = 0$、$\lim\limits_{x\to-\infty} \dfrac{1}{x} = 0$,因此 $\lim\limits_{x\to\infty} \dfrac{1}{x} = 0.$

1.2.3　极限的性质

性质 1-1(唯一性)　若 $\lim\limits_{x\to x_0} f(x) = A$,$\lim\limits_{x\to x_0} f(x) = B$,则 $A = B.$

性质 1-2(有界性)　若 $\lim\limits_{x\to x_0} f(x) = A$,则存在 x_0 的某一去心邻域 $N(\hat{x}_0,\delta)$,在 $N(\hat{x}_0,\delta)$ 内函数 $f(x)$ 有界.

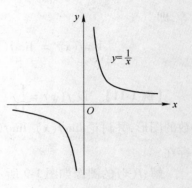

图 1-10

性质 1-3（保号性）　若 $\lim\limits_{x\to x_0}f(x)=A$ 且 $A>0$（或 $A<0$），则存在某个去心邻域 $N(\hat{x}_0,\delta)$，在 $N(\hat{x}_0,\delta)$ 内 $f(x)>0$（或 $f(x)<0$）.

推论 1-3-1　若在某个去心邻域 $N(\hat{x}_0,\delta)$ 内，$f(x)\geq0$（或 $f(x)\leq0$），且 $\lim\limits_{x\to x_0}f(x)=A$，则 $A\geq0$（或 $A\leq0$）.

性质 1-4（夹逼准则）　若 $x\in N(\hat{x}_0,\delta)$（其中 δ 为某个正常数）时，且 $g(x)\leqslant f(x)\leqslant h(x)$，$\lim\limits_{x\to x_0}g(x)=\lim\limits_{x\to x_0}h(x)=A$，则 $\lim\limits_{x\to x_0}f(x)=A$.

上述性质，若把 $x\to x_0$ 换成自变量 x 的其他变化过程，有类似的结论成立.

习题 1.2

1. 判断下列数列的极限：

(1) $1,-\dfrac{1}{2},\dfrac{1}{4},-\dfrac{1}{8},\cdots,\dfrac{(-1)^{n-1}}{2^{n+1}},\cdots$；　　　(2) $\dfrac{3}{1},\dfrac{6}{3},\cdots,\dfrac{3n}{2n-1},\cdots$；

(3) $\dfrac{1}{2},\dfrac{4}{5},\cdots,\dfrac{n^2}{n^2+1},\cdots$；　　　(4) $0.3,0.33,0.333,0.3333,\cdots$.

2. 判断下列函数的极限：

(1) $\lim\limits_{x\to1}(3x+1)$；　　　(2) $\lim\limits_{x\to3}\dfrac{1}{2x}$；　　　(3) $\lim\limits_{x\to1}\ln x$；　　　(4) $\lim\limits_{x\to\frac{\pi}{4}}\sin2x$；

(5) $\lim\limits_{x\to0}2^x$；　　　(6) $\lim\limits_{x\to\infty}\dfrac{1}{x+2}$；　　　(7) $\lim\limits_{x\to+\infty}\arctan x$；　　　(8) $\lim\limits_{x\to\infty}e^x$；

(9) $\lim\limits_{x\to-\infty}\text{arccot}x$；　　　(10) $\lim\limits_{x\to+\infty}\sin x$；　　　(11) $\lim\limits_{x\to0}\sin\dfrac{1}{x}$.

3. 当 $x\to0$ 时，函数 $f(x)=\dfrac{|x|}{x}$ 的极限是否存在？

4. 设函数 $f(x)=\begin{cases}2x-1,&x>0,\\2^x,&x\leq0,\end{cases}$（1）求函数在 $x=0$ 点处的左右极限；（2）当 $x\to0$ 时，函数极限是否存在？

5. 设函数 $f(x)=\begin{cases}2x+1,&x<0,\\1,&x=0,\\x+1,&x>0,\end{cases}$（1）做出函数的图像；（2）求函数在 $x=0$ 点处的左右极限；（3）当 $x\to0$ 时，函数极限是否存在？

6. 设函数 $f(x)=\begin{cases}3x-1,&x<1,\\2,&x=1,\\2^x,&x>1,\end{cases}$ 证明当 $x\to1$ 时，函数的极限存在.

7. 设函数 $f(x)=\begin{cases}\sin2x,&x>\dfrac{\pi}{4},\\Ax,&x\leqslant\dfrac{\pi}{4},\end{cases}$ 当 A 等于何值时，函数极限 $\lim\limits_{x\to\frac{\pi}{4}}f(x)$ 存在？

1.3　极限的运算

1.3.1　极限运算法则

定理 1-6　设在 x 的某一个变化过程中，$\lim f(x)$ 及 $\lim g(x)$ 都存在，则有下列运算法则：

法则 1-6-1　$\lim[f(x) \pm g(x)] = \lim f(x) \pm \lim g(x)$.

以此类推,有

$$\lim[f_1(x) \pm f_2(x) \pm \cdots \pm f_n(x)] = \lim f_1(x) \pm \lim f_2(x) \pm \cdots \pm \lim f_n(x).$$

法则 1-6-2　$\lim[f(x) \cdot g(x)] = \lim f(x) \cdot \lim g(x)$.

以此类推,有

$$\lim[f_1(x)f_2(x)\cdots f_n(x)] = \lim f_1(x)\lim f_2(x)\cdots\lim f_n(x),$$

$$\lim[f(x)]^n = [\lim f(x)]^n.$$

法则 1-6-3　$\lim \dfrac{f(x)}{g(x)} = \dfrac{\lim f(x)}{\lim g(x)}, \lim g(x) \neq 0$.

【例 1-13】　求 $\lim\limits_{x \to 2}(3x^2 - 4x + 1)$.

解: $\lim\limits_{x \to 2}(3x^2 - 4x + 1) = \lim\limits_{x \to 2}3x^2 - \lim\limits_{x \to 2}4x + 1 = 3 \times 2^2 - 4 \times 2 + 1 = 5$.

一般地

$$\lim\limits_{x \to x_0}(a_0 x^n + a_1 x^{n-1} + \cdots + a_n) = a_0 x_0^n + a_1 x_0^{n-1} + \cdots + a_n.$$

即当 $x \to x_0$ 时,多项式函数 $g(x)$ 的极限为函数在 x_0 的函数值 $g(x_0)$.

【例 1-14】　求 $\lim\limits_{x \to -1}\dfrac{2x^2 + x - 4}{3x^2 + 2}$.

解: 因为 $\lim\limits_{x \to -1}(3x^2 + 2) = 5 \neq 0$, 所以

$$\lim\limits_{x \to -1}\frac{2x^2 + x - 4}{3x^2 + 2} = \frac{\lim\limits_{x \to -1}(2x^2 + x - 4)}{\lim\limits_{x \to -1}(3x^2 + 2)} = -\frac{3}{5}.$$

【例 1-15】　求 $\lim\limits_{x \to 4}\dfrac{x^2 - 7x + 12}{x^2 - 5x + 4}$.

解: 当 $x = 4$ 时,分子分母都为 0,所以应先约去所有可约去分子和分母中趋向于零的公因式 $(x-4)$,再求极限.

$$\lim\limits_{x \to 4}\frac{x^2 - 7x + 12}{x^2 - 5x + 4} = \lim\limits_{x \to 4}\frac{(x-3)(x-4)}{(x-1)(x-4)} = \lim\limits_{x \to 4}\frac{x-3}{x-1} = \frac{1}{3}.$$

即当分子分母的极限都为零时,应先分解因式并约去分子和分母中趋向于零的公因式后再求极限.

【例 1-16】　求 $\lim\limits_{x \to \infty}\dfrac{2x^2 + x + 3}{3x^2 - x + 2}$.

解: 分子分母先分别除以 x 的最大次幂 x^2,将分子分母中所有的单项式项化为有极限的量.

$$\lim\limits_{x \to \infty}\frac{2x^2 + x + 3}{3x^2 - x + 2} = \lim\limits_{x \to \infty}\frac{2 + \dfrac{1}{x} + \dfrac{3}{x^2}}{3 - \dfrac{1}{x} + \dfrac{2}{x^2}} = \frac{2}{3}.$$

【例 1-17】　求 $\lim\limits_{x \to \infty}\dfrac{x^2 + 3x - 2}{3x^3 - 2x^2 + 1}$.

解:分子分母先分别除以 x 的最大次幂 x^3,将分子分母中所有的单项式项化为有极限的量.

$$\lim_{x\to\infty}\frac{x^2+3x-2}{3x^3-2x^2+1}=\lim_{x\to\infty}\frac{\dfrac{1}{x}+\dfrac{3}{x^2}-\dfrac{2}{x^3}}{3-\dfrac{2}{x}+\dfrac{1}{x^3}}=0.$$

一般地,$\lim\limits_{x\to\infty}\dfrac{a_0x^n+a_1x^{n-1}+\cdots+a_n}{b_0x^m+b_1x^{m-1}+\cdots+b_m}=\begin{cases}0, & m>n,\\[2mm]\dfrac{a_0}{b_0}, & m=n,\\[2mm]\infty, & m<n.\end{cases}$

【例 1-18】 求下列函数的极限:

(1) $\lim\limits_{x\to1}\left(\dfrac{3}{1-x^3}-\dfrac{1}{1-x}\right)$; (2) $\lim\limits_{x\to0}\dfrac{\sqrt{1+x}-1}{x}$.

解:(1)当 $x\to1$ 时,$\dfrac{3}{1-x^3}-\dfrac{1}{1-x}$ 中两项极限均为不存在(呈现 $\infty-\infty$ 形式). 我们可以先通分,再求极限.

$$\lim_{x\to1}\left(\frac{3}{1-x^3}-\frac{1}{1-x}\right)=\lim_{x\to1}\frac{3-(1+x+x^2)}{1-x^3}$$

$$=\lim_{x\to1}\frac{2-x-x^2}{1-x^3}=\lim_{x\to1}\frac{(2+x)(1-x)}{(1+x+x^2)(1-x)}$$

$$=\lim_{x\to1}\frac{2+x}{1+x+x^2}=1.$$

(2)当 $x\to0$ 时,$\dfrac{\sqrt{1+x}-1}{x}$ 的分子分母极限均为零(呈现 $\dfrac{0}{0}$ 形式),不能直接用商的极限法则. 这时,可先对分子有理化,然后再求极限.

$$\lim_{x\to0}\frac{\sqrt{1+x}-1}{x}=\lim_{x\to0}\frac{(\sqrt{1+x}-1)(\sqrt{1+x}+1)}{x(\sqrt{1+x}+1)}=\lim_{x\to0}\frac{(1+x)-1}{x(\sqrt{1+x}+1)}$$

$$=\lim_{x\to0}\frac{1}{\sqrt{1+x}+1}=\frac{1}{2}.$$

定理 1-7 设 $\lim\limits_{x\to x_0}\varphi(x)=u_0$、$\lim\limits_{u\to u_0}f(u)=A$,则 $\lim\limits_{x\to x_0}f[\varphi(x)]=\lim\limits_{u\to u_0}f(u)=A$.

【例 1-19】 求下列函数的极限:

(1) $\lim\limits_{x\to0}2^{3x+1}$; (2) $\lim\limits_{x\to1}\sqrt{1+x^2}$.

解:(1) $\lim\limits_{x\to0}2^{3x+1}\xuackrel{u=3x+1}{=\!=\!=\!=}\lim\limits_{u\to1}2^u=2$.

(2) $\lim\limits_{x\to1}\sqrt{1+x^2}\xuackrel{u=1+x^2}{=\!=\!=\!=}\lim\limits_{u\to2}\sqrt{u}=\sqrt{2}$.

1.3.2 两个重要极限

(1) $\lim\limits_{x\to0}\dfrac{\sin x}{x}=1$.

证明：作单位圆如图 1-11 所示，取 $\angle AOB = x(\text{rad})$，于是有：

$$BC = \sin x, \widehat{AB} = x, AD = \tan x.$$

由图 1-11，得：

$$S_{\triangle OAB} < S_{扇形 OAB} < S_{\triangle OAD},$$

即 $\dfrac{1}{2}\sin x < \dfrac{1}{2}x < \dfrac{1}{2}\tan x$，因此 $\sin x < x < \tan x$，从而有

$$\cos x < \frac{\sin x}{x} < 1.$$

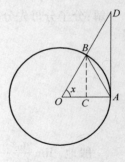

图 1-11

因为 $\lim\limits_{x \to 0^+} \cos x = \lim\limits_{x \to 0^+} \overline{OC} = 1$，由极限的夹逼准则，当 $x \to 0^+$ 时，$\dfrac{\sin x}{x} \to 1$．又因为 $\lim\limits_{x \to 0^-} \dfrac{\sin x}{x}$

$= \lim\limits_{(-x) \to 0^+} \dfrac{\sin(-x)}{(-x)} = 1$，这样就证明了

$$\lim_{x \to 0} \frac{\sin x}{x} = 1.$$

注意，将此重要的极限写成 $\lim\limits_{(\ ) \to 0} \dfrac{\sin(\ )}{(\ )} = 1$ 的形式．其中（ ）内可填入同一个趋向于零的变量，此极限式成立．

【例 1-20】　求 $\lim\limits_{x \to 0} \dfrac{\sin 2x}{\sin 3x}$．

解：$\lim\limits_{x \to 0} \dfrac{\sin 2x}{\sin 3x} = \lim\limits_{x \to 0}\left(\dfrac{\sin 2x}{2x} \cdot \dfrac{3x}{\sin 3x} \cdot \dfrac{2x}{3x}\right) = 1 \times 1 \times \dfrac{2}{3} = \dfrac{2}{3}$．

【例 1-21】　求 $\lim\limits_{x \to 0} \dfrac{1 - \cos x}{x^2}$．

解：$\lim\limits_{x \to 0} \dfrac{1 - \cos x}{x^2} = \lim\limits_{x \to 0} \dfrac{2\sin^2 \dfrac{x}{2}}{x^2} = \dfrac{1}{2}\left(\dfrac{\sin \dfrac{x}{2}}{\dfrac{x}{2}}\right)^2 = \dfrac{1}{2}$．

【例 1-22】　求 $\lim\limits_{x \to 0} \dfrac{\tan x - \sin x}{x^3}$．

解：

$$\lim_{x \to 0} \frac{\tan x - \sin x}{x^3}$$

$$= \lim_{x \to 0} \frac{\tan x(1 - \cos x)}{x^3}$$

$$= \lim_{x \to 0}\left(\frac{1}{\cos x} \cdot \frac{\sin x}{x} \cdot \frac{1 - \cos x}{x^2}\right).$$

由例 1-21 知，$\dfrac{1 - \cos x}{x^2} \to \dfrac{1}{2}(x \to 0)$，所以

$$\lim_{x \to 0} \frac{\tan x - \sin x}{x^3} = \frac{1}{2}.$$

（2）$\lim\limits_{x\to\infty}\left(1+\dfrac{1}{x}\right)^{x}=\mathrm{e}$.

$\left(1+\dfrac{1}{x}\right)^{x}$ 的数值见表 1-2，观察其变化趋势.

表 1-2

y	1	2	3	4	5	10	100	1000	10000	…
x	2	2.250	2.370	2.441	2.488	2.594	2.705	2.717	2.718	…

从表 1-2 可看出，当 x 无限增大时，函数 $\left(1+\dfrac{1}{x}\right)^{x}$ 变化的大致趋势. 可以证明当 $x\to\infty$ 时，极限 $\lim\limits_{x\to\infty}\left(1+\dfrac{1}{x}\right)^{x}$ 存在，并且极限值是一个无理数，其值为 $\mathrm{e}=2.718282828\cdots$.

注意：（1）此极限主要特征是底数趋向于 1，指数趋向于 ∞，即 1^{∞} 型幂指函数的极限.

（2）将此重要的极限写成 $\lim\limits_{(\ )\to\infty}\left[1+\dfrac{1}{(\ )}\right]^{(\ )}=\mathrm{e}$ 的形式，其中（ ）内可填入同一个趋向于 ∞ 的变量时，此极限式成立.

（3）若设 $z=\dfrac{1}{x}$，则 $\lim\limits_{z\to0}(1+z)^{\frac{1}{z}}=\lim\limits_{x\to\infty}\left(1+\dfrac{1}{x}\right)^{x}=\mathrm{e}$，即 $\lim\limits_{(\ )\to0}\left[1+(\ )\right]^{\frac{1}{(\ )}}=\mathrm{e}$.

【例 1-23】 求 $\lim\limits_{x\to\infty}\left(1+\dfrac{3}{x}\right)^{x}$.

解：本例所求极限类型是 1^{∞} 型，令 $\dfrac{x}{3}=u$，则 $x=3u$.

$$\lim\limits_{x\to\infty}\left(1+\dfrac{3}{x}\right)^{x}=\lim\limits_{x\to\infty}\left(1+\dfrac{1}{u}\right)^{3u}=\lim\limits_{x\to\infty}\left[\left(1+\dfrac{1}{u}\right)^{u}\right]^{3}=\mathrm{e}^{3}.$$

【例 1-24】 求 $\lim\limits_{x\to\infty}\left(1-\dfrac{2}{x}\right)^{x}$.

解：本例所求极限类型是 1^{∞} 型.

$$\lim\limits_{x\to\infty}\left(1-\dfrac{2}{x}\right)^{x}=\lim\limits_{x\to\infty}\left[\left(1+\dfrac{1}{-\dfrac{x}{2}}\right)^{-\frac{x}{2}}\right]^{-2}=\mathrm{e}^{-2}.$$

【例 1-25】 求 $\lim\limits_{x\to\infty}\left(\dfrac{2-x}{3-x}\right)^{x}$.

解：本例所求极限类型是 1^{∞} 型.

$$\lim\limits_{x\to\infty}\left(\dfrac{2-x}{3-x}\right)^{x}=\lim\limits_{x\to\infty}\left(1+\dfrac{1}{x-3}\right)^{x}=\lim\limits_{x\to\infty}\left(1+\dfrac{1}{x-3}\right)^{x-3}\left(1+\dfrac{1}{x-3}\right)^{3}=\mathrm{e}.$$

【例 1-26】 求 $\lim\limits_{x\to0}(1+\sin x)^{\frac{1}{2\sin x}}$.

解：本例所求极限类型是 1^{∞} 型.

$$\lim\limits_{x\to0}(1+\sin x)^{\frac{1}{2\sin x}}=\lim\limits_{x\to0}\left[(1+\sin x)^{\frac{1}{\sin x}}\right]^{\frac{1}{2}}=\mathrm{e}^{\frac{1}{2}}.$$

习题 1.3

1. 求下列函数的极限：

(1) $\lim\limits_{x\to 2}\dfrac{x^2-4}{x^2-3x+2}$；   (2) $\lim\limits_{x\to 1}\dfrac{x-1}{x^2-1}$；   (3) $\lim\limits_{x\to 5}\dfrac{x^2-5x+10}{x^2-25}$；

(4) $\lim\limits_{x\to -1}\dfrac{x^2-1}{x^2+3x+2}$；   (5) $\lim\limits_{x\to 2}\dfrac{x^2-2x}{x^2-4x+4}$；   (6) $\lim\limits_{x\to 1}\left(\dfrac{1}{1-x}-\dfrac{3}{1-x^3}\right)$；

(7) $\lim\limits_{x\to 1}\dfrac{x^3-3x+2}{x^4-4x+3}$；   (8) $\lim\limits_{x\to 1}\dfrac{\sqrt{x}-1}{x-1}$；   (9) $\lim\limits_{x\to 1}\dfrac{\sqrt[3]{x}-1}{x-1}$；

(10) $\lim\limits_{x\to 0}\dfrac{\sqrt{x+1}-\sqrt{1-x}}{x}$.

2. 求下列函数的极限：

(1) $\lim\limits_{x\to 0}\dfrac{\sin 5x}{x}$；   (2) $\lim\limits_{x\to 0}\dfrac{\sin\sqrt{x}}{\sqrt{2x}}$；   (3) $\lim\limits_{x\to 0}\dfrac{\sin 2x}{\sin 3x}$；

(4) $\lim\limits_{x\to 0}\sin 3x\cot 6x$；   (5) $\lim\limits_{x\to 0}\dfrac{\sin x}{\tan 3x}$；   (6) $\lim\limits_{x\to 0}\dfrac{1-\cos x}{x^2}$；

(7) $\lim\limits_{x\to \frac{\pi}{2}}\dfrac{\cos x}{x-\dfrac{\pi}{2}}$；   (8) $\lim\limits_{x\to \pi}\dfrac{\sin x}{x-\pi}$；   (9) $\lim\limits_{x\to 0}\dfrac{\arcsin 5x}{x}$；

(10) $\lim\limits_{x\to 0}\dfrac{x-\sin 2x}{x+\sin 3x}$.

3. 求下列函数的极限：

(1) $\lim\limits_{x\to \infty}\left(1+\dfrac{2}{x}\right)^{x}$；   (2) $\lim\limits_{x\to \infty}\left(\dfrac{2+x}{3+x}\right)^{x}$；   (3) $\lim\limits_{x\to \infty}\left(\dfrac{x^2-1}{x^2-2}\right)^{x+1}$；

(4) $\lim\limits_{x\to \infty}\left(\dfrac{x}{x+1}\right)^{x}$；   (5) $\lim\limits_{x\to \infty}\left(\dfrac{x-1}{x+3}\right)^{x+2}$；   (6) $\lim\limits_{x\to 0}(1+\sin x)^{\frac{1}{x}}$；

(7) $\lim\limits_{x\to 0}(\cos x)^{\frac{1}{x}}$；   (8) $\lim\limits_{x\to 0}\dfrac{\ln(1+x)}{x}$；   (9) $\lim\limits_{x\to 0}\dfrac{1}{x}\ln\left(\sqrt{\dfrac{1+x}{1-x}}\right)$；

(10) $\lim\limits_{x\to 0}\dfrac{\mathrm{e}^{x}-1}{x}$.

1.4   无穷小量与无穷大量

1.4.1   无穷小量

1.4.1.1   无穷小量的定义

定义 1-13   在某变化过程中,若变量 y 极限为零,则称在此变化过程中, y 为无穷小量,简称无穷小.

注意:(1)常数零是唯一可作为无穷小的常数. 切不可把绝对值很小很小的常数看作无穷小量.

(2)无穷小量是相对某个变化状态而言的,如当 $x\to\infty$ 时, $\dfrac{1}{x}$ 是无穷小量,但当 $x\to 0$

时, $\dfrac{1}{x}$ 不是无穷小量.

1.4.1.2 极限与无穷小量之间的关系

设 $\lim\limits_{x\to x_0}f(x)=A$, 也就是说 $\lim\limits_{x\to x_0}[f(x)-A]=0$, 即 $x\to x_0$ 时, $f(x)-A$ 为无穷小量, 若记 $\alpha(x)=f(x)-A$, 则有 $f(x)=A+\alpha(x)$, 其中 $x\to x_0$ 时, $\alpha(x)\to0$.

易证明下列定理:

定理 1-8(极限与无穷小量之间的关系) 函数极限 $\lim\limits_{x\to x_0}f(x)=A$ 的充要条件是
$$f(x)=A+\alpha(x),$$
其中当 $x\to x_0$ 时, $\alpha(x)$ 是无穷小量.

定理 1-8 中自变量 x 的变化过程换成其他任何一种情形后, 结论仍然成立.

【例 1-27】 当 $x\to\infty$ 时, 将函数 $f(x)=\dfrac{x+1}{x}$ 写成其极限值与一个无穷小量之和的形式.

解: 因为 $\lim\limits_{x\to\infty}f(x)=\lim\limits_{x\to\infty}\dfrac{x+1}{x}=\lim\limits_{x\to\infty}\left(1+\dfrac{1}{x}\right)=1$, 而 $f(x)=\dfrac{x+1}{x}=1+\dfrac{1}{x}$ 中, $x\to\infty$ 时, $\dfrac{1}{x}$ 为无穷小量. 所以 $f(x)=1+\dfrac{1}{x}$ 为所求极限值与一个无穷小量之和的形式.

1.4.1.3 无穷小量的运算性质

定理 1-9 有限个无穷小的代数和是无穷小量.

注意: 无穷多个无穷小量的代数和未必是无穷小量. 例如, $n\to\infty$ 时, $\dfrac{1}{n^2},\dfrac{2}{n^2},\cdots,\dfrac{n}{n^2}$ 均为无穷小量, 但 $\lim\limits_{n\to\infty}\left(\dfrac{1}{n^2}+\dfrac{2}{n^2}+\cdots+\dfrac{n}{n^2}\right)=\lim\limits_{n\to\infty}\dfrac{n(n+1)}{2n^2}=\lim\limits_{n\to\infty}\left(\dfrac{1}{2}+\dfrac{1}{2n}\right)=\dfrac{1}{2}$.

定理 1-10 无穷小与有界量的积是无穷小.

推论 1-10-1 常数与无穷小的积是无穷小.

推论 1-10-2 有限个无穷小的积仍是无穷小.

注意: 两个无穷小之商未必是无穷小. 例如, $x\to0$ 时, x 与 $2x$ 皆为无穷小, 但由 $\lim\limits_{x\to0}\dfrac{2x}{x}=2$ 知, $\dfrac{2x}{x}$ 在 $x\to0$ 时不是无穷小.

【例 1-28】 求 $\lim\limits_{x\to0}x^2\sin\dfrac{1}{x}$.

解: 因为 $\lim\limits_{x\to0}x^2=0$, 所以 x^2 为 $x\to0$ 时的无穷小量, 又因为 $\left|\sin\dfrac{1}{x}\right|\leqslant1$, 所以 $x^2\sin\dfrac{1}{x}$ 仍为 $x\to0$ 时的无穷小量, 所以 $\lim\limits_{x\to0}x^2\sin\dfrac{1}{x}=0$.

1.4.2 无穷大量

定义 1-14 在自变量 x 的某个变化过程中, 若相应的函数值的绝对值 $|f(x)|$ 无限增

大,则称在该自变量变化过程中,$f(x)$为无穷大量,简称为无穷大.

如果 $x \to x_0$ 时,$f(x)$是无穷大,记作 $\lim\limits_{x \to x_0} f(x) = \infty$;

如果 $x \to x_0$ 时,$f(x) \to \infty$,并且在某邻域($x \in N(\hat{x}_0, \delta)$)内 $f(x) > 0$,即 $x \to x_0$ 时,$f(x)$趋向于正无穷大,记作 $\lim\limits_{x \to x_0} f(x) = +\infty$;

如果 $x \to x_0$ 时,$f(x) \to \infty$,并且在某邻域($x \in N(\hat{x}_0, \delta)$)内 $f(x) < 0$,即 $x \to x_0$ 时,$f(x)$趋向于负无穷大,记作 $\lim\limits_{x \to x_0} f(x) = -\infty$.

对于自变量 x 其他变换过程中的正无穷大量、负无穷大量可用类似的方法描述. 值得注意的是,无穷大量是极限不存在的一种情形,但同样也反映函数值的一种变化性态,因此我们也用上述极限的记号来表示函数的这种变化性态.

例如,当 $x \to 0^-$ 时,$\dfrac{1}{x}$是负无穷大量,用记号表示为 $\lim\limits_{x \to 0^-} \dfrac{1}{x} = -\infty$;当 $x \to \infty$ 时,x^2 是正无穷大量,用记号表示为 $\lim\limits_{x \to \infty} x^2 = +\infty$.

1.4.3 无穷大与无穷小的关系

定理 1-11(无穷大与无穷小的关系) 在自变量的某变化过程中,无穷大量的倒数是无穷小量,不为零的无穷小量的倒数为无穷大量.

【例 1-29】 自变量在怎样的变化过程中,下列函数为无穷大:

(1) $y = \dfrac{1}{x-1}$;　　　(2) $y = 2x - 1$;

(3) $y = \ln x$;　　　　　(4) $y = 2^x$.

解:(1)因为 $\lim\limits_{x \to 1}(x-1) = 0$,所以 $\dfrac{1}{x-1}$ 是 $x \to 1$ 时的无穷大量.

(2)因为 $\lim\limits_{x \to \infty} \dfrac{1}{2x-1} = 0$,即 $x \to \infty$ 时 $\dfrac{1}{2x-1}$ 为无穷小量,所以 $2x - 1$ 为 $x \to \infty$ 时的无穷大量.

(3)观察图 1-12 可知,$x \to 0^+$ 时,$\ln x \to -\infty$;$x \to +\infty$ 时,$\ln x \to +\infty$. 所以,$x \to 0^+$ 或 $x \to +\infty$ 时,$\ln x$ 都是无穷大量.

(4)因为 $\lim\limits_{x \to +\infty} 2^{-x} = 0$,即 $x \to +\infty$ 时,2^{-x} 为无穷小量,因此 $x \to +\infty$ 时,$\dfrac{1}{2^{-x}} = 2^x$ 为无穷大量.

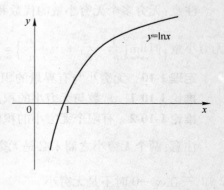

图 1-12

1.4.4 无穷小的比较

在某个变化过程中,虽然无穷小量都是趋向于零的量,但不同的无穷小量趋向于零的速度可能是不同的. 而正是这样一些无穷小量相对趋向于零速度的变化,可能会影响某类型函数的极限. 例如,分子分母都是无穷小量函数,$\lim\limits_{x \to 0} \dfrac{2x}{x} = 2$,而 $\lim\limits_{x \to 0} \dfrac{2x}{x^2} = \infty$(不存在);又如 $\lim\limits_{x \to 0}$

$\dfrac{\sin 2x}{x} = 2$，而 $\lim\limits_{x\to 0}\dfrac{\sin 2x}{x^2} = \infty$（不存在）. 由此我们给出下列定义来描述无穷小量趋向于零的快慢程度.

定义 1-15 设某一变化过程中，α 与 β 都是无穷小，且 $\lim\dfrac{\beta}{\alpha} = C$（$C$ 为常数或为 ∞）.

(1) 若 $C = 0$，则称 β 是比 α 高阶的无穷小，记作 $\beta = o(\alpha)$.

(2) 若 $C \neq 0$（或 ∞），则称 α 与 β 是同阶无穷小；特别地，若 $C = 1$，则称 α 与 β 是等价无穷小，记作 $\alpha \sim \beta$.

(3) 若 $C = \infty$，则称 β 是比 α 低阶的无穷小.

例如，$\lim\limits_{x\to 0}\dfrac{\sin x}{x} = 1$，即 $\sin x \sim x (x \to 0)$；$\lim\limits_{x\to 0}\dfrac{1 - \cos x}{\dfrac{x^2}{2}} = 1$，即 $1 - \cos x \sim \dfrac{x^2}{2} (x \to 0)$.

显然高阶的无穷小量趋向于零的速度要比低阶的无穷小量趋向于零的速度要快得多.

定理 1-12 设 (1) $a \sim a'$，$\beta \sim \beta'$；(2) $\lim\dfrac{\beta'}{a'} = A$（或 ∞），则 $\lim\dfrac{\beta}{a} = \lim\dfrac{\beta'}{a'} = A$（或 ∞）.

证明：

$$\lim\frac{\beta}{a} = \lim\left(\frac{\beta}{\beta'}\cdot\frac{\beta'}{a'}\cdot\frac{a'}{a}\right)$$

$$= \lim\frac{\beta}{\beta'}\cdot\lim\frac{\beta'}{a'}\cdot\lim\frac{a'}{a}$$

$$= \lim\frac{\beta'}{a'} = A (\text{或}\ \infty).$$

在求极限的过程中，分子分母中的乘法因子可以用等价的无穷小量来代替.

【例 1-30】 求 $\lim\limits_{x\to 0}\dfrac{\tan 2x}{\sin 5x}$.

解： 当 $x \to 0$ 时，$\tan 2x \sim 2x$、$\sin 5x \sim 5x$，所以

$$\lim\limits_{x\to 0}\frac{\tan 2x}{\sin 5x} = \lim\limits_{x\to 0}\frac{2x}{5x} = \frac{2}{5}.$$

【例 1-31】 求 $\lim\limits_{x\to 0}\dfrac{\tan x - \sin x}{x^3}$.

解： 因为当 $x \to 0$ 时，$\sin x \sim x$、$1 - \cos x \sim \dfrac{1}{2}x^2$，所以

$$\lim\limits_{x\to 0}\frac{\tan x - \sin x}{x^3} = \lim\limits_{x\to 0}\frac{\sin x\left(\dfrac{1}{\cos x} - 1\right)}{x^3} = \lim\limits_{x\to 0}\frac{\sin x(1 - \cos x)}{x^3\cos x}$$

$$= \lim\limits_{x\to 0}\frac{x\left(\dfrac{1}{2}x^2\right)}{x^3\cos x} = \frac{1}{2}.$$

以下是常用的几个等价无穷小代换（当 $x \to 0$ 时）：

$$\sin x \sim x, \tan x \sim x, \arcsin x \sim x, \arctan x \sim x,$$

$$(1 - \cos x) \sim \frac{1}{2}x^2, \ln(1 + x) \sim x, (e^x - 1) \sim x, (\sqrt{1 + x} - 1) \sim \frac{1}{2}x.$$

习题 1.4

1. 下列数列中,哪些是无穷小,哪些是无穷大?

(1) $u_n = \dfrac{1}{n^2}$;   (2) $u_n = 2n + 3$;   (3) $u_n = 2^{-n}$;

(4) $u_n = \log_{\frac{1}{2}} 3n$;   (5) $u_n = 3^{2n}$;   (6) $u_n = \dfrac{n + 1}{n^2}$.

2. 当 $x \to 0$ 时,比较下列无穷小量的阶:

(1) $2x - x^2$ 与 $x^2 - x^4$;   (2) ax^3 与 $\tan x - \sin x (a \neq 0)$;

(3) x^2 与 $\tan 2x$;   (4) $x\sin x$ 与 $1 - \cos x$.

3. 求下列极限:

(1) $\lim\limits_{x \to \infty} \dfrac{1}{x}\sin x^2$;   (2) $\lim\limits_{x \to 0} x^2 \arctan x$;

(3) $\lim\limits_{x \to 3}(x - 3)\cos x$;   (4) $\lim\limits_{x \to 0}(x + 1)\cot x$.

1.5   函数的连续性

在直角坐标系中,函数的图像可能是一条不间断的曲线,也可能是在某点处断开的曲线;或者说在某点处,自变量有微小改变时,函数值或是仅有微小改变,或是有较大的改变. 函数的这种特征,也就是所谓的函数连续性问题. 下面我们来研究函数的连续性问题.

1.5.1   函数连续性的定义

如图 1-13 所示,设函数 $y = f(x)$ 在点 x_0 的某邻域上有定义,当自变量 x 由 x_0 变到 $x_0 + \Delta x$ 时,自变量的增量(或称为改变量)为 Δx. 相应地,函数 y 由 $f(x_0)$ 变到 $f(x_0 + \Delta x)$. 其函数的增量(或称为改变量)为

$$\Delta y = f(x_0 + \Delta x) - f(x_0).$$

先看图 1-14 ~ 图 1-16 所示图形.

图 1-13 所示曲线 $y = f(x)$ 在 x_0 点处是不间断的,并且 $\lim\limits_{x \to x_0} f(x_0 + \Delta x) = f(x_0)$,所以 $\lim\limits_{\Delta x \to 0} \Delta y = 0.$

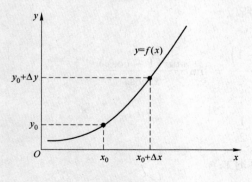

图 1-13

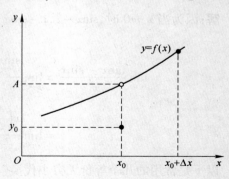

图 1-14

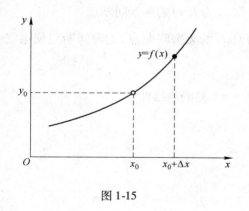

图 1-15

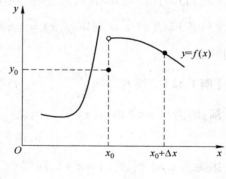

图 1-16

即在 x_0 点处,当自变量 x 变化不大时(Δx 很小时),函数值 y 变化也不大(Δy 也很小).

图 1-14 所示曲线 $y = f(x)$ 在 x_0 点处是间断的,而 $\lim_{\Delta x \to 0} f(x_0 + \Delta x) = A \neq f(x_0)$,即 $\lim_{\Delta x \to 0} \Delta y \neq 0$. 也就是在 x_0 点处,当自变量 x 变化不大时(Δx 很小时),函数值 y 变化不是很小.

图 1-15 所示曲线 $y = f(x)$ 在 x_0 点处也是间断的,但 $\lim_{\Delta x \to 0} f(x_0 + \Delta x)$ 不存在.

下面给出函数连续的概念:

定义 1-16 设函数 $y = f(x)$ 在点 x_0 的某邻域内有定义,如果自变量 x 在 x_0 点处的增量 Δx 趋于零时,相应函数的增量 $\Delta y = f(x_0 + \Delta x) - f(x_0)$ 也趋于零,即

$$\lim_{\Delta x \to 0} \Delta y = \lim_{\Delta x \to 0} [f(x_0 + \Delta x) - f(x_0)] = 0,$$

则称函数 $f(x)$ 在 x_0 点处连续. 此时点 x_0 称为函数 $y = f(x)$ 的连续点.

设 $x = x_0 + \Delta x$,则 $\Delta y = f(x) - f(x_0)$,所以上述定义 1-16 中表达式也写为

$$\lim_{x \to x_0} [f(x) - f(x_0)] = 0,$$

即

$$\lim_{x \to x_0} f(x) = f(x_0).$$

连续性的概念也常用下列定义.

定义 1-17 设函数 $y = f(x)$ 在点 x_0 的某邻域内有定义,若 $\lim_{x \to x_0} f(x) = f(x_0)$,则称函数 $f(x)$ 在点 x_0 处连续.

注意,函数 $f(x)$ 在点 x_0 连续,必须同时满足以下三个条件:

(1) $f(x)$ 在点 x_0 的某邻域内有定义.

(2) $\lim_{x \to x_0} f(x)$ 存在.

(3) $\lim_{x \to x_0} f(x) = f(x_0)$.

如果上述条件中至少有一个不满足,点 x_0 就不是函数 $f(x)$ 连续点. $f(x)$ 的不连续点,称为函数 $f(x)$ 的间断点.

设 x_0 为 $f(x)$ 的一个间断点. 如果当 $x \to x_0$ 时,$f(x)$ 的左、右极限都存在,则称 x_0 为 $f(x)$ 的第一类间断点;否则称 x_0 为 $f(x)$ 的第二类间断点.

(1) $f(x)$ 在点 x_0 的某邻域内有定义,$\lim_{x \to x_0} f(x)$ 存在,但不等于 $f(x)$ 在 x_0 处的函数值(或函数 $f(x)$ 在 x_0 点处没有定义)时,称 x_0 为 $f(x)$ 的可去间断点.

（2）当 $\lim\limits_{x \to x_0^-} f(x)$ 与 $\lim\limits_{x \to x_0^+} f(x)$ 均存在，但不相等时，称 x_0 为 $f(x)$ 的跳跃间断点．

（3）若 $\lim\limits_{x \to x_0^+} f(x) = \infty$ 或 $\lim\limits_{x \to x_0^-} f(x) = \infty$，则称 x_0 为 $f(x)$ 的无穷间断点，无穷间断点属第二类间断点．

【例 1-32】　设 $f(x) = \begin{cases} x^2, & x \leqslant 1, \\ x+1, & x > 1 \end{cases}$，讨论 $f(x)$ 在 $x=1$ 处的连续性．

解：因为当 $x < 1$ 时，$f(x) = x^2$，所以

$$\lim_{x \to 1^-} f(x) = \lim_{x \to 1^-} x^2 = 1.$$

因为当 $x > 1$ 时，$f(x) = x+1$，所以

$$\lim_{x \to 1^+} f(x) = \lim_{x \to 1^+} (x+1) = 2.$$

即 $\lim\limits_{x \to 1} f(x)$ 不存在．所以 $x=1$ 是第一类间断点，且为跳跃间断点．

【例 1-33】　设 $f(x) = \begin{cases} \dfrac{x^3}{x}, & x \neq 0, \\ 1, & x = 0, \end{cases}$ 讨论 $f(x)$ 在

$x=0$ 处的连续性．

解：函数在点 $x=0$ 的某邻域内有定义．其图形如图 1-17 所示．

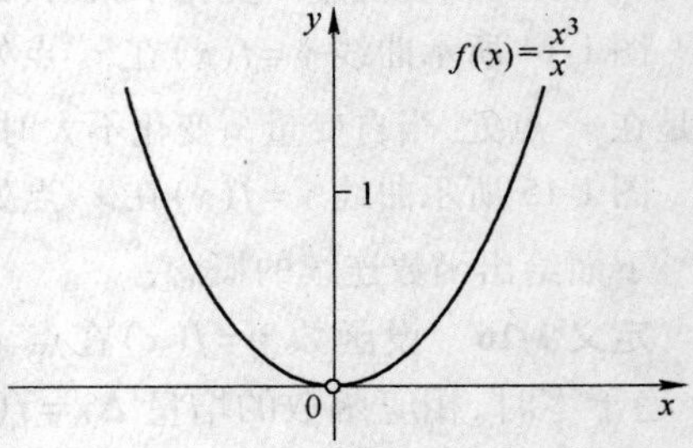

因为 $\lim\limits_{x \to 0} f(x) = \lim\limits_{x \to 0} \dfrac{x^3}{x} = 0$，$\lim\limits_{x \to 0} f(x) \neq f(0) = 1$，

所以 $x=0$ 是 $f(x)$ 的第一类可去的间断点．

图 1-17

【例 1-34】　讨论 $f(x) = \dfrac{1}{(x-1)^2}$ 在 $x=1$ 点处的连续性．

解：因为函数在 $x=1$ 点处没有定义，且 $\lim\limits_{x \to 1} \dfrac{1}{(x-1)^2} = \infty$，所以 $x=1$ 点为 $f(x)$ 的无穷间断点．

若函数 $f(x)$ 在 $[x_0, x_0+\delta)$ 内有定义，并且 $\lim\limits_{x \to x_0^+} f(x) = f(x_0)$，则称函数在 x_0 点处右连续．若函数 $f(x)$ 在 $(x_0-\delta, x_0]$ 内有定义，$\lim\limits_{x \to x_0^-} f(x) = f(x_0)$，则称函数在 x_0 点处左连续．如果 $f(x)$ 在区间 (a,b) 内每一点都是连续的，称 $f(x)$ 在区间 (a,b) 内连续．若 $f(x)$ 在 (a,b) 内连续，在 $x=a$ 点处右连续，在 $x=b$ 点处左连续，则称 $f(x)$ 在 $[a,b]$ 上连续．

显然多项式函数和常数函数在 $(-\infty, +\infty)$ 内是连续函数．

连续函数的图形是一条连续不断的曲线．在闭区间 $[a,b]$ 上的连续函数的图像是一条不间断的曲线，并且曲线包含曲线的端点，如图 1-18 所示．

1.5.2　初等函数的连续性

由极限的运算法则可得以下定理：

定理 1-13　设函数 $f(x)$ 和 $g(x)$ 在 x_0 点处是连续的，则

（1）函数 $f(x) \pm g(x)$ 在 x_0 点处是连续的．

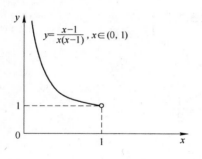 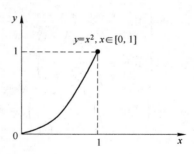

图 1-18

（2）函数 $f(x)g(x)$ 在 x_0 点处是连续的.

（3）函数 $\dfrac{f(x)}{g(x)}(g(x_0)\neq0)$ 在 x_0 点处是连续的.

定理 1-14 设有复合函数 $y=f[\varphi(x)]$，若 $\lim\limits_{x\to x_0}\varphi(x)=a$，而函数 $f(u)$ 在 $u=a$ 点连续，则

$$\lim\limits_{x\to x_0}f[\varphi(x)]=f(a).$$

所以，若 $\varphi(x)$ 在 x_0 点处连续，而函数 $f(u)$ 在 $u_0=\varphi(x_0)$ 点处连续，则复合函数 $y=f[\varphi(x)]$ 在 x_0 点处也连续，即 $\lim\limits_{x\to x_0}f[\varphi(x)]=f[\varphi(x_0)]$.

由初等函数的定义以及上述定理可得下列定理：

定理 1-15 一切初等函数在其定义区间内都是连续的.

求初等函数的连续区间就是求其定义区间以及讨论区间端点的连续. 关于分段函数的连续性，除在分段区间上考虑每一段函数的连续性外，更主要的是讨论分界点处的连续性.

若 $f(x)$ 在 x_0 点处连续，求 $x\to x_0$ 时函数的极限，可归结为计算函数在 x_0 点的函数值.

【例 1-35】 求 $\lim\limits_{x\to\frac{\pi}{2}}\ln\sin x$.

解：因为 $\ln\sin x$ 在 $x=\dfrac{\pi}{2}$ 处连续，所以

$$\lim\limits_{x\to\frac{\pi}{2}}\ln\sin x=\ln\sin\frac{\pi}{2}=\ln1=0.$$

【例 1-36】 求 $\lim\limits_{x\to0}\dfrac{\ln(1+x)}{x}$.

解：因为 $\lim\limits_{x\to0}\left(1+\dfrac{1}{x}\right)=\mathrm{e}$，所以

$$\lim\limits_{x\to0}\frac{\ln(1+x)}{x}=\lim\limits_{x\to0}\ln(1+x)^{\frac{1}{x}}=\ln(\lim\limits_{x\to0}(1+x)^{\frac{1}{x}})=\ln\mathrm{e}=1.$$

【例 1-37】 求 $\lim\limits_{x\to+\infty}\arccos(\sqrt{x^2+x}-x)$.

解：$\lim\limits_{x\to+\infty}\arccos(\sqrt{x^2+x}-x)$

$$=\arccos[\lim\limits_{x\to+\infty}(\sqrt{x^2+x}-x)]$$

$$= \arccos\left[\lim_{x \to +\infty} \frac{(\sqrt{x^2 + x} - x)(\sqrt{x^2 + x} + x)}{\sqrt{x^2 + x} + x}\right]$$

$$= \arccos\left(\lim_{x \to +\infty} \frac{x}{x + \sqrt{x^2 + x}}\right)$$

$$= \arccos\left(\lim_{x \to +\infty} \frac{1}{\sqrt{1 + \dfrac{1}{x}} + 1}\right) = \arccos\frac{1}{2} = \frac{\pi}{3}.$$

1.5.3 闭区间上连续函数的性质

定理 1-16 闭区间上连续函数一定存在最大值和最小值.

开区间内的连续函数就不一定有此性质. 例如 $y = \tan x, x \in \left(-\dfrac{\pi}{2}, \dfrac{\pi}{2}\right)$ 无界.

定理 1-17(根的存在定理) 若函数 $f(x)$ 在闭区间 $[a, b]$ 上连续,且 $f(a) \cdot f(b) < 0$,则至少存在一点 $\xi \in (a, b)$,使得 $f(\xi) = 0$.

从几何上看,如图 1-19 所示,一条连续曲线 $y = f(x)$ 将 x 轴下侧的点 $(a, f(a))$(纵坐标 $f(a) < 0$)与 x 轴上侧的点 $(b, f(a))$(纵坐标 $f(b) > 0$)连接起来时,曲线至少与 x 轴有一个交点 $(\xi_i, 0)$,即 $f(\xi_i) = 0$. 所以函数 $f(x)$ 在闭区间 $[a, b]$ 两个端点处的函数值异号,则该方程在开区间 (a, b) 内至少存在一个根.

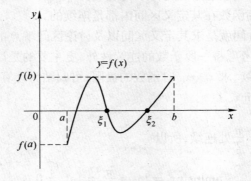

图 1-19

定理 1-18(介值定理) 若函数 $f(x)$ 在闭区间 $[a, b]$ 上连续,且 $f(a) \neq f(b)$,c 为介于 $f(a)$ 与 $f(b)$ 之间的任意一个数,则至少存在一点 $\xi \in (a, b)$,使得 $f(\xi) = c$.

【例 1-38】 证明方程 $\sin x - x + 1 = 0$ 在 0 与 π 之间有实根.

证明:设 $f(x) = \sin x - x + 1$,因为 $f(x)$ 在 $(-\infty, +\infty)$ 内连续,所以 $f(x)$ 在 $[0, \pi]$ 上也连续,而 $f(0) = 1 > 0, f(\pi) = -\pi + 1 < 0$,所以,根据定理 1-17(根的存在定理)可知,至少有一个 $\xi \in (0, \pi)$,使得 $f(\xi) = 0$,即方程 $\sin x - x + 1 = 0$ 在 0 与 π 之间至少有一个实根.

习题 1.5

1. 利用函数的连续性求下列极限:

$(1) \lim\limits_{x \to 1} \dfrac{x^2}{x-2};$　　$(2) \lim\limits_{x \to 3} \dfrac{1+x^3}{1+x};$　　$(3) \lim\limits_{x \to 2} x \sin \dfrac{1}{x};$

$(4) \lim\limits_{x \to 0^+} \ln \cos x;$　　$(5) \lim\limits_{x \to \frac{4}{\pi}} \arctan \dfrac{1}{x};$　　$(6) \lim\limits_{x \to \pi} e^{\sin \frac{1}{x}}.$

2. 当 A 是何值时, 函数 $f(x) = \begin{cases} \dfrac{x^2-4}{x-2}, & x \neq 2, \\ A, & x = 2 \end{cases}$ 是连续的?

3. 函数 $f(x) = \begin{cases} \dfrac{|x|}{x}, & x \neq 0, \\ 1, & x = 0 \end{cases}$ 在点 $x = 0$ 处是否连续?

4. 函数 $f(x) = \begin{cases} x^2 + 1, & x < 0, \\ \dfrac{\sin x}{x}, & x \geqslant 0 \end{cases}$ 在点 $x = 0$ 处是否连续?

5. 证明方程 $x^2 - 3x + 1 = 0$ 在 $(-1, 2)$ 内有实根.

6. 证明方程 $\sin x - 3x + 1 = 0$ 在 $\left(0, \dfrac{\pi}{2}\right)$ 内有实根.

本 章 小 结

(1) 函数.

两个函数相等的充分必要条件是: 定义域相同和对应法则相同.

函数 $\begin{cases} \text{基本初等函数} —— \text{幂函数, 指数函数, 对数函数, 三角函数, 反三角函数} \\ \text{初等函数} —— \text{由基本的初等函数经过有限次加减乘除和复合运算后得到的函数} \end{cases}$

(2) 极限.

极限 $\begin{cases} \text{数列的极限} —— (n \to +\infty \text{ 时的极限}) \lim\limits_{n \to \infty} x_n = A. \\ \text{函数的极限} \begin{cases} (x \to x_0 \text{ 时的极限}) \lim\limits_{x \to x_0} f(x) = A. \\ (x \to \infty \text{ 时的极限}) \lim\limits_{x \to \infty} f(x) = A. \end{cases} \end{cases}$

1) 两个重要的极限: $\lim\limits_{x \to 0} \dfrac{\sin x}{x}, \lim\limits_{x \to \infty} \left(1 + \dfrac{1}{x}\right)^x = \mathrm{e}.$

2) 极限存在的准则.

定理 1　极限存在的充要条件是左右极限存在并相等.

定理 2(夹逼准则)　若 $x \in N(\hat{x}_0, \delta)$(其中 δ 为某个正常数)时, 有 $g(x) \leqslant f(x) \leqslant h(x), \lim\limits_{x \to x_0} g(x) = \lim\limits_{x \to x_0} h(x) = A$, 则 $\lim\limits_{x \to x_0} f(x) = A.$

(3) 无穷小量与无穷大量.

1) 性质.

定理 1　有限个无穷小的代数和是无穷小量.

定理 2　无穷小与有界量的积是无穷小.

推论 1　常数与无穷小的积是无穷小.

推论 2　有限个无穷小的积仍是无穷小.

定理 3　在自变量的某变化过程中,无穷大量的倒数是无穷小量,不为零的无穷小量的倒数为无穷大量.

2)无穷小量的比较. 设在某变化过程中,α 和 β 是无穷小量,若

$$\lim \frac{\alpha}{\beta} \begin{cases} = A(\neq 0),\text{则称 } \alpha \text{ 与 } \beta \text{ 是同阶的无穷小量;} \\ = 1,\text{则称 } \alpha \text{ 与 } \beta \text{ 是等价的无穷小量,记作 } \alpha \sim \beta; \\ = 0,\text{则称 } \alpha \text{ 是比 } \beta \text{ 更高阶的无穷小量;} \\ = \infty,\text{则称 } \alpha \text{ 是比 } \beta \text{ 较低阶的无穷小量.} \end{cases}$$

(4)函数的连续性.

初等函数在定义区间内连续.

1)连续函数性质.

定理 1　在闭区间上的连续函数有界.

定理 2　在闭区间上的连续函数一定有最大值和最小值.

定理 3(零点存在定理或根的存在定理)　若函数 $f(x)$ 在闭区间 $[a,b]$ 上连续,且 $f(a) \cdot f(b) < 0$,则至少存在一点 $\xi \in (a,b)$,使得 $f(\xi) = 0$.

2)间断点. 不连续的点为间断点.

$$\text{间断点} \begin{cases} \text{第一类间断点} \begin{cases} \text{跳跃间断点——左右极限存在但不相等.} \\ \text{可去间断点——左右极限存在并相等.} \end{cases} \\ \text{第二类间断点——左右极限至少有一个不存在的间断点.} \\ \quad\quad (\text{左右极限至少有一个趋向于无穷大的间断点称为无穷间断点.}) \end{cases}$$

本 章 习 题

1. 填空题.

(1)设 $f(x) = \frac{1}{x}$,$g(x) = \frac{1}{1+x^2}$,则 $f[g(x)] = $ _____,$g[f(x)] = $ _____.

(2)设 $f(x) = \ln(\sqrt{x^2+1} - x)$,则 $f(-x) = $ _____.

(3)$\lim\limits_{n \to \infty}(\sqrt{n+1} - \sqrt{n}) = $ _____.

(4)$\lim\limits_{x \to +\infty}\left(\frac{1}{4} + \frac{1}{x}\right)^x = $ _____.

(5)设 $f(x) = \begin{cases} e^x, & \geq 0, \\ \dfrac{\sin x}{x}, & x < 0, \end{cases}$ 则 $\lim\limits_{x \to 0} f(x) = $ _____.

(6)$\lim\limits_{x \to 0}\dfrac{x}{\sin 3x} = $ _____.

(7)函数 $f(x) = \dfrac{1}{x^2 - 5x + 6}$ 的间断点是 _____.

(8)函数 $f(x) = \sin \dfrac{1}{x^2 - 1}$ 的连续区间是＿＿＿＿＿＿＿＿＿＿ .

(9)当 $x \rightarrow$ ＿＿＿＿时,函数 $f(x) = \dfrac{1}{x^2 - 2x - 3}$ 是无穷大量 .

(10)设函数 $f(x) = \begin{cases} (1 + 2x)^{\frac{1}{x}}, & x > 0, \\ x + a, & x \leq 0, \end{cases}$ 则 $a = $ ＿＿＿＿＿＿时,函数 $f(x)$ 在 $x = 0$ 点处连续 .

2. 选择题 .

(1)下列函数既是偶函数又是周期函数的是( ).

　　A. $\sin x$ 　　　　　B. $\cos x$ 　　　　　C. $\tan x$ 　　　　　D. $\cot x$

(2)函数 $f(x) = \operatorname{arccot} x$ 是( ).

　　A. 有界 　　　　　B. 周期函数 　　　　　C. 偶函数 　　　　　D. 奇函数

(3)如果函数 $f(x)$ $(x > 0)$ 是单调函数,则函数 $f(x^2)$ 是( ).

　　A. 单调函数 　　　B. 偶函数 　　　C. 奇函数 　　　D. 既是单调函数又是偶函数

(4)若 $\lim\limits_{x \to x_0} f(x) = \lim\limits_{x \to x_0} f(x)$,则函数 $f(x)$ 在 $x = 0$ 点处( ).

　　A. 连续 　　　B. 不连续 　　　C. $\lim\limits_{x \to x_0} f(x)$ 存在 　　　D. $\lim\limits_{x \to x_0} f(x)$ 不存在

(5)如果 $\lim\limits_{x \to \infty} \left(1 + \dfrac{1}{x}\right)^{ax} = \mathrm{e}^2$,则 a 等于( ).

　　A. 1 　　　　　B. 2 　　　　　C. 3 　　　　　D. e

(6)设 $f(x) = \begin{cases} \dfrac{\sin x}{x}, & x > 0, \\ \mathrm{e}^x, & x \leq 0, \end{cases}$ 则 $\lim\limits_{x \to 0} f(x)$ 的值是( ).

　　A. 0 　　　　　B. 1 　　　　　C. e 　　　　　D. 不存在

(7)当 $x \rightarrow 0$ 时,$\sin 2x$ 与 $3x$ 是( ).

　　A. 等价的无穷小量　　B. 同阶的无穷小量　　C. 无穷大量　　D. 有界变量

(8)函数 $f(x) = \dfrac{x}{\sin x}$ 的间断点是( ).

　　A. 0 　　　　　B. π 　　　　　C. $k\pi (k \in Z)$ 　　　　　D. $\dfrac{\pi}{2} + k\pi$

(9)$\lim\limits_{x \to x_0} f(x) = \lim\limits_{x \to x_0} f(x)$ 是函数 $f(x)$ 在 a 点连续的( ).

　　A. 必要条件 　　　B. 充分条件 　　　C. 充要条件 　　　D. 无关条件

(10)$x = 1$ 点是函数 $f(x) = \dfrac{x^2 - 1}{x - 1}$ 的( ).

　　A. 无穷间断点 　　　B. 跳跃间断点 　　　C. 可去的间断点　　D. 连续点

3. 求下列函数的极限:

(1)$\lim\limits_{x \to 0}(1 + \sin x)^x$; 　　(2)$\lim\limits_{x \to 0} \dfrac{\sqrt{x^2 + x} - x}{2x}$; 　　(3)$\lim\limits_{x \to \infty} \left(\dfrac{x - 1}{x + 1}\right)^{2x+1}$;

(4)$\lim\limits_{x \to 0} \dfrac{\sin(x - 1)}{x^2 - 1}$; 　　(5)$\lim\limits_{x \to -1} \dfrac{x^3 + 1}{x^2 + 2x + 1}$; 　　(6)$\lim\limits_{x \to 0} \left[\dfrac{1}{x} \ln(1 + 2x)\right]$;

(7)$\lim\limits_{x \to \infty} \dfrac{2x^2 + 3x + 1}{3x^2 + 3x - 1}$; 　　(8)$\lim\limits_{x \to \infty} \dfrac{2x^2 + 6x + 1}{x^3 + 3x + 4}$; 　　(9)$\lim\limits_{x \to 1} \left(\dfrac{1}{x - 1} - \dfrac{3x - 1}{x^2 - 1}\right)$.

4. 设函数 $f(x) = \begin{cases} 2x-1, x > 0, \\ 1, x = 0, \\ \dfrac{\tan x}{x}, x < 0, \end{cases}$ （1）求 $\lim\limits_{x \to 0^+} f(x)$、$\lim\limits_{x \to 0^-} f(x)$；（2）判断 $\lim\limits_{x \to 0} f(x)$ 是否存在.

5. 判断函数 $f(x) = \begin{cases} \dfrac{\tan x}{e^x - 1}, x \neq 0, \\ 1, x = 0 \end{cases}$ 在 $x = 0$ 点处是否连续.

6. 证明方程 $e^x + \sin x - 1 = 0$ 在区间 $(-\pi, \pi)$ 内至少有一个根.

2 导数与微分

在自然科学的许多领域中,当研究运动的各种形式时,都需要从数量上研究函数相对于自变量的变化快慢程度,如物体运动的速度、电流、线密度、化学反应速度以及生物繁殖率等,而当物体沿曲线运动时,还需要考虑速度的方向,即曲线的切线问题. 所有这些在数量关系上都归结为函数的变化率,即导数. 而微分则与导数密切相关,它指明当变量有微小变化时,函数大体上变化多少. 因此,在这一章中,除了阐明导数与微分的概念之外,我们还将建立起一整套的微分法公式和法则,从而系统地解决初等函数求导问题.

2.1 导数基础

微分学的第一个最基本的概念——导数,来源于实际生活中两个最典型的朴素概念:速度与切线.

2.1.1 两个实例

2.1.1.1 变速直线运动的瞬时速度

设一质点 M 在坐标轴上做非匀速运动,路程 s 是时间 t 的函数: $s = s(t)$,求动点在 t_0 时刻的瞬时速度 $v(t_0)$.

如图 2-1 所示,设质点 M 在 t_0 时刻的坐标为 $s(t_0)$,当时间由 t_0 变到 $t_0 + \Delta t$ 时,路程由 $s_0 = s(t_0)$ 变化到 $s_0 + \Delta s = s(t_0 + \Delta t)$,路程的增量为 $\Delta s = s(t_0 + \Delta t) - s(t_0)$.

质点 M 在时间 Δt 内,平均速度为 $\bar{v} = \dfrac{\Delta s}{\Delta t} = \dfrac{s(t_0 + \Delta t) - s(t_0)}{\Delta t}$.

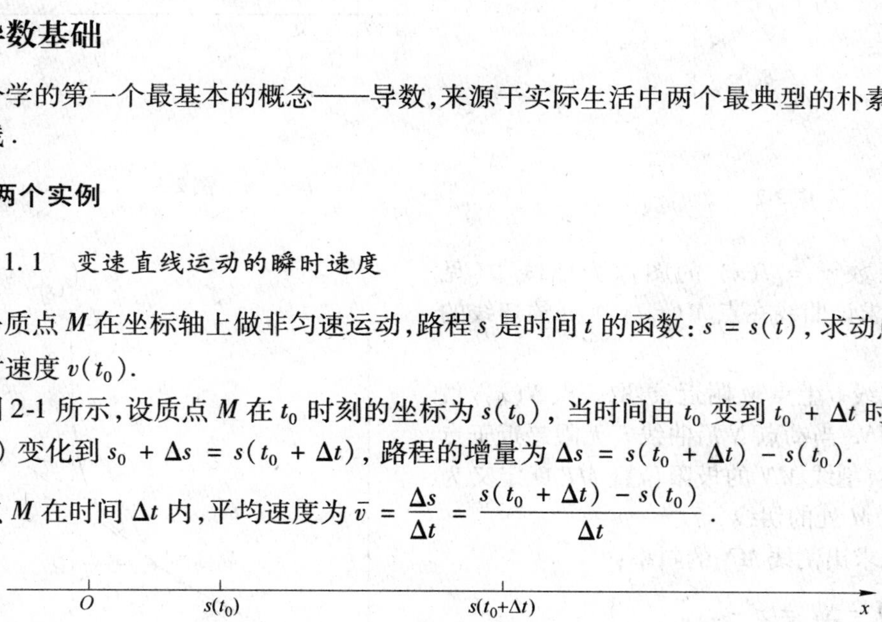

图 2-1

由于速度的变化是连续的,所以在很短的时间 Δt 内,速度的变化不大,即 $|\Delta t|$ 很小时, $\bar{v}$ 近似等于 $v(t_0)$, $|\Delta t|$ 越小, $\bar{v}$ 越接近于 $v(t_0)$, $|\Delta t|$ 无限小时, $\bar{v}$ 就无限接近于 $v(t_0)$,即

$$v(t_0) = \lim_{\Delta t \to 0} \bar{v} = \lim_{\Delta t \to 0} \frac{\Delta s}{\Delta t} = \lim_{\Delta t \to 0} \frac{s(t_0 + \Delta t) - s(t_0)}{\Delta t}.$$

就是说,瞬时速度 $v(t_0)$ 等于函数 s 的增量和时间 t 的增量之比在时间增量趋于零时的极限.

2.1.1.2 平面曲线的切线的斜率

在平面几何里,圆的切线被定义为"与圆只相交于一点的直线". 对一般曲线来说,不能把与曲线只相交于一点的直线定义为曲线的切线．否则，像曲线 $y = x^2$ 上任一点处，都可有数条交线，如图 2-2 所示，但实际上切线只有一条．而图 2-3 中的直线由于跟曲线相交于两点，所以就认为不是曲线的切线了！这显然是不合理的．因此，需要给曲线在一点处的切线下一个普遍适用的定义．

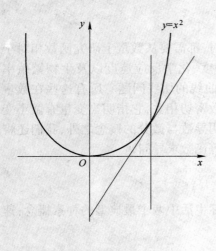

图 2-2

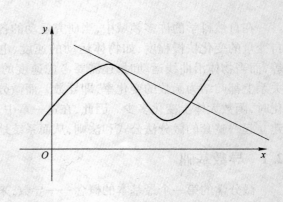

图 2-3

设函数 $y = f(x)$ 的图像为曲线 L（见图 2-4），求该曲线在点 $M(x_0, y_0)$ 处的切线的斜率．

在曲线 L 上点 M 附近，再取一点 $N(x, y)$，作割线 MN. 当动点 N 沿曲线 L 无限趋近于点 M 的时候，割线 MN 的极限位置 MT 就定义为曲线在点 M 处的切线．

首先求出割线 MN 的斜率：

$$MQ = \Delta x = x - x_0,$$

$$NQ = \Delta y = y - y_0 = f(x) - f(x_0)$$

$$= f(x_0 + \Delta x) - f(x_0),$$

$$\tan\varphi = \frac{\Delta y}{\Delta x} = \frac{f(x_0 + \Delta x) - f(x_0)}{x - x_0}.$$

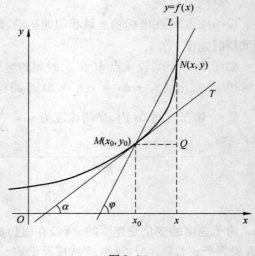

图 2-4

当 $\Delta x \to 0$ 时，$x \to x_0 \Leftrightarrow N \to M \Leftrightarrow \varphi \to \alpha$，我们得到切线的斜率为：

$$\tan\alpha = \lim_{\Delta x \to 0} \tan\varphi = \lim_{\Delta x \to 0} \frac{\Delta y}{\Delta x} = \lim_{\Delta x \to 0} \frac{f(x_0 + \Delta x) - f(x_0)}{\Delta x}.$$

由此可见，曲线切线的斜率等于函数 y 的增量与自变量 x 的增量之比在自变量的增量趋于零时的极限．

2.1.2 导数的概念与意义

从上面所讨论的两个实例可以看出,变速直线运动的瞬时速度和曲线的切线斜率,虽然具体意义不同,但却具有完全相同的数学结构,即函数的增量与自变量的增量之比在自变量的增量趋于零时的极限,为此,把这种形式的极限定义为函数的导数.

2.1.2.1 导数的定义

定义 2-1 设函数 $y = f(x)$ 在点 x_0 的某邻域内有定义,当自变量 x 在 x_0 处有增量 Δx ($\Delta x \neq 0$, $x_0 + \Delta x$ 点仍在该邻域内),函数相应地有增量 $\Delta y = f(x_0 + \Delta x) - f(x_0)$. 如果极限

$$\lim_{\Delta x \to 0} \frac{\Delta y}{\Delta x} = \lim_{\Delta x \to 0} \frac{f(x_0 + \Delta x) - f(x_0)}{\Delta x}$$

存在,则称函数 $y = f(x)$ 在点 x_0 处可导,此极限值称为函数 $y = f(x)$ 在点 x_0 处的导数. 记作 $f'(x_0)$、$y'|_{x=x_0}$、$\dfrac{\mathrm{d}y}{\mathrm{d}x}\Big|_{x=x_0}$ 或 $\dfrac{\mathrm{d}f(x)}{\mathrm{d}x}\Big|_{x=x_0}$,即

$$f'(x_0) = \lim_{\Delta x \to 0} \frac{\Delta y}{\Delta x} = \lim_{\Delta x \to 0} \frac{f(x_0 + \Delta x) - f(x_0)}{\Delta x}.$$

如果极限不存在,就说函数 $y = f(x)$ 在点 x_0 处不可导.

如果固定 x_0,令 $x_0 + \Delta x = x$,则当 $\Delta x \to 0$ 时,有 $x \to x_0$,故导数 $f'(x_0)$ 也可表述为

$$f'(x_0) = \lim_{x \to x_0} \frac{f(x) - f(x_0)}{x - x_0}.$$

有了导数这个概念,前面两个实例可以重述为:

(1)变速直线运动在 t_0 时刻的瞬时速度,就是路程函数 $s = s(t)$ 在 t_0 处对时间 t 的导数,即

$$v(t_0) = \frac{\mathrm{d}s}{\mathrm{d}t}\Big|_{t=t_0}.$$

(2)平面曲线上点 (x_0, y_0) 处的切线斜率 k 是曲线纵坐标 y 在该点对横坐标 x 的导数,即

$$k = \tan\alpha = \frac{\mathrm{d}y}{\mathrm{d}x}\Big|_{x=x_0}.$$

2.1.2.2 左、右导数

$$\lim_{\Delta x \to 0^-} \frac{\Delta y}{\Delta x} = \lim_{\Delta x \to 0^-} \frac{f(x_0 + \Delta x) - f(x_0)}{\Delta x}$$

和

$$\lim_{\Delta x \to 0^+} \frac{\Delta y}{\Delta x} = \lim_{\Delta x \to 0^+} \frac{f(x_0 + \Delta x) - f(x_0)}{\Delta x}$$

分别称为函数 $f(x)$ 在点 x_0 处的左导数和右导数,且分别记为 $f'_-(x_0)$ 和 $f'_+(x_0)$.

定理 2-1 若函数 $y = f(x)$ 在点 x_0 的某邻域内有定义,则 $f'(x_0)$ 存在的充要条件是 $f'_+(x_0)$ 与 $f'_-(x_0)$ 都存在,且 $f'_+(x_0) = f'_-(x_0)$.

如果函数 $f(x)$ 在区间 (a,b) 内的每一点都可导,就称函数 $f(x)$ 在区间 (a,b) 内可导. 这时,对于任一 $x \in (a,b)$,都对应着一个确定的导数值 $f'(x)$,这样就确定了一个新的函数,此函数称为函数 $y = f(x)$ 的导函数,记作 y'、$f'(x)$、$\dfrac{\mathrm{d}y}{\mathrm{d}x}$ 或 $\dfrac{\mathrm{d}f(x)}{\mathrm{d}x}$,导函数也简称导数.

函数 $f(x)$ 在点 x_0 处的导数 $f'(x_0)$ 就是导函数 $f'(x)$ 在点 $x = x_0$ 处的函数值,即

$$f'(x_0) = f'(x) \big|_{x = x_0}.$$

导数定义的四种等价形式如下:

$$f'(x_0) = \lim_{\Delta x \to 0} \frac{f(x_0 + \Delta x) - f(x_0)}{\Delta x} = \lim_{h \to 0} \frac{f(x_0 + h) - f(x_0)}{h}$$

$$= \lim_{h \to 0} \frac{f(x_0) - f(x_0 - h)}{h} = \lim_{x \to x_0} \frac{f(x) - f(x_0)}{x - x_0}.$$

2.1.2.3   导数的几何意义

函数 $y = f(x)$ 在点 x_0 处的导数 $f'(x_0)$ 在几何上表示曲线 $y = f(x)$ 在点 $M(x_0, y_0)$ 处的切线的斜率.

由直线的点斜式方程可知,曲线 $y = f(x)$ 在点 $M(x_0, y_0)$ 处的切线方程为

$$y - y_0 = f'(x_0)(x - x_0).$$

如果 $f'(x_0) = \infty$,则切线方程为 $x = x_0$.

在点 $M(x_0, y_0)$ 处的法线方程为

$$y - y_0 = -\frac{1}{f'(x_0)}(x - x_0),$$

如果 $f'(x_0) = 0$,则法线方程为 $x = x_0$.

2.1.3   求导举例

由导数定义可知,求函数 $y = f(x)$ 的导数 y' 可以分为以下三个步骤:

(1)求增量: $\Delta y = f(x + \Delta x) - f(x).$

(2)算比值: $\dfrac{\Delta y}{\Delta x} = \dfrac{f(x + \Delta x) - f(x)}{\Delta x}.$

(3)取极限: $y' = \lim\limits_{\Delta x \to 0} \dfrac{\Delta y}{\Delta x}.$

下面,我们根据这三个步骤来求一些基本初等函数的导数.

【例 2-1】   求 $f(x) = C$(C 为常数)的导数.

解:(1)求增量: $\Delta y = f(x + \Delta x) - f(x) = C - C = 0.$

(2)算比值: $\dfrac{\Delta y}{\Delta x} = \dfrac{f(x + \Delta x) - f(x)}{\Delta x} = 0.$

(3)求极限: $f'(x) = \lim\limits_{\Delta x \to 0} \dfrac{f(x + \Delta x) - f(x)}{\Delta x} = \dfrac{C - C}{\Delta x} = 0.$

结论:常数的导数为 0,即 $(C)' = 0.$

【例2-2】 求函数 $y = x^2$ 在任意点 x 处的导数.

解：(1)求增量： $\Delta y = (x + \Delta x)^2 - x^2 = 2x\Delta x + \Delta x^2.$

(2)算比值： $\dfrac{\Delta y}{\Delta x} = \dfrac{2x\Delta x + \Delta x^2}{\Delta x} = 2x + \Delta x.$

(3)求极限： $y' = \lim\limits_{\Delta x \to 0} \dfrac{\Delta y}{\Delta x} = \lim\limits_{\Delta x \to 0}(2x + \Delta x) = 2x.$

即 $(x^2)' = 2x.$

一般地,对幂函数 $y = x^\mu$(μ 是实数),有如下公式：

$$(x^\mu)' = \mu x^{\mu-1}$$

【例2-3】 求函数 $y = \sin x$ 的导数.

解：(1)求增量： $\Delta y = \sin(x + \Delta x) - \sin x = 2\cos\left(x + \dfrac{\Delta x}{2}\right)\sin\dfrac{\Delta x}{2}.$

(2)算比值： $\dfrac{\Delta y}{\Delta x} = \cos\left(x + \dfrac{\Delta x}{2}\right)\dfrac{\sin\dfrac{\Delta x}{2}}{\dfrac{\Delta x}{2}}.$

(3)求极限： $y' = \lim\limits_{\Delta x \to 0}\dfrac{\Delta y}{\Delta x} = \lim\limits_{\Delta x \to 0}\cos\left(x + \dfrac{\Delta x}{2}\right)\dfrac{\sin\dfrac{\Delta x}{2}}{\dfrac{\Delta x}{2}}$

$$= \lim\limits_{\Delta x \to 0}\cos\left(x + \dfrac{\Delta x}{2}\right)\cdot\lim\limits_{\Delta x \to 0}\dfrac{\sin\dfrac{\Delta x}{2}}{\dfrac{\Delta x}{2}} = \cos x.$$

即 $(\sin x)' = \cos x.$

同理 $(\cos x)' = -\sin x.$

【例2-4】 求对数函数 $y = \log_a x(a > 0, a \neq 1, x > 0)$ 的导数.

解：(1)求增量： $\Delta y = f(x + \Delta x) - f(x) = \log_a(x + \Delta x) - \log_a x = \log_a\left(1 + \dfrac{\Delta x}{x}\right).$

(2)算比值、求极限：

$$f'(x) = \lim\limits_{\Delta x \to 0}\dfrac{f(x + \Delta x) - f(x)}{\Delta x} = \lim\limits_{\Delta x \to 0}\dfrac{1}{\Delta x}\log_a\left(1 + \dfrac{\Delta x}{x}\right) = \lim\limits_{\Delta x \to 0}\log_a\left(1 + \dfrac{\Delta x}{x}\right)^{\frac{1}{\Delta x}}$$

$$= \lim\limits_{\Delta x \to 0}\dfrac{1}{x}\log_a\left(1 + \dfrac{\Delta x}{x}\right)^{\frac{x}{\Delta x}} = \dfrac{1}{x}\log_a e = \dfrac{1}{x\ln a}.$$

即 $(\log_a x)' = \dfrac{1}{x\ln a}.$

特别地, $a = e$ 时,得自然对数的导数： $(\ln x)' = \dfrac{1}{x}.$

【例2-5】 求抛物线 $y = x^2$ 在点 $(2,4)$ 处的切线方程及法线方程.

解：由例2-2可知 $y' = 2x$,所以 $y'|_{x=2} = 4$,因此,所求切线方程为

$$y - 4 = 4(x - 2),$$

即
$$4x - y - 4 = 0.$$

所求法线方程为

$$y - 4 = -\frac{1}{4}(x - 2),$$

即
$$x + 4y - 18 = 0.$$

【例 2-6】 求函数 $f(x) = a^x (a > 0, a \neq 1)$ 的导数.

解：
$$f'(x) = \lim_{h \to 0} \frac{f(x+h) - f(x)}{h} = \lim_{h \to 0} \frac{a^{x+h} - a^x}{h}$$

$$= a^x \lim_{h \to 0} \frac{a^h - 1}{h} \xlongequal{\text{令 } a^h - 1 = t} a^x \lim_{t \to 0} \frac{t}{\log_a(1+t)}$$

$$= a^x \frac{1}{\lim\limits_{t \to 0} \frac{1}{t} \log_a(1+t)}$$

$$= a^x \frac{1}{\log_a \lim\limits_{t \to 0} (1+t)^{\frac{1}{t}}}$$

$$= a^x \frac{1}{\log_a e} = a^x \ln a.$$

即
$$(a^x)' = a^x \ln a.$$

特别地有
$$(e^x)' = e^x.$$

【例 2-7】 求等边双曲线 $y = \frac{1}{x}$ 在点 $\left(\frac{1}{2}, 2\right)$ 处切线的斜率，并写出在该点处的切线方程和法线方程.

解： $y' = -\frac{1}{x^2}$，所求切线及法线的斜率分别为

$$k_1 = \left(-\frac{1}{x^2} \right) \Big|_{x = \frac{1}{2}} = -4 \quad \text{和} \quad k_2 = -\frac{1}{k_1} = \frac{1}{4}.$$

所求切线方程为 $y - 2 = -4\left(x - \frac{1}{2}\right)$，即 $4x + y - 4 = 0$. 所求法线方程为 $y - 2 = \frac{1}{4}\left(x - \frac{1}{2}\right)$，即 $2x - 8y + 15 = 0$.

2.1.4　函数的可导性与连续性的关系

如果函数 $y = f(x)$ 在点 x 处可导，那么它一定在该点连续，即可导必连续.

因为函数 $y = f(x)$ 在点 x 处可导，所以有 $f'(x) = \lim\limits_{\Delta x \to 0} \frac{\Delta y}{\Delta x}$. 而

$$\lim_{\Delta x \to 0} \Delta y = \lim_{\Delta x \to 0} \frac{\Delta y}{\Delta x} \cdot \Delta x = \lim_{\Delta x \to 0} \frac{\Delta y}{\Delta x} \lim_{\Delta x \to 0} \Delta x = f'(x) \cdot 0 = 0$$

符合函数连续性定义，所以函数 $y = f(x)$ 在 x 点连续.

但反过来，如果函数 $y = f(x)$ 在点 x 处连续，它未必在该点可导，即连续不一定可导！

例如，函数 $y = |x| = \begin{cases} x, & x \geq 0, \\ -x, & x < 0 \end{cases}$ 显然在 $x = 0$ 处连续，但是在该点不可导. 因为

$$\Delta y = f(0 + \Delta x) - f(0) = |\Delta x|,$$

所以在 $x = 0$ 点的右导数是

$$f'_+(0) = \lim_{\Delta x \to 0^+} \frac{\Delta y}{\Delta x} = \lim_{\Delta x \to 0^+} \frac{|\Delta x|}{\Delta x} = \lim_{\Delta x \to 0^+} \frac{\Delta x}{\Delta x} = 1,$$

而左导数是

$$f'_-(0) = \lim_{\Delta x \to 0^-} \frac{\Delta y}{\Delta x} = \lim_{\Delta x \to 0^-} \frac{|\Delta x|}{\Delta x} = \lim_{\Delta x \to 0^-} \frac{-\Delta x}{\Delta x} = -1,$$

左、右导数不相等,故函数在该点不可导. 所以函数连续是可导的必要条件,而不是充分条件.

又例如,函数 $f(x) = \sqrt[3]{x}$ 在区间 $(-\infty, +\infty)$ 内连续,但在点 $x = 0$ 处不可导. 这是因为函数在点 $x = 0$ 处导数为无穷大,如图 2-5 所示.

$$f'(0) = \lim_{h \to 0} \frac{f(0+h) - f(0)}{h}$$

$$= \lim_{h \to 0} \frac{\sqrt[3]{h} - 0}{h} = +\infty.$$

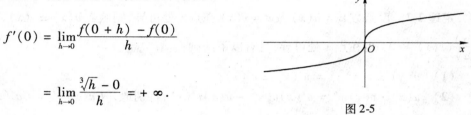

图 2-5

习题 2.1

1. 假设下列极限存在,则

(1) $\lim\limits_{x \to x_0} \dfrac{f(x) - f(x_0)}{x - x_0} = $ _____ ;   (2) $\lim\limits_{h \to 0} \dfrac{f(x_0 + h) - f(x_0)}{h} = $ _____ ;

(3) $\lim\limits_{\Delta x \to 0} \dfrac{f(x_0 - \Delta x) - f(x_0)}{\Delta x} = $ _____ ;   (4) 若 $f(0) = 0$,则 $\lim\limits_{x \to 0} \dfrac{f(x)}{x} = $ _____ .

2. 利用幂函数的求导公式 $(x^\mu)' = \mu x^{\mu-1}$ 分别求出下列函数的导数:

(1) x^{100};   (2) $x^{\frac{9}{8}}$;   (3) $x^3 \sqrt{x}$.

3. 若曲线 $y = x^3$ 在 (x_0, y_0) 处切线斜率等于 3,求点 (x_0, y_0) 的坐标.

4. 求极限 $\lim\limits_{x \to \infty} \left\{ x \cdot \left[f\left(x_0 + \dfrac{2}{x}\right) - f(x_0) \right] \right\}$.

5. 抛物线 $y = x^2$ 在何处切线与 Ox 轴正向夹角为 $\dfrac{\pi}{4}$? 求该处切线方程.

6. 已知 $(\sin x)' = \cos x$,利用导数定义求极限 $\lim\limits_{x \to 0} \dfrac{\sin\left(\dfrac{\pi}{2} + x\right) - 1}{x}$.

7. 用导数的定义求函数 $y = x\sqrt{x}$ 在 $x = 0$ 处的导数.

8. 若函数 $f(x) = \begin{cases} x^2 \sin \dfrac{\pi}{x}, & x > 0, \\ a, & x = 0, \\ 4x^2 + b, & x < 0 \end{cases}$ 在 $x = 0$ 处可导,求常数 a、b 的值.

9. 讨论函数 $f(x) = \begin{cases} x \cdot \arctan \dfrac{1}{x}, & x \neq 0, \\ 0, & x = 0 \end{cases}$ 在 $x = 0$ 处的连续性与可导性.

2.2　函数的求导法则

上一节给出了根据定义求函数的导数的方法. 但是,如果对每一个函数,都直接用定义去求导数,那将是很麻烦的,有时甚至是很困难的. 在本节介绍一些求导数的基本法则. 借助于这些法则,就能比较方便地求出常见的函数——初等函数的导数.

2.2.1　函数的和、差、积、商的求导法则

定理 2-2　设函数 $u = u(x)$ 及 $v = v(x)$ 在点 x 处可导,则函数 $u(x) \pm v(x)$、$u(x)v(x)$、$\dfrac{u(x)}{v(x)}(v(x) \neq 0)$ 也在点 x 处可导,且有以下法则:

(1) $[u(x) \pm v(x)]' = u'(x) \pm v'(x)$;

(2) $[u(x) \cdot v(x)]' = u'(x)v(x) + u(x)v'(x)$,特别地,$[Cu(x)]' = Cu'(x)$（$C$ 为常数）;

(3) $\left[\dfrac{u(x)}{v(x)}\right]' = \dfrac{u'(x)v(x) - u(x)v'(x)}{v^2(x)}(v(x) \neq 0)$,特别地,当 $u(x) = C$（C 为常数）时有 $\left[\dfrac{C}{v(x)}\right]' = -\dfrac{Cv'(x)}{v^2(x)}$.

下面我们给出法则(2)的证明,法则(1)、(3)的证明从略.

证明:　令　　　　　　　　　　$y = u(x)v(x)$.

(1)求函数 y 的增量:给 x 以增量 Δx,相应地函数 $u(x)$ 与 $v(x)$ 各有增量 Δu 与 Δv,从而 y 有增量

$$\begin{aligned} \Delta y &= u(x + \Delta x)v(x + \Delta x) - u(x)v(x) \\ &= [u(x + \Delta x) - u(x)]v(x + \Delta x) + u(x)[v(x + \Delta x) - v(x)] \\ &= \Delta u v(x + \Delta x) + u(x)\Delta v. \end{aligned}$$

(2)算比值:

$$\frac{\Delta y}{\Delta x} = \frac{\Delta u}{\Delta x}v(x + \Delta x) + u(x)\frac{\Delta v}{\Delta x}.$$

(3)取极限:由于 $u(x)$ 与 $v(x)$ 均在 x 处可导,所以

$$\lim_{\Delta x \to 0}\frac{\Delta u}{\Delta x} = u'(x), \quad \lim_{\Delta x \to 0}\frac{\Delta v}{\Delta x} = v'(x).$$

又,函数 $v(x)$ 在 x 处可导,就必在 x 处连续,因此

$$\lim_{\Delta x \to 0}v(x + \Delta x) = v(x),$$

从而
$$\lim_{\Delta x \to 0} \frac{\Delta y}{\Delta x} = \lim_{\Delta x \to 0} \frac{\Delta u}{\Delta x} \lim_{\Delta x \to 0} v(x + \Delta x) + u(x) \lim_{\Delta x \to 0} \frac{\Delta v}{\Delta x}$$
$$= u'(x)v(x) + u(x)v'(x).$$

这就是说，$y = u(x)v(x)$ 也在 x 处可导且有
$$[u(x)v(x)]' = u'(x)v(x) + u(x)v'(x).$$

法则(2)得证. 法则(1)可推广到有限个可导函数的情形. 例如,
$$[u(x) + v(x) - w(x)]' = u'(x) + v'(x) - w'(x).$$

法则(2)可推广到有限个可导函数的乘积的情形. 例如,设 $u = u(x)$、$v = v(x)$ 和 $w = w(x)$ 为三个可导函数,则其乘积的导数为
$$(uvw)' = (uv)'w + (uv)w' = (u'v + uv')w + uvw'$$
$$= u'vw + uv'w + uvw'.$$

【例 2-8】 设 $y = \sqrt{x}\cos x + 4\ln x + \sin \frac{\pi}{7}$, 求 y'.

解:
$$y' = (\sqrt{x}\cos x)' + (4\ln x)' + \left(\sin \frac{\pi}{7}\right)'$$
$$= (\sqrt{x})'\cos x + \sqrt{x}(\cos x)' + 4(\ln x)'$$
$$= \frac{\cos x}{2\sqrt{x}} - \sqrt{x}\sin x + \frac{4}{x}.$$

【例 2-9】 求 $y = \tan x$ 的导数.

解:
$$y' = (\tan x)' = \left(\frac{\sin x}{\cos x}\right)' = \frac{(\sin x)'\cos x - \sin x(\cos x)'}{\cos^2 x}$$
$$= \frac{\cos^2 x + \sin^2 x}{\cos^2 x} = \frac{1}{\cos^2 x} = \sec^2 x.$$

即
$$(\tan x)' = \sec^2 x.$$

用类似的方法可得
$$(\cot x)' = -\csc^2 x.$$

【例 2-10】 设 $y = \sec x$, 求 y'.

解:
$$y' = (\sec x)' = \left(\frac{1}{\cos x}\right)' = \frac{(1)'\cos x - 1 \cdot (\cos x)'}{\cos^2 x}$$
$$= \frac{\sin x}{\cos^2 x} = \sec x \tan x.$$

即
$$(\sec x)' = \sec x \cdot \tan x.$$

用类似的方法可得
$$(\csc x)' = -\csc x \cdot \cot x.$$

【例 2-11】 设 $f(x) = \dfrac{x\sin x}{1 + \cos x}$, 求 $f'(x)$.

解：
$$f'(x) = \frac{(x\sin x)'(1 + \cos x) - x\sin x(1 + \cos x)'}{(1 + \cos x)^2}$$

$$= \frac{(\sin x + x\cos x)(1 + \cos x) - x\sin x(-\sin x)}{(1 + \cos x)^2}$$

$$= \frac{\sin x(1 + \cos x) + x\cos x + x\cos^2 x + x\sin^2 x}{(1 + \cos x)^2}$$

$$= \frac{\sin x(1 + \cos x) + x(1 + \cos x)}{(1 + \cos x)^2}$$

$$= \frac{\sin x + x}{1 + \cos x}.$$

2.2.2　复合函数的求导法则

定理 2-3　如果函数 $u = g(x)$ 在点 x 处可导, 而函数 $y = f(u)$ 在对应的点 $u = g(x)$ 处可导, 那么复合函数 $y = f[g(x)]$ 也在点 x 处可导, 且有

$$\frac{\mathrm{d}y}{\mathrm{d}x} = \frac{\mathrm{d}y}{\mathrm{d}u} \cdot \frac{\mathrm{d}u}{\mathrm{d}x} \quad \text{或} \quad \{f[g(x)]\}' = f'(u) \cdot g'(x) \quad \text{或} \quad y'_x = y'_u \cdot u'_x.$$

证明：因为函数 $u = g(x)$ 在点 x 处可导, 所以 $\lim\limits_{\Delta x \to 0} \dfrac{\Delta u}{\Delta x} = u'_x$, 而且 $u = g(x)$ 在点 x 处连续, 所以 $\lim\limits_{\Delta x \to 0} \Delta u = 0$. 而函数 $y = f(u)$ 在对应的点 $u = g(x)$ 处可导, 则 $\lim\limits_{\Delta u \to 0} \dfrac{\Delta y}{\Delta u} = y'_u$. 因此

$$\frac{\mathrm{d}y}{\mathrm{d}x} = \lim_{\Delta x \to 0} \frac{\Delta y}{\Delta x} = \lim_{\Delta x \to 0} \frac{\Delta y}{\Delta u} \cdot \frac{\Delta u}{\Delta x}$$

$$= \lim_{\Delta u \to 0} \frac{\Delta y}{\Delta u} \cdot \lim_{\Delta x \to 0} \frac{\Delta u}{\Delta x} = \frac{\mathrm{d}y}{\mathrm{d}u} \frac{\mathrm{d}u}{\mathrm{d}x},$$

即
$$y'_x = y'_u \cdot u'_x.$$

推论 2-3-1　设 $y = f(u)$、$u = \varphi(v)$、$v = \psi(x)$ 都可导, 则

$$\frac{\mathrm{d}y}{\mathrm{d}x} = \frac{\mathrm{d}y}{\mathrm{d}u} \cdot \frac{\mathrm{d}u}{\mathrm{d}v} \frac{\mathrm{d}v}{\mathrm{d}x} \quad \text{或} \quad y'_x = y'_u \cdot u'_v \cdot v'_x.$$

【**例 2-12**】　求 $y = \sin\sqrt{x}$ 的导数.

解：函数 $y = \sin\sqrt{x}$ 可以看做由函数 $y = \sin u$ 与 $u = \sqrt{x}$ 复合而成. 由复合函数求导法则得

$$y' = (\sin u)'(\sqrt{x})' = \cos u \frac{1}{2\sqrt{x}} = \frac{\cos\sqrt{x}}{2\sqrt{x}}.$$

【**例 2-13**】　求函数 $y = \sqrt{a^2 - x^2}$ 的导数.

解：此函数可看作由函数 $y = \sqrt{u}$ 与 $u = a^2 - x^2$ 复合而成. 因此

$$\frac{dy}{dx} = \frac{dy}{du} \cdot \frac{du}{dx} = (\sqrt{u})'(a^2 - x^2)'$$

$$= \frac{1}{2\sqrt{u}}(-2x) = -\frac{x}{\sqrt{a^2 - x^2}}.$$

在对复合函数的分解比较熟练后,不必再写出中间变量,而可以采用下列例题的方式来计算.

【例 2-14】 求函数 $y = \ln\tan\frac{x}{2}$ 的导数.

解:

$$y' = \left(\ln\tan\frac{x}{2}\right)' = \frac{1}{\tan\frac{x}{2}}\left(\tan\frac{x}{2}\right)'$$

$$= \frac{1}{\tan\frac{x}{2}}\sec^2\frac{x}{2}\left(\frac{x}{2}\right)' = \frac{\cos\frac{x}{2}}{\sin\frac{x}{2}} \cdot \frac{1}{\cos^2\frac{x}{2}} \cdot \frac{1}{2}$$

$$= \frac{1}{\sin x} = \csc x.$$

【例 2-15】 设 $f'(x)$ 存在,求 $y = \ln|f(x)|(f(x) \neq 0)$ 的导数.

解: 分两种情况来考虑:

当 $f(x) > 0$ 时,$y = \ln f(x)$,$y' = [\ln f(x)]' = \frac{1}{f(x)}f'(x) = \frac{f'(x)}{f(x)}$;

当 $f(x) < 0$ 时,$y = \ln[-f(x)]$,$y' = \frac{1}{-f(x)}[-f(x)]' = \frac{f'(x)}{f(x)}$.

所以
$$[\ln|f(x)|]' = \frac{f'(x)}{f(x)}.$$

复合函数求导法则熟练后,可以按照复合的前后次序,层层求导直接得出最后结果.

【例 2-16】 求函数 $y = \sin\ln\sqrt{2x+1}$ 的导数.

解: $y' = \cos\ln\sqrt{2x+1} \cdot \frac{1}{\sqrt{2x+1}} \cdot \frac{1}{2\sqrt{2x+1}} \cdot 2 = \frac{\cos\ln\sqrt{2x+1}}{2x+1}.$

【例 2-17】 设气体以 $100\text{cm}^3/\text{s}$ 的常速注入球状的气球,假定气体的压力不变,那么当半径为 10cm 时,气球半径增加的速率是多少?

解: 设在时刻 t 时,气球的体积与半径分别为 V 和 r. 显然

$$V = \frac{4}{3}\pi \cdot r^3, \quad r = r(t).$$

所以 V 通过中间变量 r 与时间 t 发生联系,是一个复合函数

$$V = \frac{4}{3}\pi \cdot [r(t)]^3.$$

按题意,已知 $\frac{dV}{dt} = 100\text{cm}^3/\text{s}$,要求当 $r = 10\text{cm}$ 时 $\frac{dr}{dt}$ 的值.

根据复合函数求导法则,得

$$\frac{dV}{dt} = \frac{4}{3}\pi \times 3[r(t)]^2 \frac{dr}{dt},$$

将已知数据代入上式,得

$$100 = 4\pi \times 10^2 \times \frac{dr}{dt}.$$

所以 $\frac{dr}{dt} = \frac{1}{4\pi}$ cm/s,即在 $r = 10$ cm 这一瞬间,半径以 $\frac{1}{4\pi}$ cm/s 的速率增加.

【例 2-18】 若水以 $2\mathrm{m}^3/\mathrm{min}$ 的速度灌入高为 $10\mathrm{m}$、底面半径为 $5\mathrm{m}$ 的圆锥形(倒立的)水槽中,如图 2-6 所示,问当水深为 $6\mathrm{m}$ 时,水位的上升速度为多少?

解:设在时间为 t 时,水槽中水的体积为 V,水面的半径为 x,水槽中水的深度为 y.

由题意有,$\dfrac{dV}{dt} = 2\mathrm{m}^3/\mathrm{min}$, $V = \dfrac{1}{3}\pi \cdot x^2 y$,且有 $\dfrac{x}{y} = \dfrac{5}{10}$,

即 $x = \dfrac{1}{2}y$. 因此

$$V = \frac{1}{12}\pi \cdot y^3.$$

将上式求导得 $\dfrac{dV}{dt} = \dfrac{1}{4}\pi \cdot y^2 \dfrac{dy}{dt}$, 即

$$\frac{dy}{dt} = \frac{4}{\pi y^2}\frac{dV}{dt}.$$

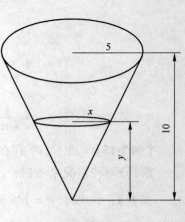

图 2-6

将 $\dfrac{dV}{dt} = 2\mathrm{m}^3/\mathrm{min}$ 及 $y = 6\mathrm{m}$ 代入上式得

$$\frac{dy}{dt} = \frac{4 \times 2}{\pi \times 36} = \frac{2}{9\pi} \approx 0.071\mathrm{m/min}.$$

所以,当水深 $6\mathrm{m}$ 时,水位上升速度约为 $0.071\mathrm{m/min}$.

2.2.3　反函数的求导法则

定理 2-4　如果单调连续函数 $x = \varphi(y)$ 在点 y 处可导,而且 $\varphi'(y) \neq 0$,那么它的反函数 $y = f(x)$ 在对应的点 x 处可导,且有

$$f'(x) = \frac{1}{\varphi'(y)} \quad \text{或} \quad \frac{dy}{dx} = \frac{1}{\dfrac{dx}{dy}}.$$

证明:由于 $x = \varphi(y)$ 单调连续,所以它的反函数 $y = f(x)$ 也单调连续. 给 x 以增量 $\Delta x \neq 0$,从 $y = f(x)$ 的单调性可知

$$\Delta y = f(x + \Delta x) - f(x) \neq 0,$$

因而有

$$\frac{\Delta y}{\Delta x} = \frac{1}{\dfrac{\Delta x}{\Delta y}}.$$

根据 $y = f(x)$ 的连续性, 当 $\Delta x \to 0$ 时, 必有 $\Delta y \to 0$, 而 $x = \varphi(y)$ 可导, 于是

$$\lim_{\Delta y \to 0} \frac{\Delta x}{\Delta y} = \varphi'(y) \neq 0,$$

所以

$$\lim_{\Delta x \to 0} \frac{\Delta y}{\Delta x} = \lim_{\Delta x \to 0} \frac{1}{\dfrac{\Delta x}{\Delta y}} = \frac{1}{\lim\limits_{\Delta y \to 0} \dfrac{\Delta x}{\Delta y}} = \frac{1}{\varphi'(y)}.$$

这就是说, $y = f(x)$ 在点 x 处可导, 且有

$$f'(x) = \frac{1}{\varphi'(y)}.$$

作为此定理的应用, 下面来导出几个函数的导数公式.

【例 2-19】 求函数 $y = a^x (a > 0, a \neq 1)$ 的导数.

解: $y = a^x$ 是 $x = \log_a y$ 的反函数, 且 $x = \log_a y$ 在 $(0, +\infty)$ 内单调、可导, 又因为

$$\frac{\mathrm{d}x}{\mathrm{d}y} = \frac{1}{y \ln a} \neq 0,$$

所以

$$y' = \frac{1}{\dfrac{\mathrm{d}x}{\mathrm{d}y}} = y \ln a = a^x \ln a,$$

即

$$(a^x)' = a^x \ln a.$$

特别地, 有

$$(e^x)' = e^x.$$

【例 2-20】 求 $y = \arcsin x$ 的导数.

解: 因为 $y = \arcsin x$ 是 $x = \sin y$ 的反函数, $x = \sin y$ 在区间 $\left(-\dfrac{\pi}{2}, \dfrac{\pi}{2} \right)$ 内单调、可导, 且 $\dfrac{\mathrm{d}x}{\mathrm{d}y} = \cos y > 0$, 所以

$$y' = \frac{1}{\dfrac{\mathrm{d}x}{\mathrm{d}y}} = \frac{1}{\cos y} = \frac{1}{\sqrt{1 - \sin^2 y}} = \frac{1}{\sqrt{1 - x^2}},$$

即

$$(\arcsin x)' = \frac{1}{\sqrt{1 - x^2}}.$$

类似地, 有

$$(\arccos x)' = -\frac{1}{\sqrt{1 - x^2}}.$$

【例 2-21】 求 $y = \arctan x$ 的导数.

解: 因为 $y = \arctan x$ 是 $x = \tan y$ 的反函数, $x = \tan y$ 在区间 $\left(-\dfrac{\pi}{2}, \dfrac{\pi}{2} \right)$ 内单调、可导, 且 $\dfrac{\mathrm{d}x}{\mathrm{d}y} = \sec^2 y \neq 0$, 所以

$$y' = \frac{1}{\dfrac{\mathrm{d}x}{\mathrm{d}y}} = \frac{1}{\sec^2 y} = \frac{1}{1 + \tan^2 y} = \frac{1}{1 + x^2},$$

即 $$(\arctan x)' = \frac{1}{1 + x^2}.$$

类似地,有 $$(\operatorname{arccot} x)' = -\frac{1}{1 + x^2}.$$

【例 2-22】 $y = \arcsin \sqrt{x}$, 求 y'.

解: $y' = (\arcsin \sqrt{x})' = \dfrac{1}{\sqrt{1 - (\sqrt{x})^2}} \cdot \dfrac{1}{2\sqrt{x}} = \dfrac{1}{2\sqrt{x - x^2}}.$

2.2.4　初等函数的求导公式

2.2.4.1　基本初等函数的导数公式

(1) $(C)' = 0$;　　　　　　　　　　　　　　(2) $(x^\mu)' = \mu x^{\mu-1}$;

(3) $(\sin x)' = \cos x$;　　　　　　　　　　(4) $(\cos x)' = -\sin x$;

(5) $(\tan x)' = \sec^2 x$;　　　　　　　　　(6) $(\cot x)' = -\csc^2 x$;

(7) $(\sec x)' = \sec x \cdot \tan x$;　　　　　(8) $(\csc x)' = -\csc x \cdot \cot x$;

(9) $(a^x)' = a^x \ln a$;　　　　　　　　　　(10) $(e^x)' = e^x$;

(11) $(\log_a x)' = \dfrac{1}{x \ln a}$;　　　　　　(12) $(\ln x)' = \dfrac{1}{x}$;

(13) $(\arcsin x)' = \dfrac{1}{\sqrt{1 - x^2}}$;　　(14) $(\arccos x)' = -\dfrac{1}{\sqrt{1 - x^2}}$;

(15) $(\arctan x)' = \dfrac{1}{1 + x^2}$;　　　(16) $(\operatorname{arccot} x)' = -\dfrac{1}{1 + x^2}$.

2.2.4.2　函数的和、差、积、商的求导法则

(1) $(u \pm v)' = u' \pm v'$;

(2) $(uv)' = u'v + uv'$, $(Cu)' = Cu'$(C 为常数);

(3) $\left(\dfrac{u}{v}\right)' = \dfrac{u'v - uv'}{v^2}$, $\left(\dfrac{1}{v}\right)' = -\dfrac{v'}{v^2}$($v \neq 0$).

2.2.4.3　复合函数的求导法则

设 $y = f(u)$、$u = g(x)$, 则复合函数 $y = f[g(x)]$ 的导数为

$$\frac{dy}{dx} = \frac{dy}{du} \cdot \frac{du}{dx} \quad 或 \quad \{f[g(x)]\}' = f'(u) \cdot g'(x).$$

2.2.4.4　反函数的求导法则

设 $y = f(x)$ 是 $x = \varphi(y)$ 的反函数, 则

$$f'(x) = \frac{1}{\varphi'(y)} \quad (\varphi'(y) \neq 0).$$

习题 2.2

1. 求下列函数的导数:
   (1) $y = 4x^2 + 3x + 1$;
   (2) $y = 4e^x + 3e + 1$;
   (3) $y = x + \ln x + 1$;
   (4) $y = 2\cos x + 3x$;
   (5) $y = 2^x + 3^x$;
   (6) $y = \log_2 x + x^2$;
   (7) $y = \dfrac{\sin x}{1 + x}$;
   (8) $y = x\ln x\cos x$;
   (9) $y = 2\csc x - 3\tan x + \sec x$;
   (10) $y = 2^x\cot x$.

2. 求下列函数的导数:
   (1) $y = 4(x + 1)^2 + (3x + 1)^3$;
   (2) $y = xe^x + 10$;
   (3) $y = \sin x\cos x$;
   (4) $y = \arctan 2x$;
   (5) $y = \cos 8x$;
   (6) $y = e^x\sin 2x$;
   (7) $y = \dfrac{1}{\sqrt{1 + x^2}}$;
   (8) $y = 3^{2x^2 - 1}$;
   (9) $y = \ln(x + 3^x)$;
   (10) $y = \cos\lg x$.

3. 设 $f(x) = \ln(1 + x)$、$y = f[f(x)]$,求 $\dfrac{dy}{dx}$.

4. 求 $f(x) = \begin{cases} \ln(1 + x), & x \geq 0, \\ x, & x < 0 \end{cases}$ 的导数.

5. 设 $f(x) = \dfrac{x - \sqrt{x} - \sqrt[3]{x} + 1}{\sqrt[3]{x}}$,求 $f'(x)$.

6. 设 $y = \ln(x + \sqrt{x + 1})$,求 y'.

7. 已知函数 $f(x)$ 可导,求下列函数的导数:
   (1) $y = f(\sqrt{x})$;
   (2) $y = f(e^x)$;
   (3) $y = f(\cos 2x)$.

8. 求函数 $y = \left(\dfrac{x}{a}\right)^b + \left(\dfrac{b}{x}\right)^a + \left(\dfrac{b}{a}\right)^x$ 的导数,其中 $a > 0, b > 0$.

2.3 隐函数和参数方程确定的函数的导数

2.3.1 隐函数的求导法

形如 $y = f(x)$ 的函数称为显函数. 即,因变量 y 可由含有自变量 x 的数学式子直接表示出来,例如 $y = \cos x$、$y = \ln(1 + \sqrt{1 + x^2})$ 等.

一般地,如果变量 x、y 之间的函数关系是由某一个方程 $f(x, y) = 0$ 所确定,那么这种函数就称为由方程所确定的隐函数. 例如,方程 $x + y^3 - 1 = 0$ 与方程 $e^y - xy = 0$ 都是隐函数.

把一个隐函数化成显函数,称为隐函数的显化. 隐函数的显化有时是困难的,甚至是不可能的. 但在实际问题中,有时需要计算隐函数的导数. 因此,我们希望有一种方法,不管隐函数能否显化,都能直接由方程算出它所确定的隐函数的导数来.

【例 2-23】 求由方程 $xy - e^x + e^y = 0$ 所确定的隐函数的导数 $\dfrac{dy}{dx}$.

解:把方程两边的每一项对 x 求导数,记住 y 是 x 的复合函数,得

$$y + xy' - e^x + e^y y' = 0.$$

由上式解出 y'，便得隐函数的导数为

$$y' = \frac{e^x - y}{x + e^y} \quad (x + e^y \neq 0).$$

【例 2-24】 求曲线 $3y^2 = x^2(x+1)$ 在 $(2,2)$ 处的切线方程.

解：把方程的两边分别对 x 求导，得

$$6yy' = 3x^2 + 2x,$$

于是得

$$y' = \frac{3x^2 + 2x}{6y} \quad (y \neq 0),$$

所以

$$y'|_{(2,2)} = \frac{4}{3}.$$

因而所求切线方程为

$$y - 2 = \frac{4}{3}(x - 2),$$

即

$$4x - 3y - 2 = 0.$$

2.3.2　对数求导法

对数求导法适合于由几个因子通过乘、除、乘方、开方所构成的比较复杂的函数（包括幂指函数）的求导．这个方法是先取对数，化乘、除为加、减，化乘方、开方为乘积，然后利用隐函数求导法求导，因此称为对数求导法．

【例 2-25】 设 $y = (x-1)\sqrt[3]{(3x+1)^2(x-2)}$，求 y'.

解：先在等式两边取绝对值，再取对数，得

$$\ln|y| = \ln|x-1| + \frac{2}{3}\ln|3x+1| + \frac{1}{3}\ln|x-2|.$$

两端对 x 求导，得

$$\frac{1}{y}y' = \frac{1}{x-1} + \frac{2}{3}\frac{3}{3x+1} + \frac{1}{3}\frac{1}{x-2}.$$

所以

$$y' = (x-1)^3\sqrt{(3x+1)^2(x-2)} \times \left[\frac{1}{x-1} + \frac{2}{3x+1} + \frac{1}{3(x-2)}\right].$$

以后解题时，为了方便起见，取绝对值可以略去．

【例 2-26】 求 $y = x^{\sin x}(x > 0)$ 的导数.

解：两边取对数，得

$$\ln y = \sin x \ln x.$$

两边求导，得

$$\frac{1}{y}y' = \cos x \cdot \ln x + \sin x \cdot \frac{1}{x}.$$

所以
$$y' = y\left(\cos x \cdot \ln x + \sin x \cdot \frac{1}{x}\right)$$
$$= x^{\sin x}\left(\cos x \cdot \ln x + \frac{\sin x}{x}\right).$$

2.3.3 由参数方程所确定的函数的求导法

一般地,如果参数方程 $\begin{cases} x = \varphi(t), \\ y = \psi(t), \end{cases}$($t$ 为参数)确定 y 与 x 之间的函数关系,则称此函数关系所表示的函数为由参数方程所确定的函数.

如果函数 $x = \varphi(t)$、$y = \psi(t)$ 都可导,且 $\varphi'(t) \neq 0$,又 $x = \varphi(t)$ 具有单调连续的反函数 $t = \varphi^{-1}(x)$,则参数方程所确定的函数可以看成 $y = \psi(t)$ 与 $t = \varphi^{-1}(x)$ 复合而成的函数. 根据复合函数与反函数的求导法则,有

$$\frac{\mathrm{d}y}{\mathrm{d}x} = \frac{\mathrm{d}y}{\mathrm{d}t} \cdot \frac{\mathrm{d}t}{\mathrm{d}x} = \frac{\mathrm{d}y}{\mathrm{d}t} \cdot \frac{1}{\dfrac{\mathrm{d}x}{\mathrm{d}t}} = \psi'(t)\frac{1}{\varphi'(t)} = \frac{\psi'(t)}{\varphi'(t)},$$

即
$$\frac{\mathrm{d}y}{\mathrm{d}x} = \frac{\psi'(t)}{\varphi'(t)} \quad \text{或} \quad \frac{\mathrm{d}y}{\mathrm{d}x} = \frac{\dfrac{\mathrm{d}y}{\mathrm{d}t}}{\dfrac{\mathrm{d}x}{\mathrm{d}t}}.$$

【例 2-27】 求摆线 $\begin{cases} x = a(t - \sin t), \\ y = a(1 - \cos t), \end{cases}$ $(0 \leqslant t \leqslant 2\pi)$

(1)在任何点的切线斜率;(2)在 $t = \dfrac{\pi}{2}$ 处的切线方程.

解:(1)摆线在任意点的切线斜率为

$$\frac{\mathrm{d}y}{\mathrm{d}x} = \frac{a\sin t}{a(1 - \cos t)} = \cot\frac{t}{2}.$$

(2)当 $t = \dfrac{\pi}{2}$ 时,摆线上对应点为 $\left(a\left(\dfrac{\pi}{2} - 1\right), a\right)$,在此点的切线斜率为

$$\frac{\mathrm{d}y}{\mathrm{d}x}\bigg|_{t=\frac{\pi}{2}} = \cot\frac{t}{2}\bigg|_{t=\frac{\pi}{2}} = 1.$$

于是,切线方程为
$$y - a = x - a\left(\frac{\pi}{2} - 1\right),$$

即
$$y = x + a\left(2 - \frac{\pi}{2}\right).$$

【例 2-28】 求椭圆 $\begin{cases} x = a\cos t, \\ y = b\sin t \end{cases}$ 在相应于 $t = \dfrac{\pi}{4}$ 点处的切线方程.

解:
$$\frac{\mathrm{d}y}{\mathrm{d}x} = \frac{(b\sin t)'}{(a\cos t)'} = \frac{b\cos t}{-a\sin t} = -\frac{b}{a}\cot t.$$

所求切线的斜率为
$$\frac{\mathrm{d}y}{\mathrm{d}x}\bigg|_{t=\frac{\pi}{4}} = -\frac{b}{a}.$$

切点的坐标为 $\qquad x_0 = a\cos\dfrac{\pi}{4} = a\dfrac{\sqrt{2}}{2},\ y_0 = b\sin\dfrac{\pi}{4} = b\dfrac{\sqrt{2}}{2}.$

切线方程为 $\qquad y - b\dfrac{\sqrt{2}}{2} = -\dfrac{b}{a}\left(x - a\dfrac{\sqrt{2}}{2}\right),$

即 $\qquad bx + ay - \sqrt{2}ab = 0.$

【例 2-29】 抛射体运动轨迹的参数方程为 $\begin{cases} x = v_1 t, \\ y = v_2 t - \dfrac{1}{2}gt^2, \end{cases}$ 其中 v_1、v_2 分别是抛射体

初速度的水平和垂直分量，g 是重力加速度，t 是时间，求抛射体在时刻 t 的运动速度的大小和方向．

解：先求速度的大小．速度的水平分量与铅直分量分别为

$$x'(t) = v_1, \quad y'(t) = v_2 - gt,$$

所以抛射体在时刻 t 的运动速度的大小为

$$v = \sqrt{[x'(t)]^2 + [y'(t)]^2} = \sqrt{v_1^2 + (v_2 - gt)^2}.$$

再求速度的方向．设 α 是切线的倾角，则轨道的切线方向为

$$\tan\alpha = \frac{\mathrm{d}y}{\mathrm{d}x} = \frac{y'(t)}{x'(t)} = \frac{v_2 - gt}{v_1}.$$

习题 2.3

1. 求下列方程所确定的隐函数的导数 $\dfrac{\mathrm{d}y}{\mathrm{d}x}$：

   (1) $y = 1 - x\mathrm{e}^y$；　　　(2) $xy - \ln y = 3$；　　　(3) $x = y - \text{arccot}y.$

2. 求方程 $x + y - \mathrm{e}^{2x} + \mathrm{e}^y = 0$ 所确定的隐函数的导数 $\dfrac{\mathrm{d}y}{\mathrm{d}x}$．

3. 已知 $\arctan\dfrac{x}{y} = \ln\sqrt{x^2 + y^2}$，求 y'．

4. 求 $y = \left[\dfrac{(x+1)(x+2)(x+3)}{x^3(x+4)}\right]^{\frac{2}{3}}$ 的导数．

5. 若 $y = x^y$，求 y'．

6. 设 $f(x) = x^{\mathrm{e}^x}$，求 $f'(x)$．

7. 已知 $y = \sqrt[x]{\dfrac{x(x^2-1)}{(x-2)^2}}$，求 y'．

8. 求曲线 $\begin{cases} x = t, \\ y = t^3 \end{cases}$ 在点 $(1,1)$ 处切线的斜率．

9. 设 $\begin{cases} x = t - \cos t, \\ y = \sin t, \end{cases}$ t 为参数，求 $\dfrac{\mathrm{d}y}{\mathrm{d}x}$．

10. 求下列参数方程所确定的函数 $y = y(x)$ 的导数 $\dfrac{\mathrm{d}y}{\mathrm{d}x}$：

(1) $\begin{cases} x = 3e^{-t}, \\ y = 2e^t; \end{cases}$　　　　(2) $\begin{cases} x = \ln(1 + t^2), \\ y = t - \arctan t; \end{cases}$　　　　(3) $\begin{cases} x = e^t\cos t, \\ y = e^t\sin t, \end{cases}$ 求 $\dfrac{\mathrm{d}y}{\mathrm{d}x}\Big|_{t = \frac{\pi}{2}}$.

11. 求曲线 $(x - 1)^2 + \left(y + \dfrac{3}{2}\right)^2 = \dfrac{5}{4}$ 的切线,使该切线平行于直线 $2x + y = 8$.

12. 已知 $y = 5^{\sqrt{\frac{1+x}{1-x}}}$, 求 $\dfrac{\mathrm{d}y}{\mathrm{d}x}$.

2.4　高阶导数

一般地,如果函数 $y = f(x)$ 的导数 $y' = f'(x)$ 仍是 x 的可导函数,就称 $y' = f'(x)$ 的导数为函数 $y = f(x)$ 的二阶导数,记作 y''、$f''(x)$ 或 $\dfrac{\mathrm{d}^2 y}{\mathrm{d}x^2}$,即

$$y'' = (y')' = f''(x) \quad \text{或} \quad \frac{\mathrm{d}^2 y}{\mathrm{d}x^2} = \frac{\mathrm{d}}{\mathrm{d}x}\left(\frac{\mathrm{d}y}{\mathrm{d}x}\right).$$

相应地,把 $y = f(x)$ 的导数 $f'(x)$ 称为函数 $y = f(x)$ 的一阶导数.

类似地,二阶导数的导数称为三阶导数,三阶导数的导数称为四阶导数,……,一般地,函数 $y = f(x)$ 的 $n - 1$ 阶导数的导数称为 n 阶导数,分别记作

$$y''', y^{(4)}, \cdots, y^{(n)}; \quad f'''(x), f^{(4)}(x), \cdots, f^{(n)}(x),$$

或

$$\frac{\mathrm{d}^3 y}{\mathrm{d}x^3}, \frac{\mathrm{d}^4 y}{\mathrm{d}x^4}, \cdots, \frac{\mathrm{d}^n y}{\mathrm{d}x^n},$$

且有 $y^{(n)} = \left[y^{(n-1)}\right]'$ 或 $\dfrac{\mathrm{d}^n y}{\mathrm{d}x^n} = \dfrac{\mathrm{d}}{\mathrm{d}x}\left(\dfrac{\mathrm{d}^{n-1} y}{\mathrm{d}x^{n-1}}\right)$.

二阶及二阶以上的导数统称为**高阶导数**.显然,求高阶导数并不需要增加新的方法,只要逐阶求导,直到所要求的阶数即可,所以仍可用前面学过的求导方法来计算高阶导数.

【例 2-30】 求函数 $y = e^{-x}\cos x$ 的二阶及三阶导数.

解:
$$y' = -e^{-x}\cos x + e^{-x}(-\sin x) = -e^{-x}(\cos x + \sin x),$$
$$y'' = e^{-x}(\cos x + \sin x) - e^{-x}(-\sin x + \cos x) = 2e^{-x}\sin x,$$
$$y''' = -2e^{-x}\sin x + 2e^{-x}\cos x = 2e^{-x}(\cos x - \sin x).$$

【例 2-31】 求 n 次多项式 $y = a_0 x^n + a_1 x^{n-1} + \cdots + a_n$ 的各阶导数.

解:
$$y' = na_0 x^{n-1} + (n - 1)a_1 x^{n-2} + \cdots + a_{n-1},$$
$$y'' = n(n - 1)a_0 x^{n-2} + (n - 1)(n - 2)a_1 x^{n-3} + \cdots + 2a_{n-2}.$$

可见每经过一次求导运算,多项式的次数就降低一次,继续求导得

$$y^{(n)} = n!a_0.$$

这是一个常数,因而
$$y^{(n+1)} = y^{(n+2)} = \cdots = 0.$$

这就是说,n 次多项式的一切高于 n 阶的导数都是零.

【例 2-32】 求指数函数 $y = e^{ax}$ 与 $y = a^x$ 的 n 阶导数.

解: $y = e^{ax}, y' = ae^{ax}, y'' = a^2 e^{ax}, y''' = a^3 e^{ax}$,依此类推,可得 $y^{(n)} = a^n e^{ax}$,即

$$(e^{ax})^{(n)} = a^n e^{ax}.$$

特别地　　　　　　　　　　　　　$$(e^x)^{(n)} = e^x.$$

对 $y = a^x, y' = a^x \ln a, y'' = a^x \ln^2 a, y''' = a^x \ln^3 a$, 依此类推, $y^{(n)} = a^x \ln^n a$, 即

$$(a^x)^{(n)} = a^x \ln^n a.$$

【例 2-33】　求方程 $\begin{cases} x = a\cos t, \\ y = b\sin t \end{cases} (0 \leqslant t \leqslant 2\pi)$ 所确定的函数的一阶导数 $\dfrac{dy}{dx}$ 及二阶导数

$\dfrac{d^2 y}{dx^2}$.

解：　　　　　　　　　　　$$\frac{dy}{dx} = \frac{b\cos t}{-a\sin t} = -\frac{b}{a}\cot t,$$

$$\frac{d^2 y}{dx^2} = \frac{\dfrac{d}{dt}\left(\dfrac{dy}{dx}\right)}{\dfrac{dx}{dt}} = \frac{\dfrac{b}{a}\csc^2 t}{-a\sin t} = -\frac{b}{a^2 \sin^3 t}.$$

【例 2-34】　证明函数 $y = \sqrt{2x - x^2}$ 满足关系式 $y^3 y'' + 1 = 0$.

证明：　　因为　$y' = \dfrac{2 - 2x}{2\sqrt{2x - x^2}} = \dfrac{1 - x}{\sqrt{2x - x^2}}$,

$$y'' = \frac{-\sqrt{2x - x^2} - (1 - x)\dfrac{2 - 2x}{2\sqrt{2x - x^2}}}{2x - x^2} = \frac{-2x + x^2 - (1 - x)^2}{(2x - x^2)\sqrt{(2x - x^2)}}$$

$$= -\frac{1}{(2x - x^2)^{\frac{3}{2}}} = -\frac{1}{y^3},$$

所以　　　　　　　　　$$y^3 y'' + 1 = 0.$$

【例 2-35】　求正弦函数与余弦函数的 n 阶导数.

解：　　　　　$y = \sin x$,

$$y' = \cos x = \sin\left(x + \frac{\pi}{2}\right),$$

$$y'' = \cos\left(x + \frac{\pi}{2}\right) = \sin\left(x + \frac{\pi}{2} + \frac{\pi}{2}\right) = \sin\left(x + 2 \cdot \frac{\pi}{2}\right),$$

$$y''' = \cos\left(x + 2 \cdot \frac{\pi}{2}\right) = \sin\left(x + 2 \cdot \frac{\pi}{2} + \frac{\pi}{2}\right) = \sin\left(x + 3 \cdot \frac{\pi}{2}\right),$$

$$y^{(4)} = \cos\left(x + 3 \cdot \frac{\pi}{2}\right) = \sin\left(x + 4 \cdot \frac{\pi}{2}\right),$$

一般地，可得

$$y^{(n)} = \sin\left(x + n \cdot \frac{\pi}{2}\right),$$

即　　　$$(\sin x)^{(n)} = \sin\left(x + n \cdot \frac{\pi}{2}\right).$$

用类似方法,可得 $(\cos x)^{(n)} = \cos\left(x + n \cdot \dfrac{\pi}{2}\right)$.

【例 2-36】 求对数函数 $y = \ln(1 + x)$ 的 n 阶导数.

解: $y = \ln(1 + x), y' = (1 + x)^{-1}, y'' = -(1 + x)^{-2}$,

$y''' = (-1)(-2)(1 + x)^{-3}, y^{(4)} = (-1)(-2)(-3)(1 + x)^{-4}$,

一般地,可得

$$y^{(n)} = (-1)(-2)\cdots(-n+1)(1 + x)^{-n} = (-1)^{n-1}\dfrac{(n-1)!}{(1 + x)^n},$$

即

$$[\ln(1 + x)]^{(n)} = (-1)^{n-1}\dfrac{(n-1)!}{(1 + x)^n}.$$

【例 2-37】 求由方程 $x - y + \dfrac{1}{2}\sin y = 0$ 所确定的隐函数 y 的二阶导数.

解: 方程两边对 x 求导,得

$$1 - \dfrac{dy}{dx} + \dfrac{1}{2}\cos y \cdot \dfrac{dy}{dx} = 0,$$

于是

$$\dfrac{dy}{dx} = \dfrac{2}{2 - \cos y}.$$

上式两边再对 x 求导,得

$$\dfrac{d^2 y}{dx^2} = \dfrac{-2\sin y \cdot \dfrac{dy}{dx}}{(2 - \cos y)^2} = \dfrac{-4\sin y}{(2 - \cos y)^3}.$$

习题 2.4

1. 求下列函数的二阶导数:

(1) $y = x\arctan x$; (2) $y = \ln^2 x$; (3) $y = xe^{x^2}$.

2. 设 $y = f(u), u = \sin x^2$,求 $\dfrac{dy}{dx}$ 和 $\dfrac{d^2 y}{dx^2}$.

3. 若 $y = x^4 + e^x$,求 $y^{(4)}$.

4. 设函数 $y = y(x)$ 是由方程 $\ln\sqrt{x^2 + y^2} = \arctan\dfrac{x - y}{x + y}$ 所确定的隐函数,求 $\dfrac{d^2 y}{dx^2}$.

5. 设 $\begin{cases} x = \ln(1 + t^2), \\ y = t - \arctan t, \end{cases}$ 求 $\dfrac{d^2 y}{dx^2}$.

6. 求下列函数的 n 阶导数:

(1) $y = xe^x$; (2) $y = \sin^2 x$.

7. 已知 $y = \ln\dfrac{1 + x}{1 - x}$,求 $y^{(n)}$.

2.5 微分及其在近似计算中的应用

2.5.1 微分的概念

假设有一边长为 x 的正方形金属薄片,受热后边长增加 Δx,如图 2-7 所示,其面积变化

分析如下:由已知可得受热前的面积 $S = x^2$, 那么, 受热后面积的增量是

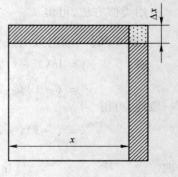

$$\Delta S = (x + \Delta x)^2 - x^2$$
$$= 2x\Delta x + (\Delta x)^2.$$

从几何图形上可以看到,面积的增量可分为两个部分,一是两个矩形的面积总和 $2x\Delta x$(阴影部分),它是 Δx 的线性部分;二是右上角的正方形的面积 $(\Delta x)^2$,它是 Δx 高阶无穷小部分.

图 2-7

这样一来,当 Δx 非常微小的时候,面积的增量主要部分就是 $2x\Delta x$,而 $(\Delta x)^2$ 可以忽略不计,也就是说,可以用 $2x\Delta x$ 来代替面积的增量.

从函数的角度来说,函数 $S = x^2$ 具有这样的特征:任给自变量一个增量 Δx,相应函数值的增量 Δy 可表示成关于 Δx 的线性部分(即 $2x\Delta x$)与高阶无穷小部分(即 $(\Delta x)^2$)的和.

人们把这种特征性质从具体意义中抽象出来,再赋予它一个数学名词——可微,从而产生了微分的概念.

定义 2-2　设函数 $y = f(x)$ 在点 x_0 的某邻域 $U(x_0, \delta)$ 内有定义,任给 x_0 一个增量 $\Delta x(x_0 + \Delta x \in U(x_0, \delta))$,得到相应函数值的增量 $\Delta y = f(x_0 + \Delta x) - f(x_0)$,如果存在常数 A,使得 $\Delta y = A \cdot \Delta x + o(\Delta x)$,而 $o(\Delta x)$ 是比 Δx 高阶的无穷小量,那么称函数 $y = f(x)$ 在点 x_0 处是可微的,称 $A \cdot \Delta x$ 为 $y = f(x)$ 在点 x_0 处的微分,记作 $dy|_{x=x_0} = A\Delta x$ 或 $df(x)|_{x=x_0} = A\Delta x$.

$A \cdot \Delta x$ 通常称为 $\Delta y = A \cdot \Delta x + o(\Delta x)$ 的线性主要部分. "线性"是因为 $A \cdot \Delta x$ 是 Δx 的一次函数. "主要"是因为另一项 $o(\Delta x)$ 是比 Δx 更高阶的无穷小量,在等式中它几乎不起作用,而是 $A \cdot \Delta x$ 在式中起主要作用.

解决了微分的概念之后,接下来就要解决如何求微分了. 我们已经知道了关系式 $dy|_{x=x_0} = A\Delta x$,可 A 是一个什么东西? 怎么求呢? 下面介绍一个定理,这个定理就是我们的答案.

定理 2-5　函数 $f(x)$ 在点 x_0 处可微的充要条件是:函数 $f(x)$ 在点 x_0 处可导,并且 $\Delta y = A\Delta x + o(\Delta x)$ 中的 A 与 $f'(x_0)$ 相等.

证明:(1)必要性. 因为 $f(x)$ 在点 x_0 处可微,由定义 2-2 可知,存在常数 A,使得 $\Delta y = A \cdot \Delta x + o(\Delta x)$. 等式两边同时除以 Δx 得: $\dfrac{\Delta y}{\Delta x} = A + \dfrac{o(\Delta x)}{\Delta x}$. 再令 $\Delta x \to 0$,取极限得:

$f'(x_0) = \lim\limits_{\Delta x \to 0} \dfrac{\Delta y}{\Delta x} = \lim\limits_{\Delta x \to 0}\left[A + \dfrac{o(\Delta x)}{\Delta x}\right] = A$,所以 $f(x)$ 在点 x_0 处可导且 $A = f'(x_0)$.

(2)充分性. 因为 $f(x)$ 在点 x_0 处可导,所以 $\lim\limits_{\Delta x \to 0} \dfrac{\Delta y}{\Delta x} = f'(x_0)$,

所以　　　　　　$\dfrac{\Delta y}{\Delta x} = f'(x_0) + a$　　(其中当 $\Delta x \to 0$ 时,$a \to 0$),

所以　　　　　　$\Delta y = f'(x_0) \cdot \Delta x + a \cdot \Delta x = f'(x_0) \cdot \Delta x + o(\Delta x)$.

其中 $f'(x_0)$ 是与 Δx 无关的常数,$o(\Delta x)$ 是比 Δx 高阶的无穷小量,由定义 2-2 可知,函

数 $f(x)$ 在点 x_0 处可微.

定理说明一个事实:函数 $f(x)$ 在点 x_0 处可导和可微是等价的. 函数 $y = f(x)$ 在点 x_0 处的微分可表示为: $\mathrm{d}y\big|_{x=x_0} = f'(x_0)\Delta x$.

若函数 $y = f(x)$ 在定义域中任意点 x 处都可微,则称函数 $f(x)$ 是可微函数,它在 x 处的微分记作 $\mathrm{d}y$ 或 $\mathrm{d}f(x)$,即 $\mathrm{d}y = f'(x)\cdot\Delta x$.

当函数 $f(x) = x$ 时,函数的微分 $\mathrm{d}f(x) = \mathrm{d}x = x'\Delta x = \Delta x$,即 $\mathrm{d}x = \Delta x$. 因此我们规定,自变量 x 的增量等于自变量的微分,这样函数 $y = f(x)$ 的微分可以写成

$$\mathrm{d}y = f'(x)\Delta x = f'(x)\mathrm{d}x, \tag{2-1}$$

或式(2-1)两边同除以 $\mathrm{d}x$,有

$$\frac{\mathrm{d}y}{\mathrm{d}x} = f'(x).$$

由此可见,导数等于函数的微分与自变量的微分之商,即 $f'(x) = \dfrac{\mathrm{d}y}{\mathrm{d}x}$,正因为这样,导数也称为"微商",而微分的分式 $\dfrac{\mathrm{d}y}{\mathrm{d}x}$ 也常常被用作导数的符号.

应当注意,微分与导数虽然有着密切的联系,但它们是有区别的:导数是函数在一点处的变化率,而微分是函数在一点处由自变量增量所引起的函数变化量的主要部分;导数的值只与 x 有关,而微分的值与 x 和 Δx 都有关.

【例 2-38】　求函数 $y = x^2$ 在 $x = 1$、$\Delta x = 0.1$ 时的改变量及微分.

解: $$\Delta y = (x + \Delta x)^2 - x^2 = 1.1^2 - 1^2 = 0.21.$$

在点 $x = 1$ 处,$y'\big|_{x=1} = 2x\big|_{x=1} = 2$,所以

$$\mathrm{d}y = y'\Delta x = 2 \times 0.1 = 0.2.$$

【例 2-39】　半径为 r 的球,其体积为 $V = \dfrac{4}{3}\pi\cdot r^3$,当半径增大 Δr 时,求体积的改变量及微分.

解: 体积的改变量为

$$\Delta V = \frac{4}{3}\pi(r + \Delta r)^3 - \frac{4}{3}\pi\cdot r^3 = 4\pi\cdot r^2\Delta r + 4\pi\cdot r(\Delta r)^2 + \frac{4}{3}\pi(\Delta r)^3,$$

显然有 $$\Delta V = 4\pi\cdot r^2\Delta r + o(\Delta r),$$

体积微分为 $$\mathrm{d}V = 4\pi\cdot r^2\Delta r.$$

2.5.2　微分的几何意义

设函数 $y = f(x)$ 的图形如图 2-8 所示,MP 是曲线上点 $M(x,y)$ 处的切线,设 MP 的倾斜角为 α,则 $\tan\alpha = f'(x)$. 当自变量 x 有改变量 Δx 时,得到曲线上另一点 $N(x + \Delta x, y + \Delta y)$,从图可知,$MQ = \Delta x$,$NQ = \Delta y$,则 $QP = MQ\cdot\tan\alpha = f'(x)\Delta x$,即 $\mathrm{d}y = QP$.

由此可知,微分 $\mathrm{d}y = f'(x)\Delta x$ 是当 x 有改变量

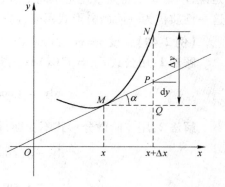

图 2-8

Δx 时,曲线 $y = f(x)$ 在点 $M(x,y)$ 处的切线的纵坐标的改变量. 用 $\mathrm{d}y$ 近似代替 Δy 就是用点 $M(x,y)$ 处的切线纵坐标的改变量 QP 来近似代替曲线 $y = f(x)$ 的纵坐标的改变量 QN,并且有 $|\Delta y - \mathrm{d}y| = PN.$

2.5.3　微分的运算法则

因为微分 $\mathrm{d}y = f'(x)\mathrm{d}x$,所以由导数的运算法则与公式,我们能立刻推导出微分的运算法则与公式,现列出如下,以便查阅.

2.5.3.1　微分基本公式

(1) $\mathrm{d}C = 0$(C 为常数);

(2) $\mathrm{d}(x^a) = ax^{a-1}\mathrm{d}x$($a$ 为任意常数), $\mathrm{d}(x) = \mathrm{d}x$;

(3) $\mathrm{d}(\log_a x) = \dfrac{1}{x\ln a}\mathrm{d}x,$　　　　　$\mathrm{d}(\ln x) = \dfrac{1}{x}\mathrm{d}x$;

(4) $\mathrm{d}(a^x) = a^x\ln a\mathrm{d}x,$　　　　　$\mathrm{d}(e^x) = e^x\mathrm{d}x$;

(5) $\mathrm{d}(\sin x) = \cos x\mathrm{d}x,$　　　　　$\mathrm{d}(\cos x) = -\sin x\mathrm{d}x$;

(6) $\mathrm{d}(\tan x) = \sec^2 x\mathrm{d}x,$　　　　　$\mathrm{d}(\cot x) = -\csc^2 x\mathrm{d}x$;

(7) $\mathrm{d}(\sec x) = \sec x \cdot \tan x\mathrm{d}x,$　　　$\mathrm{d}(\csc x) = -\csc x \cdot \cot x\mathrm{d}x$;

(8) $\mathrm{d}(\arcsin x) = \dfrac{1}{\sqrt{1-x^2}}\mathrm{d}x,$　　$\mathrm{d}(\arccos x) = -\dfrac{1}{\sqrt{1-x^2}}$;

(9) $\mathrm{d}(\arctan x) = \dfrac{1}{1+x^2}\mathrm{d}x,$　　$\mathrm{d}(\text{arccot}x) = -\dfrac{1}{1+x^2}\mathrm{d}x.$

2.5.3.2　函数的和、差、积、商的微分运算法则

(1) $\mathrm{d}(u \pm v) = \mathrm{d}u \pm \mathrm{d}v$;

(2) $\mathrm{d}(uv) = v\mathrm{d}u + u\mathrm{d}v$;

(3) $\mathrm{d}\left(\dfrac{u}{v}\right) = \dfrac{v\mathrm{d}u - u\mathrm{d}v}{v^2}$;

(4) $\mathrm{d}f[g(x)] = f'(u)\mathrm{d}u = f'[g(x)]g'(x)\mathrm{d}x$,其中 $u = g(x)$.

在法则(4)中 $\mathrm{d}f(u) = f'(u)\mathrm{d}u$,这与微分 $\mathrm{d}f(x) = f'(x)\mathrm{d}x$ 在形式上是一样的. 这就是说,不论 u 是自变量还是中间变量,函数 $y = f(u)$ 的微分总保持同一形式 $\mathrm{d}y = f'(u)\mathrm{d}u$,这一性质称为一阶微分形式不变性.

【例 2-40】 设 $y = \cos\sqrt{x}$,求 $\mathrm{d}y$.

解法 1:用公式 $\mathrm{d}y = f'(x)\mathrm{d}x$,得

$$\mathrm{d}y = (\cos\sqrt{x})'\mathrm{d}x = -\frac{1}{2\sqrt{x}}\sin\sqrt{x}\mathrm{d}x.$$

解法 2:用一阶微分形式不变性,得

$$\mathrm{d}y = \mathrm{d}(\cos\sqrt{x}) = -\sin\sqrt{x}\mathrm{d}\sqrt{x}$$

$$= -\sin\sqrt{x}\,\frac{1}{2\sqrt{x}}\mathrm{d}x = -\frac{1}{2\sqrt{x}}\sin\sqrt{x}\mathrm{d}x.$$

【**例 2-41**】　设 $y = e^{\sin x}$，求 dy.

解法 1：用公式 $dy = f'(x)dx$，得

$$dy = (e^{\sin x})' dx = e^{\sin x} \cos x dx.$$

解法 2：用一阶微分形式不变性，得

$$dy = de^{\sin x} = e^{\sin x} d\sin x = e^{\sin x} \cos x dx.$$

【**例 2-42**】　求方程 $x^2 + 2xy - y^2 = a^2$ 确定的隐函数 $y = f(x)$ 的微分 dy 及导数 $\dfrac{dy}{dx}$.

解：对方程两边求微分，得

$$2xdx + 2(ydx + xdy) - 2ydy = 0,$$

即

$$(x + y)dx = (y - x)dy,$$

所以

$$dy = \frac{y + x}{y - x}dx,$$

$$\frac{dy}{dx} = \frac{y + x}{y - x}.$$

【**例 2-43**】　求方程 $\begin{cases} x = a\cos^3 t, \\ y = a\sin^3 t \end{cases} (0 \leqslant t \leqslant 2\pi)$ 确定的函数的一阶导数 $\dfrac{dy}{dx}$ 及二阶导数 $\dfrac{d^2 y}{dx^2}$.

解：因为 $dx = -3a\cos^2 t\sin t dt$、$dy = 3a\sin^2 t\cos t dt$，所以利用导数为微分之商得

$$\frac{dy}{dx} = \frac{3a\sin^2 t\cos t dt}{-3a\cos^2 t\sin t dt} = -\tan t,$$

$$\frac{d^2 y}{dx^2} = \frac{d}{dx}\left(\frac{dy}{dx}\right) = \frac{d(-\tan t)}{dx}$$

$$= \frac{-\sec^2 t dt}{-3a\cos^2 t\sin t dt} = \frac{1}{3a\sin t\cos^4 t}.$$

【**例 2-44**】　设 $y = x^3 \ln x + e^x \sin x$，求 dy.

解法 1：
$$\begin{aligned} dy &= d(x^3 \ln x) + d(e^x \sin x) \\ &= \ln x \cdot d(x^3) + x^3 \cdot d(\ln x) + \sin x \cdot d(e^x) + e^x \cdot d(\sin x) \\ &= 3x^2 \ln x dx + x^2 dx + e^x \sin x dx + e^x \cos x dx \\ &= [x^2(3\ln x + 1) + e^x(\sin x + \cos x)]dx. \end{aligned}$$

解法 2：　因为 $y' = (x^3 \ln x + e^x \sin x)' = (x^3 \ln x)' + (e^x \sin x)'$

$$= 3x^2 \ln x + x^2 + e^x \sin x + e^x \cos x$$

$$= x^2(3\ln x + 1) + e^x(\sin x + \cos x),$$

所以　　　　　$dy = y' dx = [x^2(3\ln x + 1) + e^x(\sin x + \cos x)]dx.$

2.5.4　微分在近似计算中的应用

前面说过，当函数 $y = f(x)$ 在 x_0 处的导数 $f'(x_0) \neq 0$，且 $|\Delta x|$ 很小时，有近似公式

$$\Delta y = f(x_0 + \Delta x) - f(x_0) \approx f'(x_0)\Delta x, \tag{2-2}$$

或
$$f(x_0 + \Delta x) \approx f(x_0) + f'(x_0)\Delta x. \tag{2-3}$$

令 $x_0 + \Delta x = x$, 则

$$f(x) \approx f(x_0) + f'(x_0)(x - x_0), \tag{2-4}$$

特别地, 当 $x_0 = 0$, $|\Delta x|$ 很小时, 有

$$f(x) \approx f(0) + f'(0)x. \tag{2-5}$$

这里, 式(2-2)可以用于求函数增量的近似值, 而式(2-3)~式(2-5)可用来求函数的近似值.

应用式(2-5)可以推得一些常用的近似公式. 当 $|x|$ 很小时, 有

(1) $\sqrt[n]{1+x} \approx 1 + \dfrac{1}{n}x$;

(2) $e^x \approx 1 + x$;

(3) $\ln(1 + x) \approx x$;

(4) $\sin x \approx x$ (x 用弧度作单位);

(5) $\tan x \approx x$ (x 用弧度作单位).

证明: (1) 取 $f(x) = \sqrt[n]{1+x}$, 于是 $f(0) = 1$,

$$f'(0) = \frac{1}{n}(1+x)^{\frac{1}{n}-1}\Big|_{x=0} = \frac{1}{n},$$

代入式(2-5)得
$$\sqrt[n]{1+x} \approx 1 + \frac{1}{n}x.$$

(2) 取 $f(x) = e^x$, 于是 $f(0) = 1$,
$$f'(0) = (e^x)'\big|_{x=0} = 1,$$

代入式(2-5)得
$$e^x \approx 1 + x.$$

其他几个公式也可用类似的方法证明.

【例 2-45】 计算 arctan1.05 的近似值.

解: 设 $f(x) = \arctan x$, 由式(5-3)有

$$\arctan(x_0 + \Delta x) \approx \arctan x_0 + \frac{1}{1+x_0^2}\Delta x,$$

取 $x_0 = 1$、$\Delta x = 0.05$ 有

$$\arctan 1.05 = \arctan(1 + 0.05) \approx \arctan 1 + \frac{1}{1+1^2} \times 0.05$$

$$= \frac{\pi}{4} + \frac{0.05}{2} \approx 0.810.$$

【例 2-46】 某球体的体积从 $972\pi\text{cm}^3$ 增加到 $973\pi\text{cm}^3$, 试求其半径的改变量的近似值.

解: 设球的半径为 r, 体积 $V = \dfrac{4}{3}\pi \cdot r^3$, 则 $r = \sqrt[3]{\dfrac{3V}{4\pi}}$,

$$\Delta r \approx \mathrm{d}r = \sqrt[3]{\frac{3}{4\pi}}\frac{1}{3\sqrt[3]{V^2}}\mathrm{d}V = \sqrt[3]{\frac{1}{36\pi}}\frac{1}{3\sqrt[3]{V^2}}\mathrm{d}V.$$

现 $V = 972\pi\text{cm}^3$,$\Delta V = 973\pi - 972\pi = \pi\text{cm}^3$,所以

$$\Delta r \approx \mathrm{d}r = \sqrt[3]{\dfrac{1}{36\pi(972\pi)^2}\pi} = \sqrt[3]{\dfrac{1}{36 \times 972^2}} \approx 0.003\text{cm}.$$

即半径约增加 0.003cm.

习题 2.5

1. 填空题.

    (1) d ＿＿ $= e^{2x}\mathrm{d}x$;　　　　(2) d ＿＿ $= \dfrac{\mathrm{d}x}{1+x}$;　　　　(3) d ＿＿ $= \dfrac{\ln x}{x}\mathrm{d}x$.

2. 利用微分求近似值.

    (1) $\sqrt[3]{1.02}$;　　　　　　　　(2) $\sin 29°$.

3. 求下列函数的微分:

    (1) $y = x^2 + \sin x$;　　　　　(2) $y = \tan x$;

    (3) $y = xe^x$;　　　　　　　　(4) $y = (3x - 1)^{100}$.

4. 设 $f(x) = \ln(x + 1)$,求 $\mathrm{d}f(x)\Big|_{\substack{x=2 \\ \Delta x=0.01}}$.

5. 求函数 $y = xe^{\ln\tan x}$ 的微分.

6. 有一批半径为 1cm 的钢球,为减少表面粗糙度,要镀上一层铜,厚度为 0.01cm,估计每只球需要用铜多少克? (铜的密度为 8.9g/cm^3)

7. 当 $|x|$ 很小时,证明: $\ln(1 + x) \approx x$.

本 章 小 结

(1)基本概念.

瞬时速度,切线,导数,变化率,加速度,高阶导数,线性主部,微分.

(2)基本公式.

基本导数表,求导法则,微分公式,微分法则,微分近似公式.

(3)基本方法.

1)利用导数定义求导数;

2)利用导数公式与求导法则求导数;

3)利用复合函数求导法则求导数;

4)隐含数微分法;

5)参数方程微分法;

6)对数求导法;

7)利用微分运算法则求微分或导数.

本 章 习 题

1. 单项选择题.

(1)设函数 $f(x)$ 可导且以下极限都存在,则(　　)成立.

    A. $\lim\limits_{\Delta x \to 0} \dfrac{f(x) - f(0)}{x} = f'(0)$ B. $\lim\limits_{h \to 0} \dfrac{f(a + 2h) - f(a)}{h} = f'(a)$

    C. $\lim\limits_{\Delta x \to 0} \dfrac{f(x_0) - f(x_0 - \Delta x)}{\Delta x} = f'(x_0)$ D. $\lim\limits_{\Delta x \to 0} \dfrac{f(x_0 + \Delta x) - f(x_0 - \Delta x)}{\Delta x} = f'(x_0)$

(2) $y = |x - 1|$ 在 $x = 1$ 处(　　).

    A. 连续且可导   B. 连续但不可导   C. 不连续也不可导   D. 以上都不对

(3)设 $f(x) = \tan \dfrac{x}{2} - \cot \dfrac{x}{2}$,则 $f'(x) = ($).

    A. $\dfrac{1}{2}\sin^2 x$ B. $2\csc^2 x$ C. $2\sec^2 x$ D. $2\cos^2 x$

(4)下列函数中,导数等于 $\dfrac{1}{2}\sin 2x$ 的是(　　).

    A. $\dfrac{1}{2}\sin^2 x$ B. $\dfrac{1}{2}\cos 2x$ C. $\dfrac{1}{2}\cos^2 x$ D. $1 - \dfrac{1}{4}\cos 4x$

(5) $y = x^x (x > 0)$ 的导数为(　　).

    A. $x x^{x-1}$ B. $x^x \ln x$ C. $x^{x+1} + x^x \ln x$ D. $x^x (1 + \ln x)$

(6)已知 $y = e^{f(x)}$,则 $y'' = ($).

    A. $e^{f(x)}$ B. $e^{f(x)} \cdot f'(x)$

    C. $e^{f(x)} \cdot [f'(x) + f''(x)]$ D. $e^{f(x)} \cdot \{[f'(x)]^2 + f''(x)\}$

(7)若 $f(u)$ 可导,且 $y = f(e^x)$,则有(　　).

    A. $dy = f'(e^x) dx$ B. $dy = f'(e^x) e^x dx$

    C. $dy = f(e^x) e^x dx$ D. $dy = [f(e^x)]' e^x dx$

(8)已知 $y = \cos x$,则 $y^{(10)} = ($).

    A. $\sin x$ B. $\cos x$ C. $-\sin x$ D. $-\cos x$

(9)设 $y = f(-x)$,则 $dy = ($).

    A. $f'(x) dx$ B. $-f'(x) dx$ C. $f'(-x) dx$ D. $-f'(-x) dx$

(10)两条曲线 $y = \dfrac{1}{x}$ 和 $y = ax^2 + b$ 在点 $(2, \dfrac{1}{2})$ 处相切,则常数 a、b 为(　　).

    A. $a = \dfrac{1}{16}, b = \dfrac{3}{4}$ B. $a = -\dfrac{1}{16}, b = \dfrac{3}{4}$

    C. $a = \dfrac{1}{16}, b = \dfrac{1}{4}$ D. $a = -\dfrac{1}{16}, b = \dfrac{1}{4}$

2. 填空题.

(1)已知函数 $f(x)$ 在 x_0 处可导,且导数值 $f'(x_0) = 8$,若极限 $\lim\limits_{h \to 0} \dfrac{f(x_0 - kh) - f(x_0)}{h} = 4$,则

    常数 $k = $ _____ .

(2)已知复合函数 $f(\sqrt{x}) = \arctan x$,则导数 $f'(x) = $ _____ .

(3)已知函数 $f(x) = \cos x$,$g(x) = \ln x$,若复合函数 $y = f[g'(x)]$,则导数 $\dfrac{dy}{dx} = $ _____ .

(4)做变速直线运动物体的运动方程为 $s(t) = 3t^2 + 2t$,则其运动速度 $v(t) = $ _____,加速度

    $a(t) = $ _____ .

(5)已知曲线 $x^2 + y^2 - 2x + 3y + 2 = 0$ 的切线平行于直线 $2x + y - 1 = 0$,则该切线的切点坐标为_____.

(6)已知分段函数 $f(x) = \begin{cases} x^3 + x, & x < 1, \\ 2x^2, & x \geq 1, \end{cases}$ 则一阶导数值 $f'(1) = $_____.

(7)已知函数 $y = x(x-1)(x-2)(x-3)$,则导数值 $\dfrac{\mathrm{d}y}{\mathrm{d}x}\bigg|_{x=3} = $_____.

(8)方程式 $\mathrm{e}^y + xy = \mathrm{e}$ 确定 y 是 x 的函数,则导数值 $\dfrac{\mathrm{d}y}{\mathrm{d}x}\bigg|_{(0,1)} = $_____.

(9)函数 $y = \sqrt{1+x}$ 在点 $x = 0$ 处,当自变量有改变量 $\Delta x = 0.04$ 时,函数的微分值为_____.

(10) d_____ $= \dfrac{1}{1+x}\mathrm{d}x$.

3. 解答题.

(1)根据导数的定义求下列函数的导数:

    1) $f(x) = \sqrt{2x-1}$,计算 $f'(5)$;   2) $f(x) = \cos x$,求 $f'(x)$.

(2)如果 $f(x)$ 在点 x_0 处可导,求

    1) $\lim\limits_{h \to 0} \dfrac{f(x_0 - h) - f(x_0)}{h}$;   2) $\lim\limits_{h \to 0} \dfrac{f(x_0 + \alpha h) - f(x_0 + \beta h)}{h}$.

(3)求下列曲线在指定点的切线方程和法线方程:

    1) $y = \dfrac{1}{x}$ 在点 $(1,1)$;   2) $y = x^3$ 在点 $(2,8)$.

(4)一金属圆盘,当温度为 t 时,半径为 $r = r_0(1 + at)$(r_0 与 a 为常数),求温度为 t 时,该圆盘面积 A 对温度的变化率(即 $\dfrac{\mathrm{d}A}{\mathrm{d}t}$).

(5)假设制作 $x(\mathrm{kg})$ 供出售的三叶草蜂蜜的成本为 $C(x)$ 元,其中 $C(x) = 40x - 0.1x^2$,$0 \leq x \leq 80$,求在 $x = 40\mathrm{kg}$ 时的边际成本(即 $C'(40)$).

(6)证明函数 $f(x) = \begin{cases} \sqrt{x}, & 0 \leq x < 1, \\ 2x - 1, & x \geq 1 \end{cases}$ 在 $x = 1$ 处连续,但不可导.

(7)设 $f(x) = \begin{cases} x^2, & x \leq 1, \\ ax + b, & x > 1, \end{cases}$ 试确定 a、b 的值,使 $f(x)$ 在 $x = 1$ 处可导.

(8)求下列各函数的导数:

    1) $y = 2x^2 - \dfrac{1}{x^3} + 5x + 1$;   2) $y = 3\sqrt[3]{x^2} - \dfrac{1}{x^3} + \cos\dfrac{\pi}{3}$;

    3) $y = x^2\sin x$;   4) $y = \dfrac{1}{x + \cos x}$;

    5) $y = x\ln x + \dfrac{\ln x}{x}$;   6) $y = \ln x(\sin x - \cos x)$;

    7) $y = \dfrac{\sin x}{1 + \cos x}$;   8) $y = \dfrac{x\tan x}{1 + x^2}$.

(9)求下列各函数在指定点处的导数值:

    1) $f(t) = \dfrac{t - \sin t}{t + \sin t}$,求 $f'\left(\dfrac{\pi}{2}\right)$;

2) $y = (1 + x^3)\left(5 - \dfrac{1}{x^2}\right)$, 求 $y'|_{x=1}$ 和 $y'|_{x=a}$;

3) $y = \dfrac{\cos x}{2x^3 + 3}$, 求 $y'|_{x=\frac{\pi}{2}}$.

(10) 设 $f(x) = (ax + b)\sin x + (cx + d)\cos x$, 确定常数 a、b、c、d 的值, 使 $f'(x) = x\cos x$.

(11) 曲线 $y = x^2 + x - 2$ 上哪一点的切线与 x 轴平行, 哪一点的切线与直线 $y = 4x - 1$ 平行, 又在哪一点的切线与 x 轴交角为 $60°$?

(12) 设 $f(x) = x^3 + 9x^2 + 2x + 2$, 求满足 $f(x) = f'(x)$ 的所有 x 值.

(13) 以初速度 v_0 上抛的物体, 其上升的高度 s 与时间 t 的关系为 $s(t) = v_0 t - \dfrac{1}{2}gt^2$, 求: 1) 上升物体的速度 $v(t)$; 2) 经过多少时间, 它的速度为零?

(14) 一底半径与高相等的直圆锥体受热膨胀, 在膨胀过程中, 其高和底半径的膨胀率相等, 问: 1) 体积关于半径的变化率如何? 2) 半径为 $5\mathrm{cm}$ 时, 体积关于半径的变化率如何?

(15) 求下列函数的导数:

1) $y = (x^3 - x)^6$;　　　2) $y = \sqrt{1 + \ln^2 x}$;　　　3) $y = \cot\dfrac{1}{x}$;

4) $y = x^2\sin\dfrac{1}{x}$;　　5) $y = \sqrt{x + \sqrt{x + \sqrt{x}}}$;　　6) $y = \ln\dfrac{x}{1 - x}$;

7) $y = \sin^2(\cos 3x)$;　8) $y = (x + \sin^2 x)^4$;　9) $y = \ln[\ln(\ln x)]$;

10) $y = \dfrac{\sin^2 x}{\sin x^2}$;　　11) $y = \ln(x + \sqrt{x^2 + a^2})$;　　12) $y = \sin[\cos^2(x^3 + x)]$.

(16) 设 f、φ 可导, 求下列函数的导数:

1) $y = \ln f(e^x)$;　　　　　2) $y = f^2(\sin^2 x)$;

3) $y = f(e^x\sin x)$;　　　　4) $y = \log_{f(x)}\varphi(x)$ ($f(x) > 0$, $\varphi(x) > 0$).

(17) 已知电容器极板上的电荷为 $Q(t) = cu_m\sin\omega \cdot t$, 其中 c、u_m、ω 都是常数, 求电流强度 $i(t)$.

(18) 若以 $10\mathrm{cm}^3/\mathrm{s}$ 的速率给一个球形气球充气, 那么当气球半径为 $2\mathrm{cm}$ 时, 它的表面积增加有多快?

(19) 求下列函数的导数:

1) $y = (x^3 + 1)^2$, 求 y'';　　　2) $y = x^2\sin 2x$, 求 y'''.

(20) 求下列函数的 n 阶导数:

1) $y = xe^x$;　　2) $y = \sin^2 x$;　　3) $f(x) = \ln\dfrac{1}{1 - x}$, 求 $f^{(n)}(0)$.

(21) 证明 $s = Ae^{-kt}\sin(\omega t + \varphi)$ 满足方程 $\dfrac{\mathrm{d}^2 s}{\mathrm{d}t^2} + 2k\dfrac{\mathrm{d}s}{\mathrm{d}t} + (k^2 + \omega^2)s = 0$, 其中 A、k、ω、φ 都是常数.

(22) 求由下列方程所确定的隐函数的导数 y'.

1) $y^3 + x^3 - 3xy = 0$;　　2) $\arctan\dfrac{y}{x} = \ln\sqrt{x^2 + y^2}$.

(23) 用对数求导法求下列函数的导数:

1) $y = \dfrac{(2x + 3)\sqrt[4]{x - 6}}{\sqrt[3]{x + 1}}$;　　2) $y = (\sin x)^{\cos x}$ ($\sin x > 0$).

(24)求由下列各参数方程所确定的函数 $y = y(x)$ 的导数 $\dfrac{\mathrm{d}y}{\mathrm{d}x}$:

$$1)\begin{cases} x = \dfrac{1}{t+1}, \\ y = \dfrac{t}{(t+1)^2}; \end{cases} \qquad 2)\begin{cases} x = \mathrm{e}^t\cos t, \\ y = \mathrm{e}^t\sin t, \end{cases} 求 \dfrac{\mathrm{d}y}{\mathrm{d}x}\bigg|_{t=\frac{\pi}{2}}.$$

(25)求曲线 $\begin{cases} x = \ln\sin t, \\ y = \cot t \end{cases}$ 在 $t = \dfrac{\pi}{2}$ 处的切线和法线方程.

(26)求下列函数的微分:

1) $y = \ln\sin\dfrac{x}{2}$;　　　　　　　2) $y = \mathrm{e}^{-x}\cos(3 - x)$;

3) $y = \arctan\dfrac{1+x}{1-x}$;　　　　　4) $\mathrm{e}^{\frac{x}{y}} - xy = 0$.

(27)利用微分求近似值:

1) $\arctan 1.02$;　　2) $\sin 30°30'$;　　3) $\ln 1.01$;　　4) $\sqrt[6]{65}$.

(28)水管壁的横截面是一个圆环,设它的内径为 R_0 ,壁厚为 h ,试利用微分来计算这个圆环面积的近似值.

(29)如果半径为 $15\,\mathrm{cm}$ 的球的半径伸长 $2\,\mathrm{mm}$,球的体积约扩大多少?

(30)已知单摆的振动周期 $T = 2\pi\sqrt{\dfrac{l}{g}}$,其中 $g = 980\,\mathrm{cm/s^2}$, l 为摆长,设原摆长为 $20\,\mathrm{cm}$,为使周期 T 增大 $0.05\,\mathrm{s}$,摆长约需加长多少?

3 导数的应用

3.1 微分中值定理

3.1.1 罗尔(Rolle) 中值定理

定理 3-1(罗尔中值定理) 如果函数 $f(x)$ 满足:

(1) $f(x)$ 在闭区间 $[a,b]$ 上连续,

(2) $f(x)$ 在开区间 (a,b) 内可导,

(3) $f(a) = f(b)$,

则在 (a,b) 内至少存在一点 ξ,使得 $f'(\xi) = 0$.

几何意义:如果一条连续曲线 $y = f(x)$,除曲线端点之外每一点都存在切线,并且曲线的两个端点在同一水平线上,那么在该曲线上至少存在一点,使得过该点的切线为水平切线,如图 3-1 所示.

说明:此定理中的三个条件是充分条件,如果有一个条件不满足结论只是有可能不成立.

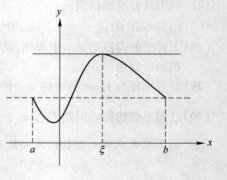

图 3-1

罗尔中值定理主要用于解决方程根的问题. 下面举例说明罗尔中值定理的应用.

【例 3-1】 设 $f(x) = (x-1)(x-2)(x-3)(x-4)$,说明方程 $f'(x) = 0$ 有几个实根.

解:不难验证 $f(x)$ 在 $[1,2]$、$[2,3]$、$[3,4]$ 上满足罗尔中值定理的条件. 由罗尔中值定理,方程 $f'(x) = 0$ 分别在区间 $(1,2)$、$(2,3)$、$(3,4)$ 内至少各有 1 个实根,又因为 $f'(x) = 0$ 是 3 次方程,所以该方程至多有 3 个实根. 因此方程 $f'(x) = 0$ 有且仅有 3 个不同的实根,它们分别位于区间 $(1,2)$、$(2,3)$、$(3,4)$ 内.

3.1.2 拉格朗日(Lagrange) 中值定理

定理 3-2(拉格朗日中值定理) 如果函数 $f(x)$ 满足:

(1) $f(x)$ 在闭区间 $[a,b]$ 上连续,

(2) $f(x)$ 在开区间 (a,b) 内可导,

则在 (a,b) 内至少存在一点 ξ,使

$$f'(\xi) = \frac{f(b) - f(a)}{b - a}.$$

证明:作辅助函数 $\Phi(x) = f(x) - \dfrac{f(b) - f(a)}{b - a}x$,那么 $\Phi(x)$ 在区间 $[a,b]$ 上满足罗尔中值定理的条件 (1)、(2),并且 $\Phi(a) = \dfrac{bf(a) - af(b)}{b - a} = \Phi(b)$. 由罗尔中值定理有,在 (a,b)

内至少存在一点 ξ,使 $\Phi'(\xi) = f'(\xi) - \dfrac{f(b) - f(a)}{b - a} = 0$.

注意:罗尔定理是拉格朗日定理的特殊情形,拉格朗日定理是罗尔定理的推广.

拉格朗日中值定理亦称微分中值定理.

拉格朗日中值公式:

$$f(b) - f(a) = f'(\xi) \cdot (b - a)$$

或 $\qquad f(b) - f(a) = f'(a + \theta(b - a)) \cdot (b - a) \qquad (0 < \theta < 1).$

拉格朗日中值定理的几何意义:除曲线端点之外每一点都存在切线的连续曲线 $y = f(x)$,那么在该曲线上至少存在一点,使得过该点的切线在区间 (a,b) 端点的割线平行,如图 3-2 所示.

推论 3-2-1 如果在 (a,b) 内 $f'(x) \equiv 0$ 则在 (a,b) 内 $f(x)$ 为一常数.

推论 3-2-2 如果对 (a,b) 内的任意 x,有 $f'(x) = g'(x)$,则有 $f(x) - g(x) = c$,其中 c 是常数.

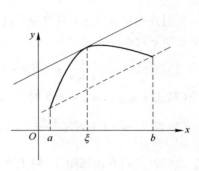

图 3-2

在我们遇到的实际问题中,拉格朗日中值定理多数用于解决等式及不等式的证明.

【例 3-2】 证明不等式:$|\arctan a - \arctan b| \leq |a - b|$.

证明:如果 $a = b$,则不等式自然成立.否则,可令 $f(x) = \arctan x$,$x \in [a,b]$,那么,$f(x)$ 在闭区间 $[a,b]$ 上连续,在开区间 (a,b) 内可导.由拉格朗日中值定理得 $f(b) - f(a) = f'(\xi) \cdot (b - a)$,即 $\arctan b - \arctan a = \dfrac{1}{1 + \xi^2}(b - a)$,所以

$$\left| \arctan b - \arctan a \right| = \left| \dfrac{1}{1 + \xi^2}(b - a) \right| \leq |b - a|.$$

【例 3-3】 证明 $\arctan x + \text{arccot} x = \dfrac{\pi}{2}$.

证明:令 $f(x) = \arctan x + \text{arccot} x$,则 $f(x)$ 在 R 上可导,且 $\forall x \in R$ 有 $f'(x) = \dfrac{1}{1 + x^2} - \dfrac{1}{1 + x^2} = 0$,所以由推论 3-2-1 有:$\arctan x + \text{arccot} x = C$,注意到 $f(0) = \dfrac{\pi}{2}$,所以 $\arctan x + \text{arccot} x = \dfrac{\pi}{2}$.

从上面几个例子可以看到,合理构造新函数,常常是解决问题的关键.

3.1.3 柯西(Cauchy)中值定理

定理 3-3(柯西中值定理) 如果函数 $f(x)$ 和 $g(x)$ 满足:

(1) $f(x)$ 和 $g(x)$ 在闭区间 $[a,b]$ 上连续,

(2) $f(x)$ 和 $g(x)$ 在开区间 (a,b) 内可导,且 $g'(x) \neq 0$,

则在 (a,b) 内至少存在一点 ξ,使得

$$\frac{f(b) - f(a)}{g(b) - g(a)} = \frac{f'(\xi)}{g'(\xi)}.$$

习题 3.1

1. 验证函数 $y = \dfrac{3}{3x^2 + 1}$ 在 $[-1,1]$ 上满足罗尔中值定理的条件.

2. 证明恒等式:$\arcsin x + \arccos x = \dfrac{\pi}{2}, x \in [-1,1]$.

3. 证明方程 $e^x = x + 1$ 只有一个根 $x = 0$.

4. 证明下列不等式:

   (1) 当 $x > 0$ 时,$\dfrac{x}{x+1} < \ln(x+1) < x$;

   (2) 当 $x \in (-\infty, +\infty)$ 时,$|\sin x - \sin y| \leqslant |x - y|$;

   (3) 设 $a > b > 0$,证明:$\dfrac{a-b}{a} < \ln \dfrac{a}{b} < \dfrac{a-b}{b}$.

5. 设函数 $f(x)$ 在闭区间 $[a,b]$ 上正值可导,则在开区间 (a,b) 内至少存在一点 c,满足 $\dfrac{f'(c)}{f(c)} = \dfrac{\ln f(b) - \ln f(a)}{b - a}$.

3.2 洛必达法则

在讲述极限运算法则的时候,经常会遇到类似 $\lim\limits_{x \to 1} \dfrac{x^2 - 1}{x - 1}$ 和 $\lim\limits_{x \to +\infty} \dfrac{x}{\sqrt{1 + x^2}}$ 的问题. 前一个是 $\dfrac{0}{0}$ 型极限问题,后一个是 $\dfrac{\infty}{\infty}$ 型极限问题,在数学上,我们把它们统称为未定型. 对于未定型极限,不可以直接用极限四则运算法则. 这两种类型的极限,可能存在,也可能不存在. 在此之前,我们没有很好的办法求出它们的极限值,一般都是采用恒等变形后,再进行计算的. 这一节要介绍一种较为便捷的方法——洛必达法则,用它就可以比较便利地解决如上两种类型的极限.

如果我们要对极限分类的话,细分起来共有六种(不包括数列极限). 这就是

$$x \to x_0 \text{、} x \to x_0^+ \text{、} x \to x_0^- \text{、} x \to \infty \text{、} x \to +\infty \text{ 和 } x \to -\infty.$$

这些类型的极限,除了自变量的变化过程不同之外,其本质是完全一致的,因此,以下法则仅以 $x \to x_0$ 的变化过程给出,对于其他类型来说,其结论是一致的.

定理 3-4 如果

(1) $\lim\limits_{x \to x_0} f(x) = \lim\limits_{x \to x_0} g(x) = 0$,

(2) $f(x)$、$g(x)$ 在 x_0 的某去心邻域 $\overset{\circ}{U}(x_0, \delta)$ 内可导,并且 $g'(x) \neq 0$,

(3) $\lim\limits_{x \to x_0} \dfrac{f'(x)}{g'(x)} = A$($A$ 可为有限数,也可为无穷大),

则
$$\lim_{x \to x_0} \frac{f(x)}{g(x)} = \lim_{x \to x_0} \frac{f'(x)}{g'(x)} = A.$$

证明：因为 $\lim\limits_{x \to x_0} f(x) = \lim\limits_{x \to x_0} g(x) = 0$，所以可假定 $f(x_0) = g(x_0) = 0$. 那么，$\forall x \in \overset{\circ}{U}(x_0, \delta)$，$f(x)$、$g(x)$ 在 $[x_0, x]$（或者 $[x, x_0]$）上满足柯西中值定理的所有条件. 由柯西中值定理，有 $\dfrac{f(x) - f(x_0)}{g(x) - g(x_0)} = \dfrac{f'(\xi)}{g'(\xi)}$，$\xi \in [x_0, x]$（或者 $\xi \in [x, x_0]$），当 $x \to x_0$ 时必导致 $\xi \to x_0$，所以

$$\lim_{x \to x_0} \frac{f(x)}{g(x)} = \lim_{x \to x_0} \frac{f(x) - f(x_0)}{g(x) - g(x_0)} = \lim_{\xi \to x_0} \frac{f'(\xi)}{g'(\xi)}.$$

说明：对于两个无穷大的比 $\dfrac{\infty}{\infty}$，有类似于定理 3-4 的洛必达法则，叙述形式只需将定理 3-4 中的" $\lim\limits_{x \to x_0} f(x) = \lim\limits_{x \to x_0} g(x) = 0$ "替换成" $\lim\limits_{x \to x_0} f(x) = \lim\limits_{x \to x_0} g(x) = \infty$ "，其他条件不变，其结论仍然是

$$\lim_{x \to x_0} \frac{f(x)}{g(x)} = \lim_{x \to x_0} \frac{f'(x)}{g'(x)} = A.$$

【例 3-4】 求 $\lim\limits_{x \to 0} \dfrac{\sin 3x}{\tan 5x}$.

解：这是一个" $\dfrac{0}{0}$ "型的极限问题，运用洛必达法则有：

$$\lim_{x \to 0} \frac{\sin 3x}{\tan 5x} = \lim_{x \to 0} \frac{\cos 3x \cdot 3}{\sec^2 5x \cdot 5} = \frac{3}{5}.$$

值得指出的是，在应用洛必达法则求极限的过程中，对等式进行合理的变换，有时是必要的. 请看下例：

【例 3-5】 求 $\lim\limits_{x \to +\infty} \dfrac{\dfrac{\pi}{2} - \arctan x}{\dfrac{1}{x}}$.

解：这是一个" $\dfrac{0}{0}$ "型的极限问题，由洛必达法则有

$$\lim_{x \to +\infty} \frac{\dfrac{\pi}{2} - \arctan x}{\dfrac{1}{x}} = \lim_{x \to +\infty} \frac{-\dfrac{1}{1 + x^2}}{-\dfrac{1}{x^2}}.$$

算到这里，还是" $\dfrac{0}{0}$ "型的极限问题. 如果我们一直把它作为" $\dfrac{0}{0}$ "型的极限继续往下算，我们将无法求得结果（读者不妨试试）.

但是，如果对它做一个适当的调整，把它变换成 $\lim\limits_{x \to +\infty} \dfrac{x^2}{1 + x^2}$，这时，问题就有转换成 $\dfrac{\infty}{\infty}$ 型极限了，再继续使用洛必达法则，便有 $\lim\limits_{x \to +\infty} \dfrac{x^2}{1 + x^2} = \lim\limits_{x \to +\infty} \dfrac{2x}{2x} = 1$，所以

$$\lim_{x \to +\infty} \frac{\dfrac{\pi}{2} - \arctan x}{\dfrac{1}{x}} = 1.$$

到此,问题自然迎刃而解了.

例 3-5 其实还说明了另一个相当重要的处理方法:$\dfrac{0}{0}$型与$\dfrac{\infty}{\infty}$型互换,有时是必要的,我们在解决实际问题的时候,应灵活掌握这一点.

作为一般符号演算,我们可以表述为:

$$\frac{0}{0} \to \frac{\dfrac{1}{0}}{\dfrac{1}{0}} \Leftrightarrow \frac{\infty}{\infty}; \quad \frac{\infty}{\infty} \to \frac{\dfrac{1}{\infty}}{\dfrac{1}{\infty}} \Leftrightarrow \frac{0}{0}.$$

【例 3-6】　求 $\lim\limits_{x \to +\infty} \dfrac{\ln x}{x^n}(n > 0)$.

解:$\lim\limits_{x \to +\infty} \dfrac{\ln x}{x^n} = \lim\limits_{x \to +\infty} \dfrac{\dfrac{1}{x}}{nx^{n-1}} = \lim\limits_{x \to +\infty} \dfrac{1}{nx^n} = 0.$

在有些问题中,需要连续多次使用洛必达法则.

【例 3-7】　求 $\lim\limits_{x \to 0} \dfrac{x - \sin x}{\sin x^3}$.

解:$\lim\limits_{x \to 0} \dfrac{x - \sin x}{\sin x^3} = \lim\limits_{x \to 0} \dfrac{1 - \cos x}{3x^2 \cos x^3} = \lim\limits_{x \to 0} \dfrac{1}{3\cos x^3} \lim\limits_{x \to 0} \dfrac{1 - \cos x}{x^2}$

$$= \frac{1}{3} \lim_{x \to 0} \frac{\sin x}{2x} = \frac{1}{6} \lim_{x \to 0} \frac{\sin x}{x} = \frac{1}{6} \lim_{x \to 0} \frac{\cos x}{1} = \frac{1}{6}.$$

例 3-7 的计算过程还为我们提供了另一个信息,这就是:在用洛必达法则求极限的过程中,极限不为零的"因式"可提出来另外求极限(比如例 3-7 中的 $\dfrac{1}{3\cos x^3}$),这样做,可使下一步的式子得到简化.

在洛必达法则的应用过程中,还有一个很重要的问题是必须注意的!先看下例:

$$\lim_{x \to 0} \frac{1 - \cos x}{x^3} = \lim_{x \to 0} \frac{\sin x}{3x^2} = \lim_{x \to 0} \frac{\cos x}{6x} = \lim_{x \to 0} \frac{\sin x}{6} = 0.$$

上述结果是错误的,问题出在哪儿呢?

问题在于第三个式子 $\lim\limits_{x \to 0} \dfrac{\cos x}{6x}$ 既不是 $\dfrac{0}{0}$ 型的,又不是 $\dfrac{\infty}{\infty}$ 型的,不能再用洛必达法则.

因此,在使用洛必达法则之前,必须严格检查极限的类型,只有 $\dfrac{0}{0}$ 型或者 $\dfrac{\infty}{\infty}$ 型的极限,才可以使用洛必达法则.

还必须明确一点,洛必达法则固然是解决未定型极限较好的一种方法,但它不是万能的,不是所有未定型都可以通过洛必达法则得到解决.

比如 $\lim\limits_{x \to +\infty} \dfrac{x}{\sqrt{1+x^2}} = \lim\limits_{x \to +\infty} \dfrac{1}{\dfrac{x}{\sqrt{1+x^2}}} = \lim\limits_{x \to +\infty} \dfrac{\sqrt{1+x^2}}{x}$，如果再用一次洛必达法则就回到原

式了. 这说明本例不可以用洛必达法则求出结果.

再比如 $\lim\limits_{x \to 0} \dfrac{x^2 \sin \dfrac{1}{x}}{\sin x} = \lim\limits_{x \to 0} \dfrac{2x \sin \dfrac{1}{x} - \cos \dfrac{1}{x}}{\cos x}$，因为 $\lim\limits_{x \to 0} \cos \dfrac{1}{x}$ 不存在，所以 $\lim\limits_{x \to 0}$

$\dfrac{2x \sin \dfrac{1}{x} - \cos \dfrac{1}{x}}{\cos x}$ 也不存在，所以 $\lim\limits_{x \to 0} \dfrac{x^2 \sin \dfrac{1}{x}}{\sin x}$ 不存在. 这是一个错误的推断. 因为 $\lim\limits_{x \to 0}$

$\dfrac{x}{\sin x} = 1$、$\lim\limits_{x \to 0} x = 0$、$\left| \sin \dfrac{1}{x} \right| \leqslant 1$，由极限性质可知 $\lim\limits_{x \to 0} \dfrac{x^2 \sin \dfrac{1}{x}}{\sin x} = 0$.

这就是说，当 $\lim\limits_{x \to x_0} \dfrac{f'(x)}{g'(x)}$ 不存在的时候（不包括 $\lim\limits_{x \to x_0} \dfrac{f'(x)}{g'(x)} = \infty$），对原未定型 $\lim\limits_{x \to x_0} \dfrac{f(x)}{g(x)}$
的极限情况不能做出任何判断.

对于未定型的极限问题，除了上述两大基本类型之外，还有

$$0 \cdot \infty、\infty - \infty、1^\infty、0^0、\infty^0$$

等类型，这些类型的极限，都可以经过适当的恒等变换，转换成 $\dfrac{0}{0}$ 型或 $\dfrac{\infty}{\infty}$ 型.

作为符号演算，这些类型的基本处理方法表述如下：

$$0 \cdot \infty = \dfrac{0}{\dfrac{1}{\infty}} \Leftrightarrow \dfrac{0}{0} \quad \text{或} \quad 0 \cdot \infty = \dfrac{\infty}{\dfrac{1}{0}} \Leftrightarrow \dfrac{\infty}{\infty};$$

$1^\infty = e^{\ln 1^\infty} = e^{\infty \cdot \ln 1}$，问题转换成 $0 \cdot \infty$ 型，0^0 和 ∞^0 的处理方法与 1^∞ 型相同；

$\infty - \infty = \dfrac{1}{\left(\dfrac{1}{\infty}\right)} - \dfrac{1}{\left(\dfrac{1}{\infty}\right)} \Leftrightarrow \dfrac{\left(\dfrac{1}{\infty}\right) - \left(\dfrac{1}{\infty}\right)}{\left(\dfrac{1}{\infty}\right) \cdot \left(\dfrac{1}{\infty}\right)} \Leftrightarrow \dfrac{0}{0}$，当然，可根据具体的函数特性，采用其他特

殊变换，比如，直接通分等.

下面通过具体的例子说明解决这些类型的极限的基本方法.

【例 3-8】 求 $\lim\limits_{x \to 0^+} x \ln x$.

解：这是一个 $0 \cdot \infty$ 的极限问题.

$$\lim\limits_{x \to 0^+} x \ln x = \lim\limits_{x \to 0^+} \dfrac{\ln x}{\dfrac{1}{x}} = \lim\limits_{x \to 0^+} \dfrac{\dfrac{1}{x}}{-\dfrac{1}{x^2}} = \lim\limits_{x \to 0^+} (-x) = 0.$$

需要指出的是：$0 \cdot \infty$ 最终是要转换成 $\dfrac{0}{0}$ 型或者 $\dfrac{\infty}{\infty}$ 型来计算的，这里就有一个选择问题，

究竟转换成 $\dfrac{0}{0}$ 型还是转换成 $\dfrac{\infty}{\infty}$ 型，就要具体问题具体分析了. 本例是变换成 $\dfrac{\infty}{\infty}$ 型来计算的，

读者们可以试试看,把它转换成$\dfrac{0}{0}$型能否求出结果,答案肯定是否定的.

一般的情况下,形如$\lim\limits_{x \to x_0} f(x) \cdot \ln g(x)$的$0 \cdot \infty$型问题,都是转换成

$$\lim_{x \to x_0} \frac{\ln g(x)}{\dfrac{1}{f(x)}}$$

形式后,再用洛必达法则计算的.

【例 3-9】　求$\lim\limits_{x \to 0^+} x^x$.

解:这是一个0^0型极限问题. 由于$\lim\limits_{x \to 0^+} x^x = \lim\limits_{x \to 0^+} e^{x \ln x}$,再根据例 3-8 有$\lim\limits_{x \to 0^+} x \ln x = 0$,所以

$$\lim_{x \to 0^+} x^x = 1.$$

【例 3-10】　求$\lim\limits_{x \to 0} (\cos x)^{\csc^2 x}$.

解:这是一个1^∞型极限问题. 由于$\lim\limits_{x \to 0} (\cos x)^{\csc^2 x} = \lim\limits_{x \to 0} e^{\csc^2 x \ln \cos x}$,又$\lim\limits_{x \to 0} \csc^2 x \ln \cos x = \lim\limits_{x \to 0}$

$\dfrac{\ln \cos x}{\sin^2 x} = \lim\limits_{x \to 0} \dfrac{-\tan x}{2 \sin x \cos x} = -\dfrac{1}{2}$,

所以
$$\lim_{x \to 0} (\cos x)^{\csc^2 x} = e^{-\frac{1}{2}}.$$

【例 3-11】　求$\lim\limits_{x \to 0} \left(\dfrac{1}{x} - \dfrac{1}{e^x - 1} \right)$.

解:这是一个$\infty - \infty$型的极限,直接通分后变成$\dfrac{0}{0}$型.

$$\lim_{x \to 0} \left(\frac{1}{x} - \frac{1}{e^x - 1} \right) = \lim_{x \to 0} \frac{e^x - 1 - x}{x(e^x - 1)} = \lim_{x \to 0} \frac{e^x - 1}{e^x - 1 + xe^x} = \lim_{x \to 0} \frac{e^x}{2e^x + xe^x} = \frac{1}{2}.$$

值得指出的是:1^∞、0^0或∞^0型极限一般都要通过关系式$x = e^{\ln x}$进行转换. 其实这种算法可归纳为:

若$y = f(x)^{g(x)}$,则$\ln y = \ln f(x)^{g(x)} = g(x) \ln f(x)$,然后再根据类型情况,对$\lim g(x) \ln f(x)$作下一步的计算. 比如求得$\lim g(x) \ln f(x) = k$,那么,

$$\lim g(x) \cdot \ln f(x) = e^k.$$

习题 3.2

1. 用洛必达法则求下列极限:

(1) $\lim\limits_{x \to 1} \dfrac{\ln x}{x - 1}$;

(2) $\lim\limits_{x \to 0} \dfrac{\sin ax}{\tan bx}$;

(3) $\lim\limits_{x \to 0} \dfrac{\tan x - x}{x - \sin x}$;

(4) $\lim\limits_{x \to a} \dfrac{x^m - a^m}{x^n - a^n}$;

(5) $\lim\limits_{x \to 1} \left(\dfrac{2}{x^2 - 1} - \dfrac{1}{x - 1} \right)$;

(6) $\lim\limits_{x \to +0} x^{\sin x}$;

(7) $\lim_{x \to 0} \dfrac{1 - \cos x^2}{x^3 \sin x}$;

(8) $\lim_{x \to \frac{\pi}{2}} (\cos)^{\frac{\pi}{2} - x}$.

2. 计算 $\lim_{x \to \infty} \dfrac{x + \cos x}{x}$,并说明本题不能用洛必达法则求出极限.

3. 设 $f(x) = \dfrac{x^2 \cos \dfrac{1}{x}}{\sin x}$,问:

(1) $\lim_{x \to 0} f(x)$ 是否存在?其极限为何值?

(2)能否用洛必达法则求此极限,为什么?

3.3 函数的单调性、极值和最值

3.3.1 函数单调性的判定

如何较好地判定函数的单调性,是本节的主要任务之一.

对于一个单调递增函数来说,如果曲线上每一点都存在切线的话,这些切线有何特征性质呢?通过图 3-3 可以看到:切线与 x 轴的夹角成锐角.理论上也不难验证这一点.

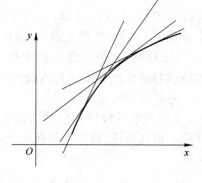

夹角都是锐角意味着什么?它意味着:

$$f'(x) = \tan \alpha \geq 0.$$

当然,对于单调递减的可导函数,自然有

$$f'(x) \leq 0.$$

图 3-3

反过来说,如果 $f'(x) \geq 0$(或 $f'(x) \leq 0$),是否一定能够得到函数单调递增(或单调递减)的结论呢?下面的定理将回答这一问题.

定理 3-5 设函数 $f(x)$ 在闭区间 $[a,b]$ 上连续,在开区间 (a,b) 内可导.

(1)如果在 (a,b) 内,恒有 $f'(x) \geq 0$,那么函数 $f(x)$ 在闭区间 $[a,b]$ 上单调递增;在 (a,b) 内如果恒有 $f'(x) > 0$,那么函数 $f(x)$ 在闭区间 $[a,b]$ 上严格单调递增;

(2)如果在 (a,b) 内,恒有 $f'(x) \leq 0$,那么函数 $f(x)$ 在闭区间 $[a,b]$ 上单调递减;在 (a,b) 内如果恒有 $f'(x) < 0$,那么函数 $f(x)$ 在闭区间 $[a,b]$ 上严格单调递减.

证明:(1)任取 $x, x_2 \in [a,b]$,且 $x_1 < x_2$,由拉格朗日中值定理有 $f(x_2) - f(x_1) = f'(\xi) \cdot (x_2 - x_1) \geq 0$,所以 $f(x_1) \leq f(x_2)$,所以函数 $f(x)$ 在闭区间 $[a,b]$ 上单调增加.

当然,$f'(x) > 0$ 恒成立时,$f(x_2) - f(x_1) = f'(\xi) \cdot (x_2 - x_1) > 0$,即函数 $f(x)$ 在闭区间 $[a,b]$ 上严格单调增加.

同理可证(2).

说明:在严格单调函数的具体判定中,可把定理 3-5 的前提条件放宽为"在 (a,b) 内除有限个点外,处处可导,并且 $f'(x) > 0$(或 $f'(x) < 0$)",其他条件不变,那么定理的结论仍成立.当然连续是不可少的前提条件.

例如,设 $f(x) = \begin{cases} x, & x \geq 0, \\ x^3, & x < 0, \end{cases}$ 不难验证 $f'(0)$ 不存在,除 $x = 0$ 外 $f'(x) > 0$ 所以 $f(x)$ 在 $(-\infty, +\infty)$ 上严格单调递增.

【例 3-12】 讨论函数 $f(x) = \arctan x - x$ 的单调性.

解: $f'(x) = \dfrac{1}{1 + x^2} - 1 = \dfrac{-x^2}{1 + x^2} \leq 0, x \in (-\infty, +\infty)$.

上式中等号仅在 $x = 0$ 处成立,故 $f(x)$ 在 $(-\infty, +\infty)$ 上严格单调减少.

【例 3-13】 讨论函数 $f(x) = 2x^3 - 6x^2 - 18x + 7$ 的单调性.

解: $f'(x) = 6x^2 - 12x - 18 = 6(x - 3)(x + 1)$.

当 $x \in (-\infty, -1)$ 时,有 $f'(x) > 0$, 所以函数 $f(x)$ 在 $(-\infty, -1)$ 严格单调递增;

当 $x \in (-1, 3)$ 时,有 $f'(x) < 0$, 所以函数 $f(x)$ 在 $(-1, 3)$ 严格单调递减;

当 $x \in (3, +\infty)$ 时,有 $f'(x) > 0$, 所以函数 $f(x)$ 在 $(3, +\infty)$ 严格单调递增.

3.3.2　函数的极值

定义 3-1　设函数 $f(x)$ 在 x_0 的某个邻域 $U(x_0, \delta)$ 内有定义,并且 $\forall x \in U(x_0, \delta)$ 有: $f(x) \leq f(x_0)$ (或 $f(x) \geq f(x_0)$),则称 $f(x_0)$ 为函数 $f(x)$ 在 x_0 点邻域内的一个极大(小)值, x_0 称为 $f(x)$ 的一个极大值点(或极小值点).

$f(x)$ 的极大值与极小值统称为 $f(x)$ 极值,极大值点与极小值点统称为函数 $f(x)$ 的极值点.

需要指出的是:

(1)函数的极值是局部的概念,它不具有整体性质. 也就是说,极小值与极大值之间没有必然的关系.

例如, $f(x) = \begin{cases} 1 + (x - 1)^2, & x > 0, \\ -1 - (x + 1)^2, & x < 0 \end{cases}$ 的图像如图 3-4 所示. 极小值 $f(1) = 1$ 而大于极大值 $f(-1) = -1$.

(2)函数在定义域内可能有多个极大值和极小值.

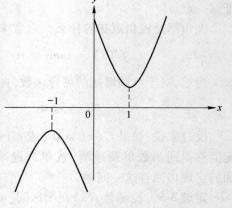

图 3-4

定理 3-6(取极值的必要条件)　若函数 $f(x)$ 在点 x_0 处存在导数,并且在点 x_0 取极值,那么 $f'(x_0) = 0$.

定义 3-2　若 $f'(x_0) = 0$,则称 x_0 为函数 $f(x)$ 的驻点,也称为稳定点.

定理 3-6 告诉我们一个事实,可导函数 $f(x)$ 的极值点必是 $f(x)$ 的驻点,反过来说 $f(x)$ 的驻点是不是 $f(x)$ 的极值点呢? 我们先看下面的例子:

例如,设 $f(x) = x^3$,则 $f'(x) = 3x^2$,所以 $f'(0) = 0$, 即 $x = 0$ 是 $f(x)$ 的驻点,但 $x = 0$ 不是函数 $f(x)$ 的极值点.

这例子说明:函数的驻点不一定是极值点.

还有一个重要问题是要特别注意的:函数 $f(x)$ 在极值点是否一定可导?

注意到: $y = |x|$ 在 $x = 0$ 处不存在导数,但是 $x = 0$ 是函数的极小值点.

也就是说,对于一个连续函数,它有可能在导数不存在的点上取极值. 即,连续函数 $f(x)$ 在 x 取极值的必要条件是:x 是驻点或者是导数 $f'(x)$ 不存在的点.

综上所述,可作如下总结:函数的驻点以及导数不存在的点是函数所有可能的极值点.

前面讨论了函数取极值的必要条件,于是有办法找出所有可能的极值点. 为进一步确定哪些点是极值点,哪个点是极大值点,哪个点是极小值点,我们给出如下判定定理.

定理 3-7(函数取极值的第一充分条件) 设函数 $f(x)$ 在点 x_0 处连续,并且在 x_0 的某个去心邻域 $\overset{\circ}{U}(x_0,\delta)$ 内可导,

(1)如果在 $\overset{\circ}{U}(x_0,\delta)$ 内,当 $x < x_0$ 时,$f'(x) > 0$,而当 $x > x_0$ 时,$f'(x) < 0$,则 $f(x)$ 在 x_0 取极大值,$f(x_0)$ 是 $f(x)$ 的极大值;

(2)如果在 $\overset{\circ}{U}(x_0,\delta)$ 内,当 $x < x_0$ 时,$f'(x) < 0$,而当 $x > x_0$ 时,$f'(x) > 0$,则 $f(x)$ 在 x_0 取极小值,$f(x_0)$ 是 $f(x)$ 的极小值;

(3)若 $f'(x)$ 在 x_0 的左右两侧同号,则 $f(x)$ 在 x_0 处不取极值.

其实,$f'(x)$ 在 x_0 两侧异号,就说明 x_0 是函数 $f(x)$ 由单调递增(或单调递减)转向单调递减(或单调递增)的过渡点,加上 $f(x)$ 在 x_0 连续,自然在局部范围内 $f(x_0)$ 是峰顶值(或谷底值),如图 3-5 和图 3-6 所示.

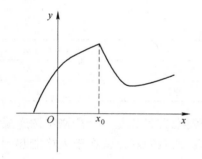

图 3-5

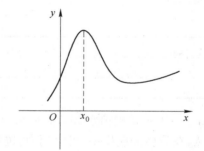

图 3-6

定理 3-8(函数取极值的第二充分条件) 设 $f(x)$ 在 x_0 处二阶可导,并且 x_0 是 $f(x)$ 的驻点(即 $f'(x_0) = 0$),$f''(x_0) \neq 0$. 如果 $f''(x_0) > 0(f''(x_0) < 0)$,则 $f(x_0)$ 为极小值(极大值).

记住"函数取极值的第二充分条件"最便捷的方法是:借助 $y = x^2$ 或 $y = -x^2$,就不难判定"一阶导数等于零,二阶导数大于零(小于零)的点"是什么性质的极值点了.

讨论函数的单调性、求函数极值的一般步骤如下:

(1)确定函数的定义域.

(2)求函数的一阶导数,并进一步求出函数所有的驻点以及一阶导数不存在的点.

(3)列表. 用上述求出的所有可能的极值点将函数定义域分割成若干个小区间. 如果问题只要求求极值,可以不列表,继续采用求二阶导数,利用第二充分条件做出判断.

(4)讨论函数的一阶导数在各个小区间的正负号,进而确定函数在各个小区间的单调性,确定函数在可能的极值点上的极值性.

【例 3-14】 求函数 $y = 2x^3 - 6x^2 - 18x + 7$ 的极值.

解法 1：函数的定义域是全体实数．由例 3-13 的结论可列表 3-1.

表 3-1

x	$(-\infty, -1)$	-1	$(-1, 3)$	3	$(3, +\infty)$
y'	$+$	0	$-$	0	$+$
y	↗	极大	↘	极小	↗

再由定理 3-7 可知 $f(-1) = 17$ 为极大值，$f(3) = -47$ 为极小值．函数在区间 $(-\infty, -1)$ 或 $(3, +\infty)$ 内严格单调递增；在 $(-1, 3)$ 内严格单调递减．

解法 2：因为 $f'(x) = 6x^2 - 12x - 18 = 6(x-3)(x+1)$，所以函数的驻点有 $x = -1$ 和 $x = 3$，又因为 $y'' = 12x - 12 = 12(x-1)$，于是 $y''(-1) = -24 < 0, y''(3) = 24 > 0$，由定理 3-8 可知 $f(-1) = 17$ 为极大值，$f(3) = -47$ 为极小值．

【例 3-15】　求函数 $y = 3 - 2(x+1)^{\frac{1}{3}}$ 的极值，并讨论它的单调区间．

解：函数的定义域是全体实数．因为 $y' = -\dfrac{2}{3} \cdot \dfrac{1}{(x+1)^{\frac{2}{3}}}$，所以 $x = -1$ 是已知函数唯一一个可能的极值点（导数不存在的点）．当 $x \in (-\infty, -1)$，有 $f'(x) < 0$，所以函数在 $(-\infty, -1)$ 内单调递减；当 $x \in (-1, +\infty)$，有 $f'(x) < 0$，所以函数在 $(-1, +\infty)$ 内仍然单调递减，现列表 3-2.

表 3-2

x	$(-\infty, -1)$	-1	$(-1, +\infty)$
y'	$-$	不存在	$-$
y	↘	非极值	↘

故 $x = -1$ 不是极值点，y 在 $(-\infty, +\infty)$ 内无极值，并且它是一个严格单调递减函数．

当然，在具体的应用中，可以列表，也可以不列表，列表的好处就在于表格能起到一目了然的效果，一看表，就能大致地知道函数的基本性态．

上面给出的两个例子可以反映出两个充分条件的优点与不足：第二充分条件便捷，只要求出函数的驻点，再求出函数在驻点处的二阶导数的值，就可解决问题，但是它对于一阶导数不存在的点，就无可奈何了；第一充分条件尽管没有这种尴尬，但它必须讨论可能极值点两侧一阶导数的符号，一般来说，这是一件不容易办到的事情．事物总是一分为二的，有利就有弊，究竟采用哪种方法更好，只有具体问题具体分析．

3.3.3　函数的最值

设 $f(x)$ 在区间 I 上有定义，$x_0 \in I$，如果 $\forall x \in I$ 有 $f(x_0) \geq f(x)$，那么，$f(x_0)$ 称为 $f(x)$ 在区间 I 上的最大值；如果 $\forall x \in I$ 有 $f(x_0) \leq f(x)$，那么，$f(x_0)$ 称为 $f(x)$ 在区间 I 上的最小值．最大值与最小值统称为函数的最值．

由此可见，函数的最值是一个整体概念，是对整个定义域而言的．

函数的最大值与最小值问题，一般分两种情形来讨论，一是函数本身没有具体实际意义，二是函数带有具体实际意义．

3.3.3.1 闭区间 $[a,b]$ 上连续函数 $y = f(x)$ 的最值问题

我们知道，$f(x)$ 在区间 $[a,b]$ 上一定存在最大值与最小值，最大值点和最小值点要么出现在区间 (a,b) 内，要么出现在区间的端点上. 如果最值点在区间 (a,b) 内出现，这个点必定是极值点. 因此，我们只要求出函数 $f(x)$ 在 (a,b) 内一切可能的极值点，求出一切可能的极值，再拿它们和端点的函数值相比，比较这些数值的大小，最大者就是函数的最大值，最小者就是函数的最小值.

【例 3-16】 求 $f(x) = (x-1)\sqrt[3]{x^2}$ 在 $\left[-1, \dfrac{1}{2}\right]$ 上的最大值和最小值.

解：因为 $f'(x) = x^{\frac{2}{3}} + \dfrac{2}{3}(x-1)x^{-\frac{1}{3}} = \dfrac{5x-2}{3x^{\frac{1}{3}}}$，令 $f'(x) = 0$，解得 $x = \dfrac{2}{5}$，而 $x = 0$ 使得 $f'(x)$ 不存在，所以 $f'(x)$ 可能的极值点为：$x = \dfrac{2}{5}$、$x = 0$.

由于 $f(0) = 0$、$f\left(\dfrac{2}{5}\right) = -\dfrac{3}{5} \cdot \dfrac{\sqrt[3]{4}}{25}$、$f(-1) = -2$、$f\left(\dfrac{1}{2}\right) = -\dfrac{1}{8} \cdot \sqrt[3]{2}$. 比较这些值的大小，可知函数 $f(x)$ 在 $x = 0$ 取最大值，$f_{\text{最大}}(0) = 0$，$f(x)$ 在 $x = -1$ 取最小值，$f_{\text{最小}}(-1) = -2$.

【例 3-17】 求 $f(x) = x^3 - 3x$ 在 $[-\sqrt{3}, \sqrt{3}]$ 上的最大值与最小值.

解：因为 $f'(x) = 3x^2 - 3$，所以 $x = 1$、$x = -1$ 是 $f(x)$ 在 $[-\sqrt{3}, \sqrt{3}]$ 上驻点，没有使 $f'(x)$ 不存在的点，所以 $f(x)$ 在 $[-\sqrt{3}, \sqrt{3}]$ 上可能的极值点只有 $x = 1$ 和 $x = -1$. 而 $f(-1) = 2$、$f(1) = -2$、$f(-\sqrt{3}) = f(\sqrt{3}) = 0$，所以 $f(x)$ 在 $x = 1$ 取最小值，$f_{\text{最小}}(1) = -2$；$f(x)$ 在 $x = -1$ 取最大值，$f_{\text{最大}}(-1) = 2$.

3.3.3.2 带有实际意义的函数的最值

如果函数带有具体的实际意义，那么函数的最值应当根据具体的实际意义来确定. 一般情况下，可根据驻点（可能的极值点）的唯一性，以及最值存在的理论保证，就可以断定这个唯一的驻点（可能的极值点）就是我们要求的最值点.

【例 3-18】 某车间靠墙壁要盖一间长方形小屋，现有存砖只够砌 20m 长的墙壁，问应围成怎样的长方形才能使这小屋的面积最大？

解：设小屋长为 $x(\text{m})$，宽为 $y(\text{m})$，面积为 $s(\text{m}^2)$，则 $s = xy$. 由已知 $x = 20 - 2y$，于是 $s = (20 - 2y) \cdot y = 2(10y - y^2)$，$y \in (0,10)$，所以，

$$s' = 20 - 4y = -4(y-5).$$

由此可知 $y = 5\text{m}$ 为 s 唯一的驻点，又理论上 s 一定存在最大值，所以 $y = 5\text{m}$ 为最大值点. 即长为 10m，宽为 5m 时这间小屋的面积最大.

习题 3.3

1. 求下列函数的单调区间：

(1) $y = 2x + \dfrac{8}{x}$；

(2) $y = x - \ln(1+x)$；

　　(3) $y = (x + 2)^2(x - 1)^3$;　　　　　(4) $y = \dfrac{x}{1 + x^2}$.

2. 求下列函数的极值:

　　(1) $y = \dfrac{x^4}{4} - \dfrac{2}{3}x^3 + \dfrac{x^2}{2} + 2$;　　　(2) $y = x^3 - 6x^2 + 9x - 4$;

　　(3) $y = x + \sqrt{1 - x}$;　　　　　　(4) $y = x^2 e^{-x}$.

3. 求下列函数的最大值和最小值:

　　(1) $y = x^3 - 3x^2 - 9x + 5, x \in [-4, 4]$;

　　(2) $y = x + \dfrac{1}{x}, x \in \left[\dfrac{1}{100}, 100\right]$.

4. 要造一圆柱形仓库,体积为 50m^3,问底半径 r 和高 h 等于多少时用料最小?

5. 一火车锅炉每小时消耗的费用与火车行驶速度的 3 次方成正比. 已知当车速为 20km/h 时, 每小时耗煤 40 元,其他费用每小时 200 元,甲乙两地相距 S 公里,问其行驶速度为多少时,才能使火车由甲地开往乙地的总费用最小?

3.4　导数在经济分析上的应用

　　本节讨论导数的概念在经济分析中的应用,主要包括边际分析、弹性分析、需求价格分析和最优值等.

3.4.1　边际与边际分析

　　在经济学中,常常用到平均变化率与边际这两个概念. 在数量关系上,平均变化率指的是函数值的改变量与自变量的改变量的比值,如果用函数形式来表示的话,就是 $\dfrac{\Delta y}{\Delta x}$,而边际则是自变量的改变量 Δx 趋于零时 $\dfrac{\Delta y}{\Delta x}$ 的极限. 可以说,导数应用在经济学上就是边际.

3.4.1.1　边际成本

　　设某产品生产 q 个单位时的总成本为 $C = C(q)$,当产量达到 q 个单位时,任给产量一个增量 Δq,相应的总成本将增加 $\Delta C = C(q + \Delta q) - C(q)$,于是再生产 Δq 个单位时的平均成本为

$$\overline{C} = \frac{\Delta C}{\Delta q} = \frac{C(q + \Delta q) - C(q)}{\Delta q}.$$

如果总成本为 $C = C(q)$ 在 q 可导,那么,

$$C'(q) = \lim_{\Delta q \to 0} \frac{C(q + \Delta q) - C(q)}{\Delta q}$$

称为产量为 q 个单位时的边际成本,一般记作 $C_{\text{M}}(q) = C'(q)$.

　　边际成本的经济意义是:当产量达到 q 个单位时,再增加一个单位的产量,即 $\Delta q = 1$ 时,总成本将增加 $C'(q)$ 个单位(近似值).

【例 3-19】 设一企业生产某产品的日产量为 800 台,日产量为 q 个单位时的总成本函数为

$$C(q) = 0.1q^2 + 2q + 5000,$$

求:(1)产量为 600 台时的总成本;

(2)产量为 600 台时的平均总成本;

(3)产量由 600 台增加到 700 台时总成本的平均变化率;

(4)产量为 600 台时的边际成本,并解释其经济意义.

解:(1) $C(600) = 0.1 \times 600^2 + 2 \times 600 + 5000 = 42200$;

(2) $\overline{C}(600) = \dfrac{C(600)}{600} = \dfrac{211}{3}$;

(3) $\dfrac{\Delta C}{\Delta q} = \dfrac{C(700) - C(600)}{100} = 132$;

(4) $C_M(600) = 0.2 \times 600 + 2 = 122$.

这说明,当产量达到 600 台时,再增加一台的产量,总成本大约增加 122.

3.4.1.2 边际收入

设某商品销售量为 q 个单位时的总收入函数为 $R = R(q)$,当销量达到 q 个单位时,再给销量一个增量 Δq,其相应的总收入将增加 $\Delta R = R(q + \Delta q) - R(q)$,于是再多销售 Δq 个单位时的平均收入为:

$$\overline{R} = \frac{\Delta R}{\Delta q} = \frac{R(q + \Delta q) - R(q)}{\Delta q}.$$

如果总收入函数 $R = R(q)$ 在 q 可导,那么,

$$R'(q) = \lim_{\Delta q \to 0} = \frac{R(q + \Delta q) - R(q)}{\Delta q}$$

称为销售量为 q 个单位时的边际收入,一般记作 $R_M(q) = R'(q)$.

边际收入的经济意义是:销售量达到 q 个单位的时候,再增加一个单位的销量,即 $\Delta q = 1$ 时,相应的总收入增加 $R'(q)$ 个单位.

【例 3-20】 设某种电器的需求价格函数为 $q = 120 - 4p$,其中,p 为销售价格,q 为需求量. 求销售量为 60 件时的总收入、平均收入以及边际收入. 销售量达到 70 件时,边际收入如何? 并作出相应的经济解释.(单位:元)

解:由已知条件得总收入函数为

$$R = pq = q\left(30 - \frac{1}{4}q\right).$$

于是,销售量为 60 件时的总收入为

$$R(60) = 60 \times (30 - 15) = 900 \; 元;$$

销售量为 60 件时的平均收入为

$$\overline{R} = \frac{R(60)}{60} = 15 \; 元/件;$$

销售量为 60 件时的边际收入为

$$R_{\mathrm{M}}(60) = R'(60) = 30 - \frac{1}{2} \times 60 = 0 \ \text{元}.$$

这说明,当销售量达到 60 件时,再增加一件的销量,不增加总收入.
销售量为 70 件时的边际收入为

$$R_{\mathrm{M}}(70) = R'(70) = 30 - \frac{1}{2} \times 70 = -5 \ \text{元}.$$

这说明,当销售量达到 70 件时,再增加一件的销量,总收入会减少 5 元.

3.4.1.3 边际利润

设某商品销售量为 q 个单位时的总利润函数为 $L = L(q)$,当销量达到 q 个单位时,再给销量一个增量 Δq,其相应的总利润将增加 $\Delta L = L(q + \Delta q) - L(q)$,于是再多销售 Δq 个单位时的平均利润为:

$$\overline{L} = \frac{L(q + \Delta q) - L(q)}{\Delta q}.$$

如果总利润函数在 q 可导,那么,

$$L'(q) = \lim_{\Delta q \to 0} \frac{L(q + \Delta q) - L(q)}{\Delta q}$$

称为销售量为 q 个单位时的边际利润,一般记作 $L_{\mathrm{M}}(q) = L'(q)$.

边际利润的经济意义是:销售量达到 q 个单位的时候,再增加一个单位的销量,即 $\Delta q = 1$ 时,相应的总利润增加 $L'(q)$ 个单位.

由于总利润、总收入和总成本有如下关系:

$$L(q) = R(q) - C(q),$$

因此,边际利润又可表示成 $L'(q) = R'(q) - C'(q)$.

【例 3-21】 设生产 q 件某产品的总成本函数为

$$C(q) = 1500 + 34q + 0.3q^2,$$

如果该产品销售单价为 $p = 280$ 元/件,求:

(1)该产品的总利润函数 $L(q)$;

(2)该产品的边际利润函数 $L_{\mathrm{M}}(q)$ 以及销量为 $q = 420$ 个单位时的边际利润,并对此结论作出经济意义的解释;

(3)销售量为何值时利润最大?

解:(1)由已知可得总收入函数为 $R(q) = pq = 280q$,因此总利润函数为

$$L(q) = R(q) - C(q) = 280q - 1500 - 34q - 0.3q^2 = -1500 + 246q - 0.3q^2.$$

(2)该产品的边际利润函数为 $L_{\mathrm{M}}(q) = L'(q) = 246 - 0.6q.$

$$L_{\mathrm{M}}(420) = 246 - 0.6 \times 420 = -6.$$

这说明,销售量达到 420 件时,多销售一件该产品,总利润会减少 6 元.

(3)令 $L'(q) = 0$,解得 $q = 410$ 件,又因为 $L''(410) = -0.6 < 0$,所以当销售量 $q = 410$ 件时,获利最大.

3.4.2 弹性与弹性分析

3.4.2.1 弹性函数

在引入概念之前,先看一个例子:

有甲、乙两种商品,它们的销售单价分别为 $p_1 = 12$ 元、$p_2 = 1200$ 元,如果甲、乙两种商品的销售单价都上涨 10 元,从价格的绝对改变量来说,它们是完全一致的. 但是,甲商品的上涨是人们不可接受的,而对乙商品来说,人们会显得很平静. 究其原因,就是相对改变量的问题. 相比之下,甲商品的上涨幅度为 83.33%,而乙商品的涨幅只有 0.0083%,乙商品的涨幅人们自然不以为然.

在这一部分,我们将给出函数的相对变化率的概念,并进一步讨论它在经济分析中的应用.

定义 3-3 设 $f(x)$ 在 x_0 处可导,那么函数的相对改变量 $\dfrac{\Delta y}{y_0} = \dfrac{f(x_0 + \Delta x) - f(x_0)}{f(x_0)}$ 与自变量的相对改变量 $\dfrac{\Delta x}{x_0}$ 的比值 $\dfrac{\frac{\Delta y}{y_0}}{\frac{\Delta x}{x_0}}$,称为函数 $y = f(x)$ 从 x_0 到 $x_0 + \Delta x$ 之间弧弹性,令 $\Delta x \to 0$,

$\dfrac{\frac{\Delta y}{y_0}}{\frac{\Delta x}{x_0}}$ 的极限称为 $y = f(x)$ 在 x_0 的点弹性,一般就称为弹性,并记作 $E_{yx}\big|_{x = x_0}$,即

$$E_{yx}\big|_{x = x_0} = \lim_{\Delta x \to 0} \frac{\Delta y}{\Delta x} \frac{x_0}{f(x_0)} = f'(x_0) \frac{x_0}{f(x_0)}.$$

$y = f(x)$ 在任一点 x 的弹性记作 $E_{yx} = f'(x) \dfrac{x}{f(x)}$,并称其为弹性函数.

一般来说,$\dfrac{\Delta y}{y} = E_{yx} \dfrac{\Delta x}{x}$,因此函数的弹性 E_{yx} 反映了自变量相对改变量对相应函数值的相对改变量影响的灵敏程度.

3.4.2.2 需求价格弹性

设某种商品的需求量为 q,销售价格为 p,若需求价格函数为 $q = q(p)$ 可导,那么 $E_{qp} = q'(p) \dfrac{p}{q(p)}$ 称为该商品的需求价格弹性.

一般情况下,$q = q(p)$ 是减函数,价格高了,需求量反而会降低,为此 $E_{qp} < 0$. 另外,$\dfrac{\Delta q}{q} \approx E_{qp} \dfrac{\Delta p}{p}$,其经济解释为:在销售价格为 p 的基础上,价格上涨 1%,相应的需求量将下降

$|E_{qp}|\%$.

由于总收入 $R = pq$, 所以 $\dfrac{\Delta R}{R} = \dfrac{\Delta q}{q} + \dfrac{\Delta p}{p} = (E_{qp} + 1)\dfrac{\Delta p}{p}$.

下面给出三类商品的经济分析:

(1)富有弹性商品.

若 $|E_{qp}| > 1$, 则称该商品为富有弹性商品.

对于富有弹性商品, 适当降价会增加总收入. 如果价格下降10%, 总收入将相对增加 $10(|E_{qp}| - 1)\%$.

富有弹性商品也称为价格的敏感商品, 价格的微小变化, 会造成需求量较大幅度的变化.

(2)单位弹性商品.

若 $|E_{qp}| = 1$, 则称该商品为具有单位弹性的商品.

对于单位弹性的商品, 对价格做微小的调整, 并不影响总收入.

(3)缺乏弹性商品.

若 $|E_{qp}| < 1$, 则称该商品为缺乏弹性商品.

对于缺乏弹性商品, 适当涨价会增加总收入. 如果价格上涨10%, 总收入将相对增加 $10(1 - |E_{qp}|)\%$.

【例3-22】 设某商品的需求价格函数为 $q = 1.5e^{-\frac{p}{5}}$, 求销售价格 $p = 9$ 时的需求价格弹性, 并进一步做出相应的经济解释.

解: $E_{qp}|_{p=9} = -0.3e^{-\frac{p}{5}}\dfrac{p}{1.5e^{-\frac{p}{5}}}\Big|_{p=9} = -1.8$, 由于 $|E_{qp}|_{p=9} = 1.8 > 1$, 因此这是一种富有弹性的商品, 价格的变化对需求量有较大的影响. 在 $p = 9$ 的基础上, 价格上涨10%, 需求量将下降18%, 总收入下降8%; 反过来价格下降10%, 需求量将上升18%, 总收入上升8%. 通过以上分析, 价格 $p = 9$ 时应当作出适当降价的决策.

3.4.3 经济学中的最优值问题

3.4.3.1 最大利润问题

由前可知, $L'(q) = R'(q) - C'(q)$, 在这种情况下, 获利最大的销售量 q 必满足 $L'(q) = 0$, 这就是说使边际收入与边际成本相等的销售量(或产量), 能使利润最大.

【例3-23】 如果销售 $q(\text{kg})$ 的总利润函数为 $L(q) = -\dfrac{1}{3}q^3 + 6q^2 - 11q - 40$ (万元), 问销售多少千克能获利最大?

解: 因为 $L'(q) = -q^2 + 12q - 11$, 令 $L'(q) = 0$, 得 $q = 11$、$q = 1$.

又因为 $L''(q) = -2p + 12$, 所以, $L''(11) = -10 < 0$、$L''(1) = 10 > 0$.

所以 $q = 11$ 为 $L(q)$ 的极大值点(并且是唯一的), 由于理论上最大利润是存在的, 所以销售量 $q = 11\text{kg}$ 时利润最大. $L_{\text{Max}}(11) \approx 121.333$ 万元.

3.4.3.2 成本最低的产量问题

【例3-24】 设某企业生产 q 个单位产品的总成本函数是

$$C(q) = q^3 - 10q^2 + 50q,$$

求:(1)使得平均成本 $\overline{C}(q)$ 为最小的产量;

(2)最小平均成本以及相应的边际成本.

解:(1) $\overline{C}(q) = \dfrac{q^3 - 10q^2 + 50q}{q} = q^2 - 10q + 50$,因此,$\overline{C}'(q) = 2q - 10$. 令 $\overline{C}'(q) = 0$,

解得 $q = 5$,又因为 $\overline{C}''(5) = 2 > 0$,所以 $q = 5$ 是 $\overline{C}(q)$ 唯一的极小值点. 理论上 $\overline{C}(q)$ 的最小值是存在的,$q = 5$ 时平均成本 $\overline{C}(q)$ 为最小.

(2) $\overline{C}_{\min}(5) = 5^2 - 10 \times 5 + 50 = 25$;

$C'(5) = 3 \times 5^2 - 20 \times 5 + 50 = 50.$

一般而言,由于 $\overline{C}(q) = \dfrac{C(q)}{q}$,所以,

$$\overline{C}'(q) = \frac{qC'(q) - C(q)}{q^2} = \frac{1}{q}(C'(q) - \overline{C}(q)).$$

由此可见,最小平均成本等于相应的边际成本.

习题 3.4

1. 求函数 $y = x^3 + x$ 在点 $x = 5$ 处的边际函数值.

2. 若需求函数由 $p = \dfrac{b}{a+x} + c(x \geqslant 0)$ 确定,p 表示某商品的价格,x 表示需求量(a、b、c 都是常数),求:(1)收入函数;(2)边际收入函数.

3. 设某厂每生产某种产品 x 个单位的总成本为 $C(x) = ax^3 - bx^2 + cx(a > 0, b > 0, c > 0)$,问每批生产多少个单位的产品,其平均成本 $\dfrac{C(x)}{x}$ 最小? 并求其最小平均成本和边际成本.

4. 已知某厂生产 q 件产品的成本为 $C(q) = 250 + 20q + \dfrac{q^2}{10}$(万元). 问:要使平均成本最少,应生产多少件产品?

本 章 小 结

(1)本章重点是用洛必达法则求未定式的极限,利用导数判定函数的单调性与凹凸性及拐点,利用导数求函数的极值,以及求简单函数的最大值与最小值问题.

(2)中值定理是导数应用的理论基础,一定要弄清楚它们的条件与结论. 尽管定理中并没用指明 ξ 的确切位置,但它们在利用导数解决实际问题与研究函数的性态方面所起的作用仍十分重要. 建议在学习过程中借助定理几何解释,理解定理的条件和结论.

(3)利用洛必达法则求极限时,注意把第 1 章求极限的有关方法结合起来使用,提高解题效率.

(4)函数图形是函数性态的几何直观表示,它有助于我们对函数性态的了解. 准确作出函数图形的前提是正确讨论函数的单调性、极值、凹凸与拐点以及渐近线等,这就要求读者按本书中指出的步骤完成.

本 章 习 题

1. 选择题.

(1) 下列函数在给定区间上满足罗尔定理条件的是(　　　).

A. $f(x) = x\sqrt{3-x}, x \in [0,3]$ 　　　　　B. $f(x) = xe^{-x}, x \in [0,1]$

C. $f(x) = \begin{cases} \sin x, & x < 5, \\ x+2, & x \geq 5, \end{cases} x \in [0,5]$ 　　D. $f(x) = |\cos x|, x \in [0,1]$

(2) 下列函数在 $[1,e]$ 上满足拉格朗日中值定理条件的是(　　　).

A. $\ln(\ln x)$ 　　　　B. $\ln x$ 　　　　C. $\dfrac{1}{\ln x}$ 　　　　D. $\ln(2-x)$

(3) 下列求极限问题中能够使用洛必达法则的是(　　　).

A. $\lim\limits_{x \to 0} \dfrac{x^2 \sin \dfrac{1}{x}}{\sin x}$ 　　　　　B. $\lim\limits_{x \to \infty} \dfrac{x + \sin x}{x - \sin x}$

C. $\lim\limits_{x \to 0} \dfrac{x - \sin x}{x \sin x}$ 　　　　　D. $\lim\limits_{x \to 1} \dfrac{x + \ln x}{x - 1}$

(4) 函数 $y = 2x + \cos x$ 的单调增加区间是(　　　).

A. $(0, +\infty)$ 　　B. $(-\infty, 0)$ 　　C. $(-\infty, +\infty)$ 　　D. $(-1,1)$

(5) $f'(x) = 0$、$f''(x) > 0$ 是函数 $y = f(x)$ 在点 x_0 处取得极值的(　　　).

A. 必要条件 　　　B. 充分条件 　　　C. 充要条件 　　　D. 无关条件

(6) 设函数 $f(x) = (x-1)^{\frac{2}{3}}$, 则点 $x = 1$ 是 $f(x)$ 的(　　　).

A. 间断点 　　　B. 可导点 　　　C. 驻点 　　　D. 极值点

(7) 函数 $y = x - \ln(1 + x^2)$ 在定义域内(　　　).

A. 无极值 　　　　　　　　　　　B. 极大值是 $1 - \ln 2$

C. 极小值是 $1 - \ln 2$ 　　　　　　D. $f(x)$ 是单调减函数

(8) 函数 $y = ax^2 + b$ 在区间 $(0, +\infty)$ 内单调增加, 则 a、b 满足(　　　).

A. $a < 0, b = 0$ 　　　　　　　B. $a > 0, b$ 可为任意实数

C. $a < 0, b \neq 0$ 　　　　　　D. 无法说清 a、b 的规律

2. 填空题.

(1) 函数 $y = \sqrt[3]{x}$ 在 $(0, +\infty)$ 内满足拉格朗日中值定理的 $\xi = $ _____.

(2) $\lim\limits_{x \to \infty} \dfrac{x^2}{x + e^x} = $ _____.

(3) $y = x - \dfrac{3}{2} x^{\frac{2}{3}}$ 的单调递增区间为 _____; 单调递减区间为 _____.

(4) $f(x) = 3 - x - \dfrac{4}{(x+2)^2}$ 在区间 $[-1,2]$ 上的最大值为 _____; 最小值为 _____.

(5) 曲线 $y = x^3 - 3x^2$ 的拐点坐标是 _____.

3. 求下列极限:

(1) $\lim\limits_{x \to 0} \dfrac{\tan x - x}{x - \sin x}$;　　　(2) $\lim\limits_{x \to 0} \dfrac{\ln(1 + 3x^2)}{\ln(3 + x^2)}$;　　　(3) $\lim\limits_{x \to 0} \dfrac{e^x - 1}{x^2 - x}$;

(4) $\lim\limits_{x \to 0} \left[\dfrac{1}{x} - \dfrac{1}{\ln(1 + x)} \right]$;　　　(5) $\lim\limits_{x \to \infty} \left(\dfrac{x^2 - 1}{x^2} \right)^x$.

4. 解答题.

(1) 求函数 $y = (x + 1)^{\frac{2}{3}} (x - 5)^2$ 的单调区间和极值.

(2) 已知矩形的周长为 24,将它绕一边旋转成一立体,问矩形的长、宽各为多少时所得立体体积最大?

5. 当 $x > 0$ 时,求证: $\ln(x + \sqrt{1 + x^2}) > \dfrac{x}{\sqrt{1 + x^2}}$.

4 不定积分

前面我们学习了一元函数微分学,这一章我们讨论一元函数的积分学.一元函数积分学包括两个重要的基本概念,即不定积分与定积分.本章介绍不定积分的概念、性质与求不定积分的方法.而定积分的基本内容在下一章讲述.

4.1 不定积分的概念及性质

4.1.1 不定积分的概念

定义 4-1 设 $F(x)$ 与 $f(x)$ 在区间 I 上有定义,若在 I 上任意一点 x 都有 $F'(x) = f(x)$ 或 $\mathrm{d}F(x) = f(x)\mathrm{d}x$,则称 $F(x)$ 为 $f(x)$ 在区间 I 上的一个原函数.

例如,$\dfrac{1}{3}x^3$ 是 x^2 在区间 $(-\infty, +\infty)$ 上的一个原函数,因为 $\left(\dfrac{1}{3}x^3\right)' = x^2$.

从定义 4-1 可知,若 $F(x)$ 是 $f(x)$ 在区间 I 上的一个原函数,则对任意常数 C,$F(x) + C$ 也是 $f(x)$ 在 I 上的原函数,因为在 I 上总有

$$[F(x) + C]' = F'(x) = f(x).$$

又如果 $G(x)$ 也是 $f(x)$ 在 I 上的一个原函数,则在 I 上

$$[G(x) - F(x)]' = G'(x) - F'(x) = f(x) - f(x) = 0,$$

从而推知 $G(x) - F(x)$ 在 I 上是一个任意常数 C,即 $G(x) - F(x) = C$ 或 $G(x) = F(x) + C$.

上述结果表明:

(1)如果 $f(x)$ 在 I 上有一个原函数 $F(x)$,则它就有无穷多个原函数,而且全体原函数具有 $F(x) + C$ 的形式(其中 C 为任意常数).$f(x)$ 的全体原函数构成一族函数,称为原函数族.

(2)一个函数的任意两个原函数只相差一个常数.

定义 4-2 函数 $f(x)$ 在区间 I 上的全体原函数称为 $f(x)$ 在 I 上的不定积分,记作

$$\int f(x)\mathrm{d}x,$$

其中"$\int$"称为积分号,$f(x)$ 称为被积函数,$f(x)\mathrm{d}x$ 称为被积表达式,x 称为积分变量.

由定义可知,不定积分与原函数是整体与个体的关系.确切地说,如果 $F(x)$ 是 $f(x)$ 在 I 上的一个原函数,则 $F(x) + C$ 称为 $f(x)$ 的全体原函数,即 $\int f(x)\mathrm{d}x = F(x) + C$,其中 C 是任意常数,称为积分常数.

因此,要求 $f(x)$ 的不定积分,只需要求出它的一个原函数,再加上任意常数就可以了.

例如,$\displaystyle\int x^2\mathrm{d}x = \dfrac{x^3}{3} + C$,$\displaystyle\int \sin 2x = \sin^2 x + C$.

注意:今后我们总假定不定积分是对其被积函数连续的区间来考虑的,不再指明有关区间.

4.1.2　不定积分的几何意义

不定积分的几何意义如图 4-1 所示.

设 $F(x)$ 是 $f(x)$ 的一个原函数,则 $y = F(x)$ 在平面上表示一条曲线,称为 $f(x)$ 的一条积分曲线.于是 $f(x)$ 的不定积分表示一族积分曲线,它们是由 $f(x)$ 的某一条积分曲线沿着 y 轴方向做任意平行移动而产生的所有积分曲线组成的.显然,族中的每一条积分曲线在具有同

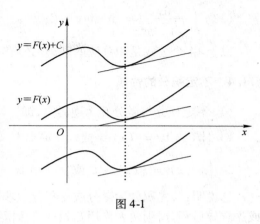

图 4-1

一横坐标 x 的点处有互相平行的切线,其斜率都等于 $f(x)$.

在求原函数的具体问题中,往往先求出原函数的一般表达式 $y = F(x) + C$,再从中确定一个满足条件 $y(x_0) = y_0$(称为初始条件)的原函数 $y = y(x)$.从几何上讲,就是从积分曲线族中找出一条通过点 (x_0, y_0) 的积分曲线.

【例 4-1】　设曲线通过点 $(1,2)$,且其上任一点处的切线斜率等于该点横坐标的 2 倍,求此曲线的方程.

解:设所求曲线的方程为 $y = y(x)$,依题意有 $y' = 2x$.因为 $(x^2)' = 2x$,所以积分曲线族为

$$y = \int 2x \mathrm{d}x = x^2 + C.$$

因为这条曲线通过点 $(1,2)$,代入上式可得 $C = 1$.故所求曲线的方程为

$$y = x^2 + 1.$$

【例 4-2】　设某物体以速度 $v = 4t^3$ 做直线运动,且当 $t = 0$ 时 $s = 3$,求运动规律 $s = s(t)$.

解:依题意有 $s'(t) = 4t^3$,于是 $s(t) = \int 4t^3 \mathrm{d}t = t^4 + C$.再将 $t = 0$ 时 $s = 3$ 代入得 $C = 3$,故所求运动规律为 $s = t^4 + 3$.

4.1.3　基本积分公式

由于求不定积分是求导数的逆运算,所以由求导数公式可以相应地得出下列积分公式:

(1) $\int k \mathrm{d}x = kx + C$($k$ 为常数);

(2) $\int x^\mu \mathrm{d}x = \dfrac{x^{\mu+1}}{\mu + 1} + C(\mu \neq -1)$;

(3) $\int \dfrac{1}{2\sqrt{x}} \mathrm{d}x = \sqrt{x} + C$;

(4) $\int \dfrac{\mathrm{d}x}{x} = \ln|x| + C$;

(5) $\int a^x \mathrm{d}x = \dfrac{a^x}{\ln a} + C$($a > 0$ 且 $a \neq 1$);

(6) $\int \mathrm{e}^x \mathrm{d}x = \mathrm{e}^x + C$;

(7) $\int \sin x \mathrm{d}x = -\cos x + C$;

(8) $\int \cos x \mathrm{d}x = \sin x + C$;

(9) $\int \sec^2 x \mathrm{d}x = \tan x + C$;

(10) $\int \csc^2 x \mathrm{d}x = -\cot x + C$;

(11) $\int \sec x \cdot \tan x \mathrm{d}x = \sec x + C$;

(12) $\int \csc x \cdot \cot x \mathrm{d}x = -\csc x + C$;

（13）$\int \dfrac{\mathrm{d}x}{\sqrt{1-x^2}} = \arcsin x + C$;　　　　　　（14）$\int \dfrac{\mathrm{d}x}{1+x^2} = \arctan x + C$.

以上 14 个公式是积分法的基础, 必须牢牢记住并能熟练地运用.

4.1.4　不定积分的性质

（1）不定积分与微分互为逆运算, 即

1）$\mathrm{d}\int f(x)\,\mathrm{d}x = f(x)\,\mathrm{d}x$ 或 $\left[\int f(x)\,\mathrm{d}x\right]' = f(x)$;

2）$\int \mathrm{d}F(x) = F(x) + C$ 或 $\int F'(x)\,\mathrm{d}x = F(x) + C$.

这说明: 若先积分后微分或先积分后求导, 则两者作用互相抵消; 反之, 若先微分后积分或先求导后积分, 则两者作用互相抵消后留有积分常数 C.

（2）常数因子可以提到积分号外面来, 即

$$\int k f(x)\,\mathrm{d}x = k\int f(x)\,\mathrm{d}x \, (k \neq 0).$$

（3）两个函数的代数和的积分, 等于这两个函数积分的代数和, 即

$$\int [f(x) \pm g(x)]\,\mathrm{d}x = \int f(x)\,\mathrm{d}x \pm \int g(x)\,\mathrm{d}x.$$

本性质对有限个函数的代数和也是成立的.

利用不定积分的基本积分公式和性质, 就可以求一些简单函数的不定积分.

【例 4-3】　求下列不定积分:

（1）$\int x\sqrt{x}\,\mathrm{d}x$;　　　　　　（2）$\int \dfrac{(1-x)^2}{\sqrt{x}}\,\mathrm{d}x$.

解:（1）$\int x\sqrt{x}\,\mathrm{d}x = \int x^{\frac{3}{2}}\,\mathrm{d}x = \dfrac{2}{5}x^{\frac{5}{2}} + C$.

（2）$\displaystyle\int \dfrac{(1-x)^2}{\sqrt{x}}\,\mathrm{d}x = \int \dfrac{1-2x+x^2}{\sqrt{x}}\,\mathrm{d}x$

$\displaystyle\qquad = \int x^{-\frac{1}{2}}\,\mathrm{d}x - 2\int x^{\frac{1}{2}}\,\mathrm{d}x + \int x^{\frac{3}{2}}\,\mathrm{d}x$

$\displaystyle\qquad = 2x^{\frac{1}{2}} - 2 \cdot \dfrac{2}{3}x^{\frac{3}{2}} + \dfrac{2}{5}x^{\frac{5}{2}} + C$

$\displaystyle\qquad = \sqrt{x}\left(2 - \dfrac{4}{3}x + \dfrac{2}{5}x^2\right) + C$.

注意: 在分项积分后, 不必每一个积分结果都"$+C$", 只要在总的结果后加一个 C 就可以了.

习题 4.1

1. 用微分法验证下列各式:

（1）$\int (2 + x + x^2)\,\mathrm{d}x = 2x + \dfrac{1}{2}x^2 + \dfrac{1}{3}x^3 + C$;　　　　　（2）$\int \mathrm{e}^{2x+1}\,\mathrm{d}x = \dfrac{1}{2}\mathrm{e}^{2x+1} + C$.

2. 求下列不定积分:

（1）$\int \left(\dfrac{2}{x} - \dfrac{5}{\sqrt{1-x^2}}\right)\mathrm{d}x$;　　　　　　（2）$\int \mathrm{e}^{x+2}\,\mathrm{d}x$.

3. 已知曲线 $y = f(x)$ 过点 $(0,0)$，且在点 (x,y) 处的斜率为 $k = 3x^2 + 1$，求该曲线方程.

4.2 不定积分的计算

利用不定积分的基本积分公式和性质，只能求出一些简单函数的不定积分. 对于比较复杂的积分，总是设法把它变形为能利用基本积分公式的形式再求出其积分. 因此，有必要进一步研究不定积分的求法. 换元积分法和分部积分法是两种基本的积分方法，本节分别进行讨论.

4.2.1 第一换元积分法（凑微分法）

定理 4-1 如果 $\int f(x)\mathrm{d}x = F(x) + C$，则 $\int f(u)\mathrm{d}u = F(u) + C$，其中 $u = \varphi(x)$ 是 x 的任一可微函数.

【例 4-4】 求 $\int \tan x\mathrm{d}x$.

解：$\int \tan x\mathrm{d}x = \int \dfrac{\sin x}{\cos x}\mathrm{d}x = -\int \dfrac{\mathrm{d}(\cos x)}{\cos x} \xlongequal{\text{令} u = \cos x} -\int \dfrac{\mathrm{d}u}{u} = -\ln|u| + C \xlongequal{\text{回代}} -\ln|\cos x| + C.$

【例 4-5】 求 $\int 2x\mathrm{e}^{x^2}\mathrm{d}x$.

解：$\int 2x\mathrm{e}^{x^2}\mathrm{d}x = \int \mathrm{e}^{x^2}\mathrm{d}(x^2) \xlongequal{\text{令} u = x^2} \int \mathrm{e}^u\mathrm{d}u = \mathrm{e}^u + C \xlongequal{\text{回代}} \mathrm{e}^{x^2} + C.$

运算中的换元过程在熟练之后可以省略，即不必写出换元变量 u.

【例 4-6】 求下列不定积分：

$(1) \int \sin^4 x\cos^5 x\mathrm{d}x;$ $\qquad\qquad (2) \int \cos^2 x\mathrm{d}x.$

解：$(1) \int \sin^4 x\cos^5 x\mathrm{d}x = \int \sin^4 x\cos^4 x\mathrm{d}(\sin x)$

$\qquad\qquad = \int \sin^4 x(1 - \sin^2 x)^2\mathrm{d}(\sin x)$

$\qquad\qquad = \int (\sin^4 x - 2\sin^6 x + \sin^8 x)\mathrm{d}(\sin x)$

$\qquad\qquad = \dfrac{1}{5}\sin^5 x - \dfrac{2}{7}\sin^7 x + \dfrac{1}{9}\sin^9 x + C.$

$(2) \int \cos^2 x\mathrm{d}x = \dfrac{1}{2}\int (1 + \cos 2x)\mathrm{d}x$

$\qquad\qquad = \dfrac{1}{2}\int \mathrm{d}x + \dfrac{1}{4}\int \cos 2x\mathrm{d}(2x)$

$\qquad\qquad = \dfrac{x}{2} + \dfrac{\sin 2x}{4} + C.$

【例 4-7】 求下列不定积分：

$(1) \int \dfrac{\mathrm{d}x}{a^2 + x^2}(a \neq 0);$ $\qquad\qquad (2) \int \dfrac{\mathrm{d}x}{x^2 - a^2}(a \neq 0).$

解:(1) $\displaystyle\int \frac{\mathrm{d}x}{a^2 + x^2} = \frac{1}{a}\int \frac{\mathrm{d}\left(\dfrac{x}{a}\right)}{1 + \left(\dfrac{x}{a}\right)^2} = \frac{1}{a}\arctan\frac{x}{a} + C.$

(2) $\displaystyle\int \frac{\mathrm{d}x}{x^2 - a^2} = \frac{1}{2a}\int\left(\frac{1}{x - a} - \frac{1}{x + a}\right)\mathrm{d}x$

$$= \frac{1}{2a}(\ln|x - a| - \ln|x + a|) + C$$

$$= \frac{1}{2a}\ln\left|\frac{x - a}{x + a}\right| + C.$$

4.2.2　第二换元积分法

定理 4-2　设函数 $x = \varphi(t)$ 在区间 I_1 上可导,且 $\varphi'(t) \neq 0$,$f(x)$ 在 $I = \{x \mid x = \varphi(t), t \in I_1\}$ 上有定义,并设 $f[\varphi(t)]\varphi'(t)$ 有原函数 $F(t)$,则 $\int f(x)\mathrm{d}x$ 在 I 上存在,且

$$\int f(x)\mathrm{d}x = F[\varphi^{-1}(x)] + C.$$

【例 4-8】　求下列不定积分:

(1) $\displaystyle\int \frac{\sqrt{x}}{1 + \sqrt{x}}\mathrm{d}x$;　　　　　(2) $\displaystyle\int \sqrt{a^2 - x^2}\,\mathrm{d}x$　$(a > 0)$.

解:(1) 为了消去根式,可令 $\sqrt{x} = t$,即 $x = t^2 (t \geqslant 0)$,则 $x = 2t\mathrm{d}t$. 于是

$$\int \frac{\sqrt{x}}{1 + \sqrt{x}}\mathrm{d}x = \int \frac{t}{1 + t}2t\mathrm{d}t = 2\int \frac{t^2}{1 + t}\mathrm{d}t$$

$$= 2\int \frac{(t^2 - 1) + 1}{1 + t}\mathrm{d}t = 2\int\left(t - 1 + \frac{1}{1 + t}\right)\mathrm{d}t = t^2 - 2t + 2\ln|1 + t| + C$$

$$\xlongequal{\text{回代}} x - 2\sqrt{x} + 2\ln|1 + \sqrt{x}| + C.$$

(2) 令 $x = a\sin t\left(|t| < \dfrac{\pi}{2}\right)$,则 $\sqrt{a^2 - x^2} = a\cos t$,$\mathrm{d}x = a\cos t\mathrm{d}t$. 于是

$$\int \sqrt{a^2 - x^2}\,\mathrm{d}x = \int a\cos t \cdot a\cos t\mathrm{d}t = a^2\int \cos^2 t\mathrm{d}t$$

$$= a^2\left(\frac{t}{2} + \frac{\sin 2t}{4}\right) + C = \frac{a^2}{2}(t + \sin t\cos t) + C$$

$$= \frac{a^2}{2}\arcsin\frac{x}{a} + \frac{x}{2}\sqrt{a^2 - x^2} + C.$$

【例 4-9】　求 $\displaystyle\int \frac{\mathrm{d}x}{\sqrt{a^2 + x^2}}$　$(a > 0)$.

解:令 $x = a\tan t\left(|t| < \dfrac{\pi}{2}\right)$,则 $\sqrt{a^2 + x^2} = a\sec t$,$\mathrm{d}x = a\sec^2 t\mathrm{d}t$,于是

$$\int \frac{dx}{\sqrt{a^2 + x^2}} = \int \frac{a\sec^2 t}{a\sec t}dt = \int \sec t dt$$

$$= \ln|\sec t + \tan t| + C_1$$

$$= \ln\left|\frac{\sqrt{a^2 + x^2}}{a} + \frac{x}{a}\right| + C_1$$

$$= \ln\left|x + \sqrt{a^2 + x^2}\right| + C \quad (C = C_1 - \ln a).$$

【例 4-10】 求下列不定积分:

$(1) \int \frac{\sqrt{1 + \ln x}}{x\ln x}dx;$ $(2) \int \frac{x + 1}{x^2 + x\ln x}dx.$

解:(1)令 $\sqrt{1 + \ln x} = t$,则 $1 + \ln x = t^2, \frac{1}{x}dx = 2tdt,$

$$\int \frac{\sqrt{1 + \ln x}}{x\ln x}dx = \int \frac{t}{t^2 - 1} \cdot 2tdt = 2\int\left(1 + \frac{1}{t^2 - 1}\right)dt$$

$$= 2t + \ln\left|\frac{t - 1}{t + 1}\right| + C$$

$$= 2\sqrt{1 + \ln x} + \ln\left|\frac{\sqrt{1 + \ln x} - 1}{\sqrt{1 + \ln x} + 1}\right| + C.$$

(2)令 $\ln x = t$,则 $x = e^t, dx = e^t dt,$

$$\int \frac{x + 1}{x^2 + x\ln x}dx = \int \frac{e^t + 1}{e^{2t} + te^t} \cdot e^t dt = \int \frac{e^t + 1}{e^t + t}dt$$

$$= \int \frac{d(e^t + t)}{e^t + t} = \ln|e^t + t| + C$$

$$= \ln|x + \ln x| + C.$$

4.2.3 分部积分法

积分法中另一个重要方法是分部积分法,它对应于微分法中乘积的求导法则.

定理 4-3 若函数 $u(x)$ 与 $v(x)$ 可导,且不定积分 $\int u'(x)v(x)dx$ 存在,则 $\int u(x)v'(x)dx$ 也存在,并有

$$\int u(x)v'(x)dx = u(x)v(x) - \int u'(x)v(x)dx.$$

【例 4-11】 求 $\int x\cos x dx.$

解: $\int x\cos x dx = \int xd(\sin x) = x\sin x - \int \sin x dx = x\sin x + \cos x + C.$

若令 $u = \cos x$,则得

$$\int x\cos x dx = \int \cos x d\left(\frac{x^2}{2}\right) = \frac{x^2}{2}\cos x + \int \frac{x^2}{2}\sin x dx,$$

反而使所求积分更加复杂. 可见使用分部积分的关键在于被积表达式中的 u 和 $\mathrm{d}v$ 的适当选择.

【例 4-12】 求下列不定积分:

(1) $\int x\ln x\mathrm{d}x$;　　　　　　　　(2) $\int \arcsin x\mathrm{d}x$;

(3) $\int x^2\mathrm{e}^x\mathrm{d}x$;　　　　　　　　(4) $\int x\sin^2 x\mathrm{d}x$.

解:(1) $\displaystyle\int x\ln x\mathrm{d}x = \int \ln x\mathrm{d}\left(\frac{x^2}{2}\right) = \frac{x^2}{2}\ln x - \int \frac{x^2}{2}\cdot\frac{1}{x}\mathrm{d}x$

$$= \frac{x^2}{2}\ln x - \frac{1}{2}\int x\mathrm{d}x = \frac{x^2}{2}\ln x - \frac{x^2}{4} + C.$$

(2) $\displaystyle\int \arcsin x\mathrm{d}x = x\arcsin x - \int x\cdot\frac{\mathrm{d}x}{\sqrt{1-x^2}}$

$$= x\arcsin x + \sqrt{1-x^2} + C.$$

(3) $\displaystyle\int x^2\mathrm{e}^x\mathrm{d}x = \int x^2\mathrm{d}(\mathrm{e}^x) = x^2\mathrm{e}^x - \int 2x\mathrm{e}^x\mathrm{d}x$

$$= x^2\mathrm{e}^x - 2\int x\mathrm{d}\mathrm{e}^x = x^2\mathrm{e}^x - 2x\mathrm{e}^x + 2\int \mathrm{e}^x\mathrm{d}x$$

$$= (x^2 - 2x + 2)\mathrm{e}^x + C.$$

(4) $\displaystyle\int x\sin^2 x\mathrm{d}x = \int x\frac{1-\cos2x}{2}\mathrm{d}x$

$$= \frac{1}{2}\int x\mathrm{d}x - \frac{1}{4}\int x\mathrm{d}(\sin2x)$$

$$= \frac{1}{4}x^2 - \frac{1}{4}x\sin2x + \frac{1}{4}\int \sin2x\mathrm{d}x$$

$$= \frac{1}{4}x^2 - \frac{1}{4}x\sin2x - \frac{1}{8}\cos2x + C.$$

现给出一些积分结果,作为对 4.1.3 节基本积分公式表的补充:

(1) $\displaystyle\int \tan x\mathrm{d}x = -\ln|\cos x| + C$;

(2) $\displaystyle\int \cot x\mathrm{d}x = \ln|\sin x| + C$;

(3) $\displaystyle\int \sec x\mathrm{d}x = \ln|\sec x + \tan x| + C$;

(4) $\displaystyle\int \csc x\mathrm{d}x = \ln|\csc x - \cot x| + C$;

(5) $\displaystyle\int \frac{\mathrm{d}x}{a^2 + x^2} = \frac{1}{a}\arctan\frac{x}{a} + C$;

(6) $\displaystyle\int \frac{\mathrm{d}x}{a^2 - x^2} = \frac{1}{2a}\ln\left|\frac{a + x}{a - x}\right| + C$;

(7) $\displaystyle\int \frac{\mathrm{d}x}{x^2 - a^2} = \frac{1}{2a}\ln\left|\frac{x - a}{x + a}\right| + C$;

$(8) \int \dfrac{\mathrm{d}x}{\sqrt{a^2 - x^2}} = \arcsin \dfrac{x}{a} + C;$

$(9) \int \dfrac{\mathrm{d}x}{\sqrt{a^2 + x^2}} = \ln(x + \sqrt{a^2 + x^2}) + C;$

$(10) \int \dfrac{\mathrm{d}x}{\sqrt{x^2 - a^2}} = \ln|x + \sqrt{x^2 - a^2}| + C;$

$(11) \int \sqrt{a^2 - x^2}\,\mathrm{d}x = \dfrac{x}{2}\sqrt{a^2 - x^2} + \dfrac{a^2}{2}\arcsin \dfrac{x}{a} + C;$

$(12) \int \sqrt{a^2 + x^2}\,\mathrm{d}x = \dfrac{x}{2}\sqrt{a^2 + x^2} + \dfrac{a^2}{2}\ln(x + \sqrt{a^2 + x^2}) + C;$

$(13) \int \sqrt{x^2 - a^2}\,\mathrm{d}x = \dfrac{x}{2}\sqrt{x^2 - a^2} - \dfrac{a^2}{2}\ln|x + \sqrt{x^2 - a^2}| + C.$

有时可根据积分公式表来求积分.

另外需要说明的是,我们所说求不定积分,其实是说用初等函数把这个积分表示出来.在这种意义下,不是所有初等函数的积分都可以求出来的.例如积分

$$\int \mathrm{e}^{x^2}\mathrm{d}x 、\qquad \int \dfrac{\mathrm{d}x}{\ln x}、\qquad \int \dfrac{\sin x}{x}\mathrm{d}x$$

虽然存在,但它们都是求不出来的,即不能用初等函数来表示.由此看出,初等函数的导数仍是初等函数,但初等函数的不定积分却不一定是初等函数,而是可以超出初等函数的范围.

习题 4.2

1. 求下列不定积分:

$(1) \int \dfrac{\mathrm{d}x}{(2x + 3)^9};$ $\qquad\qquad (2) \int \mathrm{e}^{-\frac{x}{2}}\mathrm{d}x.$

2. 求下列不定积分:

$(1) \int x^3 \sqrt{1 - x^2}\,\mathrm{d}x;$ $\qquad\qquad (2) \int x \sqrt{1 - 2x}\,\mathrm{d}x.$

3. 求下列不定积分:

$(1) \int x\arcsin x\,\mathrm{d}x;$ $\qquad\qquad (2) \int (\ln x)^2\,\mathrm{d}x.$

本 章 小 结

(1)本章的重点是原函数与不定积分的概念、基本积分公式、换元积分法与分部积分法.难点是第一换元积分法,它既基本又灵活,必须多下工夫.除了熟记积分基本公式外,还要熟记一些常用的微分关系式,如 $\mathrm{e}^x\mathrm{d}x = \mathrm{d}(\mathrm{e}^x)$、$\sin x\mathrm{d}x = -\mathrm{d}(\cos x)$,等等.

(2)由于被积函数的多样性和复杂性,因此在计算不定积分时,要根据被积函数的特征灵活运用积分方法.在具体的问题中,常常是各种方法综合使用,针对不同的问题采用不同的积分方法.

(3)求不定积分比求导数要难得多,尽管有一些规律可循,但在具体应用时,方法却十分

灵活,因此应通过多做习题来积累经验,熟中生巧,以提高运用知识的能力.

本 章 习 题

1. 求下列不定积分：

    (1) $\int\left(\dfrac{1}{x}-\dfrac{3}{\sqrt{1-x^2}}\right)dx$；   (2) $\int(\sqrt{x}+1)(x-\sqrt{x}+1)dx$.

2. 已知曲线经过点 $(1,2)$,且其上任一点处的切线斜率等于这点的横坐标的平方的倒数,求此曲线的方程.

3. 一物体由静止开始运动,在 $t(s)$ 时刻的速度为 $3t^2(m/s)$,问：

    (1) 经过 3s 时间,物体离开出发点的距离是多少？

    (2) 物体走完 2700m 需要多少时间？

4. 求下列不定积分：

    (1) $\int\sqrt{1-3x}dx$；   (2) $\int\dfrac{dx}{1+2x^2}$；   (3) $\int\dfrac{\cos\sqrt{t}}{\sqrt{t}}dt$；   (4) $\int\dfrac{dx}{3+2x^2}$.

5. 判断正误.

    (1) $\int\sin2xdx=-\cos2x+C$；   (   )

    (2) 因为 $f'(2x)=\varphi(x)$,所以 $\int\varphi(x)dx=\dfrac{1}{2}f(2x)+C$；   (   )

    (3) $\left[\int f(x)dx\right]'=f(x)$；   (   )

    (4) $\int dF(x)=F(x)$.   (   )

6. 求下列不定积分：

    (1) $\int\dfrac{dx}{1+\sqrt{2x}}$；   (2) $\int\dfrac{dx}{\sqrt{x}(1+\sqrt[3]{x})}$.

7. 选择题.

    (1) $\int\sqrt{x}\sqrt[3]{x}dx=(\qquad)$.

    A. $\dfrac{6}{11}x^{\frac{11}{6}}+C$ B. $\dfrac{5}{6}x^{\frac{6}{5}}+C$ C. $\dfrac{3}{4}x^{\frac{4}{3}}+C$ D. $\dfrac{2}{3}x^{\frac{3}{2}}+C$

    (2) $\int f'(\sqrt{x})d\sqrt{x}=(\qquad)$.

    A. $f(\sqrt{x})$ B. $f(\sqrt{x})+C$ C. $f(x)$ D. $f(x)+C$

8. 求下列不定积分：

    (1) $\int\dfrac{x^2}{1+x^2}\arctan xdx$；   (2) $\int\dfrac{\ln(\ln x)}{x}dx$；

    (3) $\int x^2e^{-x}dx$；   (4) $\int x^2\ln(1+x)dx$.

5 定 积 分

定积分是微积分学中的一个很重要的基本概念. 本章先从两个典型实例引进定积分的概念和性质, 然后再讨论定积分的计算和应用.

5.1 定积分的概念

5.1.1 定积分的两个实例

5.1.1.1 计算曲边梯形的面积

图形的三条边是直线段, 其中有两条垂直于第三条底边, 而其第四条边是曲线, 这样的图形称为曲边梯形, 如图 5-1 所示.

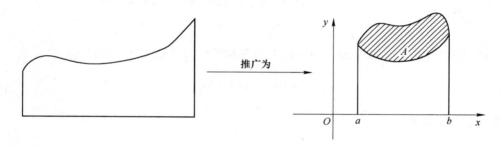

推广为

图 5-1

曲边梯形面积的确定方法如图 5-2 所示. 把该曲边梯形沿着 y 轴方向切割成许多窄窄的长条, 将每个长条近似看做一个矩形, 用长乘宽求得小矩形面积, 这些小矩形面积加起来就是曲边梯形面积的近似值, 分割越细, 误差越小, 于是当所有的长条宽度趋于零时, 这个阶梯形面积的极限就成为曲边梯形面积的精确值了.

曲边梯形面积的确定步骤如下:

（1）分割: 任取分点 $a = x_0 < x_1 < x_2 < \cdots < x_{n-1} < x_n = b$, 把底边 $[a,b]$ 分成 n 个小区间 $[x_0, x_1]$, $[x_1, x_2], \cdots, [x_{n-1}, x_n]$. 小区间长度记为 $\Delta x_i = x_i - x_{i-1} (i = 1, 2, \cdots, n)$;

（2）取近似: 在每个小区间 $[x_{i-1}, x_i]$ 上任取一点 ξ_i 竖起高线 $f(\xi_i)$, 则得小长条面积 ΔA_i 的近似值为 $\Delta A_i \approx f(\xi_i) \Delta x_i (i = 1, 2, \cdots, n)$;

（3）求和: 把 n 个小矩形面积相加（即阶梯形面积）就得到曲边梯形面积 A 的近似值 $f(\xi_1) \Delta x_1 +$

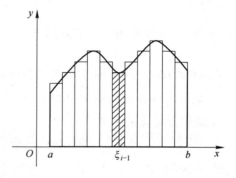

图 5-2

$$f(\xi_2)\Delta x_2 + \cdots + f(\xi_n)\Delta x_n = \sum_{i=1}^{n} f(\xi_i)\Delta x_i;$$

（4）取极限：令小区间长度的最大值 $\lambda = \max_{1 \leqslant i \leqslant n}\{\Delta x_i\}$ 趋于零，则和式 $\sum_{i=1}^{n} f(\xi_i)\Delta x_i$ 的极限就是曲边梯形面积 A 的精确值，即 $A = \lim_{\lambda \to 0}\sum_{i=1}^{n} f(\xi_i)\Delta x_i.$

5.1.1.2 变速直线运动的路程

设某物体做直线运动，已知速度 $v = v(t)$ 是时间间隔 $[T_1, T_2]$ 上的连续函数，且 $v(t) \geqslant 0$，要计算这段时间内所走的路程.

解决这个问题的思路和步骤与上例类似.

（1）分割：任取分点 $T_1 = t_0 < t_1 < t_2 < \cdots < t_{n-1} < t_n = T_2$，把 $[T_1, T_2]$ 分成 n 个小段，每小段长为 $\Delta t_i = t_i - t_{i-1} (i = 1, 2, \cdots, n)$；

（2）取近似：把每小段 $[t_{i-1}, t_i]$ 上的运动视为匀速，任取时刻 $\xi_i \in [t_{i-1}, t_i]$，作乘积 $v(\xi_i)\Delta t_i$，显然这小段时间所走路程 Δs_i 可近似表示为 $\Delta s_i \approx v(\xi_i)\Delta t_i (i = 1, 2, \cdots, n)$；

（3）求和：把 n 个小段时间上的路程相加，就得到总路程 s 的近似值，即

$$s \approx \sum_{i=1}^{n} v(\xi_i)\Delta t_i;$$

（4）取极限：当 $\lambda = \max_{1 \leqslant i \leqslant n}\{\Delta t_i\} \to 0$ 时，上述总和的极限就是 s 的精确值，即

$$s = \lim_{\lambda \to 0}\sum_{i=1}^{n} v(\xi_i)\Delta t_i.$$

5.1.2 定积分定义

抛开上述问题的具体意义，抓住它们在数量关系上共同的本质与特性加以概括，就抽象出下述定积分的定义.

定义 5-1 设函数 $y = f(x)$ 在 $[a, b]$ 上连续且有界，任取分点 $a = x_1 < x_2 < x_3 < \cdots < x_{n-1} < x_n = b$，分 $[a, b]$ 为 n 个小区间 $[x_{i-1}, x_i] (i = 1, 2, \cdots, n)$. 记 $\Delta x_i = x_i - x_{i-1} (i = 1, 2, \cdots, n)$，$\lambda = \max_{1 \leqslant i \leqslant n}\{\Delta x_i\}$ 再在每个小区间 $[x_{i-1}, x_i]$ 上任取一点 ξ_i，作乘积 $f(\xi_i)\Delta x_i$ 的和式：$\sum_{i=1}^{n} f(\xi_i)\Delta x_i.$ 如果 $\lambda \to 0$ 时，和式的极限存在（即这个极限值与 $[a, b]$ 的分割及点 ξ_i 的取法均无关），则称此极限值为函数 $f(x)$ 在区间 $[a, b]$ 上的定积分，记为 $\int_a^b f(x)\mathrm{d}x = \lim_{\lambda \to 0}\sum_{i=1}^{n} f(\xi_i)\Delta x_i.$ 其中称 $f(x)$ 为被积函数，$f(x)\mathrm{d}x$ 为被积式，x 为积分变量，$[a, b]$ 为积分区间，a 和 b 分别称为积分下限和上限.

定积分定义说明如下：

（1）定积分表示一个数，它只取决于被积函数与积分上、下限，而与积分变量采用什么字母无关，例如 $\int_0^1 x^2\mathrm{d}x = \int_0^1 t^2\mathrm{d}t.$ 一般地 $\int_a^b f(x)\mathrm{d}x = \int_a^b f(t)\mathrm{d}t.$

（2）定义中要求积分限 $a < b$，我们补充如下规定：

1)当 $a = b$ 时,$\int_a^b f(x)\,\mathrm{d}x = 0$;

2)当 $a > b$ 时,$\int_a^b f(x)\,\mathrm{d}x = -\int_b^a f(x)\,\mathrm{d}x$.

(3)定积分的存在性:当 $f(x)$ 在 $[a,b]$ 上连续或只有有限个第一类间断点时,$f(x)$ 在 $[a,b]$ 上的定积分存在(也称可积).

【例5-1】　利用定义计算定积分 $\int_0^1 x^2\,\mathrm{d}x$.

解:把区间 $[0,1]$ 分成 n 等份,分点和小区间长度为

$$x_i = \frac{i}{n}(i = 1,2,\cdots,n-1),\Delta x_i = \frac{1}{n}(i = 1,2,\cdots,n).$$

取 $\xi_i = \dfrac{i}{n}(i = 1,2,\cdots,n)$,作积分和

$$\sum_{i=1}^n f(\xi_i)\Delta x_i = \sum_{i=1}^n \xi_i^2 \Delta x_i = \sum_{i=1}^n \left(\frac{i}{n}\right)^2 \frac{1}{n} = \frac{1}{n^3}\sum_{i=1}^n i^2$$

$$= \frac{1}{n^3} \cdot \frac{1}{6}n(n+1)(2n+1) = \frac{1}{6}\left(1 + \frac{1}{n}\right)\left(2 + \frac{1}{n}\right).$$

因为 $\lambda = \dfrac{1}{n}$,当 $\lambda \to 0$ 时,$n \to \infty$,所以

$$\int_0^1 x^2\,\mathrm{d}x = \lim_{\lambda \to 0}\sum_{i=1}^n f(\xi_i)\Delta x_i = \lim_{n \to \infty}\frac{1}{6}\left(1 + \frac{1}{n}\right)\left(2 + \frac{1}{n}\right) = \frac{1}{3}.$$

5.1.3　定积分的几何意义

在区间 $[a,b]$ 上,当 $f(x) \geqslant 0$ 时,定积分 $\int_a^b f(x)\,\mathrm{d}x$ 在几何上表示由曲线 $y = f(x)$ 以及两条直线 $x = a$、$x = b$ 与 x 轴所围成的曲边梯形的面积;当 $f(x) \leqslant 0$ 时,由曲线 $y = f(x)$ 以及两条直线 $x = a$、$x = b$ 与 x 轴所围成的曲边梯形位于 x 轴的下方,定积分在几何上表示上述曲边梯形面积的负值.

$$\int_a^b f(x)\,\mathrm{d}x = \lim_{\lambda \to 0}\sum_{i=1}^n f(\xi_i)\Delta x_i = -\lim_{\lambda \to 0}\sum_{i=1}^n [-f(\xi_i)]\Delta x_i = -\int_a^b [-f(x)]\,\mathrm{d}x.$$

当 $f(x)$ 既取得正值又取得负值时,函数 $f(x)$ 的图形某些部分在 x 轴的上方,而其他部分在 x 轴的下方. 如果对面积赋以正负号,在 x 轴上方的图形面积赋以正号,在 x 轴下方的图形面积赋以负号,则在一般情形下,定积分 $\int_a^b f(x)\,\mathrm{d}x$ 的几何意义为:它是介于 x 轴、函数 $f(x)$ 的图形及两条直线 $x = a$、$x = b$ 之间的各部分面积的代数和.

【例5-2】　用定积分的几何意义求 $\int_0^1 (1 - x)\,\mathrm{d}x$.

解:函数 $y = 1 - x$ 在区间 $[0,1]$ 上的定积分是以 $y = 1 - x$ 为曲边、以区间 $[0,1]$ 为底的曲边梯形的面积. 因为以 $y = 1 - x$ 为曲边,以区间 $[0,1]$ 为底的曲边梯形是一直角三角形,其底边长及高均为 1,所以

$$\int_0^1 (1 - x)\,\mathrm{d}x = \frac{1}{2} \times 1 \times 1 = \frac{1}{2}.$$

习题 5.1

1. 利用定积分的定义计算下列定积分的值:

(1) $\displaystyle\int_1^2 x\,\mathrm{d}x$;　　　　　　　　　(2) $\displaystyle\int_0^1 \mathrm{e}^x\,\mathrm{d}x$.

2. 利用定积分的几何意义求下列定积分的值:

(1) $\displaystyle\int_2^4 (2x + 3)\,\mathrm{d}x$;　　　　　　(2) $\displaystyle\int_{-1}^1 \sqrt{1 - x^2}\,\mathrm{d}x$;

(3) $\displaystyle\int_{-2}^2 x^3\,\mathrm{d}x$;　　　　　　　(4) $\displaystyle\int_{-a}^a |x|\,\mathrm{d}x$.

3. 一质点做直线运动,其速度为 $v = 4t + 3\mathrm{m/s}$,试用定积分求从 $t = 0\mathrm{s}$ 起到 $t = 10\mathrm{s}$ 止该质点所经过的路程.

4. 一物体在变力 $F(x) = 3\sin(x + 2)$ 的作用下,沿 x 轴从点 $x = 5$ 运动到点 $x = 10$,试用定积分表示该变力所做的功 W.

5.2　定积分的性质与中值定理

本节讨论定积分的一些常用的性质. 以下总是假设所涉及的定积分是存在的.

性质 5-1　函数的和(差)的定积分等于它们的定积分的和(差),即

$$\int_a^b \big[f(x) \pm g(x) \big]\,\mathrm{d}x = \int_a^b f(x)\,\mathrm{d}x \pm \int_a^b g(x)\,\mathrm{d}x.$$

性质 5-2　被积函数的常数因子可以提到积分号外面,即

$$\int_a^b kf(x)\,\mathrm{d}x = k\int_a^b f(x)\,\mathrm{d}x.$$

性质 5-3　对任意三个实数 a、b、c,等式 $\displaystyle\int_a^b f(x)\,\mathrm{d}x = \int_a^c f(x)\,\mathrm{d}x + \int_c^b f(x)\,\mathrm{d}x$ 成立.

性质 5-4　如果在区间 $[a,b]$ 上 $f(x) \equiv 1$ 则 $\displaystyle\int_a^b 1\mathrm{d}x = \int_a^b \mathrm{d}x = b - a$.

性质 5-5　如果在区间 $[a,b]$ 上 $f(x) \geqslant 0$,则 $\displaystyle\int_a^b f(x)\,\mathrm{d}x \geqslant 0\,(a < b)$.

推论 5-5-1　如果在区间 $[a,b]$ 上 $f(x) \leqslant g(x)$ 则 $\displaystyle\int_a^b f(x)\,\mathrm{d}x \leqslant \int_a^b g(x)\,\mathrm{d}x\,(a < b)$.

推论 5-5-2　$\left| \displaystyle\int_a^b f(x)\,\mathrm{d}x \right| \leqslant \int_a^b |f(x)|\,\mathrm{d}x\,(a < b)$.

性质 5-6　设 M 及 m 分别是函数 $f(x)$ 在区间 $[a,b]$ 上的最大值及最小值,则

$$m(b - a) \leqslant \int_a^b f(x)\,\mathrm{d}x \leqslant M(b - a)\,(a < b).$$

性质 5-7(定积分中值定理)　如果函数 $f(x)$ 在闭区间 $[a,b]$ 上连续,则在积分区间 $[a, b]$ 上至少存在一个点 ξ,使下式成立:

$$\int_a^b f(x)\,\mathrm{d}x = f(\xi)(b-a).$$

这个公式称为积分中值公式.

中值定理的几何意义是:曲边 $y = f(x)$ 在 $[a,b]$ 底上所围成的曲边梯形面积,等于同一底边而高为 $f(\xi)$ 的一个矩形面积.

从几何角度容易看出,数值 $\mu = \dfrac{1}{b-a}\int_a^b f(x)\,\mathrm{d}x$ 表示连续曲线 $y = f(x)$ 在 $[a,b]$ 上的平均高度,也就是函数 $f(x)$ 在 $[a,b]$ 上的平均值,这是有限个数的平均值概念的拓广.

定义 5-2 设函数 $f(x)$ 在区间 $[a,b]$ 上可积,则称定积分 $\int_a^b f(x)\,\mathrm{d}x$ 与区间长度之比

$$V_{\mathrm{m}} = \frac{1}{b-a}\int_a^b f(x)\,\mathrm{d}x$$ 为该区间上函数 $f(x)$ 的平均值.

习题 5.2

1. 不计算定积分的值,比较下列各对积分的大小:

(1) $\int_0^1 x\,\mathrm{d}x$ 与 $\int_0^1 \sqrt{x}\,\mathrm{d}x$;　　　　　(2) $\int_0^1 x\,\mathrm{d}x$ 与 $\int_0^1 \sin x\,\mathrm{d}x$;

(3) $\int_0^{-1} \mathrm{e}^x\,\mathrm{d}x$ 与 $\int_0^{-1} \mathrm{e}^{2x}\,\mathrm{d}x$.

2. 用不等式估计下列积分值:

(1) $\int_0^1 \dfrac{1}{1+x}\,\mathrm{d}x$;　　　　　(2) $\int_0^2 \mathrm{e}^{x^2-2x}\,\mathrm{d}x$.

5.3 微积分基本公式——牛顿-莱布尼茨公式

定理 5-1 如果函数 $F(x)$ 是连续函数 $f(x)$ 在区间 $[a,b]$ 上的一个原函数,则

$$\int_a^b f(x)\,\mathrm{d}x = F(b) - F(a).$$

此公式称为牛顿-莱布尼茨公式,也称为微积分基本公式.

【例 5-3】 计算 $\int_0^1 x^2\,\mathrm{d}x$.

解:由于 $\dfrac{1}{3}x^3$ 是 x^2 的一个原函数,所以

$$\int_0^1 x^2\,\mathrm{d}x = \left[\frac{1}{3}x^3\right]_0^1 = \frac{1}{3}\cdot 1^3 - \frac{1}{3}\cdot 0^3 = \frac{1}{3}.$$

【例 5-4】 计算 $\int_{-1}^{\sqrt{3}} \dfrac{\mathrm{d}x}{1+x^2}$.

解:由于 $\arctan x$ 是 $\dfrac{1}{1+x^2}$ 的一个原函数,所以

$$\int_{-1}^{\sqrt{3}} \frac{\mathrm{d}x}{1+x^2} = \left[\arctan x\right]_{-1}^{\sqrt{3}} = \arctan\sqrt{3} - \arctan(-1) = \frac{\pi}{3} - \left(-\frac{\pi}{4}\right) = \frac{7}{12}\pi.$$

【例 5-5】　计算 $\int_{-2}^{-1} \dfrac{1}{x} \mathrm{d}x$.

解：
$$\int_{-2}^{-1} \frac{1}{x} \mathrm{d}x = \big[\ln|x|\big]_{-2}^{-1} = \ln 1 - \ln 2 = -\ln 2.$$

【例 5-6】　设生产某商品固定成本是 20 元, 边际成本函数为 $C'(q) = 0.4q + 2$（元/单位）, 求总成本函数 $C(q)$. 如果该商品的销售单价为 22 元且产品可以全部售出, 问每天的产量为多少个单位时可使利润达到最大？ 最大利润是多少？

解：
$$C(q) = \int (0.4q + 2) \mathrm{d}q = 0.2q^2 + 2q + c,$$
所以
$$C(q) = 0.2q^2 + 2q + 20.$$
$$L = R - C = pq - (0.2q^2 + 2q + 20) = 22q - 0.2q^2 - 2q - 20,$$
故
$$L' = -0.4q + 20.$$

所以当 $q = 50$ 时, $L' = 0$. 由实际问题可知：当 $q = 50$ 时利润最大为 480 元.

【例 5-7】　汽车以每小时 36km 速度行驶, 到某处需要减速停车. 设汽车以等加速度 $a = -5\mathrm{m/s}^2$ 刹车. 问从开始刹车到停车, 汽车走了多少距离？

解：计算从开始刹车到停车所需的时间.

当 $t = 0$ 时, 汽车速度
$$v_0 = 36\mathrm{km/h} = \frac{36 \times 1000}{3600} \mathrm{m/s} = 10\mathrm{m/s};$$

刹车后 t 时刻汽车的速度为
$$v(t) = v_0 + at = 10 - 5t;$$

当汽车停止时, 速度 $v(t) = 0$, 从
$$v(t) = 10 - 5t = 0$$

得, $t = 2\mathrm{s}$.

于是从开始刹车到停车汽车所走过的距离为
$$s = \int_0^2 v(t) \mathrm{d}t = \int_0^2 (10 - 5t) \mathrm{d}t = \left[10t - 5 \cdot \frac{1}{2}t^2\right]_0^2 = 10\mathrm{m},$$

即在刹车后, 汽车需走过 10m 才能停住.

习题 5.3

1. 利用牛顿-莱布尼茨公式计算下列定积分：

(1) $\int_2^4 (x^2 - 2x + 5) \mathrm{d}x$;

(2) $\int_0^1 \dfrac{1 - x^2}{1 + x^2} \mathrm{d}x$;

(3) $\int_0^\pi \sin^2 x \mathrm{d}x$;

(4) $\int_1^4 \left(2^x - \dfrac{2}{x^2}\right) \mathrm{d}x$.

2. 设某商品的售价为 20, 边际成本为 $C'(q) = 0.6q + 2$, 固定成本为 10, 试确定生产多少产品时利润最大, 并求出最大利润.

（提示：总收入
$$R(p) = 20q;$$

总成本 $C(q) = \int (0.6q + 2)\mathrm{d}q = 0.3q^2 + 2q + C_0 = 0.3q^2 + 2q + 10$;

总利润 $L(q) = 20q - (0.3q^2 + 2q + 10) = -0.3q^2 + 18q - 10$;

$$L'(q) = -0.6q + 18 = 0, 得 q = 30 \quad L(q) = ?)$$

5.4 定积分的换元法

定理 5-2 假设函数 $f(x)$ 在区间 $[a, b]$ 上连续,函数 $x = \varphi(t)$ 满足条件:

(1) $x = \varphi(t)$ 在区间 $[\alpha, \beta]$(或区间 $[\beta, \alpha]$)上有连续导数 $\varphi'(t)$,

(2) $\varphi(\alpha) = a, \varphi(\beta) = b$,

(3) 当 $t \in [\alpha, \beta]$(或 $[\beta, \alpha]$)时, $x = \varphi(t) \in [a, b]$,

则有

$$\int_a^b f(x)\mathrm{d}x = \int_\alpha^\beta f[\varphi(t)]\varphi'(t)\mathrm{d}t.$$

这个公式称为定积分的换元公式.

【例 5-8】 计算 $\int_0^a \sqrt{a^2 - x^2}\mathrm{d}x (a > 0)$.

解:
$$\int_0^a \sqrt{a^2 - x^2}\mathrm{d}x \xrightarrow{\text{令 } x = a\sin t} \int_0^{\frac{\pi}{2}} a\cos t \cdot a\cos t\mathrm{d}t = a^2 \int_0^{\frac{\pi}{2}} \cos^2 t\mathrm{d}t$$

$$= \frac{a^2}{2} \int_0^{\frac{\pi}{2}} (1 + \cos 2t)\mathrm{d}t$$

$$= \frac{a^2}{2} \left[t + \frac{1}{2}\sin 2t \right]_0^{\frac{\pi}{2}} = \frac{1}{4}\pi a^2.$$

提示: $\sqrt{a^2 - x^2} = \sqrt{a^2 - a^2\sin^2 t} = a\cos t, \mathrm{d}x = a\cos t\mathrm{d}t$. 当 $x = 0$ 时, $t = 0$; 当 $x = a$ 时 $t = \frac{\pi}{2}$.

【例 5-9】 计算 $\int_0^{\frac{\pi}{2}} \cos^5 x\sin x\mathrm{d}x$.

解: 令 $t = \cos x$, 则

$$\int_0^{\frac{\pi}{2}} \cos^5 x\sin x\mathrm{d}x = -\int_0^{\frac{\pi}{2}} \cos^5 x\mathrm{d}\cos x = -\int_1^0 t^5\mathrm{d}t = \int_0^1 t^5\mathrm{d}t = \left[\frac{1}{6}t^6 \right]\Big|_0^1 = \frac{1}{6}.$$

提示: 当 $x = 0$ 时, $t = 1$; 当 $x = \frac{\pi}{2}$ 时, $t = 0$.

或 $\int_0^{\frac{\pi}{2}} \cos^5 x\sin x\mathrm{d}x = -\int_0^{\frac{\pi}{2}} \cos^5 x\mathrm{d}\cos x = -\left[\frac{1}{6}\cos^6 x \right]\Big|_0^{\frac{\pi}{2}} = -\frac{1}{6}\cos^6 \frac{\pi}{2} + \frac{1}{6}\cos^6 0 = \frac{1}{6}$.

【例 5-10】 若 $f(x)$ 在 $[-a, a]$ 上连续,试证:

(1) 如果 $f(x)$ 为在 $[-a, a]$ 上的偶函数,则 $\int_{-a}^a f(x)\mathrm{d}x = 2\int_0^a f(x)\mathrm{d}x$;

(2) 如果 $f(x)$ 为在 $[-a, a]$ 上的奇函数,则 $\int_{-a}^a f(x)\mathrm{d}x = 0$.

证明: 因为
$$\int_{-a}^a f(x)\mathrm{d}x = \int_{-a}^0 f(x)\mathrm{d}x + \int_0^a f(x)\mathrm{d}x,$$

而　　　　　$\displaystyle\int_{-a}^{0} f(x)\,\mathrm{d}x \xrightarrow{\ \ \diamondsuit\ x\,=\,-\,t\ \ } -\int_{a}^{0} f(-t)\,\mathrm{d}t = \int_{0}^{a} f(-t)\,\mathrm{d}t = \int_{0}^{a} f(-x)\,\mathrm{d}x,$

所以　　　$\displaystyle\int_{-a}^{a} f(x)\,\mathrm{d}x = \int_{0}^{a} f(-x)\,\mathrm{d}x + \int_{0}^{a} f(x)\,\mathrm{d}x = \int_{0}^{a} [f(-x) + f(x)]\,\mathrm{d}x.$

（1）如果 $f(x)$ 为在 $[-a,a]$ 上的偶函数，则 $f(x) + f(-x) = 2f(x)$，于是 $\displaystyle\int_{-a}^{a} f(x)\,\mathrm{d}x =$
$\displaystyle\int_{0}^{a} [f(-x) + f(x)]\,\mathrm{d}x = \int_{0}^{a} 2f(x)\,\mathrm{d}x = 2\int_{0}^{a} f(x)\,\mathrm{d}x.$

（2）如果 $f(x)$ 为在 $[-a,a]$ 上的奇函数，则 $f(x) + f(-x) = 0$，于是 $\displaystyle\int_{-a}^{a} f(x)\,\mathrm{d}x =$
$\displaystyle\int_{0}^{a} [f(-x) + f(x)]\,\mathrm{d}x = \int_{0}^{a} 0\,\mathrm{d}x = 0.$

习题 5.4

1. 计算下列定积分：

（1）$\displaystyle\int_{0}^{1} x\sqrt{1-x}\,\mathrm{d}x$；　　　　　　　　（2）$\displaystyle\int_{0}^{1} x(1-x^2)^3\,\mathrm{d}x$；

（3）$\displaystyle\int_{0}^{\frac{\pi}{2}} \sin x\cos^2 x\,\mathrm{d}x$；　　　　　　（4）$\displaystyle\int_{\frac{1}{\sqrt{2}}}^{1} \frac{\sqrt{1-x^2}}{x^2}\,\mathrm{d}x$.

2. 利用函数的奇偶性计算下列积分：

（1）$\displaystyle\int_{-\pi}^{\pi} x^2\sin x\,\mathrm{d}x$；　　　　　　　（2）$\displaystyle\int_{-\frac{1}{2}}^{\frac{1}{2}} \frac{x\mathrm{e}^{x^2}}{\sqrt{1-x^2}}\,\mathrm{d}x$.

5.5　定积分的分部积分法

设 $u(x)$、$v(x)$ 在区间 $[a,b]$ 上有连续导数 $u'(x)$、$v'(x)$，则由两函数乘积的导数公式知
$$[u(x)v(x)]' = u(x)v'(x) + u'(x)v(x).$$
等式两端在区间 $[a,b]$ 上积分，有
$$\int_{a}^{b} [u(x)v(x)]'\,\mathrm{d}x = \int_{a}^{b} u(x)v'(x)\,\mathrm{d}x + \int_{a}^{b} u'(x)v(x)\,\mathrm{d}x,$$
移项并根据牛顿-莱布尼茨公式，可得
$$\int_{a}^{b} u(x)v'(x)\,\mathrm{d}x = [u(x)v(x)]_{a}^{b} - \int_{a}^{b} u'(x)v(x)\,\mathrm{d}x. \tag{5-1}$$
用换元积分法式（5-1）又能写成微分形式：
$$\int_{a}^{b} u(x)\,\mathrm{d}v(x) = [u(x)v(x)]_{a}^{b} - \int_{a}^{b} v(x)\,\mathrm{d}u(x). \tag{5-2}$$
该公式称为定积分分部积分公式．使用该公式时要注意，把先积出来的那一部分代上下限求值，余下的部分继续积分．这样做比完全把原函数求出来再代上下限简便一些．

【例 5-11】　计算 $\displaystyle\int_{0}^{\frac{1}{2}} \arcsin x\,\mathrm{d}x$.

解：
$$\int_0^{\frac{1}{2}} \arcsin x \, \mathrm{d}x = \left[x \arcsin x \right]_0^{\frac{1}{2}} - \int_0^{\frac{1}{2}} x \mathrm{d} \arcsin x$$

$$= \frac{1}{2} \cdot \frac{\pi}{6} - \int_0^{\frac{1}{2}} \frac{x}{\sqrt{1 - x^2}} \mathrm{d}x$$

$$= \frac{\pi}{12} + \frac{1}{2} \int_0^{\frac{1}{2}} \frac{1}{\sqrt{1 - x^2}} \mathrm{d}(1 - x^2)$$

$$= \frac{\pi}{12} + \left[\sqrt{1 - x^2} \right]_0^{\frac{1}{2}} = \frac{\pi}{12} + \frac{\sqrt{3}}{2} - 1.$$

【例 5-12】 计算 $\int_0^1 e^{\sqrt{x}} \mathrm{d}x$.

解：令 $\sqrt{x} = t$，则

$$\int_0^1 e^{\sqrt{x}} \mathrm{d}x = 2 \int_0^1 e^t t \mathrm{d}t = 2 \int_0^1 t \mathrm{d}e^t = 2 \left[t e^t \right]_0^1 - 2 \int_0^1 e^t \mathrm{d}t = 2e - 2 \left[e^t \right]_0^1 = 2.$$

习题 5.5

计算下列定积分：

(1) $\int_0^{\frac{\pi}{2}} x \sin x \mathrm{d}x$；   (2) $\int_1^e x \ln x \mathrm{d}x$；   (3) $\int_0^{\frac{\pi}{2}} e^x \sin x \mathrm{d}x$.

5.6 广义积分

前面讨论的定积分都是在有限的积分区间和被积函数为有界的条件下进行的，而在实际问题中还会遇到积分区间为无限或被积函数为无界的情形，前者称为无穷区间的积分，后者称为无界函数的积分，两者统称为广义积分.

5.6.1 无穷区间的广义积分

定义 5-3 设函数 $f(x)$ 在区间 $[a, +\infty)$ 上连续，取 $b > a$，如果极限 $\lim\limits_{b \to +\infty} \int_a^b f(x) \mathrm{d}x$ 存在，则称此极限为函数 $f(x)$ 在无穷区间 $[a, +\infty)$ 上的反常积分，记作 $\int_a^{+\infty} f(x) \mathrm{d}x$，即 $\int_a^{+\infty} f(x) \mathrm{d}x = \lim\limits_{b \to +\infty} \int_a^b f(x) \mathrm{d}x$. 这时也称反常积分 $\int_a^{+\infty} f(x) \mathrm{d}x$ 收敛.

如果上述极限不存在，函数 $f(x)$ 在无穷区间 $[a, +\infty)$ 上的反常积分 $\int_a^{+\infty} f(x) \mathrm{d}x$ 就没有意义，此时称反常积分 $\int_a^{+\infty} f(x) \mathrm{d}x$ 发散.

类似地，设函数 $f(x)$ 在区间 $(-\infty, b]$ 上连续，如果极限 $\lim\limits_{a \to -\infty} \int_a^b f(x) \mathrm{d}x (a < b)$ 存在，则称此极限为函数 $f(x)$ 在无穷区间 $(-\infty, b]$ 上的反常积分，记作 $\int_{-\infty}^b f(x) \mathrm{d}x$，即 $\int_{-\infty}^b f(x) \mathrm{d}x =$

$\lim\limits_{a \to -\infty} \displaystyle\int_a^b f(x)\mathrm{d}x$. 这时也称反常积分 $\displaystyle\int_{-\infty}^b f(x)\mathrm{d}x$ 收敛. 如果上述极限不存在, 则称反常积分

$\displaystyle\int_{-\infty}^b f(x)\mathrm{d}x$ 发散.

设函数 $f(x)$ 在区间 $(-\infty, +\infty)$ 上连续, 如果反常积分 $\displaystyle\int_{-\infty}^0 f(x)\mathrm{d}x$ 和 $\displaystyle\int_0^{+\infty} f(x)\mathrm{d}x$ 都收敛,

则称这两个反常积分的和为函数 $f(x)$ 在无穷区间 $(-\infty, +\infty)$ 上的反常积分, 记作

$\displaystyle\int_{-\infty}^{+\infty} f(x)\mathrm{d}x$, 即

$$\int_{-\infty}^{+\infty} f(x)\mathrm{d}x = \int_{-\infty}^0 f(x)\mathrm{d}x + \int_0^{+\infty} f(x)\mathrm{d}x = \lim_{a \to -\infty} \int_a^0 f(x)\mathrm{d}x + \lim_{b \to +\infty} \int_0^b f(x)\mathrm{d}x.$$

这时也称反常积分 $\displaystyle\int_{-\infty}^{+\infty} f(x)\mathrm{d}x$ 收敛. 如果上式右端有一个反常积分发散, 则称反常积分

$\displaystyle\int_{-\infty}^{+\infty} f(x)\mathrm{d}x$ 发散.

定义 5-3-1　连续函数 $f(x)$ 在区间 $[a, +\infty)$ 上的反常积分定义为

$$\int_a^{+\infty} f(x)\mathrm{d}x = \lim_{b \to +\infty} \int_a^b f(x)\mathrm{d}x.$$

在反常积分的定义式中, 如果极限存在, 则称此反常积分收敛; 否则称此反常积分发散.
类似地, 连续函数 $f(x)$ 在区间 $(-\infty, b]$ 上和在区间 $(-\infty, +\infty)$ 上的反常积分定义为

$$\int_{-\infty}^b f(x)\mathrm{d}x = \lim_{a \to -\infty} \int_a^b f(x)\mathrm{d}x,$$

$$\int_{-\infty}^{+\infty} f(x)\mathrm{d}x = \lim_{a \to -\infty} \int_a^0 f(x)\mathrm{d}x + \lim_{b \to +\infty} \int_0^b f(x)\mathrm{d}x.$$

反常积分的计算如下: 如果 $F(x)$ 是 $f(x)$ 的原函数, 则

$$\int_a^{+\infty} f(x)\mathrm{d}x = \lim_{b \to +\infty} \int_a^b f(x)\mathrm{d}x = \lim_{b \to +\infty} \big[F(x) \big]_a^b$$

$$= \lim_{b \to +\infty} F(b) - F(a) = \lim_{x \to +\infty} F(x) - F(a).$$

可采用如下简记形式:

$$\int_a^{+\infty} f(x)\mathrm{d}x = \big[F(x) \big]_a^{+\infty} = \lim_{x \to +\infty} F(x) - F(a).$$

类似地　　　　　$$\int_{-\infty}^b f(x)\mathrm{d}x = \big[F(x) \big]_{-\infty}^b = F(b) - \lim_{x \to -\infty} F(x),$$

$$\int_{-\infty}^{+\infty} f(x)\mathrm{d}x = \big[F(x) \big]_{-\infty}^{+\infty} = \lim_{x \to +\infty} F(x) - \lim_{x \to -\infty} F(x).$$

【例 5-13】　计算反常积分 $\displaystyle\int_{-\infty}^{+\infty} \dfrac{1}{1 + x^2}\mathrm{d}x$.

解: $\displaystyle\int_{-\infty}^{+\infty} \dfrac{1}{1 + x^2}\mathrm{d}x = \big[\arctan x \big]_{-\infty}^{+\infty} = \lim_{x \to +\infty} \arctan x - \lim_{x \to -\infty} \arctan x = \dfrac{\pi}{2} - \left(-\dfrac{\pi}{2} \right) = \pi.$

【例 5-14】 计算反常积分 $\int_0^{+\infty} te^{-pt}dt$ (p 是常数,且 $p > 0$).

解:
$$\int_0^{+\infty} te^{-pt}dt = \left[\int te^{-pt}dt\right]_0^{+\infty} = \left[-\frac{1}{p}\int tde^{-pt}\right]_0^{+\infty}$$

$$= \left[-\frac{1}{p}te^{-pt} + \frac{1}{p}\int e^{-pt}dt\right]_0^{+\infty} = \left[-\frac{1}{p}te^{-pt} - \frac{1}{p^2}e^{-pt}\right]_0^{+\infty}$$

$$= \lim_{t\to+\infty}\left[-\frac{1}{p}te^{-pt} - \frac{1}{p^2}e^{-pt}\right] + \frac{1}{p^2} = \frac{1}{p^2}.$$

提示: $\lim\limits_{t\to+\infty} te^{-pt} = \lim\limits_{t\to+\infty}\dfrac{t}{e^{pt}} = \lim\limits_{t\to+\infty}\dfrac{1}{pe^{pt}} = 0$.

【例 5-15】 讨论反常积分 $\int_a^{+\infty}\dfrac{1}{x^p}dx$ ($a > 0$)的敛散性.

解:当 $p = 1$ 时,$\int_a^{+\infty}\dfrac{1}{x^p}dx = \int_a^{+\infty}\dfrac{1}{x}dx = \left[\ln x\right]_a^{+\infty} = +\infty$;

当 $p < 1$ 时,$\int_a^{+\infty}\dfrac{1}{x^p}dx = \left[\dfrac{1}{1-p}x^{1-p}\right]_a^{+\infty} = +\infty$;

当 $p > 1$ 时,$\int_a^{+\infty}\dfrac{1}{x^p}dx = \left[\dfrac{1}{1-p}x^{1-p}\right]_a^{+\infty} = \dfrac{a^{1-p}}{p-1}$.

因此,当 $p > 1$ 时,此反常积分收敛,其值为 $\dfrac{a^{1-p}}{p-1}$;当 $p \le 1$ 时,此反常积分发散.

5.6.2 无界函数的广义积分

定义 5-4 设函数 $f(x)$ 在区间 $(a,b]$ 上连续,而在点 a 的右邻域内无界. 取 $\varepsilon > 0$,如果极限 $\lim\limits_{t\to a^+}\int_t^b f(x)dx$ 存在,则称此极限为函数 $f(x)$ 在 $(a,b]$ 上的反常积分,仍然记作 $\int_a^b f(x)dx$, 即

$$\int_a^b f(x)dx = \lim_{t\to a^+}\int_t^b f(x)dx.$$

这时也称反常积分 $\int_a^b f(x)dx$ 收敛.

如果上述极限不存在,就称反常积分 $\int_a^b f(x)dx$ 发散.

类似地,设函数 $f(x)$ 在区间 $[a,b)$ 上连续,而在点 b 的左邻域内无界. 取 $\varepsilon > 0$,如果极限 $\lim\limits_{t\to b^-}\int_a^t f(x)dx$ 存在,则称此极限为函数 $f(x)$ 在 $[a,b)$ 上的反常积分,仍然记作 $\int_a^b f(x)dx$, 即

$$\int_a^b f(x)dx = \lim_{t\to b^-}\int_a^t f(x)dx.$$

这时也称反常积分 $\int_a^b f(x)dx$ 收敛. 如果上述极限不存在,就称反常积分 $\int_a^b f(x)dx$ 发散.

设函数 $f(x)$ 在区间 $[a,b]$ 上除点 $c(a < c < b)$ 外连续,而在点 c 的邻域内无界. 如果两

个反常积分 $\int_a^c f(x)\,dx$ 与 $\int_c^b f(x)\,dx$ 都收敛,则定义

$$\int_a^b f(x)\,dx = \int_a^c f(x)\,dx + \int_c^b f(x)\,dx;$$

否则,就称反常积分 $\int_a^b f(x)\,dx$ 发散.

如果函数 $f(x)$ 在点 a 的任一邻域内都无界,那么点 a 称为函数 $f(x)$ 的瑕点,也称为无界点.

定义 5-4-1　设函数 $f(x)$ 在区间 $(a,b]$ 上连续,点 a 为 $f(x)$ 的瑕点. 函数 $f(x)$ 在 $(a,b]$ 上的反常积分定义为

$$\int_a^b f(x)\,dx = \lim_{t \to a^+} \int_t^b f(x)\,dx.$$

在反常积分的定义式中,如果极限存在,则称此反常积分收敛;否则称此反常积分发散.

类似地,函数 $f(x)$ 在 $[a,b)$(b 为瑕点)上的反常积分定义为

$$\int_a^b f(x)\,dx = \lim_{t \to b^-} \int_a^t f(x)\,dx.$$

函数 $f(x)$ 在 $[a,c) \cup (c,b]$(c 为瑕点)上的反常积分定义为

$$\int_a^b f(x)\,dx = \lim_{t \to c^-} \int_a^t f(x)\,dx + \lim_{t \to c^+} \int_t^b f(x)\,dx.$$

反常积分的计算如下:如果 $F(x)$ 为 $f(x)$ 的原函数,则有

$$\int_a^b f(x)\,dx = \lim_{t \to a^+} \int_t^b f(x)\,dx = \lim_{t \to a^+} \big[F(x) \big]_t^b = F(b) - \lim_{t \to a^+} F(t) = F(b) - \lim_{x \to a^+} F(x).$$

可采用如下简记形式:

$$\int_a^b f(x)\,dx = \big[F(x) \big]_a^b = F(b) - \lim_{x \to a^+} F(x).$$

类似地,有

$$\int_a^b f(x)\,dx = \big[F(x) \big]_a^b = \lim_{x \to b^-} F(x) - F(a).$$

当 a 为瑕点时, $\int_a^b f(x)\,dx = \big[F(x) \big]_a^b = F(b) - \lim_{x \to a^+} F(x)$;

当 b 为瑕点时, $\int_a^b f(x)\,dx = \big[F(x) \big]_a^b = \lim_{x \to b^-} F(x) - F(a)$;

当 $c\,(a < c < b)$ 为瑕点时,

$$\int_a^b f(x)\,dx = \int_a^c f(x)\,dx + \int_c^b f(x)\,dx = \Big[\lim_{x \to c^-} F(x) - F(a) \Big] + \Big[F(b) - \lim_{x \to c^+} F(x) \Big].$$

【**例 5-16**】　计算反常积分 $\int_0^a \dfrac{1}{\sqrt{a^2 - x^2}}\,dx$.

解:因为 $\lim\limits_{x \to a^-} \dfrac{1}{\sqrt{a^2 - x^2}} = +\infty$,所以点 a 为被积函数的瑕点.

$$\int_0^a \frac{1}{\sqrt{a^2 - x^2}} dx = \left[\arcsin \frac{x}{a} \right]_0^a = \lim_{x \to a^-} \arcsin \frac{x}{a} - 0 = \frac{\pi}{2}.$$

【例 5-17】　讨论反常积分 $\int_{-1}^1 \frac{1}{x^2} dx$ 的收敛性.

解：函数 $\frac{1}{x^2}$ 在区间 $[-1, 1]$ 上除 $x = 0$ 外连续, 且 $\lim\limits_{x \to 0} \frac{1}{x^2} = \infty$. 由于

$$\int_{-1}^0 \frac{1}{x^2} dx = \left[-\frac{1}{x} \right]_{-1}^0 = \lim_{x \to 0^-} \left(-\frac{1}{x} \right) - 1 = +\infty,$$

即反常积分 $\int_{-1}^0 \frac{1}{x^2} dx$ 发散, 所以反常积分 $\int_{-1}^1 \frac{1}{x^2} dx$ 发散.

【例 5-18】　讨论反常积分 $\int_a^b \frac{dx}{(x-a)^q} (a < b)$ 的敛散性.

解：当 $q = 1$ 时, $\int_a^b \frac{dx}{(x-a)^q} = \int_a^b \frac{dx}{x-a} = \left[\ln(x-a) \right]_a^b = +\infty$;

当 $q > 1$ 时, $\int_a^b \frac{dx}{(x-a)^q} = \left[\frac{1}{1-q} (x-a)^{1-q} \right]_a^b = +\infty$;

当 $q < 1$ 时, $\int_a^b \frac{dx}{(x-a)^q} = \left[\frac{1}{1-q} (x-a)^{1-q} \right]_a^b = \frac{1}{1-q} (b-a)^{1-q}$.

因此, 当 $q < 1$ 时, 此反常积分收敛, 其值为 $\frac{1}{1-q}(b-a)^{1-q}$; 当 $q \geqslant 1$ 时, 此反常积分发散.

习题 5.6

1. 计算广义积分.

(1) $\int_1^{+\infty} \frac{1}{\sqrt{x}} dx$;　　　　　　　　　　(2) $\int_0^{+\infty} x e^{-x} dx$.

2. 判断广义积分的敛散性.

(1) $\int_1^{+\infty} \frac{e^x}{x} dx$;　　　　　　　　　　(2) $\int_0^{+\infty} \frac{x}{1+x^2} dx$.

3. 计算广义积分.

(1) $\int_0^1 \frac{1}{\sqrt{1-x}} dx$;　　　　　　　　　　(2) $\int_{-1}^1 \frac{1}{\sqrt{1-x^2}} dx$.

本 章 小 结

(1) 深刻理解定积分的概念和几何意义.

(2) 知道定积分的性质, 熟悉微积分基本积分公式和计算定积分的换元积分法、分部积分法, 能运用它们计算几种典型类型的定积分. 运用定积分的换元积分法时, 一定要注意: 换元的同时一定要换限.

(3) 了解广义积分的概念, 掌握常见类型广义积分判断是否收敛的方法, 并会计算收敛的广义积分.

本 章 习 题

1. 利用牛顿-莱布尼茨公式计算下列积分：

(1) $\displaystyle\int_{-1}^{1}(x-1)^{3}\mathrm{d}x$；

(2) $\displaystyle\int_{0}^{5}|1-x|\mathrm{d}x$.

2. 计算下列定积分：

(1) $\displaystyle\int_{-1}^{1}\frac{x}{\sqrt{5-4x}}\mathrm{d}x$；

(2) $\displaystyle\int_{1}^{2}\frac{\sqrt{x^{2}-1}}{x}\mathrm{d}x$.

3. 用分部积分法计算下列定积分：

(1) $\displaystyle\int_{0}^{1}x^{3}\mathrm{e}^{x^{2}}\mathrm{d}x$；

(2) $\displaystyle\int_{\frac{\pi}{4}}^{\frac{\pi}{3}}\frac{x}{\sin^{2}x}\mathrm{d}x$.

4. 计算下列积分：

(1) $\displaystyle\int_{0}^{+\infty}x\mathrm{e}^{-x}\mathrm{d}x$；

(2) $\displaystyle\int_{1}^{e}\frac{\mathrm{d}x}{x\sqrt{1-\ln^{2}x}}$.

5. 计算下列积分：

(1) $\displaystyle\int_{0}^{2}\frac{\mathrm{d}x}{(1-x)^{2}}$；

(2) $\displaystyle\int_{0}^{1}\frac{\arcsin x}{\sqrt{1-x^{2}}}\mathrm{d}x$.

6 常微分方程

在生产实践和科学技术中,常常要研究函数. 高等数学中所研究的函数是反映客观现实和运动中的量与量之间的关系. 但在大量实际问题中往往会遇到许多复杂的运动过程,此时表达过程规律的函数关系往往不能直接得到. 也就是说量与量之间的关系(即函数)不能直接写出来,但却能根据问题所处的环境,建立起这些变量和它们的导数(或微分)之间的关系式,这就是通常所说的微分方程. 因此,微分方程也是描述客观事物的数量关系的一种重要的数学模型. 本章主要介绍常微分方程的基本概念和几种常用的常微分方程的解法.

6.1 微分方程的基本概念

定义 6-1 凡表示未知函数、未知函数的导数(或微分)与自变量之间的关系的方程,称为微分方程.

在微分方程中,若所含未知函数是一元函数,则称为常微分方程;若所含未知函数是多元函数,则称为偏微分方程.

例如:

$(1) y' + 2y - 3x = 1$;

$(2) dy + y\tan x dx = 0$;

$(3) y'' + \dfrac{1}{x}(y')^2 + \sin x = 0$;

$(4) \dfrac{\partial^2 u}{\partial x^2} + \dfrac{\partial^2 u}{\partial y^2} + \dfrac{\partial^2 u}{\partial z^2} = 0$;

$(5) \dfrac{dy}{dx} + \cos y = 3x$;

$(6) \left(\dfrac{dy}{dx}\right)^2 + \ln y + \cot x = 0$.

以上六个方程都是微分方程,其中(1)、(2)、(3)、(5)、(6)是常微分方程,(4)是偏微分方程.

定义 6-2 微分方程中所出现的未知函数的最高阶导数的阶数,称为微分方程的阶.

n 阶微分方程一般记为:

$$F(x, y, y', \cdots, y^{(n)}) = 0. \tag{6-1}$$

例如,以上六个方程中,(1)、(2)、(5)、(6)是一阶常微分方程,(3)是二阶常微分方程,(4)是二阶偏微分方程.

定义 6-3 如果微分方程中含的未知函数以及它的所有的导数都是一次多项式,则称该方程为线性方程,否则称为非线性方程.

例如,以上六个方程中,(1)、(2)、(4)都是线性方程,(3)、(5)、(6)都是非线性方程. 又如 $y'' - xy = 0$ 也是线性方程. 由于此方程中的导数的最高阶数为 2,故我们称此方程为二阶线性方程.

一般说来,n 阶线性方程具有如下形状:

$$a_0(x)y^{(n)} + a_1(x)y^{(n-1)} + \cdots + a_{n-1}(x)y' + a_n(x)y = \varphi(x).$$

定义 6-4　若将 $y = f(x)$ 代入微分方程（6-1）中使之恒成立，则称 $y = f(x)$ 是方程（6-1）的解.

例如，$y = 2x^2 + C$ 和 $y = 2x^2 + 4$ 都是微分方程 $y' = 4x$ 的解.

如果微分方程的解中含有任意常数，且任意常数的个数与微分方程的阶数相同，这样的解称为微分方程的通解.

定义 6-5　微分方程一个满足特定条件的解，称为该微分方程的一个特解，所给特定条件称为初始条件.

例如，$y' = y$ 满足 $y \big|_{x=0} = 1$ 的特解为 $y = e^x$. 其中 $y \big|_{x=0} = 1$ 就是初始条件.

定义 6-6　微分方程的特解的图形是一条积分曲线，称为微分方程的积分曲线；通解的图形是一族积分曲线，称为积分曲线族.

【例 6-1】　验证函数 $y = C_1 e^{2x} + C_2 e^{-2x}$ 是二阶微分方程 $y'' - 4y = 0$ 的通解（C_1, C_2 为任意常数）.

解：因为 $y = C_1 e^{2x} + C_2 e^{-2x}$，所以，
$$y' = 2C_1 e^{2x} - 2C_2 e^{-2x}, \quad y'' = 4C_1 e^{2x} + 4C_2 e^{-2x}.$$

将 y'' 及 y 代入方程，得
$$4(C_1 e^{2x} + C_2 e^{-2x}) - 4(C_1 e^{2x} + C_2 e^{-2x}) = 0.$$

所以函数 $y = C_1 e^{2x} + C_2 e^{-2x}$ 是微分方程的解. 因为解中有两个相互独立的任意常数，与微分方程的阶数相同，故 $y = C_1 e^{2x} + C_2 e^{-2x}$ 是微分方程的通解.

【例 6-2】　已知 RC 电路如图 6-1 所示，求解它的电路模型.

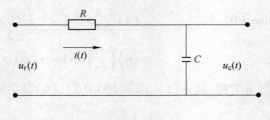

图 6-1

解：根据电路理论中的基尔霍夫定理，建立 RC 无源网络的微分方程，输入量为电压 $u_r(t)$，输出量为电压 $u_c(t)$.
$$u_r(t) = Ri(t) + u_c(t),$$
$$u_c(t) = \frac{1}{c}\int i(t)\,\mathrm{d}t,$$

$i(t)$ 为流经电阻 R 和电容 C 的电流，消去中间变量 $i(t)$，可得
$$RC\frac{\mathrm{d}u_c(t)}{\mathrm{d}t} + u_c(t) = u_r(t).$$

令 $RC = T$，则上式又可写为
$$T\frac{\mathrm{d}u_c(t)}{\mathrm{d}t} + u_c(t) = u_r(t).$$

习题 6.1

1. 指出下列方程中哪些是微分方程,并说明它们的阶数.

(1) $y = y'y''$;

(2) $x^2 y - xy^2 + 5 = 0$;

(3) $xy''' + 2y'' + x^2 y = 0$;

(4) $(x^2 - y)dx + xydy = 0$;

(5) $y - x\dfrac{dy}{dx} = a\left(y^2 + \dfrac{dy}{dx}\right)$;

(6) $\dfrac{d\rho}{d\theta} + \rho = \sin^2\theta$.

2. 验证函数 $y = C_1\cos 2x + C_2\sin 2x$(其中 C_1, C_2 都是任意常数)是方程 $y'' + 4y = 0$ 的通解,并求满足初始条件 $y(0) = 1$、$y'(0) = 0$ 的特解.

6.2　一阶微分方程

定义 6-7　形如 $y' = F(x,y)$ 的微分方程,称为一阶微分方程.

下面介绍几种常见的一阶微分方程的基本类型及其解法.

6.2.1　可分离变量的微分方程

定义 6-8　形如

$$\frac{dy}{dx} = f(x)g(y) \tag{6-2}$$

的一阶微分方程,称为可分离变量方程. 这里 $f(x)$、$g(y)$ 分别是关于 x、y 连续函数.

这类方程的特点是:方程经过适当的变形后,可以将含有同一变量的函数与微分分离到等式的同一端.

现在给出方程(6-2)求解步骤:

(1)分离变量:　　　　$\dfrac{dy}{g(y)} = f(x)dx$　$(g(y) \neq 0)$;

(2)两边积分:　　　　$\displaystyle\int \frac{dy}{g(y)} = \int f(x)dx + c$;

(3)求积分的通解:$G(y) = F(x) + C$,其中 $G(y)$、$F(x)$ 分别是 $\dfrac{1}{g(y)}$、$f(x)$ 的一个原函数.

【例 6-3】　求微分方程 $\dfrac{dy}{dx} - y\sin x = 0$ 的通解.

解:分离方程变量,得到 $\dfrac{dy}{y} = \sin x dx$,

两边积分,即得　　　　　　　　$\displaystyle\int \frac{dy}{y} = \int \sin x dx$,

$$\ln|y| = -\cos x + c_1 \quad \text{或} \quad |y| = e^{-\cos x + c_1},$$

所以　　　　　　　　　　　　$y = \pm e^{c_1}e^{-\cos x}$,

即　　　　　　　　　　$y = ce^{-\cos x}(\text{令 } c = \pm e^{c_1})$.

因而方程的通解为 $y = ce^{-\cos x}$(c 为任意常数).

注意:在解这个微分方程的时候没有说明 $y \neq 0$,还是 $y = 0$,通常情况下我们不加讨论,都看作在有意义的情况下求解. 其实本题中 $y = 0$ 也是方程的解. 以后遇到类似的情况可作同样的处理.

【例 6-4】　求微分方程 $(y - 1)\mathrm{d}x - (xy - y)\mathrm{d}y = 0$ 的通解.

解:分离方程变量,得到

$$(x - 1)y\mathrm{d}y = (y - 1)\mathrm{d}x,$$

$$\frac{y}{y - 1}\mathrm{d}y = \frac{1}{x - 1}\mathrm{d}x.$$

两边积分得

$$\int \frac{y}{y - 1}\mathrm{d}y = \int \frac{1}{x - 1}\mathrm{d}x,$$

$$y + \ln |y - 1| = \ln |x - 1| + c (c \text{ 为任意常数}).$$

这个解就是方程的隐式通解,在此没有必要再进行化简.

【例 6-5】　求方程 $\dfrac{\mathrm{d}y}{\mathrm{d}x} = \dfrac{y + 1}{x - 1}$ 的解.

解:分离变量后得　　　　　　$\dfrac{1}{y + 1}\mathrm{d}y = \dfrac{1}{x - 1}\mathrm{d}x.$

两边积分得

$$\ln |y + 1| = \ln |x - 1| + c_1,$$

$$|y + 1| = \mathrm{e}^{c_1} |x - 1|,$$

$$y + 1 = \pm \mathrm{e}^{c_1}(x - 1)(\text{令 } c = \pm \mathrm{e}^{c_1} \text{ 为任意常数}),$$

$$y = c(x - 1) - 1.$$

为方便起见,以后在解微分方程的过程中,如果积分后出现对数,理应都需作类似下述的处理,其结果是一样的(以例 6-5 为例叙述).

分离变量后得

$$\frac{1}{y + 1}\mathrm{d}y = \frac{1}{x - 1}\mathrm{d}x,$$

两边积分得　　　　　$\ln |y + 1| = \ln |x - 1| + \ln c,$

故解为　　　　　　　　$y + 1 = c(x - 1),$

$$y = c(x - 1) - 1 (c \text{ 为任意常数}).$$

这样就简便多了.

6.2.2　一阶线性微分方程

定义 6-9　形如

$$\frac{\mathrm{d}y}{\mathrm{d}x} + p(x)y = Q(x) \tag{6-3}$$

的方程(其中 $p(x)$、$Q(x)$ 是 x 的已知连续函数),称之为一阶线性微分方程. $Q(x)$ 称为自由项(或非齐次项).

(1)若 $Q(x) \equiv 0$ 时,方程(6-3)变为

$$\frac{\mathrm{d}y}{\mathrm{d}x} + p(x)y = 0. \tag{6-4}$$

方程(6-4)称为一阶线性齐次微分方程.

(2)若 $Q(x)\neq0$ 时,方程(6-3)称为一阶线性非齐次微分方程,并称方程(6-4)为对应于方程(6-3)的线性齐次微分方程.

接下来就是求它的通解. 首先求方程(6-4)的解,它是一阶线性齐次微分方程,并且是可分离变量的方程,分离变量得

$$\frac{\mathrm{d}y}{y} = - p(x)\mathrm{d}x.$$

两边积分得:

$$\ln | y | = - \int p(x)\mathrm{d}x + \ln C,$$

即
$$y = C\mathrm{e}^{-\int p(x)\mathrm{d}x} \tag{6-5}$$

方程(6-5)是线性齐次方程(6-4)的通解. 为了书写方便,约定以后不定积分符号只表示被积函数的某一个原函数,如符号 $\int p(x)\mathrm{d}x$ 是 $p(x)$ 的某一个原函数.

现在来讨论一阶线性非齐次方程(6-4)的解法.

显然方程(6-5)不是方程(6-3)的解,但我们可以假设 c 若不是常数,而是关于 x 的函数的话,即 $y = c(x)\mathrm{e}^{\int p(x)\mathrm{d}x}$ 是不是方程(6-3)的解? 假设是它的解,把它代入方程(6-3),若能求出 $c(x)$ 的话,则就得出了方程(6-3)的解.

为此先求 $y = c(x)\mathrm{e}^{-\int p(x)\mathrm{d}x}$ 的一阶导数:

$$y' = c'(x)\mathrm{e}^{-\int p(x)\mathrm{d}x} - p(x)c(x)\mathrm{e}^{-\int p(x)\mathrm{d}x},$$

将它代入方程(6-3)得

$$c'(x)\mathrm{e}^{-\int p(x)\mathrm{d}x} - p(x)c(x)\mathrm{e}^{-\int p(x)\mathrm{d}x} + p(x)c(x)\mathrm{e}^{-\int p(x)\mathrm{d}x} = Q(x),$$

$$c'(x) = Q(x)\mathrm{e}^{\int p(x)\mathrm{d}x}.$$

两边积分,得

$$c(x) = \int Q(x)\mathrm{e}^{\int p(x)\mathrm{d}x}\mathrm{d}x + C.$$

这样就求出了 $c(x)$,说明我们的假设是有效的.

因此,线性非齐次方程(6-5)的通解为

$$y = \mathrm{e}^{-\int p(x)\mathrm{d}x}\Big[\int Q(x)\mathrm{e}^{\int p(x)\mathrm{d}x}\mathrm{d}x + c\Big]. \tag{6-6}$$

这种把对应的齐次方程通解中的常数 C 变换为待定函数 $c(x)$,然后求得线性非齐次方程的通解方程(6-4)的方法,称之为常数变易法.

将式(6-6)改写成两项之和

$$y = c\mathrm{e}^{-\int p(x)\mathrm{d}x} + \mathrm{e}^{-\int p(x)\mathrm{d}x}\int Q(x)\mathrm{e}^{\int p(x)\mathrm{d}x}\mathrm{d}x.$$

不难看出,上式右端第一项是对应的线性齐次方程(6-5)的通解,第二项是线性非齐次

方程(6-4)的一个特解（在方程(6-4)的通解(6-6)中取 $c=0$，便得到这个特解）.

由此可见，一阶线性非齐次方程的通解等于对应的线性齐次方程的通解与线性非齐次方程的一个特解之和. 这是一阶线性非齐次方程通解的结构.

注意：(1)在解非齐次线性微分方程时，可以直接用方程(6-6)求解，但是要化为方程(6-4)的标准形式.

(2)在解具体的方程时，有时用常数变易方法求解往往更方便，不容易出错.

【例 6-6】　求微分方程 $y'\cos x + y\sin x = 1$ 的通解.

解法 1：原方程可化为

$$y' + y\tan x = \sec x.$$

用常数变易法，先求 $y' + y\tan x = 0$ 的通解.

分离变量得

$$\frac{\mathrm{d}y}{y} = -\tan x\,\mathrm{d}x,$$

两边积分，得

$$\ln y = \ln\cos x + \ln c_1,$$

故

$$y = c_1\cos x.$$

变换常数 c_1，令 $y = c(x)\cos x$ 是原方程的解，则

$$y' = c'(x)\cos x - c(x)\sin x.$$

把 y、y' 代入原方程，得

$$[c'(x)\cos x - c(x)\sin x] + c(x)\cos x\tan x = \sec x,$$

整理得

$$c'(x) = \sec^2 x,$$

于是

$$c(x) = \tan x + c.$$

把 $c(x) = \tan x + c$ 代入所令的 $y = c(x)\cos x$ 中，得到该非齐次方程的通解

$$y = (\tan x + c)\cos x.$$

解法 2：利用通解公式(6-6)求解，这时必须把方程化成方程(6-4)的标准形式.

$$y' + y\tan x = \sec x,$$

则 $P(x) = \tan x$、$Q(x) = \sec x$，故

$$\begin{aligned}
y &= \mathrm{e}^{-\int P(x)\mathrm{d}x}\left[\int Q(x)\mathrm{e}^{\int P(x)\mathrm{d}x}\mathrm{d}x + c\right]\\
&= \mathrm{e}^{-\int\tan x\mathrm{d}x}\left(\int\sec x\,\mathrm{e}^{\int\tan x\mathrm{d}x}\mathrm{d}x + c\right)\\
&= \mathrm{e}^{\ln\cos x}\left(\int\sec x\,\mathrm{e}^{-\ln\cos x}\mathrm{d}x + c\right)\\
&= \cos x\left(\int\sec^2 x\mathrm{d}x + c\right)\\
&= (\tan x + c)\cos x.
\end{aligned}$$

【例 6-7】　求微分方程 $\dfrac{\mathrm{d}y}{\mathrm{d}x} = \dfrac{y}{2x - y^2}$ 的通解.

解：观察这个方程可知它不是未知数 y 的线性微分方程，因为自变量和因变量是可以相互转换的，所以我们可以把 x 看作未知量，y 看作自变量. 方程化简得 $\dfrac{\mathrm{d}x}{\mathrm{d}y} = \dfrac{2x - y^2}{y}$，即

$$\frac{\mathrm{d}x}{\mathrm{d}y} - \frac{2}{y}x = -y.$$

先求出它所对应的齐次方程 $\dfrac{\mathrm{d}x}{\mathrm{d}y} = \dfrac{2}{y}x$ 的通解为

$$x = \bar{c}y^2,$$

再用常数变易法可以求出原方程的通解是

$$x = y^2(c - \ln|y|).$$

也可以直接用公式求它的解.

例如,RC 电路(见图 6-2)的零输入响应,由 KVL 得换路后的电路方程:

$$-u_R + u_C = 0.$$

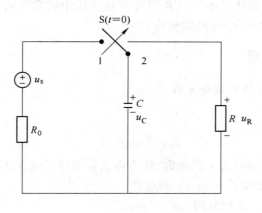

图 6-2

将元件的电压电流关系 $u_R = Ri$ 和 $i = -C\dfrac{\mathrm{d}u_C}{\mathrm{d}t}$ 代入方程得:

$$RC\frac{\mathrm{d}u_C}{\mathrm{d}t} + u_C = 0.$$

这是一阶常系数线性齐次常微分方程,它的通解为 $u_C = Ae^{pt}$,特征方程为 $RCp + 1 = 0$,特征根为 $p = -\dfrac{1}{RC}$,所以

$$u_C = Ae^{-\frac{t}{RC}}.$$

将初始条件 $u_C(0^+) = u_C(0^-) = u_0$ 代入得积分常数 $A = u_0$,求得满足初始条件的微分方程的解,即电容的零输入响应电压、电流分别为:

$$u_C = u_C(0^+)e^{-\frac{t}{RC}} = u_0 e^{-\frac{t}{RC}} (t \geq 0),$$

$$i(t) = -C\frac{\mathrm{d}u_C}{\mathrm{d}t} = \frac{u_0}{R}e^{-\frac{t}{RC}} (t > 0).$$

注意:我们在解微分方程时,要灵活应用,注意方程的特点,对不同形式的方程采用不同的思维和方法.

习题 6.2

求下列微分方程的通解:

$(1) \dfrac{dy}{dx} = -\dfrac{y}{x};$　　　　$(2) y' = e^{2x-y};$　　　　$(3) xy' - y\ln y = 0;$　　　　$(4) y' = 10^{x+y}.$

6.3　二阶微分方程

高阶微分方程是指二阶及二阶以上的微分方程. 一般而言,高阶微分方程求解更为困难,而且没有普遍适用的解法. 本节只介绍几种在应用中较常见的可用降阶方法求解的高阶微分方程(特别是二阶微分方程)的解法.

6.3.1　可降阶的微分方程

6.3.1.1　$y^{(n)} = f(x)$ 型的微分方程

形如

$$y^{(n)} = f(x) \tag{6-7}$$

的微分方程,方程的右端是仅含 x 的函数,此方程只要通过连续 n 次积分就可以得到通解.

【例 6-8】　求微分方程 $y'' = \ln x + x$ 的通解.

解: 逐项积分,先第一次积分得

$$y' = \int (\ln x + x)\,dx = x\ln x - \int x\,d\ln x + \frac{1}{2}x^2 + c_1 = x\ln x - x + \frac{1}{2}x^2 + c_1,$$

再进行一次积分得

$$\begin{aligned}
y &= \int \left(x\ln x - x + \frac{1}{2}x^2 + c_1 \right) dx \\
&= \frac{1}{2}\int \ln x\,dx^2 - \frac{1}{2}x^2 + \frac{1}{6}x^3 + c_1 x \\
&= \frac{1}{2}x^2\ln x - \frac{1}{2}\int x^2\,d\ln x - \frac{1}{2}x^2 + \frac{1}{6}x^3 + c_1 x \\
&= \frac{1}{2}x^2\ln x - \frac{3}{4}x^2 + \frac{1}{6}x^3 + c_1 x + c_2 \quad (c_1 \text{、} c_2 \text{ 为任意的常数}).
\end{aligned}$$

6.3.1.2　不显含未知函数 y 的微分方程

形如

$$y'' = f(x, y') \tag{6-8}$$

的函数的特点是不明显含未知函数 y 的二阶方程. 此方程的解法是:

令 $y' = p(x)$（$p(x)$ 为新的未知函数）,则 $y'' = \dfrac{dp}{dx}$ 代入原方程得到一个关于变量 p 与 x 的

一阶微分方程:

$$\frac{dp}{dx} = f(x, p).$$

用一阶微分方程的解法求出它的解,假设它的通解为 $p = \varphi(x, c_1)$,再代回到原来的变量,得

$$\frac{dy}{dx} = \varphi(x, c_1).$$

再对两边积分,便得方程(6-8)的通解

$$y = \int \varphi(x, c_1) dx + c_2.$$

【例6-9】 求微分方程 $y'' - y' = e^x + 1$ 的通解.

解:令 $y' = p$,则 $y'' = p'$ 代入原方程有:

$$p' - p = e^x + 1.$$

这是 p 关于 x 的一阶线性非齐次方程,用前面的知识可以求出它的通解为

$$p = e^x(x - e^{-x} + c),$$

代回原变量,得

$$y = \int e^x(x - e^{-x} + c) dx = xe^x - e^x - x + ce^x + \check{c} \quad (c \text{、} \check{c} \text{ 都是任意的积分常数}).$$

6.3.1.3 不明显含自变量 x 的微分方程

形如

$$y'' = f(y, y') \tag{6-9}$$

的微分方程的特点是不明显含有自变量 x 的二阶方程. 方程(6-9)的解法是:

令 $y' = p(y)$,并将 y 看作自变量,则

$$y'' = \frac{dy'}{dx} = \frac{dp}{dx} = \frac{dp}{dy}\frac{dy}{dx} = p\frac{dp}{dy},$$

代回原方程后,得到 p 关于 y 的一阶微分方程

$$p\frac{dp}{dy} = f(y, p). \tag{6-10}$$

用一阶微分方程的解法便可以求得方程(6-10)的通解,并设它为 $p = \varphi(y, c_1)$,即

$$\frac{dy}{dx} = \varphi(y, c_1).$$

分离变量,得

$$\frac{dy}{\varphi(y, c_1)} = dx,$$

再积分,得方程(6-9)的通解为

$$\int \frac{\mathrm{d}y}{\varphi(y,c_1)} = x + c_2.$$

【例 6-10】　求方程 $yy'' - 2(y')^2 = 0$ 的通解.

解：令 $y' = p(y)$，则 $y'' = p'p$，代入原方程得

$$yp \frac{\mathrm{d}p}{\mathrm{d}y} = 2p^2.$$

分离变量后得

$$\frac{\mathrm{d}p}{p} = \frac{2}{y}\mathrm{d}y,$$

解得：

$$p = c_1 y^2.$$

再代入原变量替换 $y' = p(y)$，得：

$$y' = c_1 y^2.$$

原方程的通解为

$$y' = \frac{1}{3}c_1 y^3 + c_2.$$

6.3.2　二阶线性微分方程

上面讨论了特殊的二阶微分方程的解法．本节将讨论二阶微分方程的另一种形式的求解方法，即二阶线性微分方程的解法．

定义 6-10　形如

$$y'' + p(x)y' + q(x)y = f(x) \tag{6-11}$$

的方程，称为二阶线性微分方程，其中 $p(x)$、$q(x)$、$f(x)$ 是 x 的已知连续函数．

（1）若 $f(x) \equiv 0$，方程(6-11)变为

$$y'' + p(x)y' + q(x)y = 0, \tag{6-12}$$

称方程(6-12)为二阶线性齐次微分方程．

（2）若 $f(x) \neq 0$，称方程(6-11)为二阶线性非齐次微分方程，并称方程(6-12)为对应于线性非齐次方程(6-11)的线性齐次方程．

6.3.2.1　二阶常系数线性齐次微分方程的解法

定义 6-11　形如

$$y'' + py' + qy = f(x) \tag{6-13}$$

（其中，p、q 均为常数，$f(x)$ 为连续函数）的方程称为二阶常系数线性微分方程．

（1）当 $f(x) \equiv 0$ 时，得

$$y'' + py' + qy = 0, \tag{6-14}$$

称为二阶常系数线性齐次微分方程．

（2）当 $f(x) \neq 0$ 时，称方程(6-13)为二阶常系数线性非齐次微分方程．

这里，$f(x)$ 称为自由项，或非齐次项．

首先，讨论方程(6-14)的求解方法．回顾一阶常系数线性微分方程

$$\frac{\mathrm{d}y}{\mathrm{d}x} + ax = 0,$$

它有形如 $y = \mathrm{e}^{-ax}$ 的解,再者函数 e^{-ax} 本身具有求任意阶导数都含有 e^{-ax} 的特点,这就启发我们对二阶常系数线性微分求解方法的一个思路,根据解的结构定理知道,只要找出方程(6-14)的两个线性无关的特解 y_1 与 y_2,即可得方程(6-14)的通解 $y = c_1 y_1 + c_2 y_2$. 如何求出方程(6-14)的两个线性无关的解呢?

为此我们试着将 $y = \mathrm{e}^{\lambda x}$ 看作是方程(6-14)的解(λ 是待定常数),将它代入方程(6-14),看 λ 应满足什么样的条件.

将 $y = \mathrm{e}^{\lambda x}$、$y' = \lambda \mathrm{e}^{\lambda x}$、$y'' = \lambda^2 \mathrm{e}^{\lambda x}$ 代入方程(6-14)得

$$\mathrm{e}^{\lambda x}(\lambda^2 + p\lambda + q) = 0,$$

有
$$\lambda^2 + p\lambda + q = 0. \tag{6-15}$$

也就是说,只要 λ 是代数方程(6-15)的根,那么 $y = \mathrm{e}^{\lambda x}$ 就是微分方程(6-14)的解. 于是微分方程(6-14)的求解问题,就转化为求代数方程(6-15)的根的问题. 代数方程(6-15)称为微分方程(6-14)的特征方程.

因特征方程(6-15)是一个关于 λ 的二次方程,所以它的根有三种情况. 方程(6-15)的根称为方程的特征根.

根据特征方程(6-15)不同的特征根的情形,讨论与它相应的微分方程(6-14)的解的不同情况. 由此看来,微分问题就转化为代数来进行解决了.

(1)当 $p^2 - 4q > 0$ 时,特征方程(6-15)有两个不相等的实根 λ_1 及 λ_2,即 $\lambda_1 \neq \lambda_2$,此时方程(6-14)对应有两个特解: $y_1 = \mathrm{e}^{\lambda_1 x}$ 与 $y_2 = \mathrm{e}^{\lambda_2 x}$. 又因为

$$\frac{y_1}{y_2} = \frac{\mathrm{e}^{\lambda_1 x}}{\mathrm{e}^{\lambda_2 x}} = \mathrm{e}^{(\lambda_1 - \lambda_2)x} \neq 常数,$$

即 y_1、y_2 线性无关,因此方程(6-14)的通解为

$$y = c_1 \mathrm{e}^{r_1 x} + c_2 \mathrm{e}^{r_2 x}(c_1、c_2 为任意的常数).$$

【例 6-11】 求微分方程 $y'' + 4y' - 5y = 0$ 的通解.

解:特征方程为 $\lambda^2 + 4\lambda - 5 = 0$,即 $(\lambda - 1)(\lambda + 5) = 0$,

得特征根为 $\lambda_1 = 1, \lambda_2 = -5.$

故所求的方程的通解为

$$y = c_1 \mathrm{e}^x + c_2 \mathrm{e}^{-5x}(c_1, c_2 为任意的常数).$$

(2)当 $p^2 - 4q = 0$ 时,特征方程(6-15)有两个相等的实根 $\lambda_1 = \lambda_2 = -\dfrac{p}{2} = \lambda$,这时只得到方程(6-13)的一个特解 $y_1 = \mathrm{e}^{\lambda x}$,还需要找一个与 y_1 线性无关的另一个解 y_2. 为此,设 $\dfrac{y_2}{y_1} = u(x)$(不是常数),其中 $u(x)$ 为待定函数,假设 y_2 是方程(6-14)的解,则

$$y_2 = u(x)y_1 = u(x)\mathrm{e}^{\lambda x},$$

因为
$$y_2' = \mathrm{e}^{\lambda x}(u' + \lambda u),$$

$$y_2'' = \mathrm{e}^{\lambda x}(u'' + 2\lambda u' + \lambda^2 u),$$

将 y_2、y_2'、y_2'' 代入方程(6-14)得

$$e^{\lambda x}[(u'' + 2\lambda u' + \lambda^2 u) + p(u' + \lambda u) + qu] = 0.$$

对任意的 λ，$e^{\lambda x} \neq 0$，即

$$[u'' + (2\lambda + p)u' + (\lambda^2 + p\lambda + q)u] = 0.$$

因为 λ 是特征方程的重根，故 $\lambda^2 + p\lambda + q = 0$，$2\lambda + p = 0$，于是得 $u'' = 0$，取满足该方程的最简单的不为常数的函数 $u = x$，从而 $y_2 = xe^{\lambda x}$ 是方程(6-13)的一个与 $y_1 = xe^{\lambda x}$ 线性无关的解. 所以方程(6-13)的通解为

$$y = (c_1 + c_2 x)e^{\lambda x}(c_1 、c_2 \text{ 为任意的常数}).$$

【例 6-12】　求微分方程 $\dfrac{d^2 s}{dt^2} + 2\dfrac{ds}{dt} + s = 0$ 满足初始条件 $s\big|_{t=0} = 4$、$s'\big|_{t=0} = -2$ 的特解.

　　解：先求通解，再求它满足初始条件的特解.

特征方程为 $\lambda^2 + 2\lambda + 1 = 0$，解得 $\lambda_1 = \lambda_2 = -1$，

故方程的通解为

$$s = (c_1 + c_2 t)e^{-t}.$$

代入初始条件 $s\big|_{t=0} = 4$、$s'\big|_{t=0} = -2$，得

$$c_1 = 4, c_2 = 2,$$

所以原方程满足初始条件的特解为

$$s = (4 + 2t)e^{-t}.$$

(3) 当 $p^2 - 4q < 0$ 时，特征方程(6-15)有一对共轭复根 $r_1 = \alpha + i\beta$、$r_2 = \alpha - i\beta$，其中 $\alpha = -\dfrac{p}{2}$、$\beta = \dfrac{\sqrt{4q - p^2}}{2}$，这时方程(6-13)有两个复数形式的解：$y_1 = e^{(\alpha + i\beta)x}$、$y_2 = e^{(\alpha - i\beta)x}$.

在实际问题中，常用的是实数形式的解，根据欧拉(Euler)公式 $e^{ix} = \cos x + i\sin x$ 可得 $y_1 = e^{\alpha x}(\cos\beta x + i\sin\beta x)$、$y_2 = e^{\alpha x}(\cos\beta x - i\sin\beta x)$，于是有

$$\frac{1}{2}(y_1 + y_2) = e^{\alpha x}\cos\beta x, \frac{1}{2i}(y_1 - y_2) = e^{\alpha x}\sin\beta x.$$

函数 $e^{\alpha x}\cos\beta x$ 与 $e^{\alpha x}\sin\beta x$ 均为方程(6-13)的解，且它们线性无关，因此方程(6-13)的通解为：

$$y = e^{\alpha x}(c_1\cos\beta x + c_2\sin\beta x)(c_1 、c_2 \text{ 为任意的常数}).$$

【例 6-13】　求微分方程 $\dfrac{d^2 y}{dx^2} - 2\dfrac{dy}{dx} + 5y = 0$ 的通解.

　　解：原方程的特征方程为 $\lambda^2 - 2\lambda + 5 = 0$，于是，$\lambda_{1,2} = 1 \pm 2i$，它是一对共轭复根，因此所求方程的通解为 $y = e^x(C_1\cos 2x + C_2\sin 2x)$.

综上所述，可以给出求二阶常系数线性齐次微分方程 $y'' + py' + qy = 0$ 的通解步骤如下：

1) 写出微分方程(6-14)的特征方程 $\lambda^2 + p\lambda + q = 0$；

2) 求出特征方程(6-15)的两个特征根 λ_1、λ_2；

3) 根据两个根的不同情况,分别写出微分方程(6-14)的通解,见表6-1.

表6-1

特征方程 $\lambda^2 + p\lambda + q = 0$ 的两个根 λ_1、λ_2	微分方程 $y'' + py' + qy = 0$ 的通解
两个不相等的实根 $r_1 \neq r_2$	$y = C_1 e^{r_1 x} + C_2 e^{r_2 x}$
两个相等的实根 $\lambda = \lambda_1 = \lambda_2$	$y = (C_1 + C_2 x) e^{rx}$
一对共轭复根 $\lambda_{1,2} = \alpha \pm \beta i$	$y = e^{\alpha x}(C_1 \cos\beta x + C_2 \sin\beta x)$

6.3.2.2 二阶常系数线性非齐次微分方程的解法

对于二阶常系数线性非齐次微分方程

$$y'' = py' + qy = f(x),$$

其中 p、q 为常数,$f(x)$ 称为自由项或非齐次项,如何求它的通解呢? 根据二阶非齐次线性方程解的结构定理可知,只要求出它对应的齐次方程的通解 Y 和非齐次方程的一个特解 y^* 就可以了. 上节已经介绍了求齐次方程通解的方法,接下来的就是如何求非齐次方程的一个特解 y^* 的问题了.

下面从一个例题的求解说明此类方程求解步骤和过程:

【例6-14】 求微分方程 $y'' + 2y' - 3y = 2x - 1$ 的通解.

解:(1)先求对应齐次方程的通解.

特征方程 $\lambda^2 + 2\lambda - 3 = 0$ 的两个特征根是 $\lambda_1 = 1$、$\lambda_2 = -3$,所以对应齐次方程的通解为:

$$\tilde{y} = C_1 e^x + C_2 e^{-3x}.$$

(2)求非齐次方程的一个特解.

因为右端非齐次项是 $f(x) = 2x - 1 = (2x - 1)e^{0 \cdot x}$,且 $\lambda = 0$ 不是特征方程的根,故设 $y^* = Q(x) = Ax + B$,因 $(y^*)' = A$,$(y^*)'' = 0$,将 y^*、$(y^*)''$ 代入原方程,得

$$-3Ax + 2A - 3B = 2x - 1,$$

比较两端 x 同次幂的系数得

$$\begin{cases} -3A = 2, \\ 2A - 3B = -1, \end{cases} \quad 故 A = -\frac{2}{3}、B = -\frac{1}{9},$$

于是

$$y^* = -\frac{2}{3}x - \frac{1}{9}.$$

(3)写出非齐次方程的通解.

$$y = \tilde{y} + y^* = C_1 e^x + C_2 e^{-3x} - \frac{2}{3}x - \frac{1}{9}.$$

【例6-16】 求微分方程 $y'' + 6y' + 9y = 5xe^{-3x}$ 的通解.

解:(1)先求对应齐次方程的通解.

特征方程式为 $r^2 + 6r + 9 = 0$,特征根 $r_1 = r_2 = -3$,所以齐次方程的通解为

$$\tilde{y} = (C_1 + C_2 x) e^{-3x}.$$

(2)求非齐次方程的一个特解.

因为方程右端 $f(x) = 5xe^{-3x}$，属 $P_1(x)e^{\lambda x}$ 型，其中 $P_1(x) = 5x, \lambda = -3$，且 $\lambda = -3$ 是特征方程的重根，故设特解为 $y^* = x^2(b_0 x + b_1)e^{-3x}$.

因为　　　　　　$(y^*)' = e^{-3x}[-3b_0 x^3 + (3b_0 - 3b_1)x^2 + 2b_1 x]$,

　　　　　　　$(y^*)'' = e^{-3x}[9b_0 x^3 + (-18b_0 + 9b_1)x^2 + (6b_0 - 12b_1)x + 2b_1]$,

将 y^*、$(y^*)'$、$(y^*)''$ 代入原方程并整理，得 $6b_0 x + 2b_1 \equiv 5x$，比较两端 x 同次幂的系数，得 $b_0 = \dfrac{5}{6}, b_1 = 0$，于是 $y^* = \dfrac{5}{6}x^3 e^{-3x}$.

所以方程的通解为　　　　$y = \left(C_1 + C_2 x + \dfrac{5}{6}x^3\right)e^{-3x}$.

习题 6.3

1. 求下列微分方程的通解：

　(1) $y'' = \cos x$；　　　　　　　　　　(2) $y'' = y' - x$；

　(3) $y'' = 2y'$；　　　　　　　　　　　(4) $y'' = e^y$.

2. 求下列微分方程的通解：

　(1) $y'' + y' - 2y = 0$；　　　　　　　(2) $y'' - 4y' = 0$.

3. 设 $e^x \sin x$、$e^x \cos x$ 是二阶常系数线性齐次方程 $y'' + a_1 y' + a_2 y = 0$ 的两个解，而 x^2 是 $y'' + a_1 y' + a_2 y = f(x)$ 的一个特解，试求 $f(x)$.

4. 求下列微分方程满足初始条件的特解：

　(1) $y'' - 3y' + 2y = 5, y\big|_{x=0} = 1, y'\big|_{x=0} = 2$；

　(2) $y'' - 4y' = 5, y\big|_{x=0} = 1, y'\big|_{x=0} = 0$.

本 章 小 结

　　本章主要内容为微分方程的基本概念、一阶微分方程、二阶微分方程.

　　微分方程基本概念包括方程的定义、阶、解、通解、特解、初始条件等，它们是理解微分方程的基础. 解成为通解当且仅当解中独立常数个数与方程的阶相同. 初值问题实际上就是求满足初始条件的特解.

本 章 习 题

1. 填空题.

　(1) 不包含任意常数的解，称为微分方程的_____解.

　(2) 一阶线性齐次方程的一般形式为_____，通解为_____.

　(3) 方程 $ydx + xdy = 0$ 属于_____方程，通解是_____.

2. 选择题.

　(1) 微分方程 $y^3 - xy'' + 3\sin x = 0$ 的阶数是(　　).

　　A. 二阶　　　　B. 三阶　　　　C. 四阶　　　　D. 五阶

　(2) 可分离变量的微分方程是(　　).

  A. $y' = x^2 + y^2$ B. $x\mathrm{d}x + y\mathrm{d}y = 1$

  C. $y' = x^2 - y^2$ D. $(xy^2 + x)\mathrm{d}x + (x^2y - y)\mathrm{d}y = 0$

 （3）下列方程（　　）是一阶线性非齐次微分方程.

  A. $yy' = x$ B. $\mathrm{d}y = (y + e^x)\mathrm{d}x$ C. $y' - \cos(x + y) = 0$ D. $\mathrm{d}y - 2xy\mathrm{d}x = 0$

3. 设曲线上任一点 $M(x, y)$ 处切线斜率等于 $-\left(1 + \dfrac{y}{x}\right)$，且通过点 $(2, 1)$，求此曲线方程.

7 多元函数微积分简介

7.1 空间解析几何简介

7.1.1 空间直角坐标系

如图 7-1 所示,在空间取定一点 O,过点 O 作三条具有相同单位长度且两两垂直的数轴,依次分别记为 x 轴(横轴)、y 轴(纵轴)、z 轴(竖轴),统称为坐标轴.它们构成一个空间直角坐标系,称为 $Oxyz$ 坐标系,其中点 O 称坐标原点.它们两两确定的平面称为坐标平面,分别记为 xOy 面、yOz 面和 zOx 面.x 轴、y 轴和 z 轴的正向通常遵循右手法则:右手的四指从 x 轴的正向旋转 $\dfrac{\pi}{2}$ 角度到 y 轴正向,大拇指的指向为 z 轴的正向.

三个坐标面把空间分成八个部分,每一部分称为卦限,含有三个正半轴的卦限称为第一卦限,它位于 xOy 面的上方.在 xOy 面的上方,按逆时针方向排列着第二卦限、第三卦限和第四卦限.在 xOy 面的下方,与第一卦限对应的是第五卦限,按逆时针方向还排列着第六卦限、第七卦限和第八卦限.八个卦限分别用罗马数字Ⅰ、Ⅱ、Ⅲ、Ⅳ、Ⅴ、Ⅵ、Ⅶ、Ⅷ表示,如图 7-2 所示.

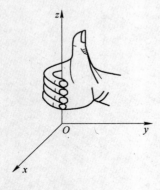

图 7-1

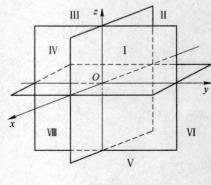

图 7-2

在空间任取一点 M,过点 M 分别作与坐标轴垂直的平面,交 x 轴、y 轴和 z 轴于点 P、Q、R,如图 7-3 所示.点 P、Q、R 称为点 M 在三条坐标轴上的投影.设点 P、Q、R 在三条坐标轴上的坐标分别记为 x、y、z,于是点 M 确定了唯一的有序数组 (x,y,z).反之,给定一个有序数组 (x,y,z),总能在 x 轴、y 轴和 z 轴上分别确定以 x、y、z 为坐标的三个点 P、Q、R.过这三个点分别作垂直于 x 轴、y 轴和 z 轴的平面,这三个平面必相交于唯一一点 M.这样,通过空间直角坐标系,空间的点的集合与有序数组

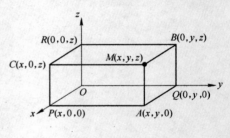

图 7-3

(x,y,z)的集合之间就建立了一一对应关系. 称有序数组(x,y,z)为点M的坐标,记作$M(x,y,z)$,并称x、y、z分别为点M的横坐标(x坐标)、纵坐标(y坐标)和竖坐标(z坐标).

坐标面上和坐标轴上的点,其坐标各有一定的特征. 例如:点M在yOz面上,则$x=0$;同样,在zOx面上的点,$y=0$;在xOy面上的点,$z=0$. 如果点M在x轴上,则$y=z=0$;同样在y轴上的点,有$z=x=0$;在z轴上的点,有$x=y=0$. 如果点M为原点,则$x=y=z=0$.

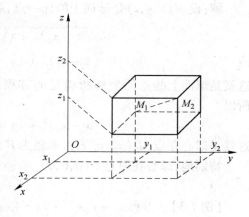

图 7-4

设点$M_1(x_1,y_1,z_1)$和$M_2(x_2,y_2,z_2)$是空间两点,如图 7-4 所示,则根据立体几何知识,长方体的各棱长分别为

$$|x_2-x_1|、|y_2-y_1|、|z_2-z_1|,$$

则长方体的对角线的 2 次方等于三条棱长的 2 次方和,于是有

$$|M_1M_2| = \sqrt{(x_2-x_1)^2+(y_2-y_1)^2+(z_2-z_1)^2}. \tag{7-1}$$

特别地,如果一点是原点$O(0,0,0)$,另一点是点$M(x,y,z)$,则

$$|OM| = \sqrt{x^2+y^2+z^2}. \tag{7-2}$$

【例 7-1】 求证以$M_1(4,3,1)$、$M_2(7,1,2)$、$M_3(5,2,3)$三点为顶点的三角形是一个等腰三角形.

证明:$|M_1M_2|^2 = (4-7)^2+(3-1)^2+(1-2)^2=14,$

$\qquad |M_2M_3|^2 = (5-7)^2+(2-1)^2+(3-2)^2=6,$

$\qquad |M_3M_1|^2 = (5-4)^2+(2-3)^2+(3-1)^2=6.$

由于$|M_2M_3| = |M_3M_1|$,所以原结论成立.

7.1.2 二次曲面

7.1.2.1 曲面方程的概念

在空间直角坐标系中,任取曲面都可以理解为满足一定条件的点的几何轨迹. 若曲面S上的点的坐标都满足方程$F(x,y,z)=0$(或$z=f(x,y)$),而不在曲面S上的点的坐标都不满足方程$F(x,y,z)=0$(或$z=f(x,y)$),则称方程$F(x,y,z)=0$(或$z=f(x,y)$)为曲面S的方程,而曲面S就称为$F(x,y,z)=0$(或$z=f(x,y)$)的图形.

7.1.2.2 常见的曲面的方程

(1)球面.

在空间中到定点的距离等于定值的点的轨迹称为球面,定点称为球心,定值称为半径.

【例 7-2】 建立球心在点$M_0(x_0,y_0,z_0)$、半径为R的球面的方程.

解:设 $M(x,y,z)$ 是球面上的任一点,那么 $|M_0M| = R$,即

$$\sqrt{(x-x_0)^2 + (y-y_0)^2 + (z-z_0)^2} = R,$$

或

$$(x-x_0)^2 + (y-y_0)^2 + (z-z_0)^2 = R^2.$$

这就是球面上的点的坐标所满足的方程,而不在球面上的点的坐标都不满足这个方程.所以

$$(x-x_0)^2 + (y-y_0)^2 + (z-z_0)^2 = R^2,$$

这就是球心在点 $M_0(x_0,y_0,z_0)$、半径为 R 的球面的方程.

特别地,球心在原点 $O(0,0,0)$、半径为 R 的球面的方程为

$$x^2 + y^2 + z^2 = R^2.$$

【例 7-3】 方程 $x^2 + y^2 + z^2 - 2x + 4y = 0$ 表示怎样的曲面?

解:通过配方,原方程可以改写成

$$(x-1)^2 + (y+2)^2 + z^2 = 5.$$

这是一个球面方程,球心在点 $M_0(1,-2,0)$、半径为 $R = \sqrt{5}$.

一般地,设有三元二次方程

$$x^2 + y^2 + z^2 + Dx + Ey + Fz + G = 0,$$

这个方程的特点是缺 xy,yz,zx 各项,而且平方项系数相同,只要将方程经过配方就可以化成

$$(x-x_0)^2 + (y-y_0)^2 + (z-z_0)^2 = R^2$$

的形式,它的图形就是一个球面.

（2）柱面.

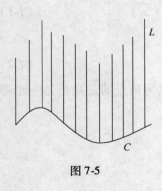

图 7-5

如图 7-5 所示,动直线 L 沿给定平面曲线 C 平行移动所形成的曲面称为柱面,这条定曲线 C 称为柱面的准线,动直线 L 称为柱面的母线.

7.1.2.3　一般二次曲面

与平面解析几何中规定的二次曲线相类似,我们把三元二次方程所表示的曲面称为二次曲面.把平面称为一次曲面.

下面简单介绍几种二次曲面.

（1）椭圆锥面:由方程 $\dfrac{x^2}{a^2} + \dfrac{y^2}{b^2} = z^2$ 所表示的曲面称为椭圆锥面.

（2）椭球面:由方程 $\dfrac{x^2}{a^2} + \dfrac{y^2}{b^2} + \dfrac{z^2}{c^2} = 1$ 所表示的曲面称为椭球面,如图 7-6 所示.

（3）单叶双曲面:由方程 $\dfrac{x^2}{a^2} + \dfrac{y^2}{b^2} - \dfrac{z^2}{c^2} = 1$ 所表示的曲面称为单叶双曲面.

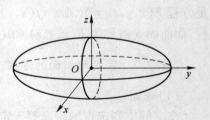

图 7-6

(4)双叶双曲面:由方程$\dfrac{x^2}{a^2} - \dfrac{y^2}{b^2} - \dfrac{z^2}{c^2} = 1$所表示的曲面称为双叶双曲面.

(5)椭圆抛物面:由方程$\dfrac{x^2}{a^2} + \dfrac{y^2}{b^2} = z$所表示的曲面称为椭圆抛物面,如图7-7所示.

(6)双曲抛物面(又称马鞍面):由方程$\dfrac{x^2}{a^2} - \dfrac{y^2}{b^2} = z$所表示的曲面称为双曲抛物面,如图7-8所示.

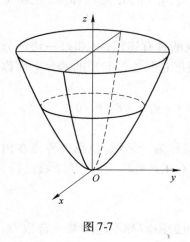

图7-7

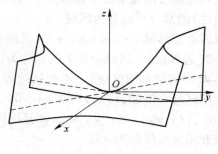

图7-8

习题 7.1

1. 选择题.

(1)点$(1,0,-1)$与$(0,-1,1)$之间的距离为(   ).

    A. 1   B. 2   C. $\sqrt{3}$ D. $\sqrt{2}$

(2)在球面$(x-1)^2 + (y-1)^2 + (z-1)^2 = 1$内的点有(   ).

    A. $(1,0,0)$ B. $(0,1,0)$ C. $(2,1,1)$ D. $\left(\dfrac{1}{2}, \dfrac{1}{2}, 1\right)$

2. 在空间直角坐标系中,标出下列各点:$A(3,4,0)$、$B(0,4,3)$、$C(3,0,0)$、$D(0,-1,0)$.

3. 指出下列方程表示什么曲面:

(1) $\dfrac{x^2}{9} + \dfrac{y^2}{4} + z^2 = 1$;   (2) $\dfrac{z}{3} = \dfrac{x^2}{4} + \dfrac{y^2}{9}$.

7.2 多元函数微分学

前面我们研究的都是只有一个自变量的函数,称为一元函数,主要介绍了一元函数的微分与积分.本章我们主要介绍多元函数(含有两个或两个以上的自变量的函数)的微分与积分的概念及应用,并且主要是讨论二元函数的微积分,在此要特别提出的是:从一元函数到二元函数不仅是变量增多的改变,它们有着本质上的不同;但它们在形式上、研究方法上有许多相似之处,也可以看做是一元函数的推广.但是从二元函数到三元函数甚至到n元函数,它仅仅是技术层面的问题,不存在性质和方法上的改变,所以说,在多元函数的微积分里主要是从二元函数来展开.

7.2.1 多元函数的基本概念

定义 7-1(邻域)   设$P_0(x_0, y_0)$是xOy平面上的点,δ是某一正数,满足

$$\left| \sqrt{(x-x_0)^2+(y-y_0)^2} \right| < \delta$$

的所有点 $P(x,y)$ 的全体集合称为点 $P_0(x_0,y_0)$ 的 δ 邻域,记作 $U(P_0,\delta)$.
$\left\{ (x,y) \mid \left| \sqrt{(x-x_0)^2+(y-y_0)^2} \right| < \delta \right\} - \{P_0\}$ 称为点 $P_0(x_0,y_0)$ 的 δ 去心邻域,记作 $\mathring{U}(P_0,\delta)$.

定义 7-2(区域)　由平面上一条或几条光滑曲线所围成的具有连通性(如果一块部分平面内任意两点均可用完全属于此部分平面内的有限条折线把它们连接起来的部分平面称为具有连通性)的部分平面称为区域.

常见区域有矩形域 $a<x<b$、$c<y<d$ 及圆域 $(x-x_0)^2+(y-y_0)^2<\delta^2(\delta>0)$.

定义 7-3(边界点)　区域边界上的点称为边界点.

定义 7-4(开区域和闭区域)　不包括边界点在内的区域称为开区域;包括边界点在内的区域称为闭区域. 例如,$\{(x,y) \mid x+y>0\}$、$\{(x,y) \mid 1<x^2+y^2<2\}$、都是开区域;$\{(x,y) \mid x+y\geqslant 0\}$、$\{(x,y) \mid 1\leqslant x^2+y^2\leqslant 2\}$ 都是闭区域.

开区域和闭区域统称为区域.

定义 7-5(有界区域)　如果一个区域 D 内任意两点之间的距离都不超过某一常数 M,则称 D 为有界区域,否则称为无界区域. 例如,$\{(x,y) \mid 0<x^2+y^2<2\}$ 是有界区域;$\{(x,y) \mid x+y\geqslant 0\}$ 是无界区域.

在自然科学与工程技术问题中,往往会遇到一个变量依赖于两个或更多个的变量,这就是我们通常称的多元函数.

例如,直圆锥的体积 V、底面的半径 r、高 h 有如下关系:

$$V = \frac{1}{3}\pi r^2 h,$$

r、h 是两个独立的自变量,当它们各自取值时,V 总有个相应的唯一确定的值与之相对应,我们就称 V 是 r、h 的二元函数.

又如,一定质量的理想气体,其压强 p、体积 V、绝对温度 T 之间的关系为:

$$p = \frac{RT}{V}(其中 R 是普适气体恒量),$$

当 V 和 T 在它们的变化范围内任取一对值时,p 的值也就由上述依赖关系而唯一确定,p 就是 V、T 的二元函数.

定义 7-6　设有三个变量 x、y、z,当 x、y 在它们的变化范围 D 内任取一对值 (x,y) 时,变量 z 按一定的法则 f,总有唯一确定的数值与它们相对应,则称变量 z 是 x、y 的二元函数,记作 $z=f(x,y)$. 其中 x、y 称为自变量,z 称为因变量,D 称为该函数的定义域.

当自变量 x、y 分别取 x_0、y_0 时,相应的因变量 z 的对应值为 z_0,记作 $z_0=f(x_0,y_0)$,称为二元函数 $z=f(x,y)$ 在点 $P_0(x_0,y_0)$ 的函数值;当动点 $P(x,y)$ 在定义域 D 内取遍时,所有对应函数值的全体称为函数的值域,通常记作 $f(D)=\{z \mid z=f(x,y),(x,y)\in D\}$,称为该函数的值域,值域通常用 W 表示.

类似地,可定义三元以及三元以上的函数.

一般地,把二元及其以上的函数统称为多元函数.

注意:(1)确定二元函数两个要素,一是定义域,二是对应法则.

（2）在求函数的定义域时,如果函数是由解析式表示出的,应根据使解析式有意义求出自变量的取值范围;如果是由实际问题给出的,还应该考虑实际问题的意义.

（3）二元函数的定义域在 xOy 平面上通常表示一平面区域.

【例7-4】　求函数 $z = \sqrt{1 - x^2 - y^2}$ 的定义域.

解：由题意可知,要使得表达式有意义,必须要 $1 - x^2 - y^2 \geqslant 0$,所以函数的定义域是

$$x^2 + y^2 \leqslant 1.$$

所求定义域 D 在 xOy 平面上表示的区域如图7-9所示.

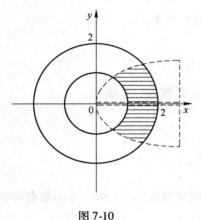

图 7-9

【例7-5】　求函数 $f(x,y) = \dfrac{\arcsin(3 - x^2 - y^2)}{\sqrt{x - y^2}}$ 的定义域.

解：由题意可知：x、y 必须满足不等式

$$\begin{cases} |3 - x^2 - y^2| \leqslant 1, \\ x - y^2 > 0 \end{cases} \Rightarrow \begin{cases} 2 \leqslant x^2 + y^2 \leqslant 4, \\ x > y^2, \end{cases}$$

所以函数的定义域 $D = \{(x,y) \mid 2 \leqslant x^2 + y^2 \leqslant 4, x > y^2\}$.

所求定义域 D 在 xOy 平面上表示的区域如图7-10所示.

一元函数的图形在平面直角坐标系下是一条平面曲线,二元函数的图形在空间直角坐标系下是一张空间曲面.

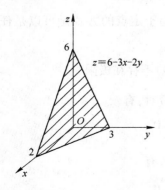

图 7-10

【例7-6】　作出二元函数 $z = 6 - 3x - 2y$ 的图形.

解：由空间解析几何知道,这个线性函数的图形是一张平面,如图7-11所示.

【例7-7】　作出二元函数 $z = 5 - x^2 - 2y^2$ 的图形.

解：由空间解析几何知道,它的图形是一张椭圆抛物面,如图7-12所示.

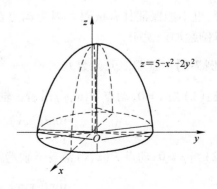

图 7-11　　　　　　　　　　　　图 7-12

7.2.2 二元函数的极限与连续

7.2.2.1 二元函数的极限

与一元函数一样,我们要研究二元函数在动点趋近于某定点时的极限情况. 对一元函数 $y = f(x)$ 而言,考虑函数在 x_0 点的变化趋势时,只是在数轴上考虑自变量从 x_0 左右两边的趋近情形;对二元函数 $z = f(x, y)$ 来说,由于定义域是平面区域,所以动点 $P(x, y)$ 趋近于定点 $P_0(x_0, y_0)$ 时,方式可以多种多样,故此研究要复杂得多,这也是与一元函数在质的方面的不同.

定义 7-7 设二元函数 $z = f(x, y)$ 在平面区域 D 上有定义,$P_0(x_0, y_0)$ 是平面上一定点(它可以属于 D,也可以不属于 D),A 是常数. 若当动点 $P(x, y)$ 以任意方式趋向于点 $P_0(x_0, y_0)$ 时,二元函数 $z = f(x, y)$ 总趋向于一确定的常数 A,则称函数 $z = f(x, y)$ 当 P 趋于 P_0 时有极限,并且 A 是它的极限值,记作

$$\lim_{\substack{x \to x_0 \\ y \to y_0}} f(x, y) = A \quad 或 \quad \lim_{P \to P_0} f(x, y) = A$$

或
$$f(x, y) \to A (x \to x_0, y \to y_0).$$

为了区别一元函数与二元函数的极限,把二元函数的极限称为二重极限.

【例 7-8】 证明 $\lim\limits_{\substack{x \to 0 \\ y \to 0}} \dfrac{\sin(x^2 y)}{x^2 y} = 1$.

证: 令 $u = x^2 y$,当 $x \to 0$、$y \to 0$ 时,$\lim\limits_{\substack{x \to 0 \\ y \to 0}} \dfrac{\sin(x^2 y)}{x^2 y} = \lim\limits_{u \to 0} \dfrac{\sin u}{u} = 1$.

值得说明的是:(1)此二元函数在 $(0, 0)$ 没有定义,但同样有极限,这和一元函数有相似之处.

(2)对于二元函数 $z = f(x, y)$ 而言,若动点 $P(x, y)$ 以平行于 x 轴或以平行于 y 轴两条直线的方式趋于定点 $P_0(x_0, y_0)$ 时有极限并且相等,即 $\lim\limits_{\substack{y = y_0 \\ x \to x_0}} f(x, y) = A$、$\lim\limits_{\substack{x = x_0 \\ y \to y_0}} f(x, y) = A$ 时,也不能保证 $\lim\limits_{\substack{x \to x_0 \\ y \to y_0}} f(x, y) = A$. 即使是动点 $P(x, y)$ 以无穷多种方式趋近于定点 $P_0(x_0, y_0)$ 时有极限并且相等,也不能保证其有极限. 因为动点在平面区域上趋于定点的方式是可以是任意的. 下面以例题加以说明.

【例 7-9】 证明二元函数 $f(x, y) = \dfrac{xy}{x^2 + y^2}$ 在原点 $(0, 0)$ 不存在极限.

证:(1)当 $x = 0$,动点 $P(x, y)$ 沿着 y 轴趋于原点 $(0, 0)$ 时,有

$$\lim_{\substack{x = 0 \\ y \to 0}} f(x, y) = \lim_{y \to 0} f(0, y) = 0.$$

(2)当 $y = 0$,动点 $P(x, y)$ 沿着 x 轴趋于原点 $(0, 0)$ 时,有

$$\lim_{\substack{x \to 0 \\ y = 0}} f(x, y) = \lim_{x \to 0} f(x, 0) = 0.$$

（3）当动点 $P(x,y)$ 沿着直线 $y = x$ 趋于原点 $(0,0)$ 时，有

$$\lim_{\substack{x \to 0 \\ y = x}} f(x,y) = \lim_{x \to 0} \frac{x^2}{2x^2} = \frac{1}{2}.$$

（4）当动点 $P(x,y)$ 沿着直线 $y = kx$（k 为常数）趋于原点 $(0,0)$ 时，有

$$\lim_{\substack{x \to 0 \\ y = kx}} f(x,y) = \lim_{x \to 0} \frac{kx^2}{x^2 + k^2 x^2} = \frac{k}{1 + k^2}.$$

极限值随着直线的改变而改变，所以由定义可得，此函数在原点没有极限.

二元函数的极限与一元函数极限的形式相同，所以二元函数具有与一元函数相同的四则运算法则.

定理 7-1 设 $\lim\limits_{P \to P_0} f(x,y) = A$、$\lim\limits_{P \to P_0} g(x,y) = B$、$k$ 为常数，则

（1）$\lim\limits_{P \to P_0} [kf(x,y)] = k \lim\limits_{P \to P_0} f(x,y) = kA$；

（2）$\lim\limits_{P \to P_0} [f(x,y) \pm g(x,y)] = \lim\limits_{P \to P_0} f(x,y) \pm \lim\limits_{P \to P_0} g(x,y) = A \pm B$；

（3）$\lim\limits_{P \to P_0} [f(x,y) \cdot g(x,y)] = \lim\limits_{P \to P_0} f(x,y) \cdot \lim\limits_{P \to P_0} g(x,y) = A \cdot B$；

（4）$\lim\limits_{P \to P_0} \dfrac{f(x,y)}{g(x,y)} = \dfrac{\lim\limits_{P \to P_0} f(x,y)}{\lim\limits_{P \to P_0} g(x,y)} = \dfrac{A}{B}$（$B \neq 0$）.

以上概念及性质可以推广到三元及三元以上的多元函数.

7.2.2.2 二元函数的连续性

定义 7-8 设二元函数 $z = f(x,y)$ 在 $P_0(x_0, y_0)$ 邻域内有定义，若

$$\lim_{\substack{x \to x_0 \\ y \to y_0}} f(x,y) = f(x_0, y_0),$$

则称二元函数 $z = f(x,y)$ 在 $P_0(x_0, y_0)$ 点连续.

由定义可知，二元函数 $z = f(x,y)$ 在 $P_0(x_0, y_0)$ 点连续必须满足的三个条件：

（1）在 $P_0(x_0, y_0)$ 邻域内有定义；

（2）有极限 $\lim\limits_{\substack{x \to x_0 \\ y \to y_0}} f(x,y) = A$；

（3）$A = f(x_0, y_0)$.

二元函数在一点的连续定义，可以用增量的形式来表示：若函数在 $P_0(x_0, y_0)$ 的自变量 x、y 各有一个改变量 Δx、Δy，相应的函数就有一个改变量

$$\Delta z = \Delta f = f(x_0 + \Delta x, y_0 + \Delta y) - f(x_0, y_0),$$

称 Δz 为二元函数 $z = f(x,y)$ 在 $P_0(x_0, y_0)$ 点的全增量.

定义 7-9 设二元函数 $z = f(x,y)$ 在 $P_0(x_0, y_0)$ 邻域内有定义，若

$$\lim_{\substack{\Delta x \to 0 \\ \Delta y \to 0}} \Delta z = \lim_{\substack{\Delta x \to 0 \\ \Delta y \to 0}} [f(x_0 + \Delta x, y_0 + \Delta y) - f(x_0, y_0)] = 0,$$

则称二元函数 $z = f(x,y)$ 在 $P_0(x_0, y_0)$ 点连续，$P_0(x_0, y_0)$ 称为二元函数 $z = f(x,y)$ 的连续点.
若二元函数 $z = f(x,y)$ 在 $P_0(x_0, y_0)$ 点不连续，则称之为间断.

二元函数的间断性与一元函数有所不同,有时它可能是间断点,有时它可能是间断线.

例如,点$(0,0)$是函数$f(x,y) = \begin{cases} \dfrac{xy}{x^2+y^2}, & x^2+y^2 \neq 0, \\ 0, & x^2+y^2 = 0 \end{cases}$的间断点;而函数$f(x,y) = \dfrac{xy}{y-x^2}$不仅有间断点$(0,0)$,而且有间断线$y = x^2$.

定义 7-10　设二元函数$z = f(x,y)$在开区域(闭区域)D上有定义,若对区域D内任一点$P(x,y)$,函数$f(x,y)$在点$P(x,y)$处都连续,则称二元函数$z = f(x,y)$在开区域(闭区域)D上连续.

如果一个二元函数是可用x、y的一个数学式子来表示函数,而且这个式子分别由关于x、y的基本初等函数经过有限次的四则运算或有限次的复合运算所构成,那么就称函数为二元初等函数.

同一元函数一样,二元连续函数的和、差、积、商(分母不等于零)及复合函数仍是连续函数.

由此还可得,多元初等函数在其定义域内连续.

7.2.3　偏导数

7.2.3.1　偏导数的概念

多元函数的偏导数是考虑函数对某一个自变量的变化率,而其他的自变量保持不变.下面我们以二元函数为例介绍偏导数的概念.

若二元函数$z = f(x,y)$在$P_0(x_0,y_0)$点的邻域内有定义,当自变量x有一个改变量Δx时,而y保持不变,则相应的函数有一个改变量
$$\Delta z_x = f(x_0 + \Delta x, y_0) - f(x_0, y_0),$$
称Δz_x为二元函数$f(x,y)$在$P_0(x_0,y_0)$点关于自变量x的偏增量.

当自变量y有一个改变量Δy时,而x保持不变,则相应的函数有一个改变量
$$\Delta z_y = f(x_0, y_0 + \Delta y) - f(x_0, y_0),$$
称Δz_y为二元函数$f(x,y)$在$P_0(x_0,y_0)$点关于自变量y的偏增量.

定义 7-11　设二元函数$z = f(x,y)$在$P_0(x_0,y_0)$点的邻域内有定义,若
$$\lim_{\Delta x \to 0} \frac{\Delta z_x}{\Delta x} = \lim_{\Delta x \to 0} \frac{f(x_0 + \Delta x, y_0) - f(x_0, y_0)}{\Delta x}$$
存在,则称此极限值为函数$z = f(x,y)$在$P_0(x_0,y_0)$点处关于x的偏导数,记作
$$\frac{\partial f}{\partial x}\bigg|_{\substack{x=x_0 \\ y=y_0}}、\frac{\partial z}{\partial x}\bigg|_{\substack{x=x_0 \\ y=y_0}} \quad 或 \quad \frac{\partial z}{\partial x}\bigg|_{(x_0,y_0)}、\frac{\partial f(x_0,y_0)}{\partial x} \quad 或 \quad f'_x(x_0,y_0)、z'_x(x_0,y_0).$$
以上符号是表明函数只对x求导数,而y保持不变,它们是一个整体符号.

类似地,当x固定在x_0,而y在y_0处有增量Δy,如果极限
$$\lim_{\Delta y \to 0} \frac{\Delta z_y}{\Delta y} = \lim_{\Delta y \to 0} \frac{f(x_0, y_0 + \Delta y) - f(x_0, y_0)}{\Delta y}$$
存在,则称此极限为函数$z = f(x,y)$在点$P_0(x_0,y_0)$处对y的偏导数,记作

$$\frac{\partial f}{\partial y}\bigg|_{\substack{x=x_0\\y=y_0}}、\frac{\partial z}{\partial y}\bigg|_{\substack{x=x_0\\y=y_0}} \quad 或 \quad \frac{\partial z}{\partial y}\bigg|_{(x_0,y_0)}、\frac{\partial f(x_0,y_0)}{\partial y} \quad 或 \quad f'_y(x_0,y_0)、z'_y(x_0,y_0).$$

如果二元函数在区域 D 内对任意一点 $P(x,y)$ 都存在关于 x 的偏导数 $f'_x(x,y)$,则称它为函数 $z=f(x,y)$ 对自变量 x 的偏导函数,记作

$$\frac{\partial f}{\partial x}、\frac{\partial z}{\partial x}、f'_x(x,y)、z'_x.$$

类似地,可以定义函数 $z=f(x,y)$ 对自变量 y 的偏导函数,记作

$$\frac{\partial f}{\partial y}、\frac{\partial z}{\partial y}、f'_y(x,y)、z'_y.$$

以后,在不至于引起混淆的地方也把偏导函数简称为偏导数.

二元函数的偏导数的定义类似地可以推广到二元以上的多元函数. 如三元函数 $u=f(x,y,z)$ 在 (x,y,z) 处对三个自变量的偏导数分别为

$$f'_x(x,y,z) = \lim_{\Delta x\to 0}\frac{f(x+\Delta x,y,z)-f(x,y,z)}{\Delta x},$$

$$f'_y(x,y,z) = \lim_{\Delta y\to 0}\frac{f(x,y+\Delta y,z)-f(x,y,z)}{\Delta y},$$

$$f'_z(x,y,z) = \lim_{\Delta z\to 0}\frac{f(x,y,z+\Delta z)-f(x,y,z)}{\Delta z}.$$

由偏导数的概念可知,求二元函数的偏导数,不需要引进新的方法,当对某一个自变量求偏导数时,视其余自变量为常量,按照一元函数的求导公式和求导法则进行求导即可.

【例 7-10】 求 $z=xy^2+y\cos x^2$ 的偏导数.

解: 对 x 求偏导数,把 y 看作常量,得

$$\frac{\partial z}{\partial x} = y^2 - 2xy\sin x^2.$$

对 y 求偏导数,把 x 看作常量,得

$$\frac{\partial z}{\partial y} = 2xy + \cos x^2.$$

【例 7-11】 求 $u=\left(\dfrac{x}{y}\right)^z$ 的偏导数.

解: 对 x 求偏导数,把 y、z 看作常量,得

$$\frac{\partial u}{\partial x} = z\left(\frac{x}{y}\right)^{z-1}\frac{1}{y} = \frac{z}{y}\left(\frac{x}{y}\right)^{z-1}.$$

类似地,有

$$\frac{\partial u}{\partial y} = z\left(\frac{x}{y}\right)^{z-1}\left(-\frac{x}{y^2}\right) = -\frac{xz}{y^2}\left(\frac{x}{y}\right)^{z-1},$$

$$\frac{\partial u}{\partial z} = \left(\frac{x}{y}\right)^z\ln\frac{x}{y}.$$

对一元函数来说,函数 $f(x)$ 在某点可导必连续,但对二元函数 $f(x,y)$ 来说,即使它在某点

对 x 和 y 的偏导数都存在,函数在该点也不一定连续,这也是一元函数与多元函数的区别之处.

【例 7-12】 求函数 $f(x,y) = \begin{cases} \dfrac{xy}{x^2+y^2}, & x^2+y^2 \neq 0, \\ 0, & x^2+y^2 = 0 \end{cases}$ 在点 $(0,0)$ 处的偏导数,并讨论其

在点 $(0,0)$ 的连续性.

解: 在点 $(0,0)$ 处,应用偏导数的定义,有

$$f'_x(0,0) = \lim_{\Delta x \to 0} \frac{f(0+\Delta x,0) - f(0,0)}{\Delta x} = \lim_{\Delta x \to 0} \frac{\dfrac{\Delta x \cdot 0}{(\Delta x)^2 + 0^2} - 0}{\Delta x} = 0.$$

同理有

$$f'_y(0,0) = \lim_{\Delta y \to 0} \frac{f(0,0+\Delta y) - f(0,0)}{\Delta y} = \lim_{\Delta y \to 0} \frac{\dfrac{0 \cdot \Delta x}{0^2 + (\Delta x)^2} - 0}{\Delta y} = 0.$$

而由例 7-9 可知 $f(x,y) = \dfrac{xy}{x^2+y^2}$ 在点 $(0,0)$ 处的极限不存在,所以它在点 $(0,0)$ 处也不连续.

这个例子说明,二元函数偏导数存在并不一定连续.可见,这是跟一元函数不同的地方.

7.2.3.2　二元函数偏导数的几何意义

函数 $z = f(x,y)$ 在空间直角坐标系下的图形是一张曲面,设 $M_0(x_0,y_0,f(x_0,y_0))$ 是曲面上一点,当自变量 y 取定值 y_0 时, $\begin{cases} y = y_0, \\ z = f(x,y) \end{cases}$ 则表示一条曲线,它是曲面 $z = f(x,y)$ 与平面 $y = y_0$ 的交线,如图 7-13 所示. 偏导数 $f'_x(x,y_0)$ 就是一元函数 $f(x,y_0)$ 在点 x_0 点的导数,所以 $f'_x(x,y_0)$ 就是曲线 $\begin{cases} y = y_0, \\ z = f(x,y) \end{cases}$ 在点 $M_0(x_0,y_0,f(x_0,y_0))$ 处切线 M_0T_x 对 x 轴的斜率. 同理,偏导数 $f'_y(x_0,y)$ 的几何意义就是曲线 $\begin{cases} x = x_0, \\ z = f(x,y) \end{cases}$ 在 $M_0(x_0,y_0,f(x_0, y_0))$ 点处的切线 M_0T_y 对 y 轴的斜率.

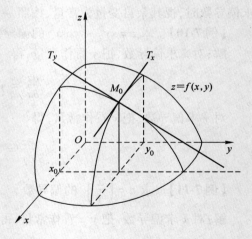

图 7-13

7.2.4　全微分

类似于一元函数的微分的概念,我们引入二元函数的全微分的定义.

7.2.4.1　全微分的概念

定义 7-12 设函数 $z = f(x,y)$ 在点 $P(x,y)$ 的邻域 $U(P,\delta)$ 内有定义,当自变量 x、y 各自

有一个很小的改变量 Δx、Δy 时,且 $(x + \Delta x, y + \Delta y) \in U(P, \delta)$,相应的函数有一个全增量

$$\Delta z = f(x + \Delta x, y + \Delta y) - f(x, y).$$

若 Δz 可表示为

$$\Delta z = A\Delta x + B\Delta y + o(\rho),$$

其中 A、B 是与 Δx、Δy 无关,仅与 x、y 有关的函数或常数,而 $o(\rho)$ 是 $\rho = \sqrt{\Delta x^2 + \Delta y^2} \to 0$ 的高阶无穷小,即 $\lim\limits_{\rho \to 0} \dfrac{o(\rho)}{\rho} = 0$,则称函数在点 $P(x, y)$ 处可微,且 $A\Delta x + B\Delta y$ 称为函数在点 $P(x, y)$ 处的全微分,记作 $\mathrm{d}z = A\Delta x + B\Delta y$.

由定义可知,若函数 $z = f(x, y)$ 在点 $P(x, y)$ 处可微,则它在此点连续,这是可微的必要条件. 也就是说,若函数在某点不连续,则此函数在该点不可微.

和一元函数相似,二元函数的可微与偏导数之间是否也存在充要条件关系呢?

定理 7-2(必要性) 若函数 $z = f(x, y)$ 在点 $P(x, y)$ 处可微,则函数 $z = f(x, y)$ 在点 $P(x, y)$ 处的偏导数 $\dfrac{\partial z}{\partial x}$、$\dfrac{\partial z}{\partial y}$ 必存在,且

$$\mathrm{d}z = \frac{\partial z}{\partial x}\Delta x + \frac{\partial z}{\partial y}\Delta y.$$

证明: 因函数 $z = f(x, y)$ 在点 $P(x, y)$ 处可微,所以有 $\Delta z = A\Delta x + B\Delta y + o(\rho)$. 当 $\Delta y = 0$ 时,有 $\Delta_x z = A\Delta x + o(\rho) = A\Delta x + o(|\Delta x|)$. 所以

$$\lim_{\Delta x \to 0} \frac{\Delta_x z}{\Delta x} = \lim_{\Delta x \to 0} \frac{A\Delta x + o(|\Delta x|)}{\Delta x} = A = \frac{\partial z}{\partial x},$$

同理可得

$$\frac{\partial z}{\partial y} = B.$$

故

$$\mathrm{d}z = \frac{\partial z}{\partial x}\Delta x + \frac{\partial z}{\partial y}\Delta y.$$

在一元函数里,可微和可导是等价的,定理 7-2 告诉我们,二元函数可微一定存在偏导数,反过来,是否成立呢? 也就是说,若二元函数 $z = f(x, y)$ 在点 $P(x, y)$ 处存在偏导数,那么二元函数 $z = f(x, y)$ 在 $P(x, y)$ 点是否可微呢? 回答是否定的. 例如,函数

$$f(x, y) = \begin{cases} \dfrac{xy}{x^2 + y^2}, & (x^2 + y^2 \neq 0), \\ 0, & x^2 + y^2 = 0 \end{cases}$$

在原点 $(0, 0)$ 存在关于 x、y 的偏导数 $\dfrac{\partial f}{\partial x}\Big|_{(0,0)} = 0$、$\dfrac{\partial f}{\partial y}\Big|_{(0,0)} = 0$,但是,当 $(x, y) \to (0, 0)$ 时,此函数的极限不存在,所以不连续. 不连续显然不可微.

由此看出,偏导数存在是二元函数可微的必要条件,而不是充分条件. 在什么样的情况下,偏导数存在,二元函数才可微呢? 下面的定理回答了这个问题.

定理 7-3(充分性) 若函数 $z = f(x, y)$ 在 $P(x, y)$ 点邻域内存在关于 x、y 的两个偏导数 $\dfrac{\partial z}{\partial x}$、$\dfrac{\partial z}{\partial y}$,且它们在该点连续,则函数 $z = f(x, y)$ 在点 $P(x, y)$ 处可微.

此定理告诉我们,只要当二元函数的两个偏导数在该点还连续的话,就能保证其可微.

习惯上,我们把自变量的改变量 Δx、Δy 分别记作 dx、dy,并称为自变量的微分. 所以二元函数的全微分可以表示为 $dz = f'_x dx + f'_y dy$.

类似地,二元函数的微分及性质可以推广到三元以及三元以上的函数.

二元函数的连续性、偏导数、全微分之间的关系可以用图 7-14 表示.

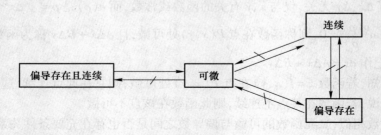

图 7-14

【例 7-13】   求函数 $z = \ln \sqrt{1 + x^2 + y^2}$ 在点 $(1,1)$ 的全微分.

解:因为 $\dfrac{\partial z}{\partial x} = \dfrac{1}{2} \dfrac{(1 + x^2 + y^2)^{\frac{-1}{2}} 2x}{\sqrt{1 + x^2 + y^2}} = \dfrac{x}{1 + x^2 + y^2}$,

$$\dfrac{\partial z}{\partial y} = \dfrac{1}{2} \dfrac{(1 + x^2 + y^2)^{\frac{-1}{2}} 2y}{\sqrt{1 + x^2 + y^2}} = \dfrac{y}{1 + x^2 + y^2},$$

所以 $\dfrac{\partial z}{\partial x}\bigg|_{(1,1)} = \dfrac{1}{3}, \dfrac{\partial z}{\partial y}\bigg|_{(1,1)} = \dfrac{1}{3}$,即 $dz = \dfrac{1}{3}dx + \dfrac{1}{3}dy$.

【例 7-14】   求 $z = \arctan \dfrac{y}{x}$ 的全微分.

解:

$$dz = d\arctan \dfrac{y}{x} = \dfrac{1}{1 + \left(\dfrac{y}{x}\right)^2} d\left(\dfrac{y}{x}\right) = \dfrac{x^2}{x^2 + y^2} \cdot \dfrac{xdy - ydx}{x^2} = -\dfrac{y}{x^2 + y^2}dx + \dfrac{x}{x^2 + y^2}dy.$$

由上述两道例题可知,可通过偏导数求全微分,也可通过一元函数的微分法则求全微分;反过来也可通过全微分来求偏导数. 如例 7-14 中,可知 $\dfrac{\partial z}{\partial x}\bigg| = -\dfrac{y}{x^2 + y^2}, \dfrac{\partial z}{\partial y}\bigg| = \dfrac{x}{x^2 + y^2}$.

7.2.4.2   全微分在近似计算中的应用

设函数 $z = f(x, y)$ 在 $P_0(x_0, y_0)$ 点可微,则函数在 $P_0(x_0, y_0)$ 点的全增量为

$$\Delta z = f(x_0 + \Delta x, y_0 + \Delta y) - f(x_0, y_0)$$

$$= f'_x(x_0, y_0)\Delta x + f'_y(x_0, y_0)\Delta y + o(\rho),$$

其中 $\lim\limits_{\substack{\Delta x \to 0 \\ \Delta y \to 0}} \dfrac{o(\rho)}{\rho} = 0 (\rho = \sqrt{\Delta x^2 + \Delta y^2})$.

当 $|\Delta x|$、$|\Delta y|$ 很小时,就得到函数在 $P_0(x_0, y_0)$ 附近的近似值

$$\Delta z = f(x_0 + \Delta x, y_0 + \Delta y) - f(x_0, y_0)$$
$$\approx \mathrm{d}z = f'_x(x_0, y_0)\Delta x + f'_y(x_0, y_0)\Delta y,$$

还可以表示为:

$$f(x_0 + \Delta x, y_0 + \Delta y) \approx f'_x(x_0, y_0)\Delta x + f'_y(x_0, y_0)\Delta y + f(x_0, y_0).$$

【例7-15】 求 $(0.98)^{0.99}$ 的近似值.

解: 在解决这类问题时,首先是要作出一个相应的二元函数,然后才能求解.

设函数 $f(x, y) = x^y$,并取 $x_0 = 1$、$y_0 = 1$、$\Delta x = -0.02$、$\Delta y = -0.01$. 又因为

$$f'_x(x, y) = yx^{y-1}, f'_y(x, y) = x^y \ln x,$$
$$f'_x(1,1) = 1, f'_y(1,1) = 0, f(1,1) = 1,$$

所以　　$(0.98)^{0.99} = f(1 - 0.02, 1 - 0.01) \approx f(1,1) + f'_x(1,1)\Delta x + f'_y(1,1)\Delta y$
$$= 1 - 0.02 = 0.98.$$

7.2.5　多元函数的微分法则

在一元函数微分法中,我们讨论过复合函数、隐函数、参数表示的函数的微分法,而复合函数 $y = f(u)$、$u = \varphi(x)$ 的微分法

$$\frac{\mathrm{d}f}{\mathrm{d}x} = \frac{\mathrm{d}f}{\mathrm{d}u}\frac{\mathrm{d}u}{\mathrm{d}x}$$

起着关键作用,在多元函数的微分法中,同样复合函数的微分法起着关键作用.

7.2.5.1　复合函数的微分法

(1)两个中间变量、一个自变量的情形.

定理7-4　设函数 $z = f(u,v)$ 在点 (u,v) 具有关于 u、v 的一阶连续偏导数,函数 $u = \varphi(x)$、$v = \psi(x)$ 对 x 的导数存在,则复合函数 $z = f[\varphi(x), \psi(x)]$ 在对应的 x 点也可导,且

$$\frac{\mathrm{d}z}{\mathrm{d}x} = \frac{\partial f}{\partial u}\frac{\mathrm{d}u}{\mathrm{d}x} + \frac{\partial f}{\partial v}\frac{\mathrm{d}v}{\mathrm{d}x}.$$

自变量只有一个的复合函数,如果该函数对自变量的导数存在,则称该导数为全导数.

证明:对自变量 x 有一个改变量 Δx,相应地,函数 $u = \varphi(x)$、$v = \psi(x)$ 各有一个改变量 Δu、Δv,则复合函数也相应地有一个改变量

$$\Delta z = f(u + \Delta u, v + \Delta v) - f(u, v).$$

由于 $z = f(u,v)$ 关于 u、v 的一阶偏导数是连续的,所以 $z = f(u,v)$ 在 (u,v) 点可微,即

$$\Delta z = \frac{\partial f}{\partial u}\Delta u + \frac{\partial f}{\partial v}\Delta v + \beta_1 \Delta u + \beta_2 \Delta v,$$

并且 $\lim\limits_{\substack{\Delta u \to 0 \\ \Delta v \to 0}}\beta_1 = 0, \lim\limits_{\substack{\Delta u \to 0 \\ \Delta v \to 0}}\beta_2 = 0$,所以

$$\frac{\Delta z}{\Delta x} = \frac{\partial f}{\partial u}\frac{\Delta u}{\Delta x} + \frac{\partial f}{\partial v}\frac{\Delta v}{\Delta x} + \beta_1 \frac{\Delta u}{\Delta x} + \beta_2 \frac{\Delta v}{\Delta x}.$$

又因为 $u = \varphi(x)$、$v = \psi(x)$ 对 x 的导数存在,所以有

$$\lim_{\Delta x \to 0} \frac{\Delta u}{\Delta x} = \frac{\mathrm{d}u}{\mathrm{d}x}, \quad \lim_{\Delta x \to 0} \frac{\Delta v}{\Delta x} = \frac{\mathrm{d}v}{\mathrm{d}x},$$

且

$$\lim_{\Delta x \to 0} \Delta u = 0, \quad \lim_{\Delta x \to 0} \Delta v = 0,$$

故

$$\lim_{\Delta x \to 0} \frac{\Delta z}{\Delta x} = \lim_{\Delta x \to 0} \left(\frac{\partial f}{\partial u} \frac{\Delta u}{\Delta x} + \frac{\partial f}{\partial v} \frac{\Delta v}{\Delta x} + \beta_1 \frac{\Delta u}{\Delta x} + \beta_2 \frac{\Delta v}{\Delta x} \right)$$

$$= \frac{\partial f}{\partial u} \frac{\mathrm{d}u}{\mathrm{d}x} + \frac{\partial f}{\partial v} \frac{\mathrm{d}v}{\mathrm{d}x}.$$

(2)多个中间变量、一个自变量的情形.

一般地,设 $z = f(u_1, u_2, \cdots, u_n)$、$u_n = \varphi_n(x)$($n = 1, 2, \cdots$),且 $z = f(u_1, u_2, \cdots, u_n)$ 存在关于 u_n($n = 1, 2, \cdots$) 的偏导数,$u_n = \varphi_n(x)$($n = 1, 2, \cdots$) 存在关于 x 的导数,则复合函数 $z = f[u_1(x), u_2(x), \cdots, u_n(x)]$ 的全导数为

$$\frac{\mathrm{d}z}{\mathrm{d}x} = \frac{\partial f}{\partial u_1} \frac{\mathrm{d}u_1}{\mathrm{d}x} + \frac{\partial f}{\partial u_2} \frac{\mathrm{d}u_2}{\mathrm{d}x} + \cdots + \frac{\partial f}{\partial u_n} \frac{\mathrm{d}u_n}{\mathrm{d}x} = \sum_{k=1}^{n} \frac{\partial f}{\partial u_k} \frac{\mathrm{d}u_k}{\mathrm{d}x}.$$

【例 7-16】　设 $z = \mathrm{e}^{u-v^2}$、$u = \ln x$、$v = \sin x$,求全导数 $\dfrac{\mathrm{d}z}{\mathrm{d}x}$.

解:因为 $\dfrac{\partial z}{\partial u} = \mathrm{e}^{u-v^2}$,$\dfrac{\partial z}{\partial v} = -2v\mathrm{e}^{u-v^2}$,$\dfrac{\mathrm{d}u}{\mathrm{d}x} = \dfrac{1}{x}$,$\dfrac{\mathrm{d}v}{\mathrm{d}x} = \cos x$,

由定理 7-4 得

$$\frac{\mathrm{d}z}{\mathrm{d}x} = \frac{\partial z}{\partial u} \frac{\mathrm{d}u}{\mathrm{d}x} + \frac{\partial z}{\partial v} \frac{\mathrm{d}v}{\mathrm{d}x} = \mathrm{e}^{\ln x - (\sin x)^2} \cdot \frac{1}{x} - 2\sin x \mathrm{e}^{\ln x - (\sin x)^2} \cos x.$$

注意:在以后求复合函数的偏导数时,无须验证定理所满足的条件,直接计算就行,不再说明.

【例 7-17】　设 $\omega = \sqrt{u^2 + v^2} + \ln h$、$u = \sin x$、$v = \mathrm{e}^{2x}$、$h = x^2$,求全导数 $\dfrac{\mathrm{d}\omega}{\mathrm{d}x}$.

解:由定理 7-4 得

$$\frac{\mathrm{d}\omega}{\mathrm{d}x} = \frac{\partial \omega}{\partial u} \frac{\mathrm{d}u}{\mathrm{d}x} + \frac{\partial \omega}{\partial v} \frac{\mathrm{d}v}{\mathrm{d}x} + \frac{\partial \omega}{\partial h} \frac{\mathrm{d}h}{\mathrm{d}x}$$

$$= \frac{u}{\sqrt{u^2 + v^2}} \cos x + 2 \frac{v}{\sqrt{u^2 + v^2}} \mathrm{e}^{2x} + 2 \frac{1}{h} x$$

$$= \frac{\sin x \cos x}{\sqrt{\sin^2 x + \mathrm{e}^{4x}}} + \frac{2\mathrm{e}^{4x}}{\sqrt{\sin^2 x + \mathrm{e}^{4x}}} + \frac{2}{x}.$$

定理 7-5　设函数 $z = f(u, v)$ 在点 (u, v) 具有关于 u、v 的一阶连续偏导数,而函数 $u = \varphi(x, y)$、$v = \psi(x, y)$ 在点 (x, y) 具有关于 x、y 的一阶偏导数,则复合函数 $z = f[\varphi(x), \psi(x)]$ 在点 (x, y) 具有关于 x、y 的一阶偏导数,且

$$\frac{\partial z}{\partial x} = \frac{\partial z}{\partial u} \frac{\partial u}{\partial x} + \frac{\partial z}{\partial v} \frac{\partial v}{\partial x},$$

$$\frac{\partial z}{\partial y} = \frac{\partial z}{\partial u} \frac{\partial u}{\partial y} + \frac{\partial z}{\partial v} \frac{\partial v}{\partial y}.$$

这个求偏导数法则可以推广到多个中间变量、多个自变量的情形.

设 $z = f(u_1, u_2, \cdots, u_n)$，其中 $u_k = \varphi_k(x_1, x_2, \cdots, x_m)$，$(k = 1, 2, \cdots, m)$，

则

$$\frac{\partial z}{\partial x_k} = \sum_{i=1}^{n} \frac{\partial z}{\partial u_i} \frac{\partial u_i}{\partial x_k}, (k = 1, 2, \cdots, m).$$

（3）一个中间变量、两个自变量的情形.

设 $z = f(u)$、$u = \varphi(x, y)$ 则

$$\frac{\partial z}{\partial x} = \frac{\partial z}{\partial u} \frac{\partial u}{\partial x},$$

$$\frac{\partial z}{\partial y} = \frac{\partial z}{\partial u} \frac{\partial u}{\partial y}.$$

【例 7-18】　设 $z = u e^{\frac{v}{u}}$、$u = x^2 + y^2$、$v = xy$，求 $\dfrac{\partial z}{\partial x}$、$\dfrac{\partial z}{\partial y}$.

解：$\dfrac{\partial z}{\partial x} = \dfrac{\partial z}{\partial u} \dfrac{\partial u}{\partial x} + \dfrac{\partial z}{\partial v} \dfrac{\partial v}{\partial x} = \left(1 - \dfrac{v}{u}\right) e^{\frac{v}{u}}(2x) + e^{\frac{v}{u}} y$,

$\dfrac{\partial z}{\partial y} = \dfrac{\partial z}{\partial u} \dfrac{\partial u}{\partial y} + \dfrac{\partial z}{\partial v} \dfrac{\partial v}{\partial y} = \left(1 - \dfrac{v}{u}\right) e^{\frac{v}{u}}(2y) + e^{\frac{v}{u}} x.$

也可以将 $u = x^2 + y^2$、$v = xy$ 直接代入 $z = u e^{\frac{v}{u}}$ 中，得到 z 关于 x、y 的二元函数，再直接求偏导数即可.

从以上讨论中，我们可以得到这样的结论：在多元函数的复合求偏导数的过程中，有几个自变量就有几个偏导数；有几个中间变量，在每个求偏导数的式子中就有几项之和.

7.2.5.2　隐函数的微分法

在一元函数的微分法中，我们已经通过例题讲述了一元隐函数的求导方法，现在通过偏导数的概念推导出一元隐函数的求导公式，并简单地介绍由一个方程所确定的二元隐函数的求偏导数的方法.

定理 7-6　设函数 $F(x, y)$ 在点 $P_0(x_0, y_0)$ 的邻域 $U(P_0, \delta)$ 内具有连续的偏导数，且 $F(x_0, y_0) = 0$、$F_y'(x_0, y_0) \neq 0$，则方程 $F(x, y) = 0$ 在邻域 $U(P_0, \delta)$ 内能唯一确定一个 y 关于 x 的单值函数 $y = f(x)$，并且有连续导数 $f'(x)$，且

$$f'(x) = \frac{dy}{dx} = -\frac{F_x'}{F_y'}.$$

此定理不作证明，只推导其结论.

设 $F(x, y) = 0$ 确定了函数 $y = f(x)$，将其代入方程后得

$$F[x, f(x)] \equiv 0.$$

方程的两边同时对 x 求导数，再根据复合函数的微分法，可得

$$\frac{d}{dx} F[x, f(x)] = 0,$$

$$\frac{d}{dx} F[x, f(x)] = \frac{\partial F}{\partial x} + \frac{\partial F}{\partial y} \frac{dy}{dx} = 0.$$

由于 $F_y'(x_0, y_0) \neq 0$，所以得 $\dfrac{dy}{dx} = -\dfrac{\dfrac{\partial F}{\partial x}}{\dfrac{\partial F}{\partial y}}.$

【**例 7-19**】　设方程 $(x^2 + y^2)^2 - 2(x^2 - y^2) = 0$ 确定了函数 $y = f(x)$，求 $\dfrac{dy}{dx}$.

解：设 $F(x,y) = (x^2 + y^2)^2 - 2(x^2 - y^2)$，所以

$$F_x' = 4x(x^2 + y^2) - 4x, \quad F_y' = 4y(x^2 + y^2) + 4y.$$

则

$$\frac{dy}{dx} = -\frac{x(x^2 + y^2) - x}{y(x^2 + y^2) + y}.$$

定理 7-7　设函数 $F(x,y,z)$ 在点 $P_0(x_0, y_0, z_0)$ 的邻域 $U(P_0, \delta)$ 内具有连续的偏导数，且 $F(x_0, y_0, z_0) = 0$、$F_z'(x_0, y_0, z_0) \neq 0$，则方程 $F(x,y,z) = 0$ 在邻域 $U(P_0, \delta)$ 内能唯一确定一个 z 关于 x、y 的单值函数 $z = f(x,y)$，并有连续偏导数，且满足

$$z_0 = f(x_0, y_0),$$

$$\frac{\partial z}{\partial x} = -\frac{F_x'}{F_z'}, \quad \frac{\partial z}{\partial y} = -\frac{F_y'}{F_z'}.$$

证明从略.

【**例 7-20**】　设 $x + y + z = e^{x + y^2 + z}$，求 $\dfrac{\partial z}{\partial x}$、$\dfrac{\partial z}{\partial y}$.

解：设 $F(x,y,z) = x + y + z - e^{x + y^2 + z}$，则

$$\frac{\partial F}{\partial x} = 1 - e^{x + y^2 + z}, \frac{\partial F}{\partial y} = 1 - 2ye^{x + y^2 + z}, \frac{\partial F}{\partial z} = 1 - e^{x + y^2 + z}.$$

所以

$$\frac{\partial z}{\partial x} = \frac{F_x'}{F_z'} = 1, \frac{\partial z}{\partial y} = \frac{F_y'}{F_z'} = \frac{1 - 2ye^{x + y^2 + z}}{1 - e^{x + y^2 + z}}.$$

习题 7.2

1. 求下列函数的对应法则

(1) 已知函数 $f(x,y) = xy + \dfrac{x}{y}$，求 $f(2,1)$ 和 $f(\sqrt{x}, x+y)$.

(2) 已知函数 $f(x,y,z) = \arcsin\sqrt{x^2 + y^2 + \ln z}$，求 $f(x-y, x+y, xz)$.

2. 求下列函数的定义域：

(1) $z = \ln(x^2 + 2y - 1)$；　　　(2) $u = \arccos\dfrac{z}{\sqrt{x^2 + y^2}}$.

3. 求下列极限：

(1) $\lim\limits_{\substack{x \to 2 \\ y \to 1}} \dfrac{1}{\sqrt{x}\arctan y}$；　　　(2) $\lim\limits_{\substack{x \to 1 \\ y \to 0}} \dfrac{\ln(x + e^y)}{\sqrt{x^2 + y^2}}$.

4. 求下列函数的一阶偏导数值或一阶偏导数：

(1) $z = x^3 + y^3 - 3xy$，求 $z_x'(1,2)$、$z_y'(1,2)$.

(2) 设 $f(x,y) = \begin{cases} y\sin\dfrac{1}{x^2 + y^2}, & x^2 + y^2 \neq 0, \\ 0, & x^2 + y^2 = 0, \end{cases}$ 求 $f_x'(0,0)$、$f_y'(0,0)$.

(3) $z = x^y y^x$.

5. 求下列复合函数的导数：

(1)设 $z = u^2 + v^2$、$u = x + y$、$v = x - y$，求 $\dfrac{\partial z}{\partial x}$、$\dfrac{\partial z}{\partial y}$．

(2)设 $z = u^2 \ln v$、$u = \dfrac{y}{x}$、$v = x^2 + y^2$，求 $\dfrac{\partial z}{\partial x}$、$\dfrac{\partial z}{\partial y}$．

6. 求下列函数的全微分

(1)已知 $z = f(xy, x^2 + y^2)$，求 $\mathrm{d}z$．

(2)已知 $x = z \ln \dfrac{z}{y}$，求 $\mathrm{d}z$．

7. 求下列方程所确定的隐函数的导数或偏导数：

(1) $x + 2y + z - 2\sqrt{xyz} = 0$；

(2) $\dfrac{x}{z} = \ln \dfrac{z}{y}$．

7.3 多元函数积分学

7.3.1 二重积分的概念

7.3.1.1 曲顶柱体的体积

设有一立体，它的底是 xOy 面上的闭区域 D，它的侧面是以 D 的边界曲线为准线而母线平行于 z 轴的柱面，它的顶是曲面 $z = f(x, y)$，这里 $f(x, y) \geqslant 0$ 且在 D 上连续，这种立体称为曲顶柱体．现在我们来讨论如何计算曲顶柱体的体积．

首先，用一组曲线网把 D 分成 n 个小区域 $\Delta\sigma_1, \Delta\sigma_2, \cdots, \Delta\sigma_n$，分别以这些小闭区域的边界曲线为准线，作母线平行于 z 轴的柱面，这些柱面把原来的曲顶柱体分为 n 个细曲顶柱体．在每个 $\Delta\sigma_i$ 中任取一点 (ξ_i, η_i)，以 $f(\xi_i, \eta_i)$ 为高而底为 $\Delta\sigma_i$ 的平顶柱体的体积为 $f(\xi_i, \eta_i)\Delta\sigma_i (i = 1, 2, \cdots, n)$，这个平顶柱体体积之和 $V \approx \sum\limits_{i=1}^{n} f(\xi_i, \eta_i)\Delta\sigma_i$，可以认为是整个曲顶柱体体积的近似值．

为求得曲顶柱体体积的精确值，将分割加密，只需取极限，即 $V = \lim\limits_{\lambda \to 0} \sum\limits_{i=1}^{n} f(\xi_i, \eta_i)\Delta\sigma_i$，其中 λ 是个小区域的直径中的最大值．

7.3.1.2 平面薄片的质量

设有一平面薄片占有 xOy 面上的闭区域 D，它在点 (x, y) 处的面密度为 $\rho(x, y)$ 这里 $\rho(x, y) > 0$ 且在 D 上连续．现在要计算该薄片的质量 M，用一组曲线网把 D 分成 n 个小区域 $\Delta\sigma_1, \Delta\sigma_2, \cdots, \Delta\sigma_n$，把各小块的质量近似地看做均匀薄片的质量 $\rho(\xi_i, \eta_i)\Delta\sigma_i$，各小块质量的和作为平面薄片的质量的近似值 $M \approx \sum\limits_{i=1}^{n} \rho(\xi_i, \eta_i)\Delta\sigma_i$，将分割加细，取极限，得到平面薄片的质量 $M = \lim\limits_{\lambda \to 0} \sum\limits_{i=1}^{n} \rho(\xi_i, \eta_i)\Delta\sigma_i$，其中 λ 是个小区域的直径中的最大值．

定义 7-13 设 $f(x, y)$ 是有界闭区域 D 上的有界函数．将闭区域 D 任意分成 n 个小闭区域 $\Delta\sigma_1, \Delta\sigma_2, \cdots, \Delta\sigma_n$，其中 $\Delta\sigma_i$ 表示第 i 个小区域，也表示它的面积，在每个 $\Delta\sigma_i$ 上任取一点 (ξ_i, η_i)，作和 $\sum\limits_{i=1}^{n} f(\xi_i, \eta_i)\Delta\sigma_i$，如果当各小闭区域的直径中的最大值 λ 趋于零时，这和的

极限总存在,则称此极限为函数 $f(x,y)$ 在闭区域 D 上的二重积分,记作 $\iint\limits_D f(x,y)\mathrm{d}\sigma$,即

$$\iint\limits_D f(x,y)\mathrm{d}\sigma = \lim_{\lambda \to 0} \sum_{i=1}^{n} f(\xi_i,\eta_i)\Delta\sigma_i,$$

其中,$f(x,y)$ 称为被积函数,$f(x,y)\mathrm{d}\sigma$ 称为被积表达式,$\mathrm{d}\sigma$ 称为面积元素,x、y 称为积分变量,D 称为积分区域.

如果在直角坐标系中用平行于坐标轴的直线网来划分 D,那么除了包含边界点的一些小闭区域外,其余的小闭区域都是矩形闭区域.设矩形闭区域 $\Delta\sigma_i$ 的边长为 Δx_i 和 Δy_i,则 $\Delta\sigma_i = \Delta x_i \Delta y_i$,因此在直角坐标系中,有时也把面积元素 $\mathrm{d}\sigma$ 记作 $\mathrm{d}x\mathrm{d}y$,而把二重积分记作

$$\iint\limits_D f(x,y)\mathrm{d}x\mathrm{d}y,$$

其中,$\mathrm{d}x\mathrm{d}y$ 称为直角坐标系中的面积元素.

二重积分的存在性:当 $f(x,y)$ 在闭区域 D 上连续时,积分和的极限是存在的,也就是说函数 $f(x,y)$ 在 D 上的二重积分必定存在.我们总假定函数 $f(x,y)$ 在闭区域 D 上连续,所以 $f(x,y)$ 在 D 上的二重积分都是存在的.

二重积分的几何意义:如果 $f(x,y) \geqslant 0$,被积函数 $f(x,y)$ 可解释为曲顶柱体的在点 (x,y) 处的竖坐标,所以二重积分的几何意义就是柱体的体积.如果 $f(x,y)$ 是负的,柱体就在 xOy 面的下方,这时二重积分的绝对值仍为柱体的体积,但其值为负的.如果 $f(x,y)$ 在 D 上的某些子区域上是正的,而在其他地方是负的,这时二重积分的值为各部分体积的代数和.

7.3.2　二重积分的性质

性质 7-1　设 c_1、c_2 为常数,则

$$\iint\limits_D [c_1 f(x,y) + c_2 g(x,y)]\mathrm{d}\sigma = c_1\iint\limits_D f(x,y)\mathrm{d}\sigma + c_2\iint\limits_D g(x,y)\mathrm{d}\sigma.$$

性质 7-2　如果闭区域 D 被有限条曲线分为有限个部分闭区域,则在 D 上的二重积分等于在各部分闭区域上的二重积分的和.例如 D 分为两个闭区域 D_1 与 D_2,则

$$\iint\limits_D f(x,y)\mathrm{d}\sigma = \iint\limits_{D_1} f(x,y)\mathrm{d}\sigma + \iint\limits_{D_2} f(x,y)\mathrm{d}\sigma.$$

性质 7-3　$\iint\limits_D 1 \cdot \mathrm{d}\sigma = \iint\limits_D \mathrm{d}\sigma = \sigma$ （σ 为 D 的面积）.

性质 7-4　如果在 D 上,$f(x,y) \leqslant g(x,y)$,则有不等式

$$\iint\limits_D f(x,y)\mathrm{d}\sigma \leqslant \iint\limits_D g(x,y)\mathrm{d}\sigma,$$

特殊地有

$$\left| \iint\limits_D f(x,y)\mathrm{d}\sigma \right| \leqslant \iint\limits_D |f(x,y)|\,\mathrm{d}\sigma.$$

性质 7-5　设 M、m 分别是 $f(x,y)$ 在闭区域 D 上的最大值和最小值,σ 为 D 的面积,则有

$$m\sigma \leqslant \iint\limits_{D} f(x,y)\,\mathrm{d}\sigma \leqslant M\sigma.$$

性质 7-6(二重积分的中值定理) 设函数 $f(x,y)$ 在闭区域 D 上连续, σ 为 D 的面积,则在 D 上至少存在一点 (ξ,η),使得

$$\iint\limits_{D} f(x,y)\,\mathrm{d}\sigma = f(\xi,\eta)\sigma.$$

7.3.3 二重积分的计算

二重积分的计算,主要通过化为累次积分来实现.

7.3.3.1 利用直角坐标计算二重积分

积分域 D 可分为:

(1)X-型区域. $D:\varphi_1(x) \leqslant y \leqslant \varphi_2(x)$,$a \leqslant x \leqslant b$.

(2)Y-型区域. $D:\psi_1(x) \leqslant y \leqslant \psi_2(x)$,$c \leqslant y \leqslant d$.

(3)混合型区域.

设 $f(x,y) \geqslant 0$,$D = \{(x,y) \mid \varphi_1(x) \leqslant y \leqslant \varphi_2(x), a \leqslant x \leqslant b\}$,此时二重积分 $\iint\limits_{D} f(x,y)\,\mathrm{d}\sigma$ 在几何上表示以曲面 $z = f(x,y)$ 为顶、以区域 D 为底的曲顶柱体的体积.

对于 $x_0 \in [a,b]$,曲顶柱体在 $x = x_0$ 的截面面积为以区间 $[\varphi_1(x_0),\varphi_2(x_0)]$ 为底、以曲线 $z = f(x_0,y)$ 为曲边的曲边梯形,所以此截面的面积为

$$A(x_0) = \int_{\varphi_1(x_0)}^{\varphi_2(x_0)} f(x_0,y)\,\mathrm{d}y.$$

根据平行截面面积为已知的立体体积的方法,得曲顶柱体体积为

$$V = \int_a^b A(x)\,\mathrm{d}x = \int_a^b \Big[\int_{\varphi_1(x)}^{\varphi_2(x)} f(x,y)\,\mathrm{d}y\Big]\mathrm{d}x,$$

即

$$V = \iint\limits_{D} f(x,y)\,\mathrm{d}\sigma = \int_a^b \Big[\int_{\varphi_1(x)}^{\varphi_2(x)} f(x,y)\,\mathrm{d}y\Big]\mathrm{d}x,$$

可记为

$$\iint\limits_{D} f(x,y)\,\mathrm{d}\sigma = \int_a^b \mathrm{d}x \int_{\varphi_1(x)}^{\varphi_2(x)} f(x,y)\,\mathrm{d}y.$$

类似地,如果区域 D 为 Y-型区域:$\psi_1(x) \leqslant y \leqslant \psi_2(x)$,$c \leqslant y \leqslant d$,则有

$$\iint\limits_{D} f(x,y)\,\mathrm{d}\sigma = \int_c^d \mathrm{d}y \int_{\psi_1(y)}^{\psi_2(y)} f(x,y)\,\mathrm{d}x.$$

【例 7-21】 计算 $\iint\limits_{D} xy\,\mathrm{d}\sigma$,其中 D 是由直线 $y = 1$、$x = 2$ 及 $y = x$ 所围成的闭区域.

解:画出区域 D,如图 7-15 所示.

方法一:可把 D 看成是 X-型区域:$1 \leqslant x \leqslant 2$,$1 \leqslant y \leqslant x$. 于是

$$\iint\limits_{D} xy\,\mathrm{d}\sigma = \int_1^2 \Big[\int_1^x xy\,\mathrm{d}y\Big]\mathrm{d}x = \int_1^2 \Big[x \cdot \frac{y^2}{2}\Big]_1^x \mathrm{d}x = \frac{1}{2}\int_1^2 (x^3 - x)\,\mathrm{d}x = \frac{1}{2}\Big[\frac{x^4}{4} - \frac{x^2}{2}\Big]_1^2 = \frac{9}{8}.$$

注意:积分还可以写成 $\displaystyle\iint\limits_{D} xy\mathrm{d}\sigma = \int_{1}^{2}\mathrm{d}x\int_{1}^{x}xy\mathrm{d}y =$

$\displaystyle\int_{1}^{2}x\mathrm{d}x\int_{1}^{x}y\mathrm{d}y.$

方法二:也可把 D 看成是 Y-型区域:$1\leqslant y\leqslant 2$,y
$\leqslant x\leqslant 2$. 于是

$$\iint\limits_{D}xy\mathrm{d}\sigma = \int_{1}^{2}\Big[\int_{y}^{2}xy\mathrm{d}x\Big]\mathrm{d}y = \int_{1}^{2}\Big[y\cdot\frac{x^2}{2}\Big]_{y}^{2}\mathrm{d}y$$

$$= \int_{1}^{2}\Big(2y - \frac{y^3}{2}\Big)\mathrm{d}y = \Big[y^2 - \frac{y^4}{8}\Big]_{1}^{2} = \frac{9}{8}.$$

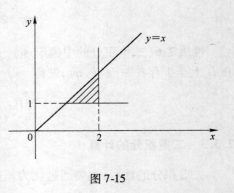

图 7-15

【例 7-22】 计算 $\displaystyle\iint\limits_{D}y\sqrt{1 + x^2 - y^2}\mathrm{d}\sigma$,其中 D 是由直线 $y = 1$、$x = -1$ 及 $y = x$ 所围成的
闭区域.

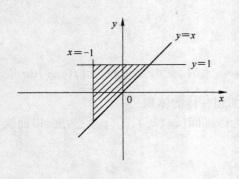

图 7-16

解:画出区域 D,如图 7-16 所示. 可把 D 看成
是 X-型区域;$-1\leqslant x\leqslant 1$,$x\leqslant y\leqslant 1$. 于是

$$\iint\limits_{D}y\sqrt{1 + x^2 - y^2}\mathrm{d}\sigma = \int_{-1}^{1}\mathrm{d}x\int_{x}^{1}y\sqrt{1 + x^2 - y^2}\mathrm{d}y$$

$$= -\frac{1}{3}\int_{-1}^{1}\Big[(1 + x^2 - y^2)^{\frac{3}{2}}\Big]_{x}^{1}\mathrm{d}x$$

$$= -\frac{1}{3}\int_{-1}^{1}(|x|^3 - 1)\mathrm{d}x$$

$$= -\frac{2}{3}\int_{0}^{1}(x^3 - 1)\mathrm{d}x$$

$$= \frac{1}{2}.$$

也可 D 看成是 Y-型区域:$-1\leqslant y\leqslant 1$,$-1\leqslant x < y$. 于是

$$\iint\limits_{D}y\sqrt{1 + x^2 - y^2}\mathrm{d}\sigma = \int_{-1}^{1}y\mathrm{d}y\int_{-1}^{y}\sqrt{1 + x^2 - y^2}\mathrm{d}x = \frac{1}{2}.$$

【例 7-23】 计算 $\displaystyle\iint\limits_{D}xy\mathrm{d}\sigma$,其中 D 是由直线 $y = x - 2$ 及抛物线 $y^2 = x$ 所围成的闭区域.

解:积分区域可以表示为 $D = D_1 + D_2$,其中 $D_1:0\leqslant x\leqslant 1$,$-\sqrt{x}\leqslant y\leqslant\sqrt{x}$;$D_2:1\leqslant x\leqslant 4$,$2\leqslant y$
$\leqslant\sqrt{x}$. 于是

$$\iint\limits_{D}xy\mathrm{d}\sigma = \int_{0}^{1}\mathrm{d}x\int_{-\sqrt{x}}^{\sqrt{x}}xy\mathrm{d}y + \int_{1}^{4}\mathrm{d}x\int_{x-2}^{\sqrt{x}}xy\mathrm{d}y.$$

积分区域也可以表示为 $D:-1\leqslant y\leqslant 2$,$y^2\leqslant x\leqslant y + 2$. 于是

$$\iint\limits_{D}xy\mathrm{d}\sigma = \int_{-1}^{2}\mathrm{d}y\int_{y^2}^{y+2}xy\mathrm{d}x = \int_{-1}^{2}\Big[\frac{x^2}{2}y\Big]_{y^2}^{y+2}\mathrm{d}y = \frac{1}{2}\int_{-1}^{2}\big[y(y + 2)^2 - y^5\big]\mathrm{d}y$$

$$= \frac{1}{2}\Big[\frac{y^4}{4} + \frac{4}{3}y^3 + 2y^2 - \frac{y^6}{6}\Big]_{-1}^{2} = 5\frac{5}{8}.$$

7.3.3.2　利用极坐标计算二重积分

有些二重积分,积分区域 D 的边界曲线用极坐标方程来表示比较方便,且被积函数用极

坐标变量 ρ、θ 表达比较简单. 这时我们可以考虑利用极坐标来计算二重积分 $\iint\limits_{D} f(x,y)\mathrm{d}\sigma$.

设 $x = \rho\cos\theta$、$y = \rho\sin\theta$，则

$$\iint\limits_{D} f(x,y)\mathrm{d}\sigma = \iint\limits_{D} f(\rho\cos\theta,\rho\sin\theta)\rho\mathrm{d}\rho\mathrm{d}\theta.$$

若积分区域 D 可表示为 $D': \varphi_1(\theta) \leqslant \rho \leqslant \varphi_2(\theta)$，$\alpha \leqslant \theta \leqslant \beta$，进一步有

$$\iint\limits_{D'} f(\rho\cos\theta,\rho\sin\theta)\rho\mathrm{d}\rho\mathrm{d}\theta = \int_{\alpha}^{\beta}\mathrm{d}\theta\int_{\varphi_1(\theta)}^{\varphi_2(\theta)} f(\rho\cos\theta,\rho\sin\theta)\rho\mathrm{d}\rho.$$

【例 7-24】 计算 $\iint\limits_{D}\mathrm{e}^{-x^2-y^2}\mathrm{d}x\mathrm{d}y$，其中 D 是由中心在原点、半径为 a 的圆周所围成的闭区域.

解：在极坐标系中，闭区域 D 可表示为 $0 \leqslant \rho \leqslant a$，$0 \leqslant \theta \leqslant 2\pi$. 于是

$$\iint\limits_{D}\mathrm{e}^{-x^2-y^2}\mathrm{d}x\mathrm{d}y = \iint\limits_{D}\mathrm{e}^{-\rho^2}\rho\mathrm{d}\rho\mathrm{d}\theta = \int_0^{2\pi}\Big[\int_0^a\mathrm{e}^{-\rho^2}\rho\mathrm{d}\rho\Big]\mathrm{d}\theta = \int_0^{2\pi}\Big[-\frac{1}{2}\mathrm{e}^{-\rho^2}\Big]_0^a\mathrm{d}\theta$$

$$= \frac{1}{2}(1-\mathrm{e}^{-a^2})\int_0^{2\pi}\mathrm{d}\theta = \pi(1-\mathrm{e}^{-a^2}).$$

注意：此处积分 $\iint\limits_{D}\mathrm{e}^{-x^2-y^2}\mathrm{d}x\mathrm{d}y$ 也常写成 $\iint\limits_{x^2+y^2\leqslant a^2}\mathrm{e}^{-x^2-y^2}\mathrm{d}x\mathrm{d}y$.

习题 7.3

1. 填空题.

(1) 设区域 D 为 $x^2 + y^2 \leqslant R^2$，$I = \iint\limits_{D}\sqrt{R^2-x^2-y^2}\mathrm{d}\sigma$，则根据二重积分的几何意义可知 $I =$
_____ .

(2) 设 $D: 0 \leqslant x \leqslant 2$，$0 \leqslant y \leqslant 2$，则由估值不等式得 _____ $\leqslant \iint\limits_{D}(x+y)\sqrt{xy}\mathrm{d}x\mathrm{d}y \leqslant$ _____ .

2. 选择题.

(1) 设区域 D 是由曲线 $x^2 + y^2 \leqslant 1$ 所确定的区域，则 $\iint\limits_{D}\mathrm{d}\sigma = ($).

    A. 2   B. π C. 2π D. 4π

(2) 设 $f(x,y)$ 为二元连续函数，且 $\iint\limits_{D} f(x,y)\mathrm{d}x\mathrm{d}y = \int_1^2\mathrm{d}y\int_y^2 f(x,y)\mathrm{d}x$，则积分区域 D 可表示成 ( ).

    A. $\begin{cases}1\leqslant x\leqslant 2,\\ 1\leqslant y\leqslant 2\end{cases}$ B. $\begin{cases}1\leqslant x\leqslant 2,\\ x\leqslant y\leqslant 2\end{cases}$ C. $\begin{cases}1\leqslant x\leqslant 2,\\ 1\leqslant y\leqslant x\end{cases}$ D. $\begin{cases}1\leqslant y\leqslant 2,\\ 1\leqslant x\leqslant y\end{cases}$

(3) 设 $D: x^2 + y^2 \leqslant 1$，$x \geqslant 0$，$y \geqslant 0$，则在极坐标系下二重积分 $\iint\limits_{D}\mathrm{e}^{\sqrt{x^2+y^2}}\mathrm{d}x\mathrm{d}y$ 可表示成 ( ).

    A. $\int_0^{\pi}\mathrm{d}\theta\int_0^1\mathrm{e}^r\mathrm{d}r$ B. $\int_0^{\pi}\mathrm{d}\theta\int_0^1 r\mathrm{e}^r\mathrm{d}r$ C. $\int_0^{\frac{\pi}{2}}\mathrm{d}\theta\int_0^1\mathrm{e}^r\mathrm{d}r$ D. $\int_0^{\frac{\pi}{2}}\mathrm{d}\theta\int_0^1 r\mathrm{e}^r\mathrm{d}r$

3. 计算下列二重积分：

（1）$\iint\limits_{D} \dfrac{\sin y}{y} \mathrm{d}x\mathrm{d}y$，其中 D 由 $y=x$、$x=0$、$y=\dfrac{\pi}{2}$、$y=\pi$ 围成；

（2）$\iint\limits_{D}(x^2+y^2)\mathrm{d}x\mathrm{d}y$，$D:\sqrt{2x-x^2} \leqslant x \leqslant \sqrt{4-x^2}$；

（3）$\iint\limits_{D}|y-x^2|\mathrm{d}\sigma$，其中 $D: -1\leqslant x \leqslant 1, 0 \leqslant y \leqslant 1$.

本 章 小 结

（1）基本概念：二元函数的定义、极限、连续性，偏导数的定义，全微分，二元函数的积分.

（2）二元及二元以上函数只与定义域和对应法则有关，而与变量符号无关；二元函数的定义域是一平面区域；二元函数在几何上可用一曲面或一族等值线来表示.

（3）设 $z=f(x,y)$，求 $\dfrac{\partial z}{\partial x}$ 时，将 y 看作常数，$z=f(x,y)$ 看作 x 的一元函数；求 $\dfrac{\partial z}{\partial y}$ 时，将 x 看作常数，$z=f(x,y)$ 看作 y 的一元函数. 求分段函数分段点的偏导数，要用偏导数用定义.

（4）求 $z=f(x,y)$ 的全微分有两种方法.

方法一：先求偏导数 $\dfrac{\partial f}{\partial x}$、$\dfrac{\partial f}{\partial y}$，再代入公式 $\mathrm{d}z = \dfrac{\partial f}{\partial x}\mathrm{d}x + \dfrac{\partial f}{\partial y}\mathrm{d}y$；

方法二：用全微分的形式不变性及微分的四则运算法则.

若 $z=f(u,v)$ 可微，则不论 u、v 是自变量还是中间变量，总有 $\mathrm{d}z = \dfrac{\partial f}{\partial u}\mathrm{d}u + \dfrac{\partial f}{\partial v}\mathrm{d}v$.

（5）二元函数的积分，根据积分区域化为累次积分.

本 章 习 题

1. 选择题.

（1）二元函数 $f(x,y)$ 在点 (x_0,y_0) 处的偏导数存在是它在该点可微的（　　）条件.

　　A. 充分而非必要　　B. 必要而非充分　　C. 充要　　D. 无关

（2）函数 $f(x,y)$ 的偏导数 $\dfrac{\partial z}{\partial x}$ 与 $\dfrac{\partial z}{\partial y}$ 在点 (x,y) 存在且连续是函数 $f(x,y)$ 在该点可微的（　　）条件.

　　A. 充分非必要　　B. 必要非充分　　C. 充分必要　　D. 无关

（3）二元函数 $f(x,y)$ 在点 (x_0,y_0) 处的两个偏导数 $f_x'(x_0,y_0)$、$f_y'(x_0,y_0)$ 存在是 $f(x,y)$ 在该点连续的（　　）.

　　A. 充分非必要　　B. 必要非充分　　C. 充分必要　　D. 无关

（4）函数 $z=\dfrac{1}{\sqrt{x}}\ln(x+y)$ 的连续区间为（　　）.

　　A. $\{(x,y)\mid x+y>0\}$　　　　　　　　B. $\{(x,y)\mid x>0, x+y>0\}$

　　C. $\{(x,y)\mid x\geqslant 0, x+y>0\}$　　　　D. $\{(x,y)\mid x\geqslant 0, x+y\geqslant 0\}$

(5) 已知函数 $z = x^y$, 则 $\dfrac{\partial z}{\partial x}$ 与 $\dfrac{\partial z}{\partial y}$ 分别等于( ).

    A. yx^{y-1} 与 $x^y \ln x$　　B. $x^y \ln x$ 与 yx^{y-1}　　C. x^{y-1} 与 $x^y \ln x$　　D. yx^{y-1} 与 x^y

(6) 设函数 $z = f(x, y)$ 是由方程 $x^2 + y^3 - xyz^2 = 0$ 确定, 则 $\dfrac{\partial z}{\partial x} = ($).

    A. $\dfrac{2x + yz^2}{2xyz}$　　　　B. $\dfrac{2x - yz^2}{2xyz}$　　　　C. $\dfrac{3y^2 - xz^2}{2xyz}$　　　　D. $\dfrac{3y^2 + xz^2}{2xyz}$

(7) 下列( )点既是 $z = x^3 - y^3 + 3x^2 + 3y^2 - 9x$ 的驻点, 又是其极小值点.

    A. $(1, 0)$　　　　B. $(1, 2)$　　　　C. $(-3, 0)$　　　　D. $(-3, 2)$

(8) 设区域 $D: x^2 + y^2 \leqslant a^2$, $\iint\limits_{D} \sqrt{x^2 + y^2} \, \mathrm{d}x\mathrm{d}y = \dfrac{2}{3}\pi$, 则 $a = ($).

    A. -1　　　　B. 0　　　　C. 1　　　　D. 2

(9) 设函数 $I_1 = \iint\limits_{x^2+y^2 \leqslant 1} \ln(1 + x^2 + y^2) \, \mathrm{d}x\mathrm{d}y$, $I_2 = \iint\limits_{x^2+y^2 \leqslant 1} (x^2 + y^2) \, \mathrm{d}x\mathrm{d}y$, 则下面结论正确的是( ).

    A. $I_1 < I_2$　　　　B. $I_1 > I_2$　　　　C. $I_1 = I_2$　　　　D. I_1 与 I_2 的大小不能确定

(10) 积分 $\int_0^1 \mathrm{d}x \int_0^{1-x} f(x, y) \, \mathrm{d}y$ 通过交换积分次序后等于( ).

    A. $\int_0^1 \mathrm{d}y \int_0^1 f(x, y) \, \mathrm{d}x$　　B. $\int_0^1 \mathrm{d}y \int_0^{1-x} f(x, y) \, \mathrm{d}x$　　C. $\int_0^{1-x} \mathrm{d}y \int_0^1 f(x, y) \, \mathrm{d}x$　　D. $\int_0^1 \mathrm{d}y \int_0^{1-y} f(x, y) \, \mathrm{d}x$

2. 填空题.

(1) 二元函数 $u = \ln(4 - x^2 - y^2) + \dfrac{1}{\sqrt{x^2 + y^2 - 2}}$ 的定义域是 _____.

(2) 已知函数 $f(x, y)$ 的偏导数存在, 则 $\lim\limits_{h \to 0} \dfrac{f(x+h, y) - f(x-h, y)}{2h} = $ _____.

(3) 设 $z = \arctan \dfrac{x-y}{x+y}$, 则 $\dfrac{\partial z}{\partial x} = $ _____.

(4) 设 $\iint\limits_{D} \mathrm{d}\sigma = 12\pi$, 其中 $D: a^2 \leqslant x^2 + y^2 \leqslant 4a^2$, 则常数 $a = $ _____.

(5) 设 $\iint\limits_{D} \mathrm{d}\sigma = \pi$, 其中 $D: a^2 \leqslant x^2 + y^2 \leqslant b^2$, $a^2 + b^2 = 1$, 则非负常数 $a = $ _____, $b = $ _____.

3. 计算题.

(1) 设函数 $z = 2^x \arcsin x + \tan(x^2 + y^2)$, 求全微分.

(2) 设 $z = (\ln x)^{2y}$, 求 $\dfrac{\partial z}{\partial x}$、$\dfrac{\partial z}{\partial y}$.

(3) 设 D 是由曲线 $x^2 + y^2 = 1$、$x^2 + y^2 = 4$、$y = \dfrac{\sqrt{3}}{3}x$、$y = x$ 所围成的第一象限内的闭区域, 试求

$$\iint\limits_{D} \arctan \frac{y}{x} \, \mathrm{d}x\mathrm{d}y.$$

8 级 数

级数理论是研究分析学的一个重要工具,在实用科学中有着广泛的应用;在现代数学方法中占有重要的地位.

本章主要是介绍数项级数的基本概念及判敛法则、函数项级数的一致收敛性、幂级数的基本理论、函数的泰勒级数等等.

8.1 常数项级数的基本概念及性质

8.1.1 基本概念

定义 8-1 设数列 $u_1, u_2, \cdots, u_n, \cdots$,称

$$u_1 + u_2 + \cdots + u_n + \cdots \tag{8-1}$$

为无穷级数,或简称级数,记作 $\sum_{n=1}^{\infty} u_n$,其中 u_n 称为级数的通项或一般项.

由此看来,级数就是把无穷多个数用"和"的符号连起来的形式. 它们有没有和,或如何计算它们的和呢? 这就是我们要研究的问题.

定义 8-2 令 $S_n = u_1 + u_2 + \cdots + u_n$,称 S_n 为级数(8-1)的前 n 项部分和,也称为前 n 项部分和序列 $\{S_n\}$,即

$$S_n = \sum_{k=1}^{n} u_k,$$

$$S_1 = u_1, S_2 = u_1 + u_2, \cdots, S_n = u_1 + u_2 + \cdots + u_n, \cdots.$$

由数列 $\{S_n\}$ 也可以构成一个级数 $u_1 + u_2 + \cdots + u_n + \cdots$,

其中 $u_1 = S_1, u_2 = S_2 - S_1, \cdots, u_n = S_n - S_{n-1}, \cdots$.

定义 8-3 若级数 $\sum_{n=1}^{\infty} u_n$ 的前 n 项部分和序列 $\{S_n\}$ 收敛,设 $\lim_{n \to \infty} S_n = S$,则称级数 $\sum_{n=1}^{\infty} u_n$

收敛,并称 S 为级数 $\sum_{n=1}^{\infty} u_n$ 的和,即

$$\sum_{n=1}^{\infty} u_n = u_1 + u_2 + \cdots + u_n + \cdots = S.$$

若级数 $\sum_{n=1}^{\infty} u_n$ 的前 n 项部分和序列 $\{S_n\}$ 发散,则称级数 $\sum_{n=1}^{\infty} u_n$ 发散.

由此可见,级数的求和问题就转化为级数的前 n 项部分和数列的求极限问题了. 所以说极限是研究级数的一个重要工具. 因此,在讨论级数的各项性质时都必须借助于该级数的部分和的数列性质;研究级数及其和只不过是研究与其相应的一个数列极限的一种新的形式.

下面用级数的定义来分析几个常见且比较典型的级数.

【例 8-1】 判别级数 $\sum_{n=1}^{\infty} \dfrac{1}{n(n+1)}$ 的敛散性;若收敛,求其和.

解:因为 $S_n = \sum_{k=1}^{n} u_k = \dfrac{1}{1 \cdot 2} + \dfrac{1}{2 \cdot 3} + \cdots + \dfrac{1}{n \cdot (n+1)}$

$$= \left(\frac{1}{1} - \frac{1}{2} \right) + \left(\frac{1}{2} - \frac{1}{3} \right) + \cdots + \left(\frac{1}{n} - \frac{1}{n+1} \right)$$

$$= 1 - \frac{1}{n+1},$$

所以 $\lim_{n \to \infty} S_n = \lim_{n \to \infty} \left(1 - \dfrac{1}{n+1} \right) = 1.$

故级数 $\sum_{n=1}^{\infty} \dfrac{1}{n(n+1)}$ 收敛,且和为 1.

【例 8-2】 讨论级数 $\sum_{n=1}^{\infty} aq^{n-1} (a \neq 0, q$ 是常数) 的敛散性;若收敛,求其和.(此级数称为几何级数或等比级数)

解:(1)当 $q = 1$ 时,$S_n = na \to \infty$(当 $n \to \infty$ 时)所以级数发散.

(2)当 $q = -1$ 时,$S_n = \begin{cases} 0, & \text{当 } n \text{ 为偶数时,} \\ a, & \text{当 } n \text{ 为奇数时.} \end{cases}$

(3)当 $|q| \neq 1$ 时,$S_n = a + aq + aq^2 + \cdots + aq^{n-1} = \dfrac{a(1-q^n)}{1-q}.$

当 $|q| < 1$ 时,$\lim_{n \to \infty} S_n = \lim_{n \to \infty} \dfrac{a(1-q^n)}{1-q} = \dfrac{a}{1-q}.$

当 $|q| > 1$ 时,$\lim_{n \to \infty} S_n = \lim_{n \to \infty} \dfrac{a(1-q^n)}{1-q} = \infty.$

所以,当 $|q| < 1$ 时,几何级数 $\sum_{n=1}^{\infty} aq^{n-1}$ 收敛,且和为 $\dfrac{a}{1-q}$; 当 $|q| \geq 1$ 时,几何级数 $\sum_{n=1}^{\infty} aq^{n-1}$ 发散.

【例 8-3】 讨论级数 $\sum_{n=1}^{\infty} \ln\left(1 + \dfrac{1}{n}\right)$ 的敛散性.

解:因为 $S_n = \ln\left(1 + \dfrac{1}{1}\right) + \ln\left(1 + \dfrac{1}{2}\right) + \cdots + \ln\left(1 + \dfrac{1}{n}\right)$

$$= \ln 2 + \ln \frac{3}{2} + \ln \frac{4}{3} + \cdots + \ln \frac{n+1}{n}$$

$$= \ln 2 + \ln 3 - \ln 2 + \ln 4 - \ln 3 + \cdots + \ln(n+1) - \ln n$$

$$= \ln(n+1),$$

所以 $\lim_{n \to \infty} S_n = \lim_{n \to \infty} \ln(n+1) = \infty,$

故级数 $\sum_{n=1}^{\infty} \ln\left(1 + \dfrac{1}{n}\right)$ 发散.

【例 8-4】 弹簧在拉伸的过程中,力与伸长量成正比,即力 $F(x) = kx$(k 为常数,x 是伸长量),求弹簧从平衡位置拉长 b 所做的功.

分析：利用"以不变代变"的思想，采用分割、近似代替、求和、取极限的方法求解.

解：物体在常力 F 作用下沿力的方向移动距离 x，则所做的功为 $W = F \cdot x$.

（1）分割. 在区间 $[0, b]$ 上等间隔地插入 $n-1$ 个点，将区间 $[0, 1]$ 等分成 n 个小区间：

$$\left[0, \frac{b}{n}\right], \left[\frac{b}{n}, \frac{2b}{n}\right], \cdots, \left[\frac{(n-1)b}{n}, b\right],$$

记第 i 个区间为 $\left[\frac{(i-1)b}{n}, \frac{i \cdot b}{n}\right]$ $(i = 1, 2, \cdots, n)$，其长度为 $\Delta x = \frac{i \cdot b}{n} - \frac{(i-1)b}{n} = \frac{b}{n}$.

把在分段 $\left[0, \frac{b}{n}\right], \left[\frac{b}{n}, \frac{2b}{n}\right], \cdots, \left[\frac{(n-1)b}{n}, b\right]$ 上所做的功分别记作

$$\Delta W_1, \Delta W_2, \cdots, \Delta W_n.$$

（2）近似代替. 有条件知：

$$\Delta W_i = F\left[\frac{(i-1)b}{n}\right] \cdot \Delta x = k \cdot \frac{(i-1)b}{n} \cdot \frac{b}{n} \quad (i = 1, 2, \cdots, n).$$

（3）求和.

$$W_n = \sum_{i=1}^{n} \Delta W_i = \sum_{i=1}^{n} k \cdot \frac{(i-1)b}{n} \cdot \frac{b}{n}$$

$$= \frac{kb^2}{n^2}[0 + 1 + 2 + \cdots + (n-1)] = \frac{kb^2}{n^2} \frac{n(n-1)}{2} = \frac{kb^2}{2}\left(1 - \frac{1}{n}\right),$$

从而得到 W 的近似值 $W \approx W_n = \frac{kb^2}{2}\left(1 - \frac{1}{n}\right)$.

（4）取极限.

$$W = \lim_{n \to \infty} W_n = \lim_{n \to \infty} \sum_{i=1}^{n} \Delta W_i = \lim_{n \to \infty} \frac{kb^2}{2}\left(1 - \frac{1}{n}\right) = \frac{kb^2}{2}.$$

所以得到弹簧从平衡位置拉长 b 所做的功为 $\frac{kb^2}{2}$.

从以上几个例题可以看出，判别一个级数敛散性的基本方法是看其部分和数列的极限是否存在？若收敛时，并可以求出其和. 但是在求其前部分和时往往是很困难的，为此我们要给出判别其收敛的一般方法，首先给出它的基本性质.

8.1.2　无穷级数的基本性质

定理 8-1（收敛的必要条件）　若级数 $\sum_{n=1}^{\infty} u_n$ 收敛，则 $\lim_{n \to \infty} u_n = 0$.

证明：因级数 $\sum_{n=1}^{\infty} u_n$ 收敛，所以设 $S_n = u_1 + u_2 + \cdots + u_n$，且 $\lim_{n \to \infty} S_n = s$，由极限性质可得 $\lim_{n \to \infty} S_{n-1} = s$，故

$$\lim_{n \to \infty} u_n = \lim_{n \to \infty} (S_n - S_{n-1}) = 0.$$

注意:这是收敛的必要条件,不是充分条件,也就是说,若级数的通项极限不为零,则级数一定不收敛;反之不成立(即若 $\lim\limits_{n\to\infty}u_n = 0$,并不能保证级数收敛). 这也是判别级数敛散性最基本的方法.

例如,级数 $\sum\limits_{n=1}^{\infty}\dfrac{n}{n+1}$ 因 $\lim\limits_{n\to\infty}\dfrac{n}{n+1} = 1$,所以 $\sum\limits_{n=1}^{\infty}\dfrac{n}{n+1}$ 发散. 调和级数 $\sum\limits_{n=1}^{\infty}\dfrac{1}{n}$ 虽然 $\lim\limits_{n\to\infty}\dfrac{1}{n} = 0$,但它也是发散的.

定理 8-2 若级数 $\sum\limits_{n=1}^{\infty}u_n$、$\sum\limits_{n=1}^{\infty}v_n$ 收敛,且和分别为 A、B,则

(1)级数 $\sum\limits_{n=1}^{\infty}cu_n$($c$ 为常数)收敛,且 $\sum\limits_{n=1}^{\infty}cu_n = c\sum\limits_{n=1}^{\infty}u_n = cA$(常数可以提到级数符号外面);

(2)级数 $\sum\limits_{n=1}^{\infty}(u_n \pm v_n)$ 收敛,且 $\sum\limits_{n=1}^{\infty}(u_n \pm v_n) = \sum\limits_{n=1}^{\infty}u_n \pm \sum\limits_{n=1}^{\infty}v_n = A \pm B$(和差级数等于级数的和差).

注意:(1)、(2)推广到有限项也成立.

若级数 $\sum\limits_{n=1}^{\infty}u_n$、$\sum\limits_{n=1}^{\infty}v_n$ 都发散,其和差仍可能是收敛的;若一个收敛,一个发散,其和差一定发散. 例如,$\sum\limits_{n=1}^{\infty}(-1)^{n-1}$、$\sum\limits_{n=1}^{\infty}(-1)^n$ 都发散,而 $\sum\limits_{n=1}^{\infty}[(-1)^{n-1} + (-1)^n] = 0 + 0 + \cdots + 0 + \cdots$ 收敛.

定理 8-3 设级数 $\sum\limits_{n=1}^{\infty}u_n$,若在此级数前去掉或增加有限项得到的新级数,新级数与原级数具有同样的敛散性.

值得注意的是,此性质虽然不改变其敛散性,但若级数收敛时,其和的值是会改变的.

定理 8-4 设级数 $\sum\limits_{n=1}^{\infty}u_n$ 收敛,若对其项任意加括号后,所得级数仍收敛于原级数的和.

注意:(1)若级数加括号后收敛,并不能说明原级数一定收敛. 如级数$(1-1) + (1-1) + \cdots + (1-1) + \cdots$收敛,而原级数 $1-1+1-1+\cdots+1-1+\cdots$是发散的.

(2)若级数加括号后所得的新级数发散,则原级数一定发散.

【例 8-5】 判别下列级数的敛散性:

(1) $\sum\limits_{n=1}^{\infty}(-1)^{n-1}\dfrac{n}{n+2}$; (2) $\sum\limits_{n=1}^{\infty}\left(\dfrac{1}{n}\right)^{\frac{1}{n}}$;

(3) $\sum\limits_{n=1}^{\infty}\left(\dfrac{1}{2^n} + \dfrac{1}{3^n}\right)$; (4) $\sum\limits_{n=1}^{\infty}(\sqrt{n+1} - \sqrt{n})$.

解:(1)因为 $\lim\limits_{n\to\infty}\dfrac{n}{n+2} = 1 \neq 0$,所以原级数发散.

(2)因为 $\lim\limits_{n\to\infty}\left(\dfrac{1}{n}\right)^{\frac{1}{n}} = \lim\limits_{n\to\infty}e^{\frac{1}{n}\ln\frac{1}{n}} = \lim\limits_{n\to\infty}e^{\frac{-\ln n}{n}} = 1 \neq 0$,所以原级数发散.

(3)因为 $\sum\limits_{n=1}^{\infty}\dfrac{1}{2^n}$、$\sum\limits_{n=1}^{\infty}\dfrac{1}{3^n}$ 都是等比级数,且公比 $\left|\dfrac{1}{2}\right| < 1$、$\left|\dfrac{1}{3}\right| < 1$,所以 $\sum\limits_{n=1}^{\infty}\dfrac{1}{2^n}$、$\sum\limits_{n=1}^{\infty}\dfrac{1}{3^n}$,都

收敛,由定理 8-2 可得, $\sum\limits_{n=1}^{\infty}\left(\dfrac{1}{2^n}+\dfrac{1}{3^n}\right)$ 收敛.

（4）因为 $u_n = \sqrt{n+1} - \sqrt{n} = \dfrac{n+1-n}{\sqrt{n+1}+\sqrt{n}} = \dfrac{1}{\sqrt{n+1}+\sqrt{n}}$,所以 $\lim\limits_{n\to\infty} u_n = 0$,但还不能

判断此级数是收敛的. 又因为 $S_n = \sqrt{2} - 1 + \sqrt{3} - \sqrt{2} + \sqrt{4} - \sqrt{3} + \cdots + \sqrt{n+1} - \sqrt{n} = \sqrt{n+1}$

-1,所以 $\lim\limits_{n\to\infty} S_n = \lim\limits_{n\to\infty}(\sqrt{n+1} - 1) = \infty$,故级数发散.

从以上几个例题可以看出,前面所介绍的性质在判定级数发散时比较有效,但在判定级数收敛时却比较困难. 下节专门介绍级数收敛的判定方法.

习题 8.1

1. 根据级数收敛与发散的定义,判断下列级数的敛散性：

（1） $\sum\limits_{n=1}^{\infty} \dfrac{5}{a^n}(a > 0)$;　　　　　　　　（2） $\sum\limits_{n=1}^{\infty}(\sqrt{n+1} - \sqrt{n})$;

（3） $\sum\limits_{n=1}^{\infty} \ln \dfrac{n}{n+1}$;　　　　　　　　　　（4） $\sum\limits_{n=1}^{\infty} \dfrac{1}{(2n+1)(2n-1)}$.

2. 判断下列级数的敛散性：

（1） $\sum\limits_{n=1}^{\infty} \dfrac{n}{2n+3}$;　　　　　　　　　　（2） $\sum\limits_{n=1}^{\infty} \dfrac{2+(-1)^n}{2^n}$;

（3） $\sum\limits_{n=1}^{\infty}\left(\dfrac{n+1}{n}\right)$;　　　　　　　　　（4） $\sum\limits_{n=1}^{\infty} \dfrac{(-1)^{n-1} n}{2n+1}$;

（5） $\sum\limits_{n=1}^{\infty}(0.01)^{\frac{1}{n}}$;　　　　　　　　　（6） $\sum\limits_{n=1}^{\infty}\left(\dfrac{1}{2^n}+\dfrac{2}{3^n}\right)$.

8.2　幂级数

8.2.1　函数项级数的概念

定义 8-4　设函数列 $u_1(x), u_2(x), \cdots, u_n(x), \cdots$ 在某个区间 I 上有定义,则

$$\sum_{n=1}^{\infty} u_n(x) = u_1(x) + u_2(x) + \cdots + u_n(x) + \cdots \tag{8-2}$$

称为定义在区间 I 上的函数项级数.

若对区间 I 上的每取定一个点 x_0,级数（8-2）就变成了常数项级数

$$\sum_{n=1}^{\infty} u_n(x_0) = u_1(x_0) + u_2(x_0) + \cdots + u_n(x_0) + \cdots. \tag{8-3}$$

常数项级数（8-3）可能收敛,也可能发散. 若级数（8-3）收敛,就称 x_0 是级数（8-2）的收敛点;若级数（8-3）发散时,就称 x_0 是级数（8-2）的发散点.

定义 8-5　级数（8-2）收敛点的全体称之为它的收敛域,级数（8-2）所有发散点的全体称之为它的发散域.

【**例 8-6**】　求函数项级数 $\sum\limits_{n=1}^{\infty} x^{n-1}$ 的收敛域.

解:此级数的定义域是$(-\infty,+\infty)$,它是几何级数.所以当$|x|<1$时收敛,并且收敛于和$\dfrac{1}{1-x}$;当$|x|\geqslant1$时发散.故函数项级数的收敛域是$(-1,1)$,发散域是$(-\infty,-1]\cup[1,+\infty)$.

级数(8-2)在收敛域内对任意的x都对应于一个常数项级数,并且有确定的和,记为$S(x)$,即

$$S(x)=\sum_{n=1}^{\infty}u_n(x)=u_1(x)+u_2(x)+\cdots+u_n(x)+\cdots,$$

则称$S(x)$为级数(8-2)在收敛域上的和函数.

对级数(8-2),记$S_n(x)=\sum_{k=1}^{n}u_k=u_1(x)+u_2(x)+\cdots+u_n(x)$为它的前$n$项部分和,在其收敛域内有$\lim\limits_{n\to\infty}S_n(x)=S(x)$成立.

记$r_n(x)=S(x)-S_n(x)$为级数(8-2)的n项余和,且有

$$\lim_{n\to\infty}r_n(x)=0.$$

【**例 8-7**】 设函数列

$$u_1(x)=x,u_2(x)=x^2-x,\cdots,u_n(x)=x^n-x^{n-1}\cdots,$$

讨论函数项级数$\sum\limits_{n=1}^{\infty}u_n(x)$在区间$[0,1]$上的敛散性.

解:$\sum\limits_{n=1}^{\infty}u_n$的部分和数列为:

$$S_1(x)=x,S_2(x)=x^2,\cdots,S_n(x)=x^n,\cdots,$$

所以,当$0\leqslant x<1$时,$\lim\limits_{n\to\infty}S_n(x)=\lim\limits_{n\to\infty}x^n=0$,当$x=1$时,$S_n(1)=1$,所以$\lim\limits_{n\to\infty}S_n(1)=1$.故级数$\sum\limits_{n=1}^{\infty}u_n$在区间$[0,1]$上收敛,且和函数为

$$S(x)=\begin{cases}0,&0\leqslant x<1,\\1,&x=1.\end{cases}$$

8.2.2 幂级数的概念

函数项级数中形式最简单、应用最广泛的一类级数就是幂级数,在这里只介绍幂级数的最基本的概念、最基本的性质及应用.

定义 8-6 形如

$$\sum_{n=0}^{\infty}a_n(x-x_0)^n=a_0+a_1(x-x_0)+a_2(x-x_0)^2+\cdots+a_n(x-x_0)^n+\cdots \quad (8-4)$$

的级数,称为幂级数.

当$x_0=0$时,式(8-4)成为

$$\sum_{n=0}^{\infty}a_nx^n=a_0+a_1x+a_2x^2+\cdots+a_nx^n+\cdots. \quad (8-5)$$

幂级数其实是可以看作多项式函数的一个推广,它的重要性在于:一个收敛的幂级数,其和函数可能很复杂,但其部分和函数是多项式,所以我们可以用一个简单的函数多项式来逼近一个复杂的函数,且可以逼近到任意精确的程度.

定理 8-5(Abel 定理)　设幂级数 $\sum_{n=0}^{\infty} a_n x^n$,

(1)若在 x_0 处,幂级数 $\sum_{n=0}^{\infty} a_n x_0^n$ 收敛,则它在区间 $(-|x_0|,|x_0|)$ 内绝对收敛;

(2)若在 x_0 处,幂级数 $\sum_{n=0}^{\infty} a_n x_0^n$ 发散,则它在满足不等式 $|x| > |x_0|$ 的任意一点 x 处,级数发散.

证明:(1)因为幂级数 $\sum_{n=0}^{\infty} a_n x_0^n$ 收敛,所以 $\lim_{n\to\infty} a_n x_0^n = 0$,则 $\exists M > 0$,使得

$$|a_n x_0^n| \le M,$$

当 $x \in (-|x_0|,|x_0|)$ 时,有

$$|a_n x^n| = \left| a_n x_0^n \frac{x^n}{x_0^n} \right| = |a_n x_0^n| \left| \frac{x^n}{x_0^n} \right| \le M \left| \frac{x}{x_0} \right|^n,$$

而 $\left| \dfrac{x}{x_0} \right| < 1$,所以等比级数 $\sum_{n=1}^{\infty} M \left| \dfrac{x}{x_0} \right|^n$ 收敛,故幂级数 $\sum_{n=1}^{\infty} a_n x^n$ 在区间 $(-|x_0|,|x_0|)$ 内绝对收敛.

(2)用反证法可以证明.

必须注意的是:(1)幂级数(8-5)在 $x = x_0$ 点收敛(或发散),不一定保证在 $x = -x_0$ 处收敛(或发散).

(2)幂级数(8-5)在 $x = 0$ 点总是收敛的,在其他点可能收敛,也可能发散,但根据定理 8-5,幂级数(8-5)的收敛域有且仅有下列三种情况:

1)仅在 $x = 0$ 点收敛,在任何非零点都发散.

【例 8-8】　判断级数 $\sum_{n=1}^{\infty} (nx)^n = x + (2x)^2 + \cdots + (nx)^n + \cdots$ 的敛散性.

解:当 $x \ne 0$ 时,只要 $|nx| > 1$,即 $n > \dfrac{1}{|x|}$ 时,便有 $|nx|^n > 1$,当 $n \to \infty$ 时,有 $\lim_{n\to\infty}(nx)^n \ne 0$,故级数 $\sum_{n=1}^{\infty} (nx)^n$ 发散.

2)在区间 $(-\infty, +\infty)$ 内均收敛.

【例 8-9】　判断级数 $\sum_{n=1}^{\infty} \dfrac{x^n}{2(n+1)!}$ 的敛散性.

解:当 $x = 0$ 时,级数显然收敛,当 $x \ne 0$ 时,因为 $\lim_{n\to\infty} \left| \dfrac{u_{n+1}}{u_n} \right| = \lim_{n\to\infty} \left| \dfrac{\frac{x^{n+1}}{2(n+2)!}}{\frac{x^n}{2(n+1)!}} \right| = $

$\lim_{n\to\infty} \left| \dfrac{x}{n+2} \right| = 0$,所以,级数 $\sum_{n=1}^{\infty} \dfrac{x^n}{2(n+1)!}$ 在区间 $(-\infty, +\infty)$ 内均收敛.

3）存在一个正数 R，使得当 $|x| < R$ 时，级数收敛；当 $|x| > R$ 时，级数发散；当 $x = \pm R$ 时，级数可能收敛也可能发散．

【例 8-10】 判断级数 $\sum\limits_{n=1}^{\infty} (-1)^{n-1} \dfrac{x^n}{n}$ 的敛散性．

解： 当 $x = 1$ 时，$\sum\limits_{n=1}^{\infty} (-1)^{n-1} \dfrac{1}{n}$ 是莱布尼茨级数，所以级数收敛，由定理 8-5 可得，级数 $\sum\limits_{n=1}^{\infty} (-1)^{n-1} \dfrac{x^n}{n}$ 在 $(-1,1)$ 内绝对收敛；当 $x = -1$ 时，原级数变为 $\sum\limits_{n=1}^{\infty} \dfrac{1}{n}$，是调和级数，级数发散．故级数 $\sum\limits_{n=1}^{\infty} (-1)^{n-1} \dfrac{x^n}{n}$ 的收敛域是 $(-1,1]$．

由此可以得到幂级数（8-5）的收敛域是一个以原点为中心的对称区间（区间的端点可能在内，也可能不在内），收敛点和发散点不可能交错地落在同一区间内，因此收敛区间与发散区间的分界点 $x = R > 0$ 总是存在的，称 R 为幂级数的收敛半径．于是得到如下两个定理．

定理 8-6 对任意一个幂级数（8-5），除去只有在 $x = 0$ 处收敛与在任一点收敛外，都有一个收敛半径 $R > 0$．当 $|x| < R$ 时，级数绝对收敛；当 $|x| > R$ 时，级数发散；当 $|x| = R$ 时，级数可能收敛也可能发散．

定理 8-7 设级数 $\sum\limits_{n=0}^{\infty} a_n x^n$，且 $\lim\limits_{n \to \infty} \left| \dfrac{a_{n+1}}{a_n} \right| = \rho \, (a_n \neq 0)$，则

（1）若 $\rho \neq 0$，收敛半径 $R = \dfrac{1}{\rho}$；

（2）若 $\rho = 0$，收敛半径 $R = +\infty$；

（3）若 $\rho = +\infty$，收敛半径 $R = 0$．

证明从略．

【例 8-11】 求下列幂级数的收敛半径及收敛域：

（1）$\sum\limits_{n=1}^{\infty} (-1)^n \dfrac{6^n x^n}{\sqrt[3]{n+1}}$；

（2）$\sum\limits_{n=1}^{\infty} \dfrac{x^n}{3^n(3n+1)}$；

（3）$\sum\limits_{n=0}^{\infty} (n+1)! x^{n+1}$；

（4）$\sum\limits_{n=1}^{\infty} \dfrac{(x-2)^n}{n^2 2^n}$．

解：（1）因为 $\rho = \lim\limits_{n \to \infty} \left| \dfrac{(-1)^{n+1} \dfrac{6^{n+1}}{\sqrt[3]{n+2}}}{(-1)^n \dfrac{6^n}{\sqrt[3]{n+1}}} \right| = 6$，所以收敛半径为 $R = \dfrac{1}{6}$．

当 $x = \dfrac{1}{6}$ 时，级数成为是莱布尼茨级数，所以收敛；当 $x = -\dfrac{1}{6}$ 时，级数成为 $\sum\limits_{n=1}^{\infty} \dfrac{1}{\sqrt[3]{n+1}}$ 是发散的．故，原级数的收敛域是 $\left(-\dfrac{1}{6}, \dfrac{1}{6} \right]$．

（2）因为 $\rho = \lim\limits_{n \to \infty} \left| \dfrac{a_{n+1}}{a_n} \right| = \lim\limits_{n \to \infty} \left| \dfrac{\dfrac{1}{3^{n+1}(3n+4)}}{\dfrac{1}{3^n(3n+1)}} \right| = \lim\limits_{n \to \infty} \left| \dfrac{3n+1}{3(3n+4)} \right| = \dfrac{1}{3}$，所以，收敛半径为 $R = 3$．

当 $x = -3$ 时，级数成为 $\sum\limits_{n=1}^{\infty} (-1)^n \dfrac{1}{3n+1}$ 是莱布尼茨级数，所以收敛；当 $x = 3$ 时，级数

成为 $\sum\limits_{n=1}^{\infty} \dfrac{1}{3n+1}$ 是发散的；故，级数 $\sum\limits_{n=1}^{\infty} \dfrac{x^n}{3^n(3n+1)}$ 的收敛域是 $[-3,3)$.

（3）因为 $\lim\limits_{n\to\infty} \left| \dfrac{a_{n+1}}{a_n} \right| = \lim\limits_{n\to\infty} \left| \dfrac{(n+2)!}{(n+1)!} \right| = \lim\limits_{n\to\infty}(n+2) = \infty$，所以收敛半径 $R=0$，级数只在

$x = 0$ 点收敛.

（4）因级数 $\sum\limits_{n=1}^{\infty} \dfrac{(x-2)^n}{n^2 2^n}$ 不是标准形式，所以需要先转换成标准形式(8-5).

令 $x - 2 = t$，则原级数就变为 $\sum\limits_{n=1}^{\infty} \dfrac{t^n}{n^2 2^n}$. 先求 $\sum\limits_{n=1}^{\infty} \dfrac{t^n}{n^2 2^n}$ 的收敛半径及收敛域.

因为 $\rho = \lim\limits_{n\to\infty} \left| \dfrac{a_{n+1}}{a_n} \right| = \lim\limits_{n\to\infty} \dfrac{n^2 2^n}{(n+1)^2 2^{n+1}} = \lim\limits_{n\to\infty} \left(\dfrac{n}{n+1} \right)^2 \cdot \dfrac{1}{2} = \dfrac{1}{2}$，所以收敛半径为 $R = 2$.

当 $t = 2$ 时，级数成为 $\sum\limits_{n=1}^{\infty} \dfrac{1}{n^2}$，是收敛的；当 $t = -2$ 时，级数成为 $\sum\limits_{n=1}^{\infty} (-1)^n \dfrac{1}{n^2}$ 是莱布尼

茨级数，是收敛的. 所以级数 $\sum\limits_{n=1}^{\infty} \dfrac{t^n}{n^2 2^n}$ 的收敛域是 $[-2,2]$. 因为 $x - 2 = t$，所以当 $-2 \leqslant t \leqslant 2$

时，有 $-2 \leqslant x - 2 \leqslant 2$，可得 $0 \leqslant x \leqslant 4$，故，原级数的收敛域为 $[0,4]$.

8.2.3　幂级数的性质

定理 8-8　设两个幂级数 $\sum\limits a_n x^n$、$\sum\limits b_n x^n$ 的收敛半径分别为 R_1、R_2，且 $R = \min(R_1,$

$R_2)$，那么两个级数在区间 $(-R, R)$ 内均绝对收敛，则两个级数满足如下四则运算：

（1）$\sum\limits_{n=0}^{\infty} a_n x^n + \sum\limits_{n=0}^{\infty} b_n x^n = \sum\limits_{n=0}^{\infty} (a_n + b_n) x^n$，在 $(-R, R)$ 内绝对收敛.

（2）$\left(\sum\limits_{n=0}^{\infty} a_n x^n \right) \cdot \left(\sum\limits_{n=0}^{\infty} b_n x^n \right) = \sum\limits_{n=0}^{\infty} \left(\sum\limits_{i=0}^{n} a_i b_{n-i} \right) x^n$

$\qquad = a_0 b_0 + (a_0 b_1 + a_1 b_0) x + (a_0 b_2 + a_1 b_1 + a_2 b_0) x^2 + \cdots +$

$\qquad (a_0 b_n + a_1 b_{n-1} + \cdots + a_n b_0) x^n + \cdots.$

上式称为幂级数的柯西乘积，在区间 $(-R, R)$ 内绝对收敛.

（3）$\dfrac{\sum\limits_{n=0}^{\infty} a_n x^n}{\sum\limits_{n=0}^{\infty} b_n x^n} = \dfrac{a_0 + a_1 x + a_2 x^2 + \cdots + a_n x^n + \cdots}{b_0 + b_1 x + b_2 x^2 + \cdots + b_n x^n + \cdots}$

$\qquad = c_0 + c_1 x + c_2 x^2 + \cdots + c_n x^n + \cdots.$

这时设 $b_0 \neq 0$，商级数 $\sum\limits_{n=0}^{\infty} c_n x^n$ 的收敛半径比原来两个级数的公共收敛半径要小得多.

以下给出幂级数的分析性质：

定理 8-9　幂级数 $\sum\limits_{n=0}^{\infty} a_n x^n$ 的和函数 $S(x)$ 在收敛区间 $(-R, R)$ 内的任意一点 x 处都是

连续的,并且若幂级数 $\displaystyle\sum_{n=0}^{\infty} a_n x^n$ 在端点 $x = R$(或 $x = -R$)处也收敛,则和函数 $S(x)$ 在 $x = R$ 处左连续(或 $x = -R$ 处右连续).

定理 8-10 设幂级数 $\displaystyle\sum_{n=0}^{\infty} a_n x^n$ 在收敛区间$(-R, R)$内收敛于和函数 $S(x)$,则 $S(x)$ 在 $(-R, R)$内任意一点可导,并且逐项可微,即

$$S'(x) = \left(\sum_{n=0}^{\infty} a_n x^n \right)' = \sum_{n=0}^{\infty} (a_n x^n)' = \sum_{n=1}^{\infty} n a_n x^{n-1},$$

且求导后所得的级数与原级数有相同的收敛半径.

定理 8-11 若级数 $\displaystyle\sum_{n=0}^{\infty} a_n x^n$ 的收敛半径为 R,则其和函数 $S(x)$ 在收敛区间$(-R, R)$内任意一点处具有任意阶导数,且导函数 $S^{(n)}(x)$ $(n = 1, 2, \cdots)$ 就是级数 $\displaystyle\sum_{n=0}^{\infty} a_n x^n$ 项微分 n 次后所得的级数的和,即

$$S^{(n)}(x) = \sum_{k=n}^{\infty} k(k-1)\cdots(k-n+1) a_k x^{k-n}$$

$$= (n!)a_n + \frac{(n+1)!}{1!} \cdot a_{n+1} x + \frac{(n+2)!}{2!} a_{n+2} x^2 + \cdots,$$

而且对于任何 n,其收敛半径为 R.

定理 8-12 幂级数 $\displaystyle\sum_{n=0}^{\infty} a_n x^n$ 的和函数 $S(x)$ 在收敛区间$(-R, R)$内是可积的,并且逐项可积,即

$$\int_0^x S(x)\mathrm{d}x = \int_0^x \left(\sum_{n=0}^{\infty} a_n x^n \right)\mathrm{d}x = \sum_{n=0}^{\infty} \int_0^x a_n x^n \mathrm{d}x = \sum_{n=0}^{\infty} \frac{a_{n+1}}{n+1} x^{n+1},$$

其中$|x| < R$,积分所得的级数与原级数具有相同的收敛半径.

注意:(1)对于幂级数 $\displaystyle\sum_{n=0}^{\infty} a_n (x - x_0)^n$,若收敛半径为 R,那么它在收敛区间$(x_0 - R, x_0 + R)$内具有幂级数 $\displaystyle\sum_{n=0}^{\infty} a_n x^n$ 在收敛区间$(-R, R)$内的上述一切性质.

(2)幂级数在收敛区间内逐项求导和逐项积分所得的新级数,虽然收敛半径没变,但在区间端点的敛散性需要另加讨论.

习题 8.2

1. 求下列级数的收敛域:

(1) $\displaystyle\sum_{n=1}^{\infty} n x^n$;

(2) $\displaystyle\sum_{n=1}^{\infty} \frac{x^n}{2^n n}$;

(3) $\displaystyle\sum_{n=1}^{\infty} \frac{(x+3)^n}{n^2}$;

(4) $\displaystyle\sum_{n=1}^{\infty} \frac{2^n}{n^2 + 1} x^n$.

2. 求下列幂级数的和函数:

（1）$\displaystyle\sum_{n=1}^{\infty} n x^{n-1}$;

（2）$\displaystyle\sum_{n=1}^{\infty} \frac{x^{4n+1}}{4n+1}$;

（3）$\displaystyle\sum_{n=1}^{\infty} \frac{x^{2n-1}}{2n-1}$;

（4）$\displaystyle\sum_{n=1}^{\infty} \frac{x^n}{n!}$.

8.3　函数的幂级数的展开

8.3.1　泰勒级数

上节我们知道幂级数在其收敛区间内具有分析性质．幂级数作为研究函数的一个有效工具，它表现在两个方面：

（1）一个幂级数在收敛域内可以表达一个函数；

（2）对于任意一个给定的函数 $f(x)$，能否用一个幂级数来表示它呢？也就是说，能不能找到一个幂级数，它在某个区间内收敛，其和函数正好就是所给的 $f(x)$．如果能这样的话，这给我们研究函数的性态带来了方便．

首先假定函数 $f(x)$ 能表示成幂级数 $\displaystyle\sum_{n=0}^{\infty} a_n(x-x_0)^n$，讨论 $f(x)$ 必须具备什么样的条件以及幂级数的系数与 $f(x)$ 应具有什么样的关系．

定理 8-13　若函数 $f(x)$ 在区间 (x_0-R, x_0+R) 内能展开幂级数 $\displaystyle\sum_{n=0}^{\infty} a_n(x-x_0)^n$，则函数 $f(x)$ 在区间 (x_0-R, x_0+R) 内存在任意阶导数，且

$$a_0 = f(x_0), \quad a_n = \frac{f^{(n)}(x_0)}{n!}(n=1,2,\cdots).$$

定义 8-7　若函数 $f(x)$ 在 x_0 点处具有任意阶导数，则级数

$$f(x_0) + f'(x_0)(x-x_0) + \frac{f''(x_0)}{2!}(x-x_0)^2 + \cdots + \frac{f^{(n)}(x_0)}{n!}(x-x_0)^n + \cdots \qquad (8\text{-}6)$$

称为 $f(x)$ 在 x_0 的泰勒（Taylor）级数，记作

$$f(x) \sim \sum_{n=0}^{\infty} \frac{f^{(n)}(x_0)}{n!}(x-x_0)^n,$$

其系数 $\dfrac{f^{(n)}(x_0)}{n!}$ 称为泰勒系数．

当 $x_0 = 0$ 时，级数（8-6）就成为

$$f(0) + f'(0)(x) + \frac{f''(0)}{2!}(x)^2 + \cdots + \frac{f^{(n)}(0)}{n!}(x)^n + \cdots, \qquad (8\text{-}7)$$

称级数（8-7）为函数 $f(x)$ 的麦克劳林级数，即 $f(x) \sim \displaystyle\sum_{n=0}^{\infty} \frac{f^{(n)}(0)}{n!}x^n$.

在定义 8-7 中采用了记号"$\sim$"，是说明函数 $f(x)$ 虽然在 $x=x_0$ 点具有任意阶导数，我们可以作出函数 $f(x)$ 在 $x=x_0$ 点的泰级数的形式（8-6），但级数（8-6）在某邻域内是否收敛于 $f(x)$ 并不一定．例如函数

$$f(x) = \begin{cases} \mathrm{e}^{-x^2}, & \text{当 } x \neq 0 \text{ 时}, \\ 0, & \text{当 } x = 0 \text{ 时}, \end{cases} \tag{8-8}$$

可以验证它在 $x = 0$ 的任何邻域内存在任意阶导数, 并且对一切 n, 都有

$$f^{(n)}(0) = 0(f^{(0)}(0) = 0).$$

于是函数 $(8-8)$ 成为

$$0 + 0 \cdot x + \frac{0}{2!}x^2 + \cdots + \frac{0}{n!}x^n + \cdots. \tag{8-9}$$

显然, 麦克劳林级数 $(8-9)$ 在区间 $(-\infty, +\infty)$ 内收敛于 0, 但当 $x \neq 0$ 时, 函数 $(8-8)$ 中的 $f(x) \neq 0$.

又如函数 $f(x) = \mathrm{e}^x$ 和 $g(x) = \mathrm{e}^x + \phi(x)$, 其中 $\phi(x) = \begin{cases} \mathrm{e}^{-\frac{1}{x^2}}, & x \neq 0, \\ 0, & x = 0, \end{cases}$ 计算可得 $\phi^{(n)}(0) = 0, n = 0, 1, 2, \cdots$, 在 $x = 0$ 点具有相同的泰勒级数, 即

$$f(x) \sim 1 + x + \frac{x^2}{2!} + \cdots + \frac{x^n}{n!} + \cdots,$$

$$g(x) \sim 1 + x + \frac{x^2}{2!} + \cdots + \frac{x^n}{n!} + \cdots.$$

显然, 同一个级数不可能在 $x = 0$ 点收敛于两个不同的函数. 因此必须要讨论它的充要条件.

定理 8-14 设函数 $f(x)$ 在区间 $(x_0 - R, x_0 + R)$ 内具有任意阶导数, 则 $f(x)$ 在 x_0 点的泰勒级数在该区间内收敛于 $f(x)$ 的充要条件是: $\lim\limits_{n \to \infty} r_n(x) = 0 (r_n(x)$ 是泰勒公式的余项$)$, 对 $\forall x \in (x_0 - R, x_0 + R)$.

证明略.

定理 8-15 设函数 $f(x)$ 在区间 $(x_0 - R, x_0 + R)$ 内具有任意阶导数, 且 $\exists M > 0$, $\forall n \in N$, $\forall x \in (x_0 - R, x_0 + R)$, 有

$$|f^{(n)}(x)| \leqslant M(f^{(0)}(x) = f(x)),$$

则

$$f(x) = \sum_{n=0}^{\infty} \frac{f^{(n)}(x_0)}{n!}(x - x_0)^n.$$

8.3.2 函数展开成幂级数

将函数展开成 x 的幂级数有两种方法: 直接法和间接法. 在这里主要是讨论一些初等函数 $f(x)$ 展开成 x 的麦克劳林的问题.

8.3.2.1 直接展开法

【例 8-12】 将 $f(x) = \mathrm{e}^x$ 展开成 x 的麦克劳林级数.

解: 因对 $\forall n \in N$, $\forall x \in R$, 有 $f^{(n)}(x) = \mathrm{e}^x$; 对 $\forall r > 0$, $\forall x \in (-r, r)$, $\forall n \in N$ 时, 有 $|f^{(n)}(x)| = |\mathrm{e}^x| \leqslant \mathrm{e}^r$, 根据定理 8-15 可得, 函数 $f(x) = \mathrm{e}^x$ 在区间 $(-r, r)$ 内可以展开成幂级数, 因 $f^{(n)}(0) = \mathrm{e}^0 = 1(n = 1, 2, \cdots)$ 即

$$e^x = 1 + \frac{x}{1!} + \frac{x^2}{2!} + \cdots + \frac{x^n}{n!} + \cdots.$$

【例 8-13】 将 $f(x) = \sin x$ 展成麦克劳林级数.

解: 因为 $\forall n \in N, \forall x \in R$, 有

$$f^{(n)}(x) = (\sin x)^{(n)} = \sin\left(x + n \cdot \frac{\pi}{2}\right).$$

且

$$|f^{(n)}(x)| = \left|\sin\left(x + n \cdot \frac{\pi}{2}\right)\right| \leqslant 1.$$

所以根据定理 8-15, 函数 $f(x) = \sin x$ 在 R 上可展成幂级数, 当 $x = 0$ 时, 有

$$f(0) = 0, f'(0) = 1, f''(0) = 0, f'''(0) = -1, \cdots,$$

故

$$\sin x = x - \frac{x^3}{3!} + \frac{x^5}{5!} - \cdots + (-1)^n \frac{x^{2n+1}}{(2n+1)!} + \cdots.$$

同理可得

$$\cos x = 1 - \frac{x^2}{2!} + \frac{x^4}{4!} + \cdots + (-1)^n \frac{x^{2n}}{(2n)!} + \cdots.$$

也可以根据幂级数收敛的分析得到.

【例 8-14】 将 $f(x) = \ln(1 + x)$ 展成麦克劳林级数.

解: 因为 $f^{(n)}(x) = (-1)^{n-1}(n-1)!(1+x)^{-n}(n = 1, 2, \cdots)$, 所以 $f(0) = 0, f'(0) = -1, \cdots, f^{(n)}(0) = (-1)^{n-1}(n-1)!$.

又因为 $\forall x \in (-1, 1]$ 时, $\lim\limits_{n \to \infty} r_n(x) = 0$, 由定理 8-14 可得

$$\ln(1 + x) = x - \frac{x^2}{2} + \frac{x^3}{3} - \cdots + \frac{(-1)^{n-1}}{n} x^n + \cdots.$$

除以上直接用定理 8-14、定理 8-15 展成幂级数的方法外, 还可以利用幂级数的性质逐项积分和逐项微分的方法将一些初等函数展成幂级数.

8.3.2.2 间接法

以上给出的是常见的函数用直接法展成幂级数. 对一般的函数 $f(x)$ 而言, 求其 n 阶导数的通式往往比较困难, 而研究其泰勒公式的余项在某个区间内趋于零更为复杂, 所以用直接方法求一般函数的展开式相当困难. 为此, 我们采用间接展开法, 它是根据函数的幂级展开式的唯一性, 利用已知的函数的幂级数展开式, 再通过对级数进行变量替换、四则运算和分析运算, 求出所给函数的幂级数的展开式. 以下我们以例题说明这种方法的应用.

【例 8-15】 将函数 $f(x) = e^{-x^2}$ 展成 x 的幂级数.

解: 因为 $e^x = 1 + x + \frac{x^2}{2!} + \cdots + \frac{x^n}{n!} + \cdots(-\infty < x < +\infty)$, 在上式中以 $-x^2$ 替换 x 即得

$$e^{-x^2} = 1 - x^2 + \frac{x^4}{2!} + \cdots + \frac{(-1)^n x^{2n}}{n!} + \cdots(-\infty < x < +\infty).$$

【例 8-16】 将函数 $f(x) = \frac{1}{1+x^2}$, $g(x) = \arctan x$ 展成麦克劳林级数.

解:因为 $\dfrac{1}{1+x} = 1 - x + x^2 - \cdots + (-1)^n x^n + \cdots, |x| < 1$,

在上式中以 x^2 替换 x 便可以得到 $\dfrac{1}{1+x^2}$ 的幂级数:

$$\frac{1}{1+x^2} = 1 - x^2 + x^4 - \cdots + (-1)^n x^{2n} + \cdots, |x| < 1.$$

根据 $\displaystyle\int_0^x \frac{1}{1+x^2}\mathrm{d}x = \arctan x$,对上式项积分便可得:

$$\arctan x = x - \frac{x^3}{3} + \frac{x^5}{5} - \cdots + (-1)^n \frac{x^{2n+1}}{2n+1} + \cdots, |x| < 1.$$

【例 8-17】 将函数 $f(x) = \dfrac{1}{4-x}$ 展成 $x-1$ 的幂级数.

解:因为

$$\frac{1}{4-x} = \frac{1}{3-(x-1)} = \frac{1}{3} \cdot \frac{1}{1 - \frac{1}{3}(x-1)},$$

又因为 $\dfrac{1}{1-x} = 1 + x + x^2 + \cdots + x^n + \cdots, |x| < 1$,

在上式中用 $\dfrac{x-1}{3}$ 替换 x 便可得到 $f(x) = \dfrac{1}{4-x}$ 的 $x-1$ 的幂级数,即

$$\frac{1}{4-x} = \frac{1}{3}\left[1 + \frac{x-1}{3} + \left(\frac{x-1}{3}\right)^2 + \cdots + \left(\frac{x-1}{3}\right)^n + \cdots \right], |x| < 1.$$

【例 8-18】 将函数 $f(x) = \ln(2+x)$ 展开成 x 的幂级数.

解:因为 $\ln(2+x) = \ln 2 + \ln\left(1 + \dfrac{x}{2}\right)$,

又因为

$$\ln(1+x) = x - \frac{x^2}{2} + \frac{x^3}{3} - \cdots + \frac{(-1)^{n-1}}{n}x^n + \cdots, -1 < x \leqslant 1,$$

在上式中以 $\dfrac{x}{2}$ 替换 x 便得到

$$\ln(2+x) = \ln 2 + \frac{x}{2} - \frac{x^2}{2^3} + \frac{x^3}{3 \cdot 2^3} + \cdots + \frac{(-1)^{n-1}x^n}{n \cdot 2^n} + \cdots, -1 < x \leqslant 1.$$

习题 8.3

1. 将下列函数展成 x 的幂级数,并指出展开式成立的区间.

(1) $\ln(a+x)(a>0)$;　　　　　　　(2) $a^x(a>0, a \neq 1)$;

(3) $\sin^2 x$;　　　　　　　　　　　(4) $\dfrac{x}{4-x}$.

2. 将下列函数展成 $x-1$ 的幂函数,并指出展开式成立的区间.

(1) $\dfrac{1}{5-x}$;　　　　　　　　　　　　　　(2) $\lg x$.

3. 将 $\dfrac{1}{x}$ 展开为 $x-3$ 的幂级数.

4. 将函数 $f(x)=\cos x$ 展开成 $x+\dfrac{\pi}{3}$ 的幂级数.

5. 将函数 $f(x)=\dfrac{1}{x^2+3x+2}$ 展开成 $x+4$ 的幂级数.

8.4　傅里叶级数

　　下面我们来看在数学与工程技术中都有着广泛应用的一类函数项级数,即由三角函数列所产生的三角级数.

8.4.1　三角级数　三角函数系的正交性

　　描述简谐振动的函数

$$y=A\sin(\omega x+\varphi)$$

是一个以 $\dfrac{2\pi}{\omega}$ 为周期的正弦函数. 而较为复杂的周期运动,则常是几个简谐振动

$$y_k=A_k\sin(k\omega x+\varphi_k),k=1,2,3,\cdots,n$$

的叠加,即

$$y=\sum_{k=1}^{n}y_k=\sum_{k=1}^{n}A_k\sin(k\omega x+\varphi_k).$$

对无数多个简谐振动叠加,就得到函数项级数

$$A_0+\sum_{n=1}^{\infty}A_n\sin(n\omega x+\varphi_n). \tag{8-10}$$

因为有

$$A_n\sin(n\omega x+\varphi_n)=A_n\sin\varphi_n\cos n\omega x+A_n\cos\varphi_n\sin n\omega x,$$

记 $\dfrac{a_0}{2}=A_0,a_n=A_n\sin\varphi_n,b_n=a_n\cos\varphi_n,n=1,2,3,\cdots$. 我们只讨论 $\omega=1$(如果 $\omega\neq1$,可把 ωx 看成 x)的情况,所以级数(8-10)可写成

$$\dfrac{a_0}{2}+\sum_{n=1}^{\infty}(a_n\cos nx+b_n\sin nx). \tag{8-11}$$

级数(8-11)称为三角级数,其中 a_0、a_n、$b_n(n=1,2,3,\cdots)$ 为常数.

　　三角函数系(或称三角函数列)是指

$$1,\cos x,\sin x,\cos 2x,\sin 2x,\cdots,\cos nx,\sin nx,\cdots. \tag{8-12}$$

易知,三角函数系(8-12)有共同的周期 2π,而在区间 $[-\pi,\pi]$ 上有

$$\int_{-\pi}^{\pi}\cos nx\mathrm{d}x=\int_{-\pi}^{\pi}\sin nx\mathrm{d}x=0,$$

$$\int_{-\pi}^{\pi} \cos mx \cos nx \, dx = 0 (m \neq n),$$

$$\int_{-\pi}^{\pi} \sin mx \sin nx \, dx = 0 (m \neq n),$$

$$\int_{-\pi}^{\pi} \cos mx \sin nx \, dx = 0 (m \neq n),$$

即,三角函数系(8-12)中任何不同的两个函数的乘积在区间$[-\pi,\pi]$上的积分为零,我们说三角函数系(8-12)在区间$[-\pi,\pi]$上具有正交性.

而三角函数系(8-12)中任何一个函数的平方在区间$[-\pi,\pi]$上的积分都不为零,即

$$\int_{-\pi}^{\pi} \cos^2 nx \, dx = \int_{-\pi}^{\pi} \sin^2 nx \, dx = \pi, \int_{-\pi}^{\pi} 1^2 dx = 2\pi.$$

8.4.2 以 2π 为周期的函数展开成傅里叶级数

设$f(x)$是定义在$(-\infty, +\infty)$上且以2π为周期的周期函数,如果它能展开成三角级数

$$f(x) = \frac{a_0}{2} + \sum_{n=1}^{\infty} (a_n \cos nx + b_n \sin nx), \tag{8-13}$$

那么级数(8-13)的系数a_0、a_n、$b_n (n=1,2,3,\cdots)$与函数$f(x)$有什么关系呢?为此,我们假设级数(8-13)可逐项积分,由三角函数系(8-12)在区间$[-\pi,\pi]$上的正交性,我们对级数(8-13)从$-\pi$到π逐项积分,得

$$\int_{-\pi}^{\pi} f(x) dx = \frac{a_0}{2} \int_{-\pi}^{\pi} dx + \sum_{n=1}^{\infty} \left(a_n \int_{-\pi}^{\pi} \cos nx \, dx + b_n \int_{-\pi}^{\pi} \sin nx \, dx \right) = a_0 \pi, \tag{8-14}$$

所以$a_0 = \frac{1}{\pi} \int_{-\pi}^{\pi} f(x) dx.$

以$\cos kx (k$为正整数)乘以式(8-14)两边,然后从$-\pi$到π逐项积分,得

$$\int_{-\pi}^{\pi} f(x) \cos kx \, dx = \frac{a_0}{2} \int_{-\pi}^{\pi} \cos kx \, dx + \sum_{n=1}^{\infty} \left(a_n \int_{-\pi}^{\pi} \cos nx \cos kx \, dx + b_n \int_{-\pi}^{\pi} \sin nx \cos kx \, dx \right)$$

$$= a_k \int_{-\pi}^{\pi} \cos^2 kx \, dx = a_k \pi,$$

所以$a_k = \frac{1}{\pi} \int_{-\pi}^{\pi} f(x) \cos kx \, dx (k = 1,2,3,\cdots).$

由于当$k=0$时,上式就是a_0的值,所以在上式中$k=0,1,2,\cdots$.

同理,以$\sin kx (k$为正整数)乘以式(8-14)两边,然后从$-\pi$到π逐项积分,得

$$b_k = \frac{1}{\pi} \int_{-\pi}^{\pi} f(x) \sin kx \, dx (k = 1,2,3,\cdots).$$

由此,我们就得到了级数(8-13)的系数$a_0, a_n, b_n (n=1,2,3,\cdots)$与函数$f(x)$的关系:

$$\begin{cases} a_n = \frac{1}{\pi} \int_{-\pi}^{\pi} f(x) \cos nx \, dx & (n = 0,1,2,\cdots), \\ b_n = \frac{1}{\pi} \int_{-\pi}^{\pi} f(x) \sin kx \, dx & (n = 1,2,3,\cdots). \end{cases} \tag{8-15}$$

一般地说,若$f(x)$是以2π为周期且在$[-\pi,\pi]$上可积的函数,则可按式(8-15)计算出a_n和b_n. a_n和b_n称为函数$f(x)$的傅里叶系数,以$f(x)$的傅里叶系数为系数的三角级数

$$\frac{a_0}{2} + \sum_{n=1}^{\infty} (a_n\cos nx + b_n\sin nx) \tag{8-16}$$

称为函数$f(x)$的傅里叶级数.

我们知道,若$f(x)$是以2π为周期且在$[-\pi,\pi]$上可积的函数,则一定能从形式上做出$f(x)$的傅里叶级数式(8-16),但是,这样得到的级数是否收敛?如果收敛,它是否一定收敛于函数$f(x)$?这些均不能做出肯定的回答.针对这些问题有如下的结论:

定理 8-16(收敛定理) 设$f(x)$是以2π为周期的周期函数,如果它在一个周期$[-\pi,\pi]$内满足条件:

(1)连续或只有有限个第一类间断点;

(2)至多只有有限个极值点,

则$f(x)$的傅里叶级数收敛,并且

(1)当x是$f(x)$的连续点时,级数收敛于$f(x)$;

(2)当x是$f(x)$的间断点时,级数收敛于

$$\frac{1}{2}[f(x-0) + f(x+0)].$$

该定理不证明.下面我们来看它的应用.

【例 8-19】 设$f(x)$是周期为2π的周期函数,它在$[-\pi,\pi]$上的表达式为

$$f(x) = \begin{cases} -1, & -\pi \leqslant x < 0, \\ 1, & 0 \leqslant x < \pi, \end{cases}$$

将$f(x)$展开成傅里叶级数.

解:函数的图形如图 8-1 所示.

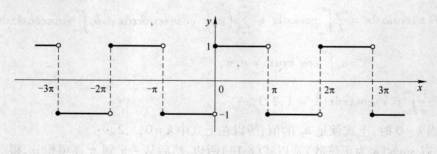

图 8-1

函数仅在$x = k\pi(k = 0, \pm1, \pm2, \cdots)$处是跳跃间断,满足收敛定理的条件.由收敛定理,$f(x)$的傅里叶级数收敛,并且当$x = k\pi$时,级数收敛于

$$\frac{-1+1}{2} = \frac{1+(-1)}{2} = 0;$$

当$x \neq k\pi$时,级数收敛于$f(x)$.

计算傅里叶系数如下:

$$a_n = \frac{1}{\pi} \int_{-\pi}^{\pi} f(x) \cos nx \, dx$$

$$= \frac{1}{\pi} \int_{-\pi}^{0} (-1) \cos nx \, dx + \frac{1}{\pi} \int_{0}^{\pi} 1 \cdot \cos nx \, dx$$

$$= 0,$$

$$b_n = \frac{1}{\pi} \int_{-\pi}^{\pi} f(x) \sin nx \, dx$$

$$= \frac{1}{\pi} \int_{-\pi}^{0} (-1) \sin nx \, dx + \frac{1}{\pi} \int_{0}^{\pi} 1 \cdot \sin nx \, dx$$

$$= \frac{1}{\pi} \left[\frac{\cos nx}{n} \right]_{-\pi}^{0} + \frac{1}{\pi} \left[-\frac{\cos nx}{n} \right]_{0}^{\pi}$$

$$= \frac{1}{n\pi} [1 - \cos n\pi - \cos n\pi + 1]$$

$$= \frac{2}{n\pi} [1 - (-1)^n].$$

$f(x)$ 的傅里叶级数展开式为

$$f(x) = \sum_{n=1}^{\infty} \frac{2}{n\pi} [1 - (-1)^n] \cdot \sin nx$$

$$= \frac{4}{\pi} \left[\sin x + \frac{1}{3} \sin 3x + \cdots + \frac{1}{2k-1} \sin(2k-1)x + \cdots \right]$$

$$(-\infty < x < +\infty; x \neq 0, \pm \pi, \pm 2\pi, \cdots).$$

【**例 8-20**】 设 $f(x)$ 是周期为 2π 的周期函数,它在 $[-\pi, \pi]$ 上的表达式为

$$f(x) = \begin{cases} x, & -\pi \leqslant x < 0, \\ 0, & 0 \leqslant x < \pi, \end{cases}$$

将 $f(x)$ 展开成傅里叶级数.

解:函数的图形如图 8-2 所示.

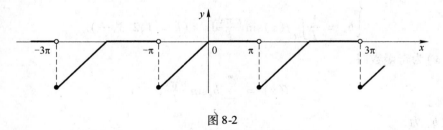

图 8-2

所给函数满足收敛定理的条件,所以它可以展开成傅里叶级数. 由于

$$a_0 = \frac{1}{\pi} \int_{-\pi}^{\pi} f(x) \, dx = \frac{1}{\pi} \int_{-\pi}^{0} x \, dx = \frac{x^2}{2\pi} \bigg|_{-\pi}^{0} = -\frac{\pi}{2},$$

$$a_n = \frac{1}{\pi} \int_{-\pi}^{\pi} f(x) \cos nx \, dx = \frac{1}{\pi} \int_{-\pi}^{0} x \cos nx \, dx$$

$$= \frac{1}{\pi} \left[\frac{x \sin nx}{n} + \frac{\cos nx}{n^2} \right]_{-\pi}^{0} = \frac{1}{n^2 \pi} (1 - \cos n\pi) = \begin{cases} \dfrac{2}{n^2 \pi}, n = 1, 3, 5, \cdots, \\ 0, n = 2, 4, 6, \cdots, \end{cases}$$

$$b_n = \frac{1}{\pi} \int_{-\pi}^{\pi} f(x) \sin nx \, \mathrm{d}x = \frac{1}{\pi} \int_{-\pi}^{0} x \sin nx \, \mathrm{d}x$$

$$= \frac{1}{\pi} \left[-\frac{x \cos nx}{n} + \frac{\sin nx}{n^2} \right]_{-\pi}^{0} - \frac{\cos nx}{n} = \frac{(-1)^{n+1}}{n}.$$

将求得的系数代入式(8-16),得 $f(x)$ 的傅里叶级数展开式为

$$f(x) = -\frac{\pi}{4} + \left(\frac{2}{\pi} \cos x + \sin x \right) - \frac{1}{2} \sin 2x + \left(\frac{2}{3^2 \pi} \cos 3x + \frac{1}{3} \sin 3x \right) - \frac{1}{4} \sin 4x +$$

$$\left(\frac{2}{5^2 \pi} \cos 5x + \frac{1}{5} \sin 5x \right) - \cdots \quad (x \neq \pm (2k+1)\pi, k = 0, 1, 2, \cdots).$$

当 $x = \pm (2k+1)\pi$ 时,傅里叶级数收敛于

$$\frac{f(\pi - 0) + f(-\pi + 0)}{2} = \frac{0 - \pi}{2} = -\frac{\pi}{2}.$$

8.4.3　以 2*l* 为周期的函数展开成傅里叶级数

前面讨论了周期是 2π 的函数的傅里叶级数,但周期函数的周期不一定都是 2π,下面讨论周期是 $2l$ 的周期函数的傅里叶级数展开式. 根据前面的结论,通过自变量的变量代换,有下面的定理.

定理 8-17　设周期为 $2l$ 的周期函数 $f(x)$ 满足收敛定理的条件,则它的傅里叶级数展开式为

$$f(x) = \frac{a_0}{2} + \sum_{n=1}^{\infty} \left(a_n \cos \frac{n\pi x}{l} + b_n \sin \frac{n\pi x}{l} \right), \tag{8-17}$$

其中系数 a_n、b_n 为

$$\begin{cases} a_n = \dfrac{1}{l} \displaystyle\int_{-l}^{l} f(x) \cos \dfrac{n\pi x}{l} \mathrm{d}x & (n = 0, 1, 2, \cdots), \\ b_n = \dfrac{1}{l} \displaystyle\int_{-l}^{l} f(x) \sin \dfrac{n\pi x}{l} \mathrm{d}x & (n = 1, 2, 3, \cdots). \end{cases} \tag{8-18}$$

当 $f(x)$ 为奇函数时,

$$f(x) = \sum_{n=1}^{\infty} b_n \sin \frac{n\pi x}{l}, \tag{8-19}$$

其中系数 b_n 为

$$b_n = \frac{2}{l} \int_{0}^{l} f(x) \sin \frac{n\pi x}{l} \mathrm{d}x \quad (n = 1, 2, 3, \cdots). \tag{8-20}$$

当 $f(x)$ 为偶函数时,

$$f(x) = \frac{a_0}{2} + \sum_{n=1}^{\infty} a_n \cos \frac{n\pi x}{l}, \tag{8-21}$$

其中系数 a_n 为

$$a_n = \frac{2}{l} \int_0^l f(x) \cos \frac{n\pi x}{l} dx \quad (n = 0,1,2,3,\cdots). \tag{8-22}$$

其中在式(8-17)、式(8-19)和式(8-21)中,如果 x 为函数 $f(x)$ 的间断点,则等式左边的 $f(x)$ 的值为

$$\frac{1}{2} [f(x-0) + f(x+0)].$$

证:令 $z = \frac{\pi x}{l}$,则 $-l \leqslant x \leqslant l$ 就转化为 $-\pi \leqslant z \leqslant \pi$. 设 $F(x) = f(x) = f\left(\frac{lz}{\pi}\right)$,$F(x)$ 是周期为 2π 的周期函数,由 $f(x)$ 的条件知:$F(x)$ 满足收敛定理的条件,这时 $F(x)$ 的傅里叶级数展开式为

$$F(x) = \frac{a_0}{2} + \sum_{n=1}^{\infty} (a_n \cos nz + b_n \sin nz),$$

其中 $a_n = \frac{1}{\pi} \int_{-\pi}^{\pi} F(z) \cos nz \, dz, b_n = \frac{1}{\pi} \int_{-\pi}^{\pi} F(z) \sin nz \, dz.$

由于 $z = \frac{\pi x}{l}$、$F(x) = f(x)$,所以有

$$f(x) = \frac{a_0}{2} + \sum_{n=1}^{\infty} \left(a_n \cos \frac{n\pi x}{l} + b_n \sin \frac{n\pi x}{l}\right),$$

而且有

$$a_n = \frac{1}{l} \int_{-l}^{l} f(x) \cos \frac{n\pi x}{l} dx, b_n = \frac{1}{l} \int_{-l}^{l} f(x) \sin \frac{n\pi x}{l} dx.$$

其他情况,类似可以证明.

在该定理中,当 $f(x)$ 为奇函数时,它的傅里叶级数(8-19)称为正弦级数. 当 $f(x)$ 为偶函数时,它的傅里叶级数(8-21)称为余弦级数.

【例 8-21】 设 $f(x)$ 是周期为 6 的周期函数,它在 $[-3,3)$ 上的表达式为

$$f(x) = \begin{cases} 0, & -3 \leqslant x < 0, \\ 2, & 0 \leqslant x < 3, \end{cases}$$

将 $f(x)$ 展开成傅里叶级数.

解:所给函数满足收敛定理的条件,所以它可以展开成傅里叶级数. 此时 $l = 3$,由公式(8-18)可得

$$a_n = \frac{1}{3} \int_{-3}^{0} 0 \cdot \cos \frac{n\pi x}{3} dx + \frac{1}{3} \int_{0}^{3} 2 \cdot \cos \frac{n\pi x}{3} dx = \frac{2}{n\pi} \sin \frac{n\pi x}{3} \Big|_0^3 = 0, (n = 1,2,3,\cdots),$$

$$a_0 = \frac{1}{3} \int_{-3}^{3} f(x) dx = \frac{1}{3} \int_0^3 2 dx = 2,$$

$$b_n = \frac{1}{3} \int_0^3 2 \cdot \sin \frac{n\pi x}{3} dx = -\frac{2}{n\pi} \cos \frac{n\pi x}{3} \Big|_0^3 = \frac{2(1 - \cos n\pi)}{n\pi}$$

$$= \begin{cases} \dfrac{4}{(2k-1)\pi}, & n = 2k-1, k = 1,2,3,\cdots, \\ 0, & n = 2k, k = 1,2,3,\cdots. \end{cases}$$

所以，$f(x)$ 的傅里叶级数展开式为：

$$f(x) = 1 + \sum_{k=1}^{\infty} \frac{4}{(2k-1)\pi} \sin \frac{(2k-1)\pi x}{3}$$

$$= 1 + \frac{4}{\pi} \left(\sin \frac{\pi x}{3} + \frac{1}{3} \sin \frac{3\pi x}{3} + \frac{1}{5} \sin \frac{5\pi x}{3} + \cdots \right).$$

这里 $x \in R$ 且 $x \neq \pm 3k, k = 0,1,2,\cdots$；当 $x = \pm 3k, k = 0,1,2,\cdots$ 时，$f(x) = \dfrac{0+2}{2} = 1$.

　　如果函数 $f(x)$ 只在 $[-l,l]$ 上有定义，并且满足收敛定理的条件，可以在 $[-l,l]$ 或 $(-l,l]$ 处补充函数 $f(x)$ 的定义，使该函数拓广成周期为 $2l$ 的周期函数 $F(x)$，按这种方式拓广函数的定义域的过程称为周期延拓. 再将 $F(x)$ 展开成傅里叶级数，最后限制 x 在 $(-l,l)$ 内，此时 $f(x) \equiv F(x)$，这样就得到了 $f(x)$ 的傅里叶级数展开式. 根据收敛定理，该级数在区间端点 $x = \pm l$ 处收敛于 $\dfrac{1}{2}[f(-l+0) + f(l-0)]$.

【例 8-22】　将函数

$$f(x) = \begin{cases} \pi + x, & -\pi \leq x \leq 0, \\ \pi - x, & 0 < x \leq \pi \end{cases}$$

展开成傅里叶级数.

　　解：所给函数在区间 $[-\pi,\pi]$ 上满足收敛定理的条件，并且拓广为周期函数时，它在每一点 x 处均连续，因此拓广的周期函数的傅里叶级数在 $[-\pi,\pi]$ 上收敛于 $f(x)$.

$$a_0 = \frac{1}{\pi} \left[\int_{-\pi}^{0} (\pi + x) dx + \int_{0}^{\pi} (\pi - x) dx \right] = \pi,$$

$$a_n = \frac{1}{\pi} \left[\int_{-\pi}^{0} (\pi + x) \cos nx \, dx + \int_{0}^{\pi} (\pi - x) \cos nx \, dx \right]$$

$$= \frac{1}{\pi} \left[\int_{-\pi}^{0} x \cos nx \, dx - \int_{0}^{\pi} x \cos nx \, dx \right]$$

$$= \frac{1}{\pi} \left[\frac{x \sin nx}{n} + \frac{\cos nx}{n^2} \right]_{-\pi}^{0} - \frac{1}{\pi} \left[\frac{x \sin nx}{n} + \frac{\cos nx}{n^2} \right]_{0}^{\pi}$$

$$= \frac{2}{n^2 \pi} [1 - \cos n\pi]$$

$$= \begin{cases} \dfrac{4}{n^2 \pi}, & n = 1,3,5,\cdots, \\ 0, & n = 2,4,6,\cdots, \end{cases}$$

$$b_n = \frac{1}{\pi} \left[\int_{-\pi}^{0} (\pi + x) \sin nx \, dx + \int_{0}^{\pi} (\pi - x) \sin nx \, dx \right]$$

$$= \frac{1}{\pi}\Big[\int_{-\pi}^{0}x\sin nx\mathrm{d}x - \int_{0}^{\pi}x\sin nx\mathrm{d}x\Big]$$

$$= \frac{1}{\pi}\Big[-\frac{x\cos nx}{n}+\frac{\sin nx}{n^2}\Big]_{-\pi}^{0} - \frac{1}{\pi}\Big[-\frac{x\cos nx}{n}+\frac{\sin nx}{n^2}\Big]_{0}^{\pi}$$

$$= 0 \quad (n = 1,2,3,\cdots).$$

所以, $f(x)$ 的傅里叶级数展开式为

$$f(x) = \frac{\pi}{2} + \frac{4}{\pi}\Big(\cos x + \frac{1}{3^2}\cos 3x + \frac{1}{5^2}\cos 5x + \cdots\Big) \quad (-\pi \leqslant x \leqslant \pi).$$

在实际应用中,有时需要把定义在 $[0,l]$ 上的函数展开成余弦级数或正弦级数.为此,设函数 $f(x)$ 定义在 $[0,l]$ 上,并且满足收敛定理的条件,在开区间 $(-l,0)$ 内补充函数 $f(x)$ 的定义,得到定义在 $(-l,l)$ 上的函数 $F(x)$,使它在 $(-l,l)$ 上成为奇函数(或偶函数).把按这种方式拓广函数定义域的过程称为奇式延拓(或偶式延拓).然后将奇式延拓(或偶式延拓)后的函数展开成傅里叶级数,这个级数必定是正弦级数(或余弦级数).再限制 x 在 $[0,l]$,此时 $f(x) \equiv F(x)$,这就得到 $f(x)$ 的正弦级数(或余弦级数)展开式.但在求 $f(x)$ 的正弦级数(或余弦级数)展开式时,可以不必作延拓,而直接由式(8-20)或式(8-22)计算出它的傅里叶系数,代入式(8-19)或式(8-21)即可.

【例 8-23】 把 $f(x) = x$ 在 $[0,2]$ 内展开成

(1)正弦级数;(2)余弦级数.

解:(1)对函数 $f(x)$ 作奇式延拓,由式(8-20)有

$$b_n = \frac{2}{2}\int_0^2 x\sin\frac{n\pi x}{2}\mathrm{d}x = -\frac{4}{n\pi}\cos n\pi = \frac{4}{n\pi}(-1)^{n+1}, n = 1,2,3,\cdots.$$

所以当 $x \in [0,2)$ 时,由式(8-19)及收敛定理得到

$$f(x) = x = \sum \frac{4}{n\pi}(-1)^{n+1}\sin\frac{n\pi x}{2} = \frac{4}{\pi}\Big(\sin\frac{\pi x}{2} - \frac{1}{2}\sin\frac{2\pi x}{2} + \frac{1}{3}\sin\frac{3\pi x}{2} + \cdots\Big).$$

但当 $x = 2$ 时,右边级数收敛于 0.

(2)对函数 $f(x)$ 作偶式延拓,由式(8-22)得

$$a_0 = \int_0^2 x\mathrm{d}x = 2,$$

$$a_n = \frac{2}{2}\int_0^2 x\cos\frac{n\pi x}{2}\mathrm{d}x = \frac{4}{n^2\pi^2}(\cos n\pi - 1) = \frac{4}{n^2\pi^2}[(-1)^n - 1], n = 1,2,3,\cdots.$$

所以,当 $x \in [0,2]$ 时,由式(8-21)及收敛定理得到

$$f(x) = 1 - \frac{8}{\pi^2}\Big(\cos\frac{\pi x}{2} + \frac{1}{3^2}\cos\frac{3\pi x}{2} + \frac{1}{5^2}\cos\frac{5\pi x}{2} + \cdots\Big).$$

习题 8.4

1. 求下列函数的傅里叶级数:

(1) $f(x) = \begin{cases} 0, & -\pi \leqslant x < 0, \\ 1, & 0 \leqslant x < \pi; \end{cases}$

(2) $f(x) = \cos \dfrac{x}{2}, x \in [-\pi, \pi]$.

2. 函数 $f(x)$ 的周期为 2,在区间 $[-1, 1)$ 上的表达式为

$$f(x) = \begin{cases} x + 1, & -1 \leqslant x < 0, \\ x - 1, & 0 \leqslant x < 1, \end{cases}$$

试将 $f(x)$ 展成傅里叶级数.

本 章 小 结

　　本章主要介绍了无穷级数的概念、常数项级数敛散性定义及收敛级数和的定义,根据级数敛散性的定义判断简单级数的敛散性;级数的基本性质及级数收敛的必要条件;幂级数概念以及收敛半径与收敛区间的求法,幂级数的性质;函数的幂级数展开式.

　　掌握周期函数展开为傅里叶级数并确定其和的方法.

本 章 习 题

1. 选择题.

　　(1) 级数 $\displaystyle\sum_{n=1}^{\infty} (\sqrt[2n+1]{a} - \sqrt[2n-1]{a})$ (　　　).

　　A. 发散　　　　　　　　　　　　　B. 收敛且和为 1

　　C. 收敛且和为 0　　　　　　　　　　D. 收敛且和为 $1 - a$

　　(2) 设级数 $\displaystyle\sum_{n=1}^{\infty} u_n$ 收敛,则必收敛的级数为(　　　).

　　A. $\displaystyle\sum_{n=1}^{\infty} (-1)^n \dfrac{u_n}{n}$　　　　　　　　B. $\displaystyle\sum_{n=1}^{\infty} u_n^2$

　　C. $\displaystyle\sum_{n=1}^{\infty} (u_{2n-1} - u_{2n})$　　　　　　D. $\displaystyle\sum_{n=1}^{\infty} (u_n + u_{n+1})$

　　(3) 正项级数 $\displaystyle\sum_{n=1}^{\infty} u_n$ 收敛的充要条件是(　　　).

　　A. $\lim\limits_{n \to \infty} u_n = 0$　　　　　　　　B. $\lim\limits_{n \to \infty} u_n = 0$ 且 $u_{n+1} \leqslant u_n, n = 1, 2, \cdots$

　　C. $\lim\limits_{n \to \infty} \dfrac{u_{n+1}}{u_n} = \rho < 1$　　　　　D. 部分和数列有界

　　(4) 级数 $\displaystyle\sum_{n=1}^{\infty} (-1)^n \dfrac{1}{\pi^n} \sin \dfrac{\pi}{n}$ (　　　).

　　A. 发散　　　　　　　　　　　　　B. 条件收敛

　　C. 绝对收敛　　　　　　　　　　　D. 不能判断敛散性

　　(5) 已知级数 $\displaystyle\sum_{n=1}^{\infty} (-1)^{n-1} a_n = 2$、$\displaystyle\sum_{n=1}^{\infty} a_{2n-1} = 5$,则级数 $\displaystyle\sum_{n=1}^{\infty} a_n$ 等于(　　　).

　　A. 3　　　　　　B. 7　　　　　　C. 8　　　　　　D. 9

2. 填空题.

(1) 幂级数 $\displaystyle\sum_{n=1}^{\infty} \frac{(x-5)^n}{\sqrt{n}}$ 的收敛区间是_____.

(2) 幂级数 $\displaystyle\sum_{n=1}^{\infty} \frac{2^{n-1}x^n}{n!}$ 的和函数 $S(x)$ _____.

(3) $f(x) = \dfrac{1}{x}$ 展开成 $x-1$ 的幂级数为_____.

(4) 设 $\displaystyle\sum_{n=1}^{\infty} a_n x^n$ 的收敛半径为 R,则 $\displaystyle\sum_{n=1}^{\infty} a_n x^{2n+1}$ 的收敛半径为_____.

(5) 使级数 $\displaystyle\sum (-1)^{n-1} \frac{1}{n^p}$ 发散的 p 值范围是_____.

3. 计算.

(1) 判断下列级数的敛散性:

  1) $\displaystyle\sum_{n=1}^{\infty} \frac{1}{(2n-1)(2n+1)}$;   2) $\displaystyle\sum_{n=1}^{\infty} \frac{1}{\sqrt{n+1}+\sqrt{n}}$;

  3) $\displaystyle\sum_{n=1}^{\infty} \frac{1}{n \cdot \sqrt[n]{n}}$;   4) $\displaystyle\sum_{n=1}^{\infty} \frac{n^4}{2^n}$;

  5) $\displaystyle\sum_{n=1}^{\infty} (-1)^{n+1} \frac{1}{\sqrt{n}}$;   6) $\displaystyle\sum_{n=1}^{\infty} (-1)^{n-1} \frac{n^3}{2^n}$.

(2) 把函数 $f(x) = \dfrac{x}{(1-x)(1-2x)}$ 展开式成 x 的幂级数,并指出它的收敛区间.

(3) 求幂级数 $\displaystyle\sum_{n=1}^{\infty} \frac{1}{n2^n} x^{n-1}$ 的和函数 $S(x)$.

9 线性代数

9.1 行列式

9.1.1 二阶和三阶行列式

用消元法解二元线性方程组
$$\begin{cases} a_{11}x_1 + a_{12}x_2 = b_1, \\ a_{21}x_1 + a_{22}x_2 = b_2, \end{cases} \tag{9-1}$$

如果 $a_{11}a_{22} - a_{12}a_{22} \neq 0$，则得方程组的解为

$$x_1 = \frac{b_1a_{22} - a_{12}b_2}{a_{11}a_{22} - a_{12}a_{21}}, \quad x_2 = \frac{a_{11}b_2 - a_{21}b_1}{a_{11}a_{22} - a_{12}a_{21}}.$$

为了便于记忆上述解的公式，引进二阶行列式的概念.

定义 9-1 用 2^2 个数组成的记号 $\begin{vmatrix} a_{11} & a_{12} \\ a_{21} & a_{22} \end{vmatrix}$ 表示数值 $a_{11}a_{22} - a_{12}a_{22}$，称为二阶行列式，

用 D 来表示. 即 $D = \begin{vmatrix} a_{11} & a_{12} \\ a_{21} & a_{22} \end{vmatrix} = a_{11}a_{22} - a_{12}a_{22}$. 其中 a_{11}、a_{12}、a_{21}、a_{22} 称为行列式的元素，行

列式中横排称为行，竖排称为列. 从左上角到右下角的对角线称为行列式的主对角线，从右
上角到左下角的对角线称为行列式的副对角线.

根据二阶行列式的定义，记

$$D_1 = \begin{vmatrix} b_1 & a_{12} \\ b_2 & a_{22} \end{vmatrix} = b_1a_{22} - a_{12}b_2, \quad D_2 = \begin{vmatrix} a_{11} & b_1 \\ a_{21} & b_2 \end{vmatrix} = a_{11}b_2 - b_1a_{21}.$$

可得到二元一次方程组在系数行列式 $D \neq 0$ 时，方程组唯一解简洁表示式为

$$x_1 = \frac{D_1}{D}, \quad x_2 = \frac{D_2}{D}.$$

其中 D_1、D_2 分别是用方程组(9-1)的常数项 b_1、b_2 替换系数行列式 D 中 x_1 与 x_2 的系数列后
所构成的行列式.

【例 9-1】 解线性方程组 $\begin{cases} 4x_1 + 7x_2 = -13, \\ 5x_1 + 8x_2 = -14. \end{cases}$

解：因为 $D = \begin{vmatrix} 4 & 7 \\ 5 & 8 \end{vmatrix} = 4 \times 8 - 5 \times 7 = -3 \neq 0,$

$$D_1 = \begin{vmatrix} -13 & 7 \\ -14 & 8 \end{vmatrix} = -13 \times 8 - (-14) \times 7 = -6,$$

$$D_2 = \begin{vmatrix} 4 & -13 \\ 5 & -14 \end{vmatrix} = 4 \times (-14) - 5 \times (-13) = 9,$$

所以,方程组的解为
$$\begin{cases} x_1 = \dfrac{D_1}{D} = 2, \\ x_2 = \dfrac{D_2}{D} = -3. \end{cases}$$

类似地,讨论三元一次线性方程组的求解问题,可引入三阶行列式.

定义 9-2 用 3^2 个数字组成的记号 $\begin{vmatrix} a_{11} & a_{12} & a_{13} \\ a_{21} & a_{22} & a_{23} \\ a_{31} & a_{32} & a_{33} \end{vmatrix}$ 表示数值

$$a_{11}a_{22}a_{33} + a_{21}a_{32}a_{13} + a_{31}a_{12}a_{23} - a_{13}a_{22}a_{31} - a_{12}a_{21}a_{33} - a_{11}a_{23}a_{32},$$

称为三阶行列式,即

$$\begin{vmatrix} a_{11} & a_{12} & a_{13} \\ a_{21} & a_{22} & a_{23} \\ a_{31} & a_{32} & a_{33} \end{vmatrix} = a_{11}a_{22}a_{33} + a_{21}a_{32}a_{13} + a_{31}a_{12}a_{23} - a_{13}a_{22}a_{31} - a_{12}a_{21}a_{33} - a_{11}a_{23}a_{32}.$$

等式右端称为三阶行列式的展开式. 它有如下特点:共有 6 项,每一项都是行列式的不同行、不同列的三个元素之积,其中三项取正号,三项取负号.

【**例 9-2**】 计算三阶行列式 $D = \begin{vmatrix} 1 & 2 & 3 \\ 2 & 1 & 1 \\ 3 & 1 & 1 \end{vmatrix}$.

解: $D = 1 \times 1 \times 1 + 2 \times 1 \times 3 + 3 \times 2 \times 1 - 3 \times 1 \times 3 - 2 \times 2 \times 1 - 1 \times 1 \times 1 = -1.$

【**例 9-3**】 求解方程 $\begin{vmatrix} x^2 & 0 & 1 \\ 1 & -4 & -1 \\ -x & 8 & 3 \end{vmatrix} = -16.$

解: $D = -12x^2 + 8 - 4x + 8x^2 = -4x^2 - 4x + 8,$

从而有 $\qquad -4x^2 - 4x + 8 = -16,$

即 $\qquad x^2 + x - 6 = 0.$

解方程得: $\qquad x_1 = -3, \ x_2 = 2.$

9.1.2 n 阶行列式

三阶行列式与二阶行列式有如下关系:

$$D = \begin{vmatrix} a_{11} & a_{12} & a_{13} \\ a_{21} & a_{22} & a_{23} \\ a_{31} & a_{32} & a_{33} \end{vmatrix} = a_{11} \begin{vmatrix} a_{22} & a_{23} \\ a_{32} & a_{33} \end{vmatrix} - a_{12} \begin{vmatrix} a_{21} & a_{23} \\ a_{31} & a_{33} \end{vmatrix} + a_{13} \begin{vmatrix} a_{21} & a_{22} \\ a_{31} & a_{32} \end{vmatrix}.$$

其中三个二阶行列式分别是原来的三阶行列式 D 中划去 $a_{1j}(j = 1,2,3)$ 所在第 1 行与第 j 列的元素,剩下的元素保持原来相对位置所组成的二阶行列式. 即三阶行列式可以转化为二阶行列式来计算,一般地,可用递推法来定义 n 阶行列式.

定义 9-3　将 n^2 个数组成的记号 $\begin{vmatrix} a_{11} & a_{12} & \cdots & a_{1n} \\ a_{21} & a_{22} & \cdots & a_{2n} \\ \vdots & \vdots & & \vdots \\ a_{n1} & a_{n2} & \cdots & a_{nn} \end{vmatrix}$ 称为 n 阶行列式,它表示一个数

值. 其中 $a_{ij}(i,j = 1,2,\cdots,n)$ 称为 n 阶行列式中第 i 行第 j 列的元素.

当 $n = 1$ 时,$D = |a_{11}| = a_{11}$;

当 $n = 2$ 时,$D = \begin{vmatrix} a_{11} & a_{12} \\ a_{21} & a_{22} \end{vmatrix}$;

当 $n = 3$ 时,$D = \begin{vmatrix} a_{11} & a_{12} & a_{13} \\ a_{21} & a_{22} & a_{23} \\ a_{31} & a_{32} & a_{33} \end{vmatrix}$.

定义 9-4　在 n 阶行列式中划去元素 a_{ij} 所在的第 i 行和第 j 列的元素后,剩下的 $(n-1)^2$ 个元素按原来相对位置所构成的 $(n-1)$ 阶行列式称为 a_{ij} 的余子式,设为 M_{ij},即

$$M_{ij} = \begin{vmatrix} a_{11} & \cdots & a_{1,j-1} & a_{1,j+1} & \cdots & a_{1n} \\ \vdots & & \vdots & \vdots & & \vdots \\ a_{i+1,1} & \cdots & a_{i+1,j-1} & a_{i+1,j+1} & \cdots & a_{i+1,n} \\ \vdots & & \vdots & \vdots & & \vdots \\ a_{n1} & \cdots & a_{n,j-1} & a_{n,j+1} & \cdots & a_{nn} \end{vmatrix},$$

$(-1)^{i+j}M_{ij}$ 称为 a_{ij} 的代数余子式,设为 A_{ij},即 $A_{ij} = (-1)^{i+j}M_{ij}$.

于是 n 阶行列式按递推式定义可写成

$$D = a_{11}A_{11} + a_{12}A_{12} + \cdots + a_{1n}A_{1n} = \sum_{i=1}^{n} a_{1j}A_{1j}.$$

上式又称为行列式 D 按第一行元素展开式.

【例 9-4】　求行列式 $\begin{vmatrix} 1 & 2 & 3 \\ 4 & 5 & 6 \\ 1 & 7 & 2 \end{vmatrix}$ 的代数余子式 A_{11}、A_{12}、A_{13}.

解:$A_{11} = (-1)^{1+1}\begin{vmatrix} 5 & 6 \\ 7 & 2 \end{vmatrix} = -32$,$A_{12} = (-1)^{1+2}\begin{vmatrix} 4 & 6 \\ 1 & 2 \end{vmatrix} = -2$,$A_{13} = (-1)^{1+3}$

$\begin{vmatrix} 4 & 5 \\ 1 & 7 \end{vmatrix} = 23$.

【例 9-5】　计算行列式 $D = \begin{vmatrix} 3 & 2 & 0 & -1 \\ 2 & 1 & -1 & 0 \\ 0 & 2 & 1 & -1 \\ 1 & -1 & 0 & -2 \end{vmatrix}$.

解:由 n 阶行列式定义得:

$$D = 3 \times (-1)^{1+1} \begin{vmatrix} 1 & -1 & 0 \\ 2 & 1 & -1 \\ -1 & 0 & -2 \end{vmatrix} + 2 \times (-1)^{1+2} \begin{vmatrix} 2 & -1 & 0 \\ 0 & 1 & -1 \\ 1 & 0 & -2 \end{vmatrix} +$$

$$(-1) \times (-1)^{1+4} \begin{vmatrix} 2 & 1 & -1 \\ 0 & 2 & 1 \\ 1 & -1 & 0 \end{vmatrix} = -21 + 6 + 5 = -10.$$

【例 9-6】　试证明以下行列式的结果成立：

$$D_n = \begin{vmatrix} a_{11} & 0 & \cdots & 0 \\ a_{21} & a_{22} & \cdots & 0 \\ \vdots & \vdots & & \vdots \\ a_{n1} & a_{n2} & \cdots & a_{nn} \end{vmatrix} = a_{11} a_{22} \cdots a_{nn}.$$

证明：利用 n 阶行列式的定义，依次降低其阶数，故可得：

$$D = \begin{vmatrix} a_{11} & 0 & \cdots & 0 \\ a_{21} & a_{22} & \cdots & 0 \\ \vdots & \vdots & & \vdots \\ a_{n1} & a_{n2} & \cdots & a_{nn} \end{vmatrix} = a_{11} \times (-1)^{1+1} \begin{vmatrix} a_{22} & 0 & \cdots & 0 \\ a_{32} & a_{33} & \cdots & 0 \\ \vdots & \vdots & & \vdots \\ a_{n3} & a_{n4} & \cdots & a_{nn} \end{vmatrix}$$

$$= a_{11} a_{22} \times (-1)^{1+1} \begin{vmatrix} a_{33} & 0 & \cdots & 0 \\ a_{43} & a_{44} & \cdots & 0 \\ \vdots & \vdots & & \vdots \\ a_{n3} & a_{n4} & \cdots & a_{nn} \end{vmatrix} = \cdots = a_{11} a_{22} \cdots a_{nn}.$$

　　主对角线以上（下）元素都是零的行列式称为下（上）角行列式，它的结果等于对角线上所有元素的乘积．

9.1.3　行列式的性质及行列式的计算举例

　　为了进一步讨论 n 阶行列式，简化 n 阶行列式的计算，下面引入 n 阶行列式的基本性质．

　　定义 9-5　将行列式 D 的行、列互换后，得到新的行列式，该新的行列式称为行列式 D 的转置行列式，设为 D^{T}，即如果

$$D = \begin{vmatrix} a_{11} & a_{12} & \cdots & a_{1n} \\ a_{21} & a_{22} & \cdots & a_{2n} \\ \vdots & \vdots & & \vdots \\ a_{n1} & a_{n2} & \cdots & a_{nn} \end{vmatrix},$$

则
$$D^{\mathrm{T}} = \begin{vmatrix} a_{11} & a_{21} & \cdots & a_{n1} \\ a_{12} & a_{22} & \cdots & a_{n2} \\ \vdots & \vdots & & \vdots \\ a_{1n} & a_{2n} & \cdots & a_{nn} \end{vmatrix}.$$

D^{T} 是转置行列式. 显然 D 也是 D^{T} 的转置行列式.

性质 9-1　行列式与它的转置行列式相等, 即 $D = D^{\mathrm{T}}$.

这个性质证明了行列式中行、列地位的对称性, 即凡是行列式对行成立的性质对列也成立.

性质 9-2　互换行列式的任意两行(列), 行列式的值改变符号.

【**例 9-7**】　计算行列式 $D = \begin{vmatrix} 1 & 2 & 3 \\ 4 & 5 & 6 \\ 1 & 2 & 3 \end{vmatrix}$.

解：行列式中第一行与第三行对应相等, 可用性质 9-2, 将第一行与第三行互换得：

$$D = \begin{vmatrix} 1 & 2 & 3 \\ 4 & 5 & 6 \\ 1 & 2 & 3 \end{vmatrix} = \begin{vmatrix} 1 & 2 & 3 \\ 4 & 5 & 6 \\ 1 & 2 & 3 \end{vmatrix} = -D,$$

从而得 $D = 0$.

推论 9-1　如果行列式有两行(列)的对应元素相同, 则这个行列式等于零.

性质 9-3　n 阶行列式等于任意一行(列)所有元素与其对应的代数余子式的乘积之和, 即

$$D_n = a_{i1}A_{i1} + a_{i2}A_{i2} + \cdots + a_{in}A_{in} = \sum_{j=1}^{n} a_{ij}A_{ij} \quad (i = 1, 2, \cdots, n),$$

$$D_n = a_{1j}A_{1j} + a_{2j}A_{2j} + \cdots + a_{nj}A_{nj} = \sum_{i=1}^{n} a_{ij}A_{ij} \quad (j = 1, 2, \cdots, n).$$

该性质也可称为按行(列)展开定理.

【**例 9-8**】　计算行列式 $D_4 = \begin{vmatrix} 0 & 5 & 6 & 1 \\ 1 & 8 & 1 & 0 \\ 0 & 3 & 0 & 3 \\ 0 & 0 & 2 & 0 \end{vmatrix}$.

解：注意到第一列有三个零元素, 可利用性质 9-3 按照第一列展开, 即

$$D_4 = \begin{vmatrix} 0 & 5 & 6 & 1 \\ 1 & 8 & 1 & 0 \\ 0 & 3 & 0 & 3 \\ 0 & 0 & 2 & 0 \end{vmatrix} = 1 \times (-1)^{2+1} \begin{vmatrix} 5 & 6 & 1 \\ 3 & 0 & 3 \\ 0 & 2 & 0 \end{vmatrix} \xrightarrow{\text{按第三行展开}} -2 \times (-1)^{3+2} \begin{vmatrix} 5 & 1 \\ 3 & 3 \end{vmatrix} = 24.$$

可以看出, 行列式不仅可按某一行展开, 也可按某一列展开. 只要该行(列)的零元素多, 就按该行(列)来展开, 这样行列式的计算就简单.

推论9-2　行列式某行(列)元素与另一行(列)元素的代数余子式乘积之和的值为零,即　$a_{k1}A_{i1} + a_{k2}A_{i2} + \cdots + a_{kn}A_{in} = 0$　$(i \neq k)$. 由此可得如下结论:　$a_{k1}A_{i1} + a_{k2}A_{i2} + \cdots + a_{kn}A_{in} = \begin{cases} D_n, i = k, \\ 0, i \neq k. \end{cases}$

性质9-4　将行列式某一行(列)的所有元素都乘以同一个数 k 等于用 k 乘此行列式即:

$$\begin{vmatrix} a_{11} & a_{12} & \cdots & a_{1n} \\ \vdots & \vdots & & \vdots \\ ka_{i1} & ka_{i2} & \cdots & ka_{in} \\ \vdots & \vdots & & \vdots \\ a_{n1} & a_{n2} & \cdots & a_{nn} \end{vmatrix} = k \begin{vmatrix} a_{11} & a_{12} & \cdots & a_{1n} \\ \vdots & \vdots & & \vdots \\ a_{i1} & a_{i2} & \cdots & a_{in} \\ \vdots & \vdots & & \vdots \\ a_{n1} & a_{n2} & \cdots & a_{nn} \end{vmatrix}.$$

【例9-9】　计算行列式 $D = \begin{vmatrix} 1 & 2 & 3 & 4 \\ 3 & 6 & 5 & 7 \\ 2 & 4 & 6 & 8 \\ 0 & 1 & 0 & 1 \end{vmatrix}$.

解:由于第三行有公因子 2,可利用性质9-4,提出公因子 2,再由推论9-1 可得结果,即

$$D = \begin{vmatrix} 1 & 2 & 3 & 4 \\ 3 & 6 & 5 & 7 \\ 2 & 4 & 6 & 8 \\ 0 & 1 & 0 & 1 \end{vmatrix} = 2 \begin{vmatrix} 1 & 2 & 3 & 4 \\ 3 & 6 & 5 & 7 \\ 1 & 2 & 3 & 4 \\ 0 & 1 & 0 & 1 \end{vmatrix} = 0.$$

所以由性质9-4 和推论9-1 可得下面结论.

推论9-3　若行列式某两行(列)对应元素成比例,则此行列式为零.

性质9-5　行列式的某一行(列)的元素都是两数之和,则这个行列式等于两个行列式之和.

例如,　$\begin{vmatrix} a_{11} & a_{12} + b_1 & a_{13} \\ a_{21} & a_{22} + b_2 & a_{23} \\ a_{31} & a_{32} + b_3 & a_{33} \end{vmatrix} = \begin{vmatrix} a_{11} & a_{12} & a_{13} \\ a_{21} & a_{22} & a_{23} \\ a_{31} & a_{32} & a_{33} \end{vmatrix} + \begin{vmatrix} a_{11} & b_1 & a_{13} \\ a_{21} & b_2 & a_{23} \\ a_{31} & b_3 & a_{33} \end{vmatrix}.$

性质9-6　把行列式的某一行(列)的各元素同乘以数 k 再加到另外一行(列)的对应元素上去,行列式的值不变,即

$$\begin{vmatrix} a_{11} & a_{12} & \cdots & a_{1n} \\ \vdots & \vdots & & \vdots \\ a_{i1} & a_{i2} & \cdots & a_{in} \\ \vdots & \vdots & & \vdots \\ a_{j1} & a_{j2} & \cdots & a_{jn} \\ \vdots & \vdots & & \vdots \\ a_{n1} & a_{n2} & \cdots & a_{nn} \end{vmatrix} = \begin{vmatrix} a_{11} & a_{12} & \cdots & a_{1n} \\ \vdots & \vdots & & \vdots \\ a_{i1} & a_{i2} & \cdots & a_{in} \\ \vdots & \vdots & & \vdots \\ a_{j1} + ka_{i1} & a_{j2} + ka_{i2} & \cdots & a_{jn} + ka_{in} \\ \vdots & \vdots & & \vdots \\ a_{n1} & a_{n2} & \cdots & a_{nn} \end{vmatrix}.$$

【例 9-10】 计算行列式 $D = \begin{vmatrix} 1 & 2 & 3 \\ 101 & 102 & 103 \\ 0 & 0 & 1 \end{vmatrix}$.

解：利用性质 9-6，第一行乘以 -100 后加到第二行，行列式值不变，即

$$D = \begin{vmatrix} 1 & 2 & 3 \\ 1 & 1 & 1 \\ 0 & 0 & 1 \end{vmatrix} = 1 \times (-1)^{3+3} \begin{vmatrix} 1 & 2 \\ 1 & 1 \end{vmatrix} = -1.$$

为了计算过程中叙述方便，约定：

(1) 记号 $r_i \leftrightarrow r_j$ 表示互换第 i、j 两行；

(2) 记号 $c_i \leftrightarrow c_j$ 表示互换第 i、j 两列；

(3) 记号 $r_i \times k (c_i \times k)$ 表示行列式的第 i 行（列）乘以数 k；

(4) 记号 $r_j + k \times r_i (c_j + c_i \times k)$ 表示行列式的第 i 行（列）乘以数 k 后加到第 j 行（列）.

【例 9-11】 计算行列式 $D = \begin{vmatrix} 3 & 1 & -1 & 2 \\ -5 & 1 & 3 & -4 \\ 2 & 0 & 1 & -1 \\ 1 & -5 & 3 & -3 \end{vmatrix}$.

解：$D \xLongequal{c_1 \leftrightarrow c_2} - \begin{vmatrix} 1 & 3 & -1 & 2 \\ 1 & -5 & 3 & -4 \\ 0 & 2 & 1 & -1 \\ -5 & 1 & 3 & -3 \end{vmatrix} \xLongequal[r_4 + 5r_1]{r_2 + (-1)r_1} - \begin{vmatrix} 1 & 3 & -1 & 2 \\ 0 & -8 & 4 & -6 \\ 0 & 2 & 1 & -1 \\ 0 & 16 & -2 & 7 \end{vmatrix}$

$\xLongequal{r_2 \leftrightarrow r_3} \begin{vmatrix} 1 & 3 & -1 & 2 \\ 0 & 2 & 1 & -1 \\ 0 & -8 & 4 & -6 \\ 0 & 16 & -2 & 7 \end{vmatrix} \xLongequal[r_4 + (-8)r_2]{r_3 + 4r_2} \begin{vmatrix} 1 & 3 & -1 & 2 \\ 0 & 2 & 1 & -1 \\ 0 & 0 & 8 & -10 \\ 0 & 0 & -10 & 15 \end{vmatrix}$

$\xLongequal{\frac{5}{4}r_3 + r_4} \begin{vmatrix} 1 & 3 & -1 & 2 \\ 0 & 2 & 1 & -1 \\ 0 & 0 & 8 & -10 \\ 0 & 0 & 0 & \frac{5}{2} \end{vmatrix} = 40.$

【例 9-12】 计算 n 阶行列式 $D = \begin{vmatrix} x & a & \cdots & a & a \\ a & x & \cdots & a & a \\ \vdots & \vdots & & \vdots & \vdots \\ a & a & \cdots & x & a \\ a & a & \cdots & a & x \end{vmatrix}$.

解：
$$D \xlongequal[(k=2,3,\cdots,n)]{c_1+c_k} \begin{vmatrix} x+(n-1)a & a & \cdots & a & a \\ x+(n-1)a & x & \cdots & a & a \\ \vdots & & \vdots & & \vdots \\ x+(n-1)a & a & \cdots & x & a \\ x+(n-1)a & a & \cdots & a & x \end{vmatrix}$$

$$= [x+(n-1)a] \begin{vmatrix} 1 & a & \cdots & a & a \\ 1 & x & \cdots & a & a \\ \vdots & \vdots & & \vdots & \vdots \\ 1 & a & \cdots & x & a \\ 1 & a & \cdots & a & x \end{vmatrix}$$

$$\xlongequal[(k=2,3,\cdots,n)]{r_k+(-1)r_1} [x+(n-1)a] \begin{vmatrix} 1 & a & \cdots & a & a \\ 0 & x-a & \cdots & 0 & 0 \\ \vdots & \vdots & & \vdots & \vdots \\ 0 & 0 & \cdots & x-a & 0 \\ 0 & 0 & \cdots & 0 & x-a \end{vmatrix}$$

$$= [x+(n-1)a](x-a)^{n-1}.$$

9.1.4 克莱姆(Cramer)法则

下面讨论如何用 n 阶行列式解 n 元线性方程组.

定理 9-1 如果线性方程组

$$\begin{cases} a_{11}x_1 + a_{12}x_2 + \cdots + a_{1n}x_n = b_1, \\ a_{21}x_1 + a_{22}x_2 + \cdots + a_{2n}x_n = b_2, \\ \qquad \cdots\cdots \\ a_{n1}x_1 + a_{n2}x_2 + \cdots + a_{nn}x_n = b_n \end{cases} \tag{9-2}$$

的系数行列式

$$D = \begin{vmatrix} a_{11} & a_{12} & \cdots & a_{1n} \\ a_{21} & a_{22} & \cdots & a_{2n} \\ \vdots & \vdots & & \vdots \\ a_{n1} & a_{n2} & \cdots & a_{nn} \end{vmatrix} \neq 0,$$

那么方程(9-2)有唯一解,且解可表示为：$x_1 = \dfrac{D_1}{D}, x_2 = \dfrac{D_2}{D}, \cdots, x_n = \dfrac{D_n}{D}.$

其中 $D_j(j=1,2,\cdots,n)$ 是用方程组(9-2)右端的常数列替换 D 中第 j 列元素所得的 n 阶行列式,即

$$D_j = \begin{vmatrix} a_{11} & a_{12} & a_{1,j-1} & b_1 & a_{1,j+1} & \cdots & a_{1n} \\ a_{21} & a_{22} & a_{2,j-1} & b_2 & a_{2,j+1} & \cdots & a_{2n} \\ \vdots & \vdots & \vdots & \vdots & \vdots & & \vdots \\ a_{n1} & a_{n2} & a_{n,j-1} & b_n & a_{n,j+1} & \cdots & a_{nn} \end{vmatrix} \quad (j = 1, 2, \cdots, n).$$

证（略）.

线性方程组(9-2)右端常数项 $b_1, b_2, \cdots, b_n$ 不全为零时称为非齐次线性方程组,当 $b_1 = b_2 = \cdots = b_n = 0$ 时,称为齐次线性方程组.

显然,齐次线性方程组必有零解,由克莱姆法则易得:

定理 9-2　如果齐次线性方程组

$$\begin{cases} a_{11}x_1 + a_{12}x_2 + \cdots + a_{1n}x_n = 0, \\ a_{21}x_1 + a_{22}x_2 + \cdots + a_{2n}x_n = 0, \\ \qquad\qquad \cdots\cdots \\ a_{n1}x_1 + a_{n2}x_2 + \cdots + a_{nn}x_n = 0 \end{cases} \tag{9-3}$$

的系数行列式 $D \neq 0$,则它只有唯一的零解.

定理 9-2 的逆否定理为:

定理 9-3　如果齐次线性方程组(9-3)有非零解,则它的系数行列式 $D = 0$.

【**例 9-13**】　解线性方程组 $\begin{cases} x_1 - x_2 + x_3 - 2x_4 = 2, \\ 2x_1 - x_3 + 4x_4 = 4, \\ 3x_1 + 2x_2 + x_3 = -1, \\ -x_1 + 2x_2 - x_3 + 2x_4 = -4. \end{cases}$

解:因为

$$D = \begin{vmatrix} 1 & -1 & 1 & -2 \\ 2 & 0 & -1 & 4 \\ 3 & 2 & 1 & 0 \\ -1 & 2 & -1 & 2 \end{vmatrix} = -2 \neq 0,$$

所以方程组有唯一的解,又

$$D_1 = \begin{vmatrix} 2 & -1 & 1 & -2 \\ 4 & 0 & -1 & 4 \\ -1 & 2 & 1 & 0 \\ -4 & 2 & -1 & 2 \end{vmatrix} = -2, \quad D_2 = \begin{vmatrix} 1 & 2 & 1 & -2 \\ 2 & 4 & -1 & 4 \\ 3 & -1 & 1 & 0 \\ -1 & -4 & -1 & 2 \end{vmatrix} = 4,$$

$$D_3 = \begin{vmatrix} 1 & -1 & 2 & -2 \\ 2 & 0 & 4 & 4 \\ 3 & 2 & -1 & 0 \\ -1 & 2 & -4 & 2 \end{vmatrix} = 0, \quad D_4 = \begin{vmatrix} 1 & -1 & 2 & -2 \\ 2 & 0 & -1 & 4 \\ 3 & 2 & 1 & -1 \\ -1 & 2 & -1 & -4 \end{vmatrix} = -1,$$

所以方程组的解为:

$$x_1 = \frac{D_1}{D} = 1, x_2 = \frac{D_2}{D} = -2, x_3 = \frac{D_3}{D} = 0, x_4 = \frac{D_4}{D} = \frac{1}{2}.$$

【例 9-14】 λ 取何值时,齐次线性方程组 $\begin{cases} \lambda x_1 + x_2 + x_3 = 0, \\ x_1 + \lambda x_2 - x_3 = 0, \\ 2x_1 - x_2 + x_3 = 0 \end{cases}$ 只有零解?

解:由题干可知,若齐次线性方程组的系数行列式 $D \neq 0$ 时,齐次线性方程组只有唯一的零解,即

$$D = \begin{vmatrix} \lambda & 1 & 1 \\ 1 & \lambda & -1 \\ 2 & -1 & 1 \end{vmatrix} = \lambda^2 - 3\lambda - 4,$$

由 $D \neq 0$ 得 $\lambda \neq -1$ 且 $\lambda \neq 4$.

所以线性方程组当 $\lambda \neq -1$ 且 $\lambda \neq 4$ 时,只有零解.

习题 9.1

1. 计算下列二、三阶行列:

(1) $\begin{vmatrix} 0 & 0 \\ 1 & 1 \end{vmatrix}$;

(2) $\begin{vmatrix} x-1 & x^3 \\ 1 & x^2+x+1 \end{vmatrix}$;

(3) $\begin{vmatrix} \sin\alpha & \cos\beta \\ \sin\beta & \cos\beta \end{vmatrix}$;

(4) $\begin{vmatrix} 1 & \log_a b \\ \log_b a & 1 \end{vmatrix}$;

(5) $\begin{vmatrix} 2 & 1 & 3 \\ 3 & 2 & -1 \\ 1 & 4 & 3 \end{vmatrix}$;

(6) $\begin{vmatrix} a_1 & a_2 & 0 \\ b_1 & b_2 & 0 \\ 0 & 0 & c \end{vmatrix}$.

2. 计算下列行列式:

(1) $\begin{vmatrix} 1 & 2 & 3 & 0 \\ 1 & -1 & 0 & 2 \\ 0 & 1 & 0 & 1 \\ 0 & 0 & -1 & 3 \end{vmatrix}$;

(2) $\begin{vmatrix} 2 & 1 & 4 & 1 \\ 1 & -2 & -2 & 0 \\ 1 & 2 & 3 & 2 \\ 5 & 0 & 6 & 2 \end{vmatrix}$;

(3) $\begin{vmatrix} \sin x & \cos x & 0 & 0 \\ -\cos x & \sin x & 0 & 0 \\ 0 & 0 & \cos x & \sin x \\ 0 & 0 & -\sin x & \cos x \end{vmatrix}$;

(4) $\begin{vmatrix} 1+x & 1 & 1 & 1 \\ 1 & 1+x & 1 & 1 \\ 1 & 1 & 1+x & 1 \\ 1 & 1 & 1 & 1+x \end{vmatrix}$.

3. 填空题.

(1) 在函数 $f(x) = \begin{vmatrix} 2x & 1 & -1 \\ -x & -x & x \\ 1 & 2 & x \end{vmatrix}$ 中, x^3 的系数是_____.

(2) 设 a, b 为实数,则当 $a =$ _____ 且 $b =$ _____ 时, $\begin{vmatrix} a & b & 0 \\ -b & a & 0 \\ -1 & 0 & 1 \end{vmatrix} = 0$.

4. 解下列方程：

$$(1)\begin{vmatrix} 2 & 2 & 4 & 6 \\ 1 & 2-x^2 & 2 & 3 \\ 1 & 3 & 1 & 5 \\ -1 & -3 & -1 & x^2-9 \end{vmatrix} = 0; \qquad (2)\begin{vmatrix} 0 & 1 & x & 1 \\ 1 & 0 & 1 & x \\ x & 1 & 0 & 1 \\ 1 & x & 1 & 0 \end{vmatrix} = 0.$$

5. 用克莱姆法则解下列线性方程组：

$$(1)\begin{cases} x_1 + 2x_2 - x_3 = -3, \\ 2x_1 - x_2 + 3x_3 = 9, \\ -x_1 + x_2 + 4x_3 = 6; \end{cases} \qquad (2)\begin{cases} x_1 + x_2 + x_3 + x_4 = 5, \\ x_1 + 2x_2 - x_3 + x_4 = -2, \\ 2x_1 + 3x_2 - x_3 - 5x_4 = -2, \\ 3x_1 + x_2 + 2x_3 + 3x_4 = 4. \end{cases}$$

6. λ 为何值时，齐次线性方程组 $\begin{cases} x_1 + x_2 + \lambda x_3 = 0, \\ x_1 + \lambda x_2 + x_3 = 0, \\ \lambda x_1 + x_2 + x_3 = 0 \end{cases}$ 只有零解？

9.2　矩阵的概念和运算

矩阵是线性代数的重要内容，也是处理很多问题的重要工具，它几乎贯穿了线性代数的整个研究过程．本节将介绍矩阵的概念和运算．

9.2.1　矩阵的概念

例如，在物资调运中，某类物资有三个产地，四个销地．它的调运情况见表 9-1．

表 9-1　物资调运情况

调运吨数　　　销　售 产　　地	I	II	III	IV
A	240	320	78	100
B	170	210	300	45
C	101	302	400	480

这个计划表也可以用一个数表来表示：

$$\begin{pmatrix} 240 & 320 & 78 & 100 \\ 170 & 210 & 300 & 45 \\ 101 & 302 & 400 & 480 \end{pmatrix}.$$

又例如，有 n 个未知量，m 个方程的线性方程组

$$\begin{cases} a_{11}x_1 + a_{12}x_2 + \cdots + a_{1n}x_n = b_1, \\ a_{21}x_1 + a_{22}x_2 + \cdots + a_{2n}x_n = b_2, \\ \quad\quad\quad\quad \cdots\cdots \\ a_{m1}x_1 + a_{m2}x_2 + \cdots + a_{mn}x_n = b_m, \end{cases}$$

如果把它的系数 $a_{ij}(i=1,2,\cdots,m;j=1,2,\cdots,n)$ 和常数项 $b_i(i=1,2,\cdots,m)$ 按原来顺序写出来,也可以得一个 m 行 $n+1$ 列的数表

$$\begin{pmatrix} a_{11} & a_{12} & \cdots & a_{1n} & b_1 \\ a_{21} & a_{22} & \cdots & a_{2n} & b_2 \\ \vdots & \vdots & & \vdots & \vdots \\ a_{m1} & a_{m2} & \cdots & a_{mn} & b_n \end{pmatrix},$$

那么,这个数表清晰地表达了这个线性方程组.

上面的这些数表统称为矩阵.

定义 9-6　有 $m\times n$ 个数 $a_{ij}(i=1,2,\cdots,m;j=1,2,\cdots,n)$ 排成一个 m 行 n 列并括以圆括号(或方括号)的数表

$$\begin{pmatrix} a_{11} & a_{12} & \cdots & a_{1n} \\ a_{21} & a_{22} & \cdots & a_{2n} \\ \vdots & \vdots & & \vdots \\ a_{m1} & a_{m2} & \cdots & a_{mn} \end{pmatrix},$$

称为 m 行 n 列矩阵,简称 $m\times n$ 矩阵. 矩阵通常用大写字母 $A,B,C\cdots$ 表示. 例如上述矩阵可以记作 A 或 $A_{m\times n}$,也可记作 $A=(a_{ij})_{m\times n}$,其中 a_{ij} 称为矩阵 A 的第 i 行第 j 列元素.

特别地,当 $m=n$ 时,称 A 为 n 阶矩阵或 n 阶方阵.

当 $m=1$ 或 $n=1$ 时,矩阵只有一行或只有一列,即 $A=(a_{11}\ a_{12}\cdots a_{1n})$ 或 $a=\begin{pmatrix} a_{11} \\ a_{21} \\ \vdots \\ a_{m1} \end{pmatrix}$ 分别

称为行矩阵和列矩阵.

所有元素都是 0 的矩阵,称为零矩阵,记作 0. 规定一阶方阵就是一个数,即 $A=(a_{11})=a_{11}$.

定义 9-7　如果 $A=(a_{ij})$ 与 $B=(b_{ij})$ 都是 $m\times n$ 矩阵,并且它们对应的元素相等,即 $a_{ij}=b_{ij}(i=1,2,\cdots,m;j=1,2,\cdots,n)$ 则称矩阵 A 与矩阵 B 相等,记作 $A=B$.

9.2.2　几种特殊的矩阵

定义 9-8　主对角线以外的元素全为零的 n 阶方阵为对角矩阵,即

$$A=\begin{pmatrix} a_{11} & 0 & 0 & 0 & \cdots & 0 \\ 0 & a_{22} & 0 & 0 & \cdots & 0 \\ 0 & 0 & a_{33} & 0 & \cdots & 0 \\ 0 & 0 & 0 & a_{44} & \cdots & 0 \\ \vdots & \vdots & \vdots & \vdots & & \vdots \\ 0 & 0 & 0 & 0 & \cdots & a_{nn} \end{pmatrix}.$$

定义 9-9　主对角线上的元素全是 a 的对角矩阵称为数量矩阵,即

$$A = \begin{pmatrix} a & 0 & 0 & 0 & \cdots & 0 \\ 0 & a & 0 & 0 & \cdots & 0 \\ 0 & 0 & a & 0 & \cdots & 0 \\ 0 & 0 & 0 & a & \cdots & 0 \\ \vdots & \vdots & \vdots & \vdots & & \vdots \\ 0 & 0 & 0 & 0 & \cdots & a \end{pmatrix}.$$

定义 9-10　主对角线上的元素全是 1 的 n 阶数量矩阵称为 n 阶单位矩阵. 记作 E_n 或 E,即

$$E = \begin{pmatrix} 1 & 0 & 0 & 0 & \cdots & 0 \\ 0 & 1 & 0 & 0 & \cdots & 0 \\ 0 & 0 & 1 & 0 & \cdots & 0 \\ 0 & 0 & 0 & 1 & \cdots & 0 \\ \vdots & \vdots & \vdots & \vdots & & \vdots \\ 0 & 0 & 0 & 0 & \cdots & 1 \end{pmatrix}.$$

定义 9-11　主对角线下(上)方的元素全为 0 的 n 阶方阵称为上(下)三角形矩阵,即

$$\begin{pmatrix} a_{11} & a_{12} & \cdots & a_{1n} \\ 0 & a_{22} & \cdots & a_{2n} \\ 0 & 0 & \ddots & \vdots \\ 0 & 0 & 0 & a_{nn} \end{pmatrix} \quad \text{和} \quad \begin{pmatrix} a_{11} & 0 & 0 & 0 \\ a_{21} & a_{22} & 0 & 0 \\ \vdots & \vdots & \ddots & 0 \\ a_{n1} & a_{n2} & & a_{nn} \end{pmatrix}.$$

定义 9-12　如果 n 阶方阵 $A = (a_{ij})$ 元素满足条件 $a_{ij} = a_{ji}(i,j = 1,2,\cdots,n)$ 则称 A 为对称矩阵.

9.2.3　矩阵的运算

矩阵虽然是由一些数构成的数表,但可以对它施行一些具有理论意义和实际意义的运算,从而使它成为解决实际问题的有力工具.

9.2.3.1　矩阵的加法

定义 9-13　设 $A = (a_{ij})$ 是两个 $m \times n$ 矩阵,规定 $A + B = (a_{ij} + b_{ij}) =$

$$\begin{pmatrix} a_{11} + b_{11} & a_{12} + b_{12} & \cdots & a_{1n} + b_{1n} \\ a_{21} + b_{21} & a_{22} + b_{22} & \cdots & a_{2n} + b_{2n} \\ \vdots & \vdots & & \vdots \\ a_{m1} + b_{m1} & a_{m2} + b_{m2} & \cdots & a_{mn} + b_{mn} \end{pmatrix},$$ 称矩阵 $A + B$ 为 A 与 B 的和.

把行数相同,列数也相同的矩阵称为同型矩阵. 注意:只有同型矩阵才能求和.

若把矩阵 $A = (a_{ij})$ 中各元素变号,则得到 A 的负矩阵 $-A$,即 $-A = (-a_{ij})$,矩阵 A 减

去矩阵 B 可定义为 A 加上 B 的负矩阵 $-B$，即 $A - B = A + (-B)$.

【例 9-15】 设矩阵 $A = \begin{pmatrix} 3 & 0 & -4 \\ -2 & 5 & -1 \end{pmatrix}$，$B = \begin{pmatrix} 2 & 3 & 4 \\ 0 & -3 & 1 \end{pmatrix}$，求 $A + B$，$A - B$.

解： $A + B = \begin{pmatrix} 3 & 0 & -4 \\ -2 & 5 & -1 \end{pmatrix} + \begin{pmatrix} 2 & 3 & 4 \\ 0 & -3 & 1 \end{pmatrix} = \begin{pmatrix} 5 & 3 & 0 \\ -2 & 2 & 0 \end{pmatrix}$，

$A - B = \begin{pmatrix} 3 & 0 & -4 \\ -2 & 5 & -1 \end{pmatrix} - \begin{pmatrix} 2 & 3 & 4 \\ 0 & -3 & 1 \end{pmatrix} = \begin{pmatrix} 1 & -3 & -8 \\ -2 & 8 & -2 \end{pmatrix}$.

设 A、B、C、0 都是 $m \times n$ 矩阵，则有：

（1） $A + B = B + A$；

（2） $(A + B) + C = A + (B + C)$；

（3） $A + 0 = A$；

（4） $A - A = A + (-A) = 0$.

9.2.3.2　数与矩阵的乘法

定义 9-14　以数乘矩阵 A 的每一个元素所得到的矩阵称为数 k 与矩阵 A 的积，记作 kA，即 $kA = k(a_{ij}) = (ka_{ij})$.

【例 9-16】 设 $A = \begin{pmatrix} 1 & 2 & 3 & 4 \\ 3 & 0 & 5 & 1 \\ 2 & 4 & 6 & 7 \end{pmatrix}$，求 $2A$.

解： $2A = \begin{pmatrix} 1 \times 2 & 2 \times 2 & 3 \times 2 & 4 \times 2 \\ 3 \times 2 & 0 \times 2 & 5 \times 2 & 1 \times 2 \\ 2 \times 2 & 4 \times 2 & 6 \times 2 & 7 \times 2 \end{pmatrix} = \begin{pmatrix} 1 & 4 & 6 & 8 \\ 6 & 0 & 10 & 2 \\ 4 & 8 & 12 & 14 \end{pmatrix}$.

对数 k、l 和矩阵 $A = (a_{ij})_{m \times n}$，$B = (b_{ij})_{m \times n}$ 满足以下运算规则：

（1）$k(A + B) = kA + kB$；

（2）$(k + l)A = kA + lA$；

（3）$(kl)A = k(lA) = l(kA)$；

（4）$1 \times A = A$.

【例 9-17】 已知 $A = \begin{pmatrix} 3 & -1 & 2 \\ 1 & 5 & 7 \\ 5 & 4 & -3 \end{pmatrix}$，$B = \begin{pmatrix} 7 & 5 & -4 \\ 5 & 1 & 9 \\ 3 & -2 & 1 \end{pmatrix}$，且 $A + 2X = B$，求矩阵 X.

解： 由 $A + 2X = B$ 得 $X = \dfrac{1}{2}(B - A)$，

因为 $B - A = \begin{pmatrix} 7 & 5 & -4 \\ 5 & 1 & 9 \\ 3 & -2 & 1 \end{pmatrix} - \begin{pmatrix} 3 & -1 & 2 \\ 1 & 5 & 7 \\ 5 & 4 & -3 \end{pmatrix} = \begin{pmatrix} 4 & 6 & -6 \\ 4 & -4 & 2 \\ -2 & -6 & 4 \end{pmatrix}$，

所以 $X = \dfrac{1}{2}(B - A) = \begin{pmatrix} 2 & 3 & -3 \\ 2 & -2 & 1 \\ -1 & -3 & 2 \end{pmatrix}$.

9.2.3.3　矩阵的乘法

定义 9-15　设有矩阵 $A_{m \times s}$，$B_{s \times n}$，定义矩阵 A 与矩阵 B 的乘积是一个 $m \times n$ 矩阵 $C = (c_{ij})_{m \times n}$，其中

$$c_{ij} = a_{i1}b_{1j} + a_{i2}b_{2j} + \cdots + a_{is}b_{sj} = \sum_{k=1}^{s} a_{ik}b_{kj} \quad (i = 1, 2, \cdots, m; j = 1, 2, \cdots, n)$$

记作 $C = AB$，由定义 9-15 知：

（1）只有当左矩阵 A 的列数等于右矩阵 B 的行数时，A、B 才能作乘法运算 $C = AB$；

（2）两个矩阵的乘积 $C = AB$ 矩阵，它的行数等于左矩阵 A 的行数，它的列数等于右矩阵 B 的列数；

（3）乘积矩阵 $C = AB$ 中的第 i 行第 j 列的元素等于 A 的第 i 行元素与 B 的第 j 列对应元素的乘积之和，简称为行乘列法则．

【例 9-18】　设 $A = \begin{pmatrix} 2 & -1 \\ -4 & 0 \\ 3 & 5 \end{pmatrix}$，$B = \begin{pmatrix} 9 & -8 \\ -7 & 10 \end{pmatrix}$，求 AB.

解：$AB = \begin{pmatrix} 2 & -1 \\ -4 & 0 \\ 3 & 5 \end{pmatrix} \begin{pmatrix} 9 & -8 \\ -7 & 10 \end{pmatrix}$

$$= \begin{pmatrix} 2 \times 9 + (-1) \times (-7) & 2 \times (-8) + (-1) \times 10 \\ -4 \times 9 + 0 \times (-7) & -4 \times (-8) + 0 \times 10 \\ 3 \times 9 + 5 \times (-7) & 3 \times (-8) + 5 \times 10 \end{pmatrix} = \begin{pmatrix} 25 & -26 \\ -36 & 32 \\ -8 & 26 \end{pmatrix}.$$

【例 9-19】　设矩阵 $A = \begin{pmatrix} 2 & 4 \\ 1 & 2 \end{pmatrix}$，$B = \begin{pmatrix} 2 & -2 \\ -1 & 1 \end{pmatrix}$，求 AB 与 BA.

解：$AB = \begin{pmatrix} 2 & 4 \\ 1 & 2 \end{pmatrix} \begin{pmatrix} 2 & -2 \\ -1 & 1 \end{pmatrix} = \begin{pmatrix} 0 & 0 \\ 0 & 0 \end{pmatrix}$，$BA = \begin{pmatrix} 2 & -2 \\ -1 & 1 \end{pmatrix} \begin{pmatrix} 2 & 4 \\ 1 & 2 \end{pmatrix} = \begin{pmatrix} 2 & 4 \\ -1 & -2 \end{pmatrix}.$

由此例可见：$AB \neq BA$. 即矩阵乘法不满足交换律．在以后进行矩阵乘法时，一定要注意乘法的次序，不能随意改变．

【例 9-20】　设 $A = \begin{pmatrix} 1 & -1 \\ 2 & -2 \end{pmatrix}$，$B = \begin{pmatrix} 1 & 2 \\ 1 & 2 \end{pmatrix}$，$C = \begin{pmatrix} 1 & -2 \\ 1 & -2 \end{pmatrix}$，求 AB、AC.

解：$AB = \begin{pmatrix} 1 & -1 \\ 2 & -2 \end{pmatrix} \begin{pmatrix} 1 & 2 \\ 1 & 2 \end{pmatrix} = \begin{pmatrix} 0 & 0 \\ 0 & 0 \end{pmatrix}$，$AC = \begin{pmatrix} 1 & -1 \\ 2 & -2 \end{pmatrix} \begin{pmatrix} 1 & -2 \\ 1 & -2 \end{pmatrix} = \begin{pmatrix} 0 & 0 \\ 0 & 0 \end{pmatrix}$，即 $AB = AC$.

但 $B \neq C (A \neq 0)$，即矩阵的乘法不满足消去律．

对于线性方程组 $\begin{cases} a_{11}x_1 + a_{12}x_2 + \cdots + a_{1n}x_n = b_1, \\ a_{21}x_1 + a_{22}x_2 + \cdots + a_{2n}x_n = b_2, \\ \quad\quad\cdots\cdots \\ a_{m1}x_1 + a_{m2}x_2 + \cdots + a_{mn}x_n = b_m, \end{cases}$　令 $A = \begin{pmatrix} a_{11} & a_{12} & \cdots & a_{1n} \\ a_{21} & a_{22} & \cdots & a_{2n} \\ \vdots & \vdots & & \vdots \\ a_{m1} & a_{m2} & \cdots & a_{mn} \end{pmatrix}$，

$$X = \begin{pmatrix} x_1 \\ x_2 \\ \vdots \\ x_n \end{pmatrix}, B = \begin{pmatrix} b_1 \\ b_2 \\ \vdots \\ b_m \end{pmatrix},$$ 则线性方程组可以表示为矩阵形式 $AX = B$.

矩阵的乘法满足以下运算律. 设 A、B、C 可以进行下列运算,k 是常数,则有:

(1)$(AB)C = A(BC)$;

(2)$A(B+C) = AB + AC$;

(3)$(B+C)A = BA + CA$;

(4)$k(AB) = (kA)B = A(kB)$.

9.2.4 方阵的幂

定义 9-16 设有方阵 A,k 为正整数. 定义 $A^k = \overbrace{A \times A \times \cdots \times A}^{k个}$ 称作 A 的 k 次幂. 并定义 $A^0 = E, A^1 = A$.

方阵的幂有如下性质. 设 A 是 n 阶方阵,k_1、k_2 是正整数,则有:

(1)$A^{k_1} \cdot A^{k_2} = A^{k_1 + k_2}$;

(2)$(A^{k_1})^{k_2} = A^{k_1 k_2}$.

【例 9-21】 设矩阵 $A = \begin{pmatrix} 1 & 2 \\ 0 & 1 \end{pmatrix}$,求 A^k.

解:因为 $A^2 = \begin{pmatrix} 1 & 2 \\ 0 & 1 \end{pmatrix}\begin{pmatrix} 1 & 2 \\ 0 & 1 \end{pmatrix} = \begin{pmatrix} 1 & 2+2 \\ 0 & 1 \end{pmatrix}$,

$$A^3 = A^2 A = \begin{pmatrix} 1 & 2+2 \\ 0 & 1 \end{pmatrix}\begin{pmatrix} 1 & 2 \\ 0 & 1 \end{pmatrix} = \begin{pmatrix} 1 & 2+2+2 \\ 0 & 1 \end{pmatrix},$$

假设 $A^{k-1} = \begin{pmatrix} 1 & 2(k-1) \\ 0 & 1 \end{pmatrix}$,则 $A^k = A^{k-1} A = \begin{pmatrix} 1 & 2(k-1) \\ 0 & 1 \end{pmatrix}\begin{pmatrix} 1 & 2 \\ 0 & 1 \end{pmatrix} = \begin{pmatrix} 1 & 2k \\ 0 & 1 \end{pmatrix}$.

由数字归纳法可知,对任意正整数,有 $\begin{pmatrix} 1 & 2 \\ 0 & 1 \end{pmatrix}^k = \begin{pmatrix} 1 & 2k \\ 0 & 1 \end{pmatrix}$.

9.2.5 矩阵的转置

定义 9-17 将一个 $m \times n$ 矩阵 $A = \begin{pmatrix} a_{11} & a_{21} & \cdots & a_{1n} \\ a_{12} & a_{22} & \cdots & a_{2n} \\ \vdots & \vdots & & \vdots \\ a_{m1} & a_{m2} & \cdots & a_{mn} \end{pmatrix}$ 的行和列按顺序互换得到的

$n \times m$ 矩阵称为 A 转置矩阵,记作 A^T,即

$$A^T = \begin{pmatrix} a_{11} & a_{21} & \cdots & a_{m1} \\ a_{12} & a_{22} & \cdots & a_{m2} \\ \vdots & \vdots & & \vdots \\ a_{1n} & a_{2n} & \cdots & a_{mn} \end{pmatrix}.$$

下面不加证明地给出转置矩阵的运算律:

(1) $(A^T)^T = A$;　　　　　　(2) $(A + B)^T = A^T + B^T$;

(3) $(kA)^T = kA^T$;　　　　　(4) $(AB)^T = B^T \cdot A^T$.

【例 9-22】　设矩阵 $A = \begin{pmatrix} 4 & -1 \\ 0 & 2 \\ -3 & 2 \end{pmatrix}$, $B = \begin{pmatrix} 2 & 1 \\ 3 & 4 \end{pmatrix}$, 求 $(AB)^T$ 和 $B^T A^T$.

解:因为 $AB = \begin{pmatrix} 4 & -1 \\ 0 & 2 \\ -3 & 2 \end{pmatrix} \begin{pmatrix} 2 & 1 \\ 3 & 4 \end{pmatrix} = \begin{pmatrix} 5 & 0 \\ 6 & 8 \\ 0 & 5 \end{pmatrix}$, 所以 $(AB)^T = \begin{pmatrix} 5 & 0 \\ 6 & 8 \\ 0 & 5 \end{pmatrix} = \begin{pmatrix} 5 & 6 & 0 \\ 0 & 8 & 5 \end{pmatrix}$.

又因为 $A^T = \begin{pmatrix} 4 & 0 & -3 \\ -1 & 2 & 2 \end{pmatrix}$, $B^T = \begin{pmatrix} 2 & 3 \\ 1 & 4 \end{pmatrix}$, 所以 $B^T A^T = \begin{pmatrix} 2 & 3 \\ 1 & 4 \end{pmatrix} \begin{pmatrix} 4 & 0 & -3 \\ -1 & 2 & 2 \end{pmatrix} =$

$\begin{pmatrix} 5 & 6 & 0 \\ 0 & 8 & 5 \end{pmatrix}$.

即　$(AB)^T = B^T A^T$.

【例 9-23】　证明 $(ABC)^T = C^T B^T A^T$.

证:　$(ABC)^T = [(AB)C]^T = C^T (AB)^T = C^T B^T A^T$.

定义 9-18　如果矩阵 $A = (a_{ij})$ 满足 $A = A^T$, 则称 A 是对称矩阵.

显然,单位矩阵、数量矩阵、对角矩阵都是对称矩阵的特例.

9.2.6　方阵的行列式

定义 9-19　将方阵 $A = (a_{ij})$ 的元素按照原来的位置构成行列式称为矩阵 A 的行列式,记作 $|A|$ 或 $\det A$.

当 $|A| \neq 0$ 时,称矩阵 A 的非奇异矩阵;当 $|A| = 0$ 时,称作矩阵 A 为奇异矩阵.

下面给出矩阵行列式的性质:

(1) $|A^T| = |A|$;

(2) $|kA| = k|A|$(设 A 为 n 阶方阵);

(3) $|AB| = |A||B|$;

(4) $|A^k| = |A|^k$.

习题 9.2

1. 填空题.

(1) 若矩阵 A 与矩阵 B 的积 AB 为 3 行 4 列矩阵,则矩阵 A 的行数是_____,列数是_____.

(2) 设 A 为三阶方阵,且 $|A| = 2$,则 $|-|A|A| = $_____.

(3) $A^2 - B^2 = (A+B)(A-B)$ 的充要条件是_____.

(4) 设 $A = (1,2,3)$，$B = (1, \frac{1}{2}, \frac{1}{3})$，则 $(AB)^{\mathrm{T}} = $_____.

2. 计算下列各题：

(1) $(1 \quad -2 \quad 3) \begin{pmatrix} 1 \\ 2 \\ 3 \end{pmatrix}$;

(2) $\begin{pmatrix} 1 \\ -2 \\ 3 \end{pmatrix} (-1 \quad 2 \quad 3)$;

(3) $\begin{pmatrix} 0 & 1 \\ 1 & 6 \end{pmatrix} \begin{pmatrix} 5 & 3 \\ 2 & 7 \end{pmatrix} \begin{pmatrix} 0 & 1 \\ 1 & 0 \end{pmatrix}$;

(4) $\begin{pmatrix} -2 & 0 & 2 \\ 3 & -4 & 0 \\ 0 & 3 & 4 \end{pmatrix} \begin{pmatrix} 3 & -6 & 0 \\ -2 & 0 & 4 \\ 0 & 5 & -1 \end{pmatrix}$;

(5) $\begin{pmatrix} 0 & 1 \\ 1 & 0 \end{pmatrix}^2$;

(6) $\begin{pmatrix} 1 & 1 \\ 0 & 1 \end{pmatrix}^n$ (n 是正整数).

3. 设矩阵 $A = \begin{pmatrix} 1 & -2 & 1 & 2 \\ 2 & 3 & -4 & 0 \\ -3 & 5 & 0 & -4 \end{pmatrix}$, $B = \begin{pmatrix} -3 & 3 & 0 & -3 \\ 0 & -4 & 9 & 12 \\ 6 & -8 & -9 & 5 \end{pmatrix}$, 求: (1) $3A - B$; (2) $2A + 3B$;

(3) 若 x 满足 $A + x = B$, 求 x.

4. 若矩阵 A 与 B 满足 $AB = BA$, 则称矩阵 A 与矩阵 B 是可交换的, 求与矩阵 $A = \begin{pmatrix} 1 & 0 \\ 1 & 1 \end{pmatrix}$ 可换的矩阵 B.

5. 设 $A = \begin{pmatrix} 1 & 1 & 0 \\ 0 & 1 & -1 \\ 1 & -1 & 1 \end{pmatrix}$, $B = \begin{pmatrix} 1 & 2 & 3 \\ -1 & -2 & -4 \\ 0 & 2 & 1 \end{pmatrix}$, 分别求 $A^{\mathrm{T}}B$、$B^{\mathrm{T}}A$、$A^{\mathrm{T}}B^{\mathrm{T}}$、$(AB)^{\mathrm{T}}$.

9.3 逆矩阵

9.3.1 逆矩阵的概念

在矩阵的运算中, 前面定义了矩阵的加法、减法和乘法, 那么是否可以定义矩阵的除法运算呢? 这是下面要讨论的一个问题.

在数的运算中, 当数 $a \neq 0$ 时, 有 $aa^{-1} = a^{-1}a = 1$. 这里 $a^{-1} = \frac{1}{a}$, 称 a 的倒数, 也称 a 的逆. 显然只要 $a \neq 0$, a 就可逆.

类似地, 对于一个矩阵 A 是否能进行矩阵的除法, 关键是是否存在一个矩阵 B. 使得 $AB = BA = E$. 从乘法角度看, n 阶单位矩阵 E 具有类似于数字 1 的地位. 下面给出可逆矩阵及求逆矩阵的方法.

定义 9-20 设 A 是 n 阶方阵, 如果存在 n 阶方阵 B, 使得 $AB = BA = E$, 则称 A 为可逆矩阵, B 称为 A 的逆矩阵, 记作 A^{-1}, 即 $B = A^{-1}$.

由定义 9-20 可以直接证得可逆矩阵具有以下性质:

性质 9-7 若矩阵 A 可逆, 则 A 的逆矩阵是唯一的.

性质 9-8 若矩阵 A 可逆, 则 A^{-1} 也可逆, 且 $(A^{-1})^{-1} = A$.

性质9-9　若矩阵 A 可逆,数 $k \neq 0$,则 kA 可逆,且 $(kA)^{-1} = k^{-1}A^{-1}$.

性质9-10　若 n 阶矩阵 A 和 B 都可逆,则 AB 也可逆,且 $(AB)^{-1} = B^{-1}A^{-1}$.

性质9-10 可以推广到多个 n 阶矩阵相乘的情形,即当 n 阶矩阵 $A_1, A_2, \cdots, A_m$ 都可逆时,乘积矩阵 $A_1 A_2 \cdots A_m$ 也可逆,且 $(A_1 A_2 \cdots A_m)^{-1} = A_m^{-1} \cdots A_2^{-1} A_1^{-1}$.

性质9-11　如果矩阵 A 可逆,则 A^{T} 也可逆,且 $(A^{\mathrm{T}})^{-1} = (A^{-1})^{\mathrm{T}}$.

性质9-12　如果矩阵 A 可逆,则 $\det A^{-1} = (\det A)^{-1}$.

9.3.2　可逆矩阵的判别及逆矩阵的求法

如果方阵 A 可逆,那么方阵 A 要具备什么条件? 逆矩阵又如何求呢? 下面讨论这个问题.

定义9-21　由 n 阶方阵 $A = \begin{vmatrix} a_{11} & a_{12} & \cdots & a_{1n} \\ a_{21} & a_{22} & \cdots & a_{2n} \\ \vdots & \vdots & & \vdots \\ a_{n1} & a_{n2} & \cdots & a_{nn} \end{vmatrix}$ 中元素 a_{ij} 的代数余子式 $A_{ij}(i, j = 1, 2, \cdots, n)$ 构成的 n 阶方阵

$$A^* = \begin{pmatrix} A_{11} & A_{21} & \cdots & A_{n1} \\ A_{12} & A_{22} & \cdots & A_{n2} \\ \vdots & \vdots & & \vdots \\ A_{1n} & A_{2n} & \cdots & A_{nn} \end{pmatrix}$$

称为 A 的伴随矩阵,记作 A^*.

【例9-24】　设 $A = \begin{pmatrix} 3 & 2 & 1 \\ 1 & 2 & 2 \\ 3 & 4 & 3 \end{pmatrix}$,求 A^*.

解:因为 $A_{11} = -2, A_{12} = 3, A_{13} = -2; A_{21} = -2, A_{22} = 6, A_{23} = -6; A_{31} = 2, A_{32} = -5,$

$A_{33} = 4$,所以 $A^* = \begin{pmatrix} A_{11} & A_{21} & A_{31} \\ A_{12} & A_{22} & A_{32} \\ A_{13} & A_{23} & A_{33} \end{pmatrix} = \begin{pmatrix} -2 & -2 & 2 \\ 3 & 6 & -5 \\ -2 & -6 & 4 \end{pmatrix}$.

定理9-4　A 为可逆矩阵的充要条件是 A 为非奇异矩阵($|A| \neq 0$),且 $A^{-1} = \dfrac{1}{|A|} \times A^*$.

证:(1)必要性. 因为 A 可逆,即 A^{-1} 存在,则有

$$AA^{-1} = E \Longrightarrow |A| |A^{-1}| = 1 \Longrightarrow |A| \neq 0.$$

(2)充分性. 设 A 为非奇异的,则 $|A| \neq 0$,于是有 $AA^* = A^*A = |A|E$,则得

$$A\left(\frac{1}{|A|}A^*\right) = \left(\frac{1}{|A|}A^*\right)A = E.$$

由逆矩阵定义知,A 可逆,且 $A^{-1} = \dfrac{1}{|A|}A^*$,这种求逆矩阵的方法称为伴随矩阵法.

【例9-25】　判定 $A = \begin{pmatrix} 1 & 0 & 3 \\ 0 & 2 & 1 \\ 3 & 1 & 5 \end{pmatrix}$ 是否可逆. 若可逆求出其逆矩阵.

解:因为 $|A| = -9 \neq 0$,所以 A 可逆.

求得 $A_{11} = 9, A_{21} = 3, A_{31} = -6, A_{12} = 3, A_{22} = -4, A_{32} = -1, A_{13} = -6, A_{23} = -1, A_{33} = 2.$

故 $A^{-1} = \dfrac{1}{|A|}, A^* = -1/9 \begin{pmatrix} 9 & 3 & -6 \\ 3 & -4 & -1 \\ 6 & -1 & 2 \end{pmatrix} = \begin{pmatrix} -1 & -\dfrac{1}{3} & \dfrac{2}{3} \\ -\dfrac{1}{3} & \dfrac{4}{9} & \dfrac{1}{9} \\ \dfrac{2}{3} & \dfrac{1}{9} & -\dfrac{2}{9} \end{pmatrix}.$

9.3.3 用逆矩阵解线性方程组

【**例 9-26**】 用逆矩阵解线性方程组 $\begin{cases} x_1 + x_2 - x_3 = 1, \\ x_1 + 2x_2 - x_3 = -2, \\ -2x_1 - 3x_2 - x_3 = 1. \end{cases}$

解:设 $A = \begin{pmatrix} 1 & 1 & -1 \\ 1 & 2 & -1 \\ -2 & -3 & -1 \end{pmatrix}, X = \begin{pmatrix} x_1 \\ x_2 \\ x_3 \end{pmatrix}, B = \begin{pmatrix} 1 \\ -2 \\ 1 \end{pmatrix}$,则方程组可表示成矩阵方程 $AX = B$.

因为 $|A| = -3$, $A^* = \begin{pmatrix} -5 & 4 & 1 \\ 3 & -3 & 0 \\ 1 & 1 & 1 \end{pmatrix}$,所以 $X = A^{-1}B = \dfrac{1}{|A|} A^* B = \begin{pmatrix} 4 \\ -3 \\ 0 \end{pmatrix}.$

即原方程组的解是:$x_1 = 4, x_2 = -3, x_3 = 0.$

【**例 9-27**】 求矩阵方程 $AXB = C$,其中 $A = \begin{pmatrix} 3 & 2 & 1 \\ 1 & 2 & 2 \\ 3 & 4 & 3 \end{pmatrix}, B = \begin{pmatrix} 3 & 1 \\ 5 & 2 \end{pmatrix}, C = \begin{pmatrix} 1 & 4 \\ 2 & 0 \\ 3 & 2 \end{pmatrix}.$

解: $A^{-1} = \begin{pmatrix} 1 & 1 & -1 \\ -\dfrac{3}{2} & -3 & \dfrac{5}{2} \\ 1 & 3 & -2 \end{pmatrix}, B^{-1} = \begin{pmatrix} 2 & -1 \\ -5 & 3 \end{pmatrix}$,则

$X = A^{-1}CB^{-1} = \begin{pmatrix} 1 & 1 & -1 \\ -\dfrac{3}{2} & -3 & \dfrac{5}{2} \\ 1 & 3 & -2 \end{pmatrix} \begin{pmatrix} 1 & 4 \\ 2 & 0 \\ 3 & 2 \end{pmatrix} \begin{pmatrix} 2 & -1 \\ -5 & 3 \end{pmatrix} = \begin{pmatrix} -10 & 6 \\ 5 & -3 \\ 2 & -1 \end{pmatrix}.$

习题 9.3

1. 判别下列矩阵是否可逆. 如果可逆,求其逆矩阵.

(1) $\begin{pmatrix} 1 & -3 \\ 4 & 2 \end{pmatrix}$; (2) $\begin{pmatrix} -1 & -2 & 0 \\ 1 & 1 & 0 \\ 1 & 0 & 1 \end{pmatrix}$;

(3) $\begin{pmatrix} 2 & 2 & 1 \\ 3 & 4 & 3 \\ 1 & 2 & 3 \end{pmatrix}$; (4) $\begin{pmatrix} 1 & 0 & 0 \\ 1 & 1 & 0 \\ 1 & 1 & 1 \end{pmatrix}$.

2. 解下列矩阵方程:

$(1)\begin{pmatrix} 2 & 5 \\ 1 & 3 \end{pmatrix}X = \begin{pmatrix} 4 & -6 \\ 2 & 1 \end{pmatrix};$ 　　　　$(2)\ X\begin{pmatrix} 2 & 1 & -1 \\ 2 & 1 & 0 \\ 1 & -1 & 1 \end{pmatrix} = \begin{pmatrix} 4 & -1 & 3 \\ 4 & 3 & 2 \end{pmatrix};$

$(3)\begin{pmatrix} 1 & 4 \\ -1 & 2 \end{pmatrix}X\begin{pmatrix} 2 & 0 \\ -1 & 1 \end{pmatrix} = \begin{pmatrix} 3 & 1 \\ 0 & -1 \end{pmatrix}.$

3. 利用逆矩阵解下列线性方程组:

$(1)\begin{cases} x_1 + 2x_2 + 3x_3 = 1, \\ 2x_1 + 2x_2 + 5x_3 = 2, \\ 3x_1 + 5x_2 + x_3 = 3; \end{cases}$ 　　　　$(2)\begin{cases} x_1 - x_2 - x_3 = 2, \\ 2x_1 - x_2 - 3x_3 = 1, \\ 3x_1 + 2x_2 - 5x_3 = 0. \end{cases}$

9.4　矩阵的初等变换与秩

　　矩阵的初等变换是个重要概念,它有很多用途,通过矩阵的初等变换可以化简矩阵,求可逆矩阵的逆矩阵,也可以用来解线性方程组.

9.4.1　矩阵的初等变换

　　定义 9-22　对矩阵施以下列三种变换,称为矩阵的初等变换:

　　(1)交换矩阵的两行(列);

　　(2)用一个非零常数乘矩阵的某一行(列);

　　(3)把矩阵的某一行(列)的 k 倍加到另一个行(列)上去.

　　把矩阵行施以上述三种变换称为初等行变换,对矩阵的列施以上述三种变换称为初等列变换.

　　如果矩阵 A 经过初等变换化为矩阵 B 时:写为 $A \rightarrow B$.

　　定义 9-23　如果矩阵 A 经过有限次初等变换化成矩阵 B,就称矩阵 A、B 等价,记作: $A \sim B$.

　　矩阵等价关系满足以下性质:

　　(1)反射性, $A \sim A$;

　　(2)对称性,若 $A \sim B$,则 $B \sim A$;

　　(3)传递性,若 $A \sim B, B \sim C$,则 $A \sim C$.

　　定义 9-24　如果一个矩阵满足:

　　(1)矩阵的零行在矩阵的最下方;

　　(2)非零行的第一个非零元素其列标随着行标递增而严格增大,那么称该矩阵为阶梯形矩阵,例如,

$$A = \begin{pmatrix} 1 & 3 & 5 & 7 \\ 0 & 2 & 3 & 5 \\ 0 & 0 & 0 & 1 \end{pmatrix};$$

　　如果阶梯形矩阵非零行的第一个非零元素都是1,并且这列的其余元素都是零,那么该

矩阵被称为行简化阶梯形矩阵. 例如,

$$
\begin{pmatrix} 1 & 2 & 0 & 3 \\ 0 & 0 & 1 & 0 \\ 0 & 0 & 0 & 1 \end{pmatrix}
\begin{pmatrix} 1 & 0 & 1 & 1 \\ 0 & 1 & 3 & 0 \\ 0 & 0 & 0 & 0 \end{pmatrix}.
$$

定理 9-5 任何一个矩阵都可以通过有限次的初等变换化成阶梯形矩阵,也可以进一步化成最简阶梯形矩阵.

【例 9-28】 用初等变换化矩阵 $A = \begin{pmatrix} 2 & 0 & -1 & 3 \\ 1 & 2 & -2 & 4 \\ 0 & 1 & 3 & -1 \end{pmatrix}$ 为行阶梯形矩阵.

$$
\mathbf{解}: A = \begin{pmatrix} 2 & 0 & -1 & 3 \\ 1 & 2 & -2 & 4 \\ 0 & 1 & 3 & -1 \end{pmatrix} \xlongequal{r_1 \leftrightarrow r_2} \begin{pmatrix} 1 & 2 & -2 & 4 \\ 2 & 0 & -1 & 3 \\ 0 & 1 & 3 & -1 \end{pmatrix} \xlongequal{r_2 - 2r_1} \begin{pmatrix} 1 & 2 & -2 & 4 \\ 0 & -4 & 3 & -5 \\ 0 & 1 & 3 & -1 \end{pmatrix}
$$

$$
\xlongequal{r_2 \leftrightarrow r_3} \begin{pmatrix} 1 & 2 & -2 & 4 \\ 0 & 1 & 3 & -1 \\ 0 & -4 & 3 & -5 \end{pmatrix} \xlongequal{r_3 + 4r_2} \begin{pmatrix} 1 & 2 & -2 & 4 \\ 0 & 1 & 3 & -1 \\ 0 & 0 & 15 & -9 \end{pmatrix} \xlongequal{\frac{1}{15}r_3} \begin{pmatrix} 1 & 2 & -2 & 4 \\ 0 & 1 & 3 & -1 \\ 0 & 0 & 1 & -\frac{3}{5} \end{pmatrix}
$$

$$
\xlongequal[2r_3 + r_1]{-3r_3 + r_2} \begin{pmatrix} 1 & 2 & 0 & \frac{14}{5} \\ 0 & 1 & 0 & \frac{4}{5} \\ 0 & 0 & 1 & -\frac{3}{5} \end{pmatrix} \xlongequal{-2r_2 + r_1} \begin{pmatrix} 1 & 0 & 0 & \frac{6}{5} \\ 0 & 1 & 0 & \frac{4}{5} \\ 0 & 0 & 1 & -\frac{3}{5} \end{pmatrix}.
$$

9.4.2 初等矩阵

定义 9-25 对单位矩阵 E 进行一次初等变换得到的矩阵称为初等矩阵,初等矩阵有以下三种:

(1)交换单位矩阵的第 i、j 两行得到的矩阵

$$
E(i,j) = \begin{pmatrix} 1 & & & & & & \\ & \ddots & & & & & \\ & & 0 & \cdots & 1 & & \\ & & \vdots & \ddots & \vdots & & \\ & & 1 & \cdots & 0 & & \\ & & & & & \ddots & \\ & & & & & & 1 \end{pmatrix} \begin{matrix} i \text{ 行} \\ \\ j \text{ 行} \end{matrix}.
$$

(2)对 E 的第 i 行乘非零数得到的矩阵

$$E(i(k)) = \begin{pmatrix} 1 & & & & & \\ & \ddots & & & & \\ & & k & & & \\ & & & \ddots & & \\ & & & & 1 \end{pmatrix} i\text{行}.$$

（3）单位矩阵 E 的第 j 行乘数加到第 i 行得到的矩阵

$$E(i,j(k)) = \begin{pmatrix} 1 & & & & & & \\ & \ddots & & & & & \\ & & 1 & \cdots & k & & \\ & & & \ddots & \vdots & & \\ & & & & 1 & & \\ & & & & & \ddots & \\ & & & & & & 1 \end{pmatrix} \begin{matrix} \\ \\ i\text{行} \\ \\ j\text{行} \\ \\ \\ \end{matrix}$$

定理9-6　设 $A = (a_{ij})_{m \times n}$ 对 A 的行（列）施以某一种初等变换就相当于在 A 的左（右）边乘以一个相应的 $m(n)$ 阶初等矩阵.

例如,设 $A = \begin{pmatrix} 1 & 2 \\ 3 & 4 \\ 5 & 6 \end{pmatrix}$,交换第一行与第二行以 $A \rightarrow B = \begin{pmatrix} 3 & 4 \\ 1 & 2 \\ 5 & 6 \end{pmatrix}$,就相当于用 $E(1,2)$ 左乘

以 A,即 $\begin{pmatrix} 0 & 1 & 0 \\ 1 & 0 & 0 \\ 0 & 0 & 1 \end{pmatrix} \begin{pmatrix} 1 & 2 \\ 3 & 4 \\ 5 & 6 \end{pmatrix} = \begin{pmatrix} 3 & 4 \\ 1 & 2 \\ 5 & 6 \end{pmatrix} = B.$

如果交换 A 的第 1 列与第 2 列,则 $A \rightarrow B = \begin{pmatrix} 2 & 1 \\ 4 & 3 \\ 6 & 5 \end{pmatrix}$,即是 $\begin{pmatrix} 1 & 2 \\ 3 & 4 \\ 5 & 6 \end{pmatrix} \begin{pmatrix} 0 & 1 \\ 1 & 0 \end{pmatrix} = \begin{pmatrix} 2 & 1 \\ 4 & 3 \\ 6 & 5 \end{pmatrix} = B.$

9.4.3　运用初等行变换求逆矩阵

用伴随矩阵法求 n 阶可逆矩阵的逆矩阵是一种常见方法,但是这种方法需要计算 n^2 个 $n-1$ 阶行列式,因此,当 n 较大时,它的计算量是很大的. 下面介绍求逆矩阵的另一种方法——初等变换法. 利用行列式的性质可以证明下面定理.

定理9-7　若 n 阶矩阵 A 经过若干次初等行变换后得到 n 阶矩阵 B,则当 $\det A \neq 0$ 时,必有 $\det B \neq 0$. 反之亦然.

推论9-4　任何非奇异矩阵经过初等行变换都能化为单位矩阵.

由推论9-4可知:对于任意一个 n 阶可逆矩阵 A,一定存在一组初等矩阵 $P_1 P_2 \cdots P_k$,使

$$P_k \cdots P_2 P_1 A = E.$$

对上式两边乘 A^{-1},得: $P_k \cdots P_2 P_1 A A^{-1} = E A^{-1} = A^{-1}$,即

$$A^{-1} = P_k \cdots P_2 P_1 E.$$

由此可知,通过一系列的初等行变换可以把可逆矩阵 A 化成单位矩阵,那么用一系列同样的初等行变换作用到 E 上就可以把 E 化成 A^{-1}. 因此,用初等行变换求逆矩阵的方法是:在矩阵 A 的右边写上一个同阶的单位矩阵 E,构成一个 $n \times 2n$ 矩阵 (AE),用初等行变换将左半部分 A 化成单位矩阵 E,与此同时,右半部分 E 就化成了 A^{-1},即

$$(A \vdots E) \xrightarrow{\text{初等行变换}} (E \vdots A^{-1}).$$

【例9-29】 $A = \begin{pmatrix} 1 & 2 & 3 \\ 2 & 1 & 2 \\ 1 & 3 & 4 \end{pmatrix}$,求 A^{-1}.

解: $(A \vdots E) = \begin{pmatrix} 1 & 2 & 3 & \vdots & 1 & 0 & 0 \\ 2 & 1 & 2 & \vdots & 0 & 1 & 0 \\ 1 & 3 & 4 & \vdots & 0 & 0 & 1 \end{pmatrix} \longrightarrow \begin{pmatrix} 1 & 2 & 3 & \vdots & 1 & 0 & 0 \\ 0 & -3 & -4 & \vdots & -2 & 1 & 0 \\ 0 & 1 & 1 & \vdots & -1 & 0 & 1 \end{pmatrix}$

$\longrightarrow \begin{pmatrix} 1 & 2 & 3 & \vdots & 1 & 0 & 0 \\ 0 & 1 & 1 & \vdots & -2 & 0 & 1 \\ 0 & -3 & -4 & \vdots & -1 & 1 & 0 \end{pmatrix} \longrightarrow \begin{pmatrix} 1 & 0 & 1 & \vdots & 3 & 0 & -2 \\ 0 & 1 & 1 & \vdots & -1 & 0 & 1 \\ 0 & 0 & -1 & \vdots & -5 & 1 & 3 \end{pmatrix}$

$\longrightarrow \begin{pmatrix} 1 & 0 & 0 & \vdots & -2 & 1 & 1 \\ 0 & 1 & 0 & \vdots & -6 & 1 & 4 \\ 0 & 0 & -1 & \vdots & -5 & 1 & 3 \end{pmatrix} \longrightarrow \begin{pmatrix} 1 & 0 & 0 & \vdots & -2 & 1 & 1 \\ 0 & 1 & 0 & \vdots & -6 & 1 & 4 \\ 0 & 0 & 1 & \vdots & 5 & -1 & -3 \end{pmatrix}$,

即 $A^{-1} = \begin{pmatrix} -2 & 1 & 1 \\ -6 & 1 & 4 \\ 5 & -1 & -3 \end{pmatrix}$.

【例9-30】 解矩阵方程 $X - XA = B$. 其中 $A = \begin{pmatrix} 1 & 0 & 1 \\ 2 & 1 & 0 \\ -3 & 2 & -3 \end{pmatrix}$, $B = \begin{pmatrix} 1 & -2 & 1 \\ -3 & 4 & 1 \end{pmatrix}$.

解:由 $X - XA = B$ 得 $X(E - A) = B$.

$(E - A \vdots E) = \begin{pmatrix} 0 & 0 & -1 & \vdots & 1 & 0 & 0 \\ -2 & 0 & 0 & \vdots & 0 & 1 & 0 \\ 3 & -2 & 4 & \vdots & 0 & 0 & 1 \end{pmatrix} \longrightarrow \begin{pmatrix} -2 & 0 & 0 & \vdots & 0 & 1 & 0 \\ 2 & -2 & 4 & \vdots & 0 & 0 & 1 \\ 0 & 0 & -1 & \vdots & 1 & 0 & 0 \end{pmatrix}$

$\longrightarrow \begin{pmatrix} 1 & 0 & 0 & \vdots & 0 & -\dfrac{1}{2} & 0 \\ 3 & -2 & 4 & \vdots & 0 & 0 & 1 \\ 0 & 0 & -1 & \vdots & 1 & 0 & 0 \end{pmatrix} \longrightarrow \begin{pmatrix} 1 & 0 & 0 & \vdots & 0 & -\dfrac{1}{2} & 0 \\ 0 & -2 & 4 & \vdots & 0 & \dfrac{3}{2} & 1 \\ 0 & 0 & 1 & \vdots & -1 & 0 & 0 \end{pmatrix}$

$\longrightarrow \begin{pmatrix} 1 & 0 & 0 & \vdots & 0 & -\dfrac{1}{2} & 0 \\ 0 & -2 & 0 & \vdots & 4 & \dfrac{3}{2} & 1 \\ 0 & 0 & 1 & \vdots & -1 & 0 & 0 \end{pmatrix} \longrightarrow \begin{pmatrix} 1 & 0 & 0 & \vdots & 0 & -\dfrac{1}{2} & 0 \\ 0 & 1 & 0 & \vdots & -2 & -\dfrac{3}{4} & -\dfrac{1}{2} \\ 0 & 0 & 1 & \vdots & -1 & 0 & 0 \end{pmatrix}$,

E-A 可逆,且 $(E$-$A)^{-1} = \begin{pmatrix} 0 & -\dfrac{1}{2} & 0 \\ -2 & -\dfrac{3}{4} & -\dfrac{1}{2} \\ -1 & 0 & 0 \end{pmatrix}.$

则 $X = B(E$-$A)^{-1} = \begin{pmatrix} 1 & -2 & 1 \\ -3 & 4 & 1 \end{pmatrix} \begin{pmatrix} 0 & -\dfrac{1}{2} & 0 \\ -2 & -\dfrac{3}{4} & -\dfrac{1}{2} \\ -1 & 0 & 0 \end{pmatrix} = \begin{pmatrix} 3 & 1 & 1 \\ -9 & -\dfrac{3}{2} & -2 \end{pmatrix}.$

必须注意的是,当用初等变换求可逆矩阵的逆矩阵时,必须始终采用行变换,绝对不可作列变换. 如果在作初等行变换时,出现了零行,则说明它的行列式为零,矩阵是不可逆的.

9.4.4 矩阵的秩

矩阵的秩是线性代数中非常有用的一个概念,它不仅与讨论可逆矩阵的问题有密切关系,且在线性方程组的解的情况中也有着重要应用.

9.4.4.1 矩阵秩的概念

定义 9-26 设 A 是 $m \times n$ 矩阵,在 A 中位于任意选定的 k 行列交点上的 k^2 个元素,按原来次序组成的 k 阶行列式,称为 A 的一个 k 阶子式 $(k \leqslant \min\{m, n\})$.

例如,$A = \begin{pmatrix} 2 & 4 & -2 & 0 \\ 1 & 0 & 1 & 2 \\ -3 & 1 & 5 & 3 \end{pmatrix}$ 选取 1、2 行和 2、4 列,则二阶子式为 $\begin{pmatrix} 4 & 0 \\ 0 & 2 \end{pmatrix}.$

定义 9-27 矩阵 A 的非零子式的最高阶数称为矩阵 A 的秩,记作 $r(A)$ 或秩(A). 规定:零矩阵 0 的秩为零,即 $r(0) = 0$.

定义 9-27 说明,若 $r(A) = k$,则 A 中至少有一个 k 阶子式不为零而任一 $k+1$ 子式的值一定为零.

【例 9-31】 求矩阵 $A = \begin{pmatrix} 3 & 2 & 1 & 1 \\ 1 & 2 & -3 & 2 \\ 4 & 4 & -2 & 3 \end{pmatrix}$ 的秩.

解:因为 A 的一个二阶子式 $\begin{vmatrix} 3 & 2 \\ 1 & 2 \end{vmatrix} = 4 \neq 0$,而且含该二阶子式的三阶子式有两个:

$$\begin{vmatrix} 3 & 2 & -1 \\ 1 & 2 & -3 \\ 4 & 4 & 2 \end{vmatrix} = 0, \quad \begin{vmatrix} 3 & 2 & -1 \\ 1 & 2 & 2 \\ 4 & 4 & 3 \end{vmatrix} = 0,$$

解得 $r(A) = 2$.

9.4.4.2 矩阵秩的计算

按照定义 9-27 计算矩阵的秩,由于要计算很多的行列式,是很烦琐的. 下面介绍利用初等行变换来求矩阵的秩.

定理9-8 矩阵的初等行变换不改变矩阵的秩.

定理9-9 矩阵 A 的秩等于它的阶梯形矩阵或行简化阶梯形矩阵非零行的行数.

综上所述,可归纳出用初等行变换求矩阵 A 的秩的方法:

$A \xrightarrow{\text{初等行变换}}$ 阶梯形矩阵或行简化阶梯形矩阵 B,设 B 的非零行的行数为 k,则 $r(A) = k$.

【**例 9-32**】 求矩阵 $A = \begin{pmatrix} 2 & -1 & 3 & 1 \\ 4 & -2 & 5 & 4 \\ -4 & 2 & -6 & -2 \\ 2 & -1 & 3 & 2 \end{pmatrix}$ 的秩.

解 $A = \begin{pmatrix} 2 & -1 & 3 & 1 \\ 4 & -2 & 5 & 4 \\ -4 & 2 & -6 & -2 \\ 2 & -1 & 3 & 2 \end{pmatrix} \xrightarrow[\substack{r_2-2r_1 \\ r_3+2r_1 \\ r_4-r_1}]{} \begin{pmatrix} 2 & -1 & 3 & 1 \\ 0 & 0 & -1 & 2 \\ 0 & 0 & 0 & 0 \\ 0 & 0 & 0 & 1 \end{pmatrix} \xrightarrow{r_3 \leftrightarrow r_4} \begin{pmatrix} 2 & -1 & 3 & 1 \\ 0 & 0 & -1 & 2 \\ 0 & 0 & 0 & 1 \\ 0 & 0 & 0 & 0 \end{pmatrix},$

所以 $r(A) = 3$.

定理9-10 设 A 为任意一个 $m \times n$ 矩阵列,则:$(1) 0 \leqslant r(A) \leqslant \min\{m, n\}$;$(2) r(A) = r(A^{\mathrm{T}})$.

定义9-28 设 A 是 n 阶矩阵,若 $r(A) = n$,则称 A 为满秩矩阵或称 A 为非奇异矩阵.

【**例 9-33**】 判定矩阵 $A = \begin{pmatrix} 1 & -1 & 1 \\ 1 & 1 & 3 \\ 2 & 3 & 2 \end{pmatrix}$ 是否为满秩矩阵.

解: 因为 $A = \begin{pmatrix} 1 & -1 & 1 \\ 1 & 1 & 3 \\ 2 & 3 & 2 \end{pmatrix} \longrightarrow \begin{pmatrix} 1 & -1 & 1 \\ 0 & 2 & 2 \\ 0 & 5 & 0 \end{pmatrix} \longrightarrow \begin{pmatrix} 1 & -1 & 1 \\ 0 & 2 & 2 \\ 0 & 0 & -5 \end{pmatrix},$

即 $r(A) = 3$,所以矩阵 A 是满秩矩阵.

定理9-11 n 阶矩阵 A 可逆的充分必要条件是 A 为满秩矩阵,即 $r(A) = n$.

【**例 9-34**】 判定矩阵 $A = \begin{pmatrix} 1 & 1 & -1 \\ 2 & -1 & 0 \\ 1 & 0 & 1 \end{pmatrix}$ 是否可逆.

解:因为 $A = \begin{pmatrix} 1 & 1 & -1 \\ 2 & -1 & 0 \\ 1 & 0 & 1 \end{pmatrix} \longrightarrow \begin{pmatrix} 1 & 1 & -1 \\ 0 & -3 & 2 \\ 0 & -1 & 2 \end{pmatrix} \longrightarrow \begin{pmatrix} 1 & 1 & -1 \\ 0 & -1 & 2 \\ 0 & -3 & 2 \end{pmatrix} \longrightarrow \begin{pmatrix} 1 & 1 & -1 \\ 0 & -1 & 2 \\ 0 & 0 & -4 \end{pmatrix},$

即 $r(A) = 3$,所以矩阵 A 可逆.

习题9.4

1. 把下列矩阵化为行简化阶梯形矩阵:

$(1) \begin{pmatrix} 2 & -2 & 1 \\ 3 & 5 & 2 \\ -4 & 4 & -2 \end{pmatrix};$ 　　　　 $(2) \begin{pmatrix} 0 & 2 & -3 & 1 \\ 0 & 3 & -4 & 3 \\ 0 & 4 & -7 & -1 \end{pmatrix};$

$$(3) \begin{pmatrix} 1 & 2 & -1 & 1 \\ 2 & -3 & 1 & 0 \\ 4 & 1 & -1 & -1 \end{pmatrix}; \qquad (4) \begin{pmatrix} 0 & 1 & 1 & -1 & 2 \\ 0 & 2 & 2 & 2 & 0 \\ 0 & -1 & -1 & 1 & 1 \\ 1 & 1 & 0 & 0 & -1 \end{pmatrix}.$$

2. 用初等变换判定下列矩阵是否可逆. 如可逆求其逆矩阵.

$$(1) \begin{pmatrix} 2 & 5 \\ 1 & 3 \end{pmatrix}; \qquad (2) \begin{pmatrix} 3 & 2 & 1 \\ 3 & 1 & 5 \\ 3 & 2 & 3 \end{pmatrix}; \qquad (3) \begin{pmatrix} 3 & -2 & 0 & -1 \\ 0 & 2 & 2 & 1 \\ 1 & -2 & -3 & -2 \\ 0 & 1 & 2 & 1 \end{pmatrix}.$$

3. 求下列矩阵的秩:

$$(1) \begin{pmatrix} 1 & 2 & 3 & 4 \\ 1 & -2 & 4 & 5 \\ 1 & 10 & 1 & 2 \\ 1 & 10 & 1 & 2 \end{pmatrix}; \qquad (2) \begin{pmatrix} 2 & 0 & 8 & 7 \\ 3 & 0 & -1 & 7 \end{pmatrix};$$

$$(3) \begin{pmatrix} 0 & 1 & 3 \\ -1 & 0 & 1 \\ 4 & 3 & 7 \\ -5 & -1 & 1 \end{pmatrix}; \qquad (4) \begin{pmatrix} 3 & 2 & -1 & -3 & -2 \\ 2 & -1 & 3 & 1 & -3 \\ 4 & 5 & -5 & -6 & 1 \end{pmatrix}.$$

4. 试用初等行变换解矩阵方程 $\begin{pmatrix} 1 & 1 & 3 \\ -1 & 1 & 2 \\ 1 & 0 & 1 \end{pmatrix} X = \begin{pmatrix} 4 & 0 & 2 \\ 2 & -1 & 1 \\ 3 & 5 & 1 \end{pmatrix}.$

9.5　一般线性方程组的解法

9.5.1　线性方程组的消元解法

设有 n 个未知数 m 个线性方程的方程组

$$\begin{cases} a_{11}x_1 + a_{12}x_2 + \cdots + a_{1n}x_n = b_1, \\ a_{21}x_1 + a_{22}x_2 + \cdots + a_{2n}x_n = b_2, \\ \qquad\qquad \cdots\cdots \\ a_{m1}x_1 + a_{m2}x_2 + \cdots + a_{mn}x_n = b_m. \end{cases} \tag{9-4}$$

当 $b_1, b_2, \cdots, b_m$ 不全为零时,方程组(9-4)称为非齐次线性方程组,否则称为齐次线性方程组.

设 $A = \begin{pmatrix} a_{11} & a_{12} & \cdots & a_{1n} \\ a_{21} & a_{22} & \cdots & a_{2n} \\ \vdots & \vdots & & \vdots \\ a_{m1} & a_{m2} & \cdots & a_{mn} \end{pmatrix}$, $X = \begin{pmatrix} x_1 \\ x_2 \\ \vdots \\ x_n \end{pmatrix}$, $B = \begin{pmatrix} b_1 \\ b_2 \\ \vdots \\ b_m \end{pmatrix}$, $(AB) = \begin{pmatrix} a_{11} & a_{12} & \cdots & a_{1n} & b_1 \\ a_{21} & a_{22} & \cdots & a_{2n} & b_2 \\ \vdots & \vdots & & \vdots & \vdots \\ a_{m1} & a_{m2} & \cdots & a_{mn} & b_m \end{pmatrix}$,

矩阵 A、(AB) 分别称为线性方程组(9-4)的系数矩阵和增广矩阵,线性方程组(9-4)可用矩

阵形式表示为

$$AX = B. \tag{9-5}$$

显然,线性方程组(9-4)唯一的被其增广矩阵所确定.

下面将以前学过的消元法推广到一般线性方程组(9-5),先看一个例子.

【例9-35】 解方程组 $\begin{cases} 2x_1 + 5x_2 = 0, \\ x_1 + x_2 = 1, \end{cases}$ 并列出求解过程中相应的对增广矩阵施行的初等行变换过程.

解: $\begin{cases} 2x_1 + 5x_2 = 0 & ① \\ x_1 + x_2 = 1 & ② \end{cases} \xrightarrow[\text{的位置}]{\text{交换两方程}} \begin{cases} x_1 + x_2 = 1 & ② \\ 2x_1 + 5x_2 = 0 & ① \end{cases} \xrightarrow{① - 2 \times ②} \begin{cases} x_1 + x_2 = 1 & ② \\ 3x_2 = -2 & ③ \end{cases}$

$\xrightarrow{\frac{1}{3} \times ③} \begin{cases} x_1 + x_2 = 1 & ② \\ x_2 = -\dfrac{2}{3} & ④ \end{cases} \xrightarrow{② + (-1) \times ④} \begin{cases} x_1 = \dfrac{5}{3}, \\ x_2 = -\dfrac{2}{3}, \end{cases}$

即

$$\begin{bmatrix} 2 & 5 & 0 \\ 1 & 1 & 1 \end{bmatrix} \xrightarrow{r_1 \leftrightarrow r_2} \begin{bmatrix} 1 & 1 & 1 \\ 2 & 5 & 0 \end{bmatrix} \xrightarrow{r_2 - 2r_1} \begin{bmatrix} 1 & 1 & 1 \\ 0 & 3 & -2 \end{bmatrix} \xrightarrow{\frac{1}{3}r_2} \begin{bmatrix} 1 & 1 & 1 \\ 0 & 1 & -\dfrac{2}{3} \end{bmatrix} \xrightarrow{r_1 - r_2} \begin{bmatrix} 1 & 0 & \dfrac{5}{3} \\ 0 & 1 & -\dfrac{2}{3} \end{bmatrix},$$

所以线性方程组的解为 $x_1 = \dfrac{5}{3}, x_2 = -\dfrac{2}{3}$.

由例9-35可以看出,用消元法解线性方程组的过程,实质上就是对该方程组增广矩阵施以行的初等变换化为行简化阶梯形矩阵,从而求出方程组的解.

显然,线性方程组施行初等变换所得的线性方程组与原线性方程组同解.

【例9-36】 求线性方程组 $\begin{cases} -3x_1 - 3x_2 + 14x_3 + 29x_4 = -16, \\ x_1 + x_2 + 4x_3 - x_4 = 1, \\ -x_1 - x_2 + 2x_3 + 7x_4 = -4 \end{cases}$ 的解.

解: 对其增广矩阵施行初等行变换,将其化为行简化阶梯形矩阵.

$$(AB) = \begin{pmatrix} -3 & -3 & 14 & 29 & -16 \\ 1 & 1 & 4 & -1 & 1 \\ -1 & -1 & 2 & 7 & -4 \end{pmatrix} \xrightarrow{r_1 \leftrightarrow r_2} \begin{pmatrix} 1 & 1 & 4 & -1 & 1 \\ -3 & -3 & 14 & 29 & -16 \\ -1 & -1 & 2 & 7 & -4 \end{pmatrix}$$

$$\xrightarrow[r_1 + r_3]{3r_1 + r_2} \begin{pmatrix} 1 & 1 & 4 & -1 & 1 \\ 0 & 0 & 26 & 26 & -13 \\ 0 & 0 & 6 & 6 & -3 \end{pmatrix} \xrightarrow{-4r_3 + r_2} \begin{pmatrix} 1 & 1 & 4 & -1 & 1 \\ 0 & 0 & 2 & 2 & -1 \\ 0 & 0 & 6 & 6 & -3 \end{pmatrix}$$

$$\xrightarrow{-3r_2 + r_3} \begin{pmatrix} 1 & 1 & 4 & -1 & 1 \\ 0 & 0 & 2 & 2 & -1 \\ 0 & 0 & 0 & 0 & 0 \end{pmatrix} \xrightarrow{\frac{1}{2}r_2} \begin{pmatrix} 1 & 1 & 4 & -1 & 1 \\ 0 & 0 & 1 & 1 & -\dfrac{1}{2} \\ 0 & 0 & 0 & 0 & 0 \end{pmatrix}$$

$$\xrightarrow{-4r_2 + r_1} \begin{pmatrix} 1 & 1 & 0 & -5 & 3 \\ 0 & 0 & 1 & 1 & -\dfrac{1}{2} \\ 0 & 0 & 0 & 0 & 0 \end{pmatrix},$$

得方程组的同解线性方程组 $\begin{cases} x_1 + x_2 - 5x_4 = 3, \\ x_3 + x_4 = -\dfrac{1}{2}, \end{cases}$ 移项得

$$\begin{cases} x_1 = -x_2 + 5x_4 + 3, \\ x_3 = -x_4 - \dfrac{1}{2}. \end{cases} \tag{9-6}$$

未知量 x_3、x_4 分别取任意实数 c_1、c_2 得方程组的解为：

$$\begin{cases} x_1 = -c_1 + 5c_2 + 3, \\ x_2 = c_1, \\ x_3 = -c_1 - \dfrac{1}{2}, \\ x_4 = c_2. \end{cases}$$

　　由于未知量 x_3、x_4 的取值是任意实数,故方程组(9-6)的解有无穷多个,式(9-6)表示了此方程组的所有解,其等号右端的未知量 x_2、x_4 称为自由未知量,用自由未知量表示其他未知量的表示式(9-6)称为方程组的一般解,当表示式(9-6)中的未知量 x_2、x_4 各取定一个值后,得到方程组的一个解称之为方程组的特解,自由未知量的选取不是唯一的.

9.5.2　线性方程组解的情况判定

　　对增广矩阵

$$(AB) = \begin{pmatrix} a_{11} & a_{12} & \cdots & a_{1n} & b_1 \\ a_{21} & a_{22} & \cdots & a_{2n} & b_2 \\ \vdots & \vdots & & \vdots & \vdots \\ a_{m1} & a_{m2} & \cdots & a_{mn} & b_m \end{pmatrix}$$

进行初等变换,将其化为如下的阶梯形矩阵:

$$\begin{pmatrix} a'_{11} & a'_{12} & \cdots & a'_{1r} & a'_{1r+1} & \cdots & a'_{1n} & d_1 \\ 0 & a'_{22} & \cdots & a'_{2r} & a'_{2r+1} & \cdots & a'_{2n} & d_2 \\ \vdots & \vdots & & \vdots & \vdots & & \vdots & \vdots \\ 0 & 0 & \cdots & a'_{rr} & a'_{rr+1} & \cdots & a'_{rn} & d_r \\ 0 & 0 & \cdots & 0 & 0 & \cdots & 0 & d_{r+1} \\ 0 & 0 & \cdots & 0 & 0 & \cdots & 0 & 0 \\ \vdots & \vdots & & \vdots & \vdots & & \vdots & \vdots \\ 0 & 0 & \cdots & 0 & 0 & \cdots & 0 & 0 \end{pmatrix}, \tag{9-7}$$

其中 $a'_{ij} \neq 0 (i = 1, 2, \cdots, r)$.

于是由矩阵(9-7)得到方程组(9-4)的解.

(1)当 $d_{r+1} \neq 0$ 时,阶梯形矩阵(9-7)所表示的方程组中的第 $r+1$ 个方程"$0 = d_{r+1}$"是一个矛盾方程,因此方程组(9-4)无解.

(2)当 $d_{r+1} = 0$ 时方程组(9-4)有解,并且解有两种情况:

1)如果 $r = n$ 则阶梯形矩阵(9-7)表示的方程组为

$$\begin{cases} a'_{11}x_1 + a'_{12}x_2 + \cdots + a'_{1n}x_n = d_1, \\ a'_{22}x_2 + \cdots + a'_{2n}x_n = d_2, \\ \cdots\cdots \\ a'_{nn}x_n = d_n, \end{cases}$$

用回代的方法自上而下的依次求出 $x_1, x_2, \cdots, x_r$ 的值,因此,方程组(9-4)有唯一解.

2)如果 $r < n$,则阶梯形矩阵(9-7)表示方程组为

$$\begin{cases} a'_{11}x_1 + a'_{12}x_2 + \cdots + a'_{1n}x_n = d_1, \\ a'_{22}x_2 + \cdots + a'_{2n}x_n = d_2, \\ \cdots\cdots \\ a'_{rr}x_n + \cdots + a'_{rn}x_n = d_r. \end{cases}$$

将后 $n - r$ 个未知项移至等号的右端得:

$$\begin{cases} a'_{11}x_1 + a'_{12}x_2 + \cdots + a'_{1r}x_r = d_1 - a'_{1r+1}x_{r+1} - \cdots - a'_{1n}x_n, \\ a'_{22}x_2 + \cdots + a'_{2r}x_r = d_2 - a'_{2r+1}x_{r+1} - \cdots - a'_{2n}x_n, \\ \cdots\cdots \\ a'_{rr}x_r = d_r - a'_{rr+1}x_{r+1} - \cdots - a'_{rn}x_n. \end{cases}$$

其中 $x_{r+1}, \cdots, x_n$ 为自由未知变量,由于自由未知量 $x_{r+1}, \cdots, x_n$ 可以取任意值,因此方程组(9-4)有无穷多解.

由上面的讨论可得以下定理:

定理 9-12 线性方程组(9-4)有解的充要条件是 $r(A) = r(AB)$.

当 $r(AB) = n$ 时方程组(9-4)有唯一解;

当 $r(AB) < n$ 时方程组(9-4)有无穷多解.

【例 9-37】 解线性方程组 $\begin{cases} x_1 - 3x_2 - 2x_3 - x_4 = 6, \\ 3x_1 - 8x_2 + x_3 + 5x_4 = 0, \\ -2x_1 + x_2 - 4x_3 + x_4 = -12, \\ -x_1 + 4x_2 - x_3 - 3x_4 = 2. \end{cases}$

解:对方程组的增广矩阵(AB)施以初等行变换得

$$(AB) = \begin{pmatrix} 1 & -3 & -2 & -1 & 6 \\ 3 & -8 & 1 & 5 & 0 \\ -2 & 1 & -4 & 1 & -12 \\ -1 & 4 & -1 & -3 & 2 \end{pmatrix} \xrightarrow[\substack{r_3 + 2r_1 \\ r_4 + r_1}]{r_2 - 3r_1} \begin{pmatrix} 1 & -3 & -2 & -1 & 6 \\ 0 & 1 & 7 & 8 & -16 \\ 0 & -5 & -8 & -1 & 0 \\ 0 & 1 & -3 & -4 & 8 \end{pmatrix}$$

$$\xrightarrow[r_4 - r_2]{r_3 + 5r_2} \begin{pmatrix} 1 & -3 & -2 & -1 & 6 \\ 0 & 1 & 7 & 8 & -16 \\ 0 & 0 & 27 & 39 & -90 \\ 0 & 0 & -10 & -12 & 26 \end{pmatrix} \xrightarrow{r_3 + 3r_4} \begin{pmatrix} 1 & -3 & -2 & -1 & 6 \\ 0 & 1 & 7 & 8 & -16 \\ 0 & 0 & -3 & 3 & -12 \\ 0 & 0 & -10 & -12 & 26 \end{pmatrix}$$

$$\xrightarrow[-\frac{1}{2}r_4]{-\frac{1}{3}r_3} \begin{pmatrix} 1 & -3 & -2 & -1 & 6 \\ 0 & 1 & 7 & 8 & -18 \\ 0 & 0 & 1 & -1 & 4 \\ 0 & 0 & 5 & 6 & -13 \end{pmatrix} \xrightarrow{r_4 - 5r_3} \begin{pmatrix} 1 & -3 & -2 & -1 & 6 \\ 0 & 1 & 7 & 8 & -18 \\ 0 & 0 & 1 & -1 & 4 \\ 0 & 0 & 0 & 11 & -33 \end{pmatrix}$$

$$\xrightarrow{\frac{1}{11}r_4} \begin{pmatrix} 1 & -3 & -2 & -1 & 6 \\ 0 & 1 & 7 & 8 & -18 \\ 0 & 0 & 1 & -1 & 4 \\ 0 & 0 & 0 & 1 & -3 \end{pmatrix}.$$

因为 $r(A) = r(AB) = 4$，所以方程组有唯一解，下面继续将此阶梯形矩阵化为行简化阶梯矩阵

$$(AB) = \begin{pmatrix} 1 & -3 & -2 & -1 & 6 \\ 0 & 1 & 7 & 8 & -18 \\ 0 & 0 & 1 & -1 & 4 \\ 0 & 0 & 0 & 1 & -3 \end{pmatrix} \xrightarrow[\substack{r_2 - 8r_4 \\ r_1 + r_4}]{r_3 + r_4} \begin{pmatrix} 1 & -3 & -2 & 0 & 3 \\ 0 & 1 & 7 & 0 & 6 \\ 0 & 0 & 1 & 0 & 1 \\ 0 & 0 & 0 & 1 & -3 \end{pmatrix}$$

$$\xrightarrow[r_1 + 2r_3]{r_2 - 7r_3} \begin{pmatrix} 1 & -3 & 0 & 0 & 5 \\ 0 & 1 & 0 & 0 & -1 \\ 0 & 0 & 1 & 0 & 1 \\ 0 & 0 & 0 & 1 & -3 \end{pmatrix} \xrightarrow{r_1 + 3r_2} \begin{pmatrix} 1 & 0 & 0 & 0 & 2 \\ 0 & 1 & 0 & 0 & -1 \\ 0 & 0 & 1 & 0 & 1 \\ 0 & 0 & 0 & 1 & -3 \end{pmatrix}.$$

所以，原方程组的解为 $\begin{cases} x_1 = 2, \\ x_2 = -1, \\ x_3 = 1, \\ x_4 = -3. \end{cases}$

【例 9-38】　a、b 为何值时，线性方程组

$$\begin{cases} x_1 + x_2 + x_3 + x_4 = 1, \\ 3x_1 + 2x_2 + x_3 + x_4 = 3, \\ x_2 + 3x_3 + 2x_4 = 0, \\ 5x_1 + 4x_2 + 3x_3 + bx_4 = a. \end{cases}$$

（1）有唯一解；（2）无解；（3）有无穷多解，并求其解．

解：对方程组的增广矩阵(AB)施行初等行变换，得

$$(AB) = \begin{pmatrix} 1 & 1 & 1 & 1 & 1 \\ 3 & 2 & 1 & 1 & 3 \\ 0 & 1 & 3 & 2 & 0 \\ 5 & 4 & 3 & b & a \end{pmatrix} \xrightarrow[r_4 - 5r_1]{r_2 - 3r_1} \begin{pmatrix} 1 & 1 & 1 & 1 & 1 \\ 0 & -1 & -2 & -2 & 0 \\ 0 & 1 & 3 & 2 & 0 \\ 0 & -1 & -2 & b-5 & a-5 \end{pmatrix}$$

$$\xrightarrow[r_4 - r_2]{r_3 + r_2} \begin{pmatrix} 1 & 1 & 1 & 1 & 1 \\ 0 & -1 & -2 & -2 & 0 \\ 0 & 0 & 1 & 0 & 0 \\ 0 & 0 & 0 & b-3 & a-5 \end{pmatrix}.$$

（1）$b-3 \neq 0$，即 $b \neq 3$ 时，有 $r(A) = r(AB) = 4$，线性方程组有唯一解．

（2）$b-3 = 0$ 且 $a-5 \neq 0$，即 $b = 3$ 且 $a \neq 5$ 时，$r(A) = 3$，$r(AB) = 4$，线性方程组无解．

（3）$b-3 = 0$ 且 $a-5 = 0$，即 $b = 3$ 且 $a = 5$ 时，有 $r(A) = r(AB) = 3 < 4$，线性方程组有无穷多解．

此时 $(AB) \longrightarrow \begin{pmatrix} 1 & 1 & 1 & 1 & 1 \\ 0 & -1 & -2 & -2 & 0 \\ 0 & 0 & 1 & 0 & 0 \\ 0 & 0 & 0 & 0 & 0 \end{pmatrix} \xrightarrow[r_2 + 2r_3]{r_1 - r_3} \begin{pmatrix} 1 & 1 & 1 & 1 & 1 \\ 0 & -1 & 0 & -2 & 0 \\ 0 & 0 & 1 & 0 & 0 \\ 0 & 0 & 0 & 0 & 0 \end{pmatrix}$

$$\xrightarrow[(-1)r_2]{r_1 + r_2} \begin{pmatrix} 1 & 0 & 0 & -1 & 1 \\ 0 & 1 & 0 & 2 & 0 \\ 0 & 0 & 1 & 0 & 0 \\ 0 & 0 & 0 & 0 & 0 \end{pmatrix}.$$

由此得原方程组的同解方程组为

$$\begin{cases} x_1 - x_4 = 1, \\ x_2 + 2x_4 = 0, \\ x_3 = 0, \end{cases} \quad 即 \quad \begin{cases} x_1 = x_4 + 1, \\ x_2 = -2x_4, \\ x_3 = 0. \end{cases}$$

令自由未知量 $x_4 = c$，得解为

$$\begin{cases} x_1 = 1 + c, \\ x_2 = -2c, \\ x_3 = 0, \\ x_4 = c, \end{cases} \quad (c \text{ 取任意常数}).$$

现在讨论齐次线性方程组的解法，它的一般形式为

$$\begin{cases} a_{11}x_1 + a_{12}x_2 + \cdots + a_{1n}x_n = 0, \\ a_{21}x_1 + a_{22}x_2 + \cdots + a_{2n}x_n = 0, \\ \qquad\qquad \cdots\cdots \\ a_{m1}x_1 + a_{m2}x_2 + \cdots + a_{mn}x_n = 0. \end{cases} \tag{9-8}$$

因为它的增广矩阵(AB)比系数矩阵A只多一个元素全为零的列,则$r(A) = r(AB)$,它至少有零解,由定理9-11知,当$r(A) = n$时,方程组(9-8)只有零解,当$r(A) < n$时,方程组(9-8)有无穷多个解,于是有下面定理.

定理9-13　齐次线性方程组(9-8)有非零解的充分必要条件是$r(A) < n$.

推论9-5　当$m < n$时,方程组(9-8)有非零解.

【**例9-39**】　解齐次线性方程组

$$\begin{cases} x_1 + 3x_2 + x_3 + 4x_4 = 0, \\ 2x_1 + 12x_2 - 2x_3 + 12x_4 = 0, \\ 2x_1 - 3x_2 + 8x_3 + 2x_4 = 0. \end{cases}$$

解:因为$m = 3, n = 4$所以方程组有非零解.

$$A = \begin{pmatrix} 1 & 3 & 1 & 4 \\ 2 & 12 & -2 & 12 \\ 2 & -3 & 8 & 2 \end{pmatrix} \xrightarrow[r_3 - 2r_1]{r_2 - 2r_1} \begin{pmatrix} 1 & 3 & 1 & 4 \\ 0 & 6 & -4 & 4 \\ 0 & -9 & 6 & -6 \end{pmatrix}$$

$$\xrightarrow[r_3 + \frac{3}{2}r_2]{r_1 - \frac{1}{2}r_2} \begin{pmatrix} 1 & 0 & 3 & 2 \\ 0 & 6 & -4 & 4 \\ 0 & 0 & 0 & 0 \end{pmatrix} \xrightarrow{\frac{1}{6}r_2} \begin{pmatrix} 1 & 0 & 3 & 2 \\ 0 & 1 & -\dfrac{3}{2} & \dfrac{3}{2} \\ 0 & 0 & 0 & 0 \end{pmatrix},$$

得到原方程组的同解方程为 $\begin{cases} x_1 + 3x_3 + 2x_4 = 0, \\ x_2 - \dfrac{3}{2}x_3 + \dfrac{3}{2}x_4 = 0, \end{cases}$ 即 $\begin{cases} x_1 = -3x_3 - 2x_4, \\ x_2 = \dfrac{3}{2}x_3 - \dfrac{3}{2}x_4, \end{cases}$ 取 $x_3 = c_1,$

$x_4 = c_2$,得解为:

$$\begin{cases} x_1 = -3c_1 - 2c_2, \\ x_2 = \dfrac{3}{2}c_1 - \dfrac{3}{2}c_2, \\ x_3 = c_1, \\ x_4 = c_2. \end{cases} (c_1, c_2 \text{ 为任意常数}).$$

9.5.3　n 维向量及其相关性

为了对方程组的内在联系和解的结构等问题做进一步的讨论,下面引进 n 维向量以及与之有关的概念.

9.5.3.1 n 维向量的定义

定义 9-29 由 n 个数 $a_1, a_2, \cdots, a_n$ 组成的 n 元有序数组 $(a_1, a_2, \cdots, a_n)$ 称为一个 n 维向量，$a_i(i = 1, 2, 3, \cdots, n)$ 称为向量的第 i 个分量，向量一般用小写的写希腊字母 $\boldsymbol{\alpha}, \boldsymbol{\beta}, \boldsymbol{\gamma}$ 等表示. 例如，$\boldsymbol{\alpha} = (a_1 \quad a_2 \quad \cdots \quad a_n)$.

向量有时也以下面的形式给出

$$\boldsymbol{\alpha}^{\mathrm{T}} = \begin{pmatrix} a_1 \\ a_2 \\ \vdots \\ a_n \end{pmatrix}.$$

一般地称 $\boldsymbol{\alpha}$ 为行向量，$\boldsymbol{\alpha}^{\mathrm{T}}$ 为列向量.

特别地，分量全为零的向量 $(0, 0, \cdots, 0)$ 称为零向量，记作 0. 而 $\boldsymbol{\varepsilon}_1 = (1, 0, \cdots, 0)$，$\boldsymbol{\varepsilon}_2 = (0, 1, \cdots, 0), \cdots, \boldsymbol{\varepsilon}_n = (0, 0, \cdots, 1)$ 称为 n 维单位坐标向量组.

定义 9-30 若 n 维向量 $\boldsymbol{\alpha} = (a_1, a_2, \cdots, a_n)$，$\boldsymbol{\beta} = (b_1, b_2, \cdots, b_n)$ 的对应分量均相等，即 $a_i = b_i(i = 1, 2, \cdots, n)$，则称 $\boldsymbol{\alpha}$ 与 $\boldsymbol{\beta}$ 相等，记作 $\boldsymbol{\alpha} = \boldsymbol{\beta}$.

9.5.3.2 向量的运算

A 向量的加法

定义 9-31 n 维向量 $\boldsymbol{\alpha} = (a_1, a_2, \cdots, a_n)$ 与 $\boldsymbol{\beta} = (b_1, b_2, \cdots, b_n)$ 的对应分量之和构成的向量 $(a_1 + b_1, a_2 + b_2, \cdots, a_n + b_n)$ 称为向量 $\boldsymbol{\alpha}$ 与 $\boldsymbol{\beta}$ 的和，记作 $\boldsymbol{\alpha} + \boldsymbol{\beta}$，即

$$\boldsymbol{\alpha} + \boldsymbol{\beta} = (a_1 + b_1, a_2 + b_2, \cdots, a_n + b_n).$$

B 数乘向量

定义 9-32 设 $\boldsymbol{\alpha} = (a_1, a_2, \cdots, a_n)$，$\lambda$ 为实数，则向量 $(\lambda a_1, \lambda a_2, \cdots, \lambda a_n)$ 称为数 λ 与向量 $\boldsymbol{\alpha}$ 的乘积，记为 $\lambda \boldsymbol{\alpha} = (\lambda a_1, \lambda a_2, \cdots, \lambda a_n)$. 特别地，当 $\lambda = -1$ 时，向量 $-\boldsymbol{\alpha} = (-a_1, -a_2, \cdots, -a_n)$ 称为 $\boldsymbol{\alpha}$ 的负向量.

上述向量的两种运算满足以下运算律（λ、μ 为实数，$\boldsymbol{\alpha}$、$\boldsymbol{\beta}$、$\boldsymbol{\gamma}$ 为 n 维向量）：

(1) $\boldsymbol{\alpha} + \boldsymbol{\beta} = \boldsymbol{\beta} + \boldsymbol{\alpha}$;　　　　(2) $(\boldsymbol{\alpha} + \boldsymbol{\beta}) + \boldsymbol{\gamma} = \boldsymbol{\alpha} + (\boldsymbol{\beta} + \boldsymbol{\gamma})$;

(3) $\boldsymbol{\alpha} + 0 = \boldsymbol{\alpha}$;　　　　(4) $\boldsymbol{\alpha} + (-\boldsymbol{\alpha}) = 0$;

(5) $\lambda(\mu\boldsymbol{\alpha}) = (\lambda\mu)\boldsymbol{\alpha}$;　　　　(6) $\lambda(\boldsymbol{\alpha} + \boldsymbol{\beta}) = \lambda\boldsymbol{\alpha} + \lambda\boldsymbol{\beta}$;

(7) $(\lambda + \mu)\boldsymbol{\alpha} = \lambda\boldsymbol{\alpha} + \mu\boldsymbol{\alpha}$;　　　　(8) $1\boldsymbol{\alpha} = \boldsymbol{\alpha}$.

9.5.3.3 n 维向量间的向量线性关系

A 线性组合

定义 9-33 设 $\boldsymbol{\beta}, \boldsymbol{\alpha}_1, \boldsymbol{\alpha}_2, \cdots, \boldsymbol{\alpha}_m$ 都是 n 维向量，如果存在一组数 $k_1, k_2, \cdots, k_m$ 使 $\boldsymbol{\beta} = k_1\boldsymbol{\alpha}_1 + k_2\boldsymbol{\alpha}_2 + \cdots + k_m\boldsymbol{\alpha}_m$ 成立，则称向量 $\boldsymbol{\beta}$ 是向量组 $\boldsymbol{\alpha}_1, \boldsymbol{\alpha}_2, \cdots, \boldsymbol{\alpha}_m$ 的线性组合，或称向量 $\boldsymbol{\beta}$ 可以由向量组 $\boldsymbol{\alpha}_1, \boldsymbol{\alpha}_2, \cdots, \boldsymbol{\alpha}_m$ 线性表示.

依据上述定义,向量 $\boldsymbol{\beta}$ 可以由向量组 $\boldsymbol{\alpha}_1,\boldsymbol{\alpha}_2,\cdots,\boldsymbol{\alpha}_m$ 线性表示,也就是线性方程组

$$x_1\boldsymbol{\alpha}_1 + x_2\boldsymbol{\alpha}_2 + \cdots + x_m\boldsymbol{\alpha}_m = \boldsymbol{\beta}$$

有解.

【例 9-40】 设 $\boldsymbol{\beta} = \begin{pmatrix} 2 \\ 3 \\ -1 \end{pmatrix}$, $\boldsymbol{\alpha}_1 = \begin{pmatrix} 1 \\ -1 \\ 2 \end{pmatrix}$, $\boldsymbol{\alpha}_2 = \begin{pmatrix} -1 \\ 2 \\ -3 \end{pmatrix}$, $\boldsymbol{\alpha}_3 = \begin{pmatrix} 2 \\ -3 \\ 6 \end{pmatrix}$.

判断向量 $\boldsymbol{\beta}$ 能否由向量组 $\boldsymbol{\alpha}_1,\boldsymbol{\alpha}_2,\boldsymbol{\alpha}_3$ 线性表示,若能够写出它的一种表达式.

解: 设 $x_1\boldsymbol{\alpha}_1 + x_2\boldsymbol{\alpha}_2 + x_3\boldsymbol{\alpha}_3 = \boldsymbol{\beta}$,由此得以 x_1, x_2, x_3 为未知量的线性方程组

$$\begin{cases} x_1 - x_2 + 2x_3 = 2, \\ -x_1 + 2x_2 - 3x_3 = 3, \\ 2x_1 - 3x_2 + 6x_3 = -1. \end{cases}$$

解此线性方程组得:$x_1 = 7$, $x_2 = 5$, $x_3 = 0$. 所以 $\boldsymbol{\beta} = 7\boldsymbol{\alpha}_1 + 5\boldsymbol{\alpha}_2 + 0\boldsymbol{\alpha}_3$.

B　线性相关与线性无关

定义 9-34　设 $\boldsymbol{\alpha}_1,\boldsymbol{\alpha}_2,\cdots,\boldsymbol{\alpha}_m$ 为 m 个 n 维向量,若有不全为零的 m 个实数 $k_1,k_2,\cdots,k_m$,使得 $k_1\boldsymbol{\alpha}_1 + k_2\boldsymbol{\alpha}_2 + \cdots k_m\boldsymbol{\alpha}_m = 0$ 成立,则称向量组 $\boldsymbol{\alpha}_1,\boldsymbol{\alpha}_2,\cdots,\boldsymbol{\alpha}_m$ 线性相关,否则称向量组 $\boldsymbol{\alpha}_1,\boldsymbol{\alpha}_2,\cdots,\boldsymbol{\alpha}_m$ 线性无关. 也就是说,若仅当 $k_1,k_2,\cdots,k_m$ 都等于零时,$k_1\boldsymbol{\alpha}_1 + k_2\boldsymbol{\alpha}_2 + \cdots + k_m\boldsymbol{\alpha}_m = 0$ 才成立,那么 $\boldsymbol{\alpha}_1,\boldsymbol{\alpha}_2,\cdots,\boldsymbol{\alpha}_m$ 线性无关.

【例 9-41】　判定向量组 $\boldsymbol{\alpha}_1 = (4,6,2)$,$\boldsymbol{\alpha}_2 = (6,-9,3)$,$\boldsymbol{\alpha}_3 = (6,-3,3)$ 的线性相关性.

解: 设 $k_1\boldsymbol{\alpha}_1 + k_2\boldsymbol{\alpha}_2 + k_3\boldsymbol{\alpha}_3 = 0$,即

$$k_1\begin{pmatrix} 4 \\ 6 \\ 2 \end{pmatrix} + k_2\begin{pmatrix} 6 \\ -9 \\ 3 \end{pmatrix} + k_3\begin{pmatrix} 6 \\ -3 \\ 3 \end{pmatrix} = \begin{pmatrix} 0 \\ 0 \\ 0 \end{pmatrix},$$

得齐次线性方程组

$$\begin{cases} 4k_1 + 6k_2 + 6k_3 = 0, \\ 6k_1 - 9k_2 - 3k_3 = 0, \\ 2k_1 + 3k_2 + 3k_3 = 0. \end{cases}$$

解得:$k_1 = \dfrac{1}{2}c, k_2 = \dfrac{2}{3}c, k_3 = c$　(c 为任意实数).

取 $c = 1$,得 $k_1 = \dfrac{1}{2}, k_2 = \dfrac{2}{3}, k_3 = 1$,即得 $\dfrac{1}{2}\boldsymbol{\alpha}_1 + \dfrac{2}{3}\boldsymbol{\alpha}_2 + \boldsymbol{\alpha}_3 = 0$,所以 $\boldsymbol{\alpha}_1,\boldsymbol{\alpha}_2,\boldsymbol{\alpha}_3$ 线性相关.

【例 9-42】　证明若向量组 $\boldsymbol{\alpha}_1,\boldsymbol{\alpha}_2,\boldsymbol{\alpha}_3$ 线性无关,则向量组 $\boldsymbol{\alpha}_1 + \boldsymbol{\alpha}_2$, $\boldsymbol{\alpha}_2 + \boldsymbol{\alpha}_3$, $\boldsymbol{\alpha}_3 + \boldsymbol{\alpha}_1$ 也线性无关.

证: 设有数 k_1, k_2, k_3,使得 $k_1(\boldsymbol{\alpha}_1 + \boldsymbol{\alpha}_2) + k_2(\boldsymbol{\alpha}_2 + \boldsymbol{\alpha}_3) + k_3(\boldsymbol{\alpha}_3 + \boldsymbol{\alpha}_1) = 0$,即

$$(k_1 + k_3)\boldsymbol{\alpha}_1 + (k_1 + k_2)\boldsymbol{\alpha}_2 + (k_2 + k_3)\boldsymbol{\alpha}_3 = 0,$$

因为 $\boldsymbol{\alpha}_1,\boldsymbol{\alpha}_2,\boldsymbol{\alpha}_3$ 线性无关,所以

$$\begin{cases} k_1 + k_3 = 0, \\ k_1 + k_2 = 0, \\ k_2 + k_3 = 0. \end{cases}$$

由于齐次线性方程组的个数行列式

$$\begin{vmatrix} 1 & 0 & 1 \\ 1 & 1 & 0 \\ 0 & 1 & 1 \end{vmatrix} = 2 \neq 0,$$

因此该齐次线性方程组只有零解 $k_1 = k_2 = k_3 = 0$，即 $\boldsymbol{\alpha}_1 + \boldsymbol{\alpha}_2, \boldsymbol{\alpha}_2 + \boldsymbol{\alpha}_3, \boldsymbol{\alpha}_3 + \boldsymbol{\alpha}_1$ 线性无关.

下面给出线性组合与线性相关之间联系的一些结论.

定理 9-14 向量组 $\boldsymbol{\alpha}_1, \boldsymbol{\alpha}_2, \cdots, \boldsymbol{\alpha}_m (m \geq 2)$ 线性相关的充分必要条件是其中至少有一个向量是其余向量的线性组合.

证明：(1)必要性. 因为 $\boldsymbol{\alpha}_1, \boldsymbol{\alpha}_2, \cdots, \boldsymbol{\alpha}_m$ 线性相关,所以存在一组不全为零的数 $k_1, k_2, \cdots, k_m$,使得 $k_1\boldsymbol{\alpha}_1 + k_2\boldsymbol{\alpha}_2 + \cdots + k_m\boldsymbol{\alpha}_m = 0$,不妨设 $k_m \neq 0$,则有 $\boldsymbol{\alpha}_m = (-k_1/k_m)\boldsymbol{\alpha}_1 - (k_2/k_m)\boldsymbol{\alpha}_2 - \cdots - (k_{m-1}/k_m)\boldsymbol{\alpha}_{m-1}$,即至少有 $\boldsymbol{\alpha}_m$ 可由其余 $m-1$ 个向量 $\boldsymbol{\alpha}_1, \boldsymbol{\alpha}_2, \cdots, \boldsymbol{\alpha}_m$ 线性表示.

(2)充分性. 因为 $\boldsymbol{\alpha}_1, \boldsymbol{\alpha}_2, \cdots, \boldsymbol{\alpha}_m$ 中至少有一个向量可由其余 $m-1$ 个向量线性表示,不妨设 $\boldsymbol{\alpha}_m = k_1\boldsymbol{\alpha}_1 + k_2\boldsymbol{\alpha}_2 + \cdots + k_{m-1}\boldsymbol{\alpha}_{m-1}$,即有 $k_1\boldsymbol{\alpha}_1 + k_2\boldsymbol{\alpha}_2 + \cdots + k_{m-1}\boldsymbol{\alpha}_{m-1} - \boldsymbol{\alpha}_m = 0$.

由于 $k_1, k_2 \cdots k_{m-1}, -1$ 是一组不全为零的数,因此 $\boldsymbol{\alpha}_1, \boldsymbol{\alpha}_2, \cdots, \boldsymbol{\alpha}_{m-1}, \boldsymbol{\alpha}_m$ 线性相关.

定理 9-15 如果向量组 $\boldsymbol{\beta}, \boldsymbol{\alpha}_1, \boldsymbol{\alpha}_2, \cdots, \boldsymbol{\alpha}_m$ 线性相关,且 $\boldsymbol{\alpha}_1, \boldsymbol{\alpha}_2, \cdots, \boldsymbol{\alpha}_m$ 线性无关,则 $\boldsymbol{\beta}$ 可由 $\boldsymbol{\alpha}_1, \boldsymbol{\alpha}_2, \cdots, \boldsymbol{\alpha}_m$ 线性表示,并且表示式是唯一的.

证明：因为向量组 $\boldsymbol{\beta}, \boldsymbol{\alpha}_1, \boldsymbol{\alpha}_2, \cdots, \boldsymbol{\alpha}_m$ 线性相关,所以存在一组不全为零的数 $k, k_1, k_2, \cdots, k_m$,使 $k\boldsymbol{\beta} + k_1\boldsymbol{\alpha}_1 + k_2\boldsymbol{\alpha}_2 + \cdots + k_m\boldsymbol{\alpha}_m = 0$,若 $k = 0$,则有 $k_1\boldsymbol{\alpha}_1 + k_2\boldsymbol{\alpha}_2 + \cdots + k_m\boldsymbol{\alpha}_m = 0$,其中,$k_1, k_2, \cdots, k_m$ 不全为零,这与 $\boldsymbol{\alpha}_1, \boldsymbol{\alpha}_2, \cdots, \boldsymbol{\alpha}_m$ 线性无关矛盾,因此 $k \neq 0$,于是有

$$\boldsymbol{\beta} = -(k_1/k)\boldsymbol{\alpha}_1 - (k_2/k)\boldsymbol{\alpha}_2 - \cdots - (k_m/k)\boldsymbol{\alpha}_m,$$

即 $\boldsymbol{\beta}$ 可由 $\boldsymbol{\alpha}_1, \boldsymbol{\alpha}_2, \cdots, \boldsymbol{\alpha}_m$ 线性表示.

再证唯一性.

设 $\boldsymbol{\beta} = k_1\boldsymbol{\alpha}_1 + k_2\boldsymbol{\alpha}_2 + k_3\boldsymbol{\alpha}_3 + \cdots + k_m\boldsymbol{\alpha}_m$,又 $\boldsymbol{\beta} = l_1\boldsymbol{\alpha}_1 + l_2\boldsymbol{\alpha}_2 + \cdots + l_m\boldsymbol{\alpha}_m$,

两式相减得：$(k_1 - l_1)\boldsymbol{\alpha}_1 + (k_2 - l_2)\boldsymbol{\alpha}_2 + \cdots + (k_m - l_m)\boldsymbol{\alpha}_m = 0$.

由于 $\boldsymbol{\alpha}_1, \boldsymbol{\alpha}_2, \cdots, \boldsymbol{\alpha}_m$ 线性无关,所以

$$k_1 - l_1 = 0, k_2 - l_2 = 0, \cdots, k_m - l_m = 0,$$

即

$$k_1 = l_1, k_2 = l_2, \cdots, k_m = l_m.$$

因此 $\boldsymbol{\beta}$ 由 $\boldsymbol{\alpha}_1, \boldsymbol{\alpha}_2, \cdots, \boldsymbol{\alpha}_m$ 线性表示式是唯一的.

【例 9-43】 证明：若一个向量组中的部分向量线性相关,则整个向量组也线性相关.

证：不妨设向量组 $\boldsymbol{\alpha}_1, \boldsymbol{\alpha}_2, \cdots, \boldsymbol{\alpha}_m$ 中的部分向量 $\boldsymbol{\alpha}_1, \boldsymbol{\alpha}_2, \cdots, \boldsymbol{\alpha}_s (s < m)$ 线性相关,则存在不全为零的实数 $k_1, k_2, \cdots, k_s$,使

$$k_1\boldsymbol{\alpha}_1 + k_2\boldsymbol{\alpha}_2 + \cdots + k_s\boldsymbol{\alpha}_s = 0,$$

从而有

$$k_1\boldsymbol{\alpha}_1 + k_2\boldsymbol{\alpha}_2 + \cdots + k_s\boldsymbol{\alpha}_s + 0\boldsymbol{\alpha}_{s+1} + \cdots + 0\boldsymbol{\alpha}_m = 0.$$

其中 $k_1,k_2,\cdots,k_s,0,\cdots,0$ 不全为零,所以整个向量组线性相关. 因此 $\boldsymbol{\alpha}_1,\boldsymbol{\alpha}_2,\cdots,\boldsymbol{\alpha}_m$ 线性相关.

由上例可得如下结论:若一个向量组线性无关,则它的任意一个部分向量组也线性无关.

9.5.3.4　向量组的秩

对任意给定的一个 n 维向量组,在讨论其线性问题时,如何找出尽可能少的向量去表示全体向量组呢? 这是下面要讨论的问题.

定义 9-35　若向量组 $\boldsymbol{\alpha}_1,\boldsymbol{\alpha}_2,\cdots,\boldsymbol{\alpha}_m$ 中的部分向量 $\boldsymbol{\alpha}_1,\boldsymbol{\alpha}_2,\cdots,\boldsymbol{\alpha}_r(r\leqslant m)$ 满足:

(1) $\boldsymbol{\alpha}_1,\boldsymbol{\alpha}_2,\cdots,\boldsymbol{\alpha}_r$ 线性无关;

(2)向量组 $\boldsymbol{\alpha}_1,\boldsymbol{\alpha}_2,\cdots,\boldsymbol{\alpha}_m$ 中的任意一个向量都可以由于 $\boldsymbol{\alpha}_1,\boldsymbol{\alpha}_2,\cdots,\boldsymbol{\alpha}_r$ 线性表示, 则称部分向量组 $\boldsymbol{\alpha}_1,\boldsymbol{\alpha}_2,\cdots,\boldsymbol{\alpha}_r$ 为向量组 $\boldsymbol{\alpha}_1,\boldsymbol{\alpha}_2,\cdots,\boldsymbol{\alpha}_m$ 的一个极大无关组.

例如,设向量组 $\boldsymbol{\alpha}_1=(-1,0,2),\boldsymbol{\alpha}_2=(-1,1,1),\boldsymbol{\alpha}_3=(1,0,-2)$ 可以验证 $\boldsymbol{\alpha}_1,\boldsymbol{\alpha}_2,\boldsymbol{\alpha}_3$ 线性相关,但其中部分向量组 $\boldsymbol{\alpha}_1,\boldsymbol{\alpha}_2$ 线性无关,而且 $\boldsymbol{\alpha}_1,\boldsymbol{\alpha}_2,\boldsymbol{\alpha}_3$ 都可以由 $\boldsymbol{\alpha}_1,\boldsymbol{\alpha}_2$ 线性表示:

$$\boldsymbol{\alpha}_1=1\boldsymbol{\alpha}_1+0\boldsymbol{\alpha}_2,\boldsymbol{\alpha}_2=0\boldsymbol{\alpha}_1+1\boldsymbol{\alpha}_2,\boldsymbol{\alpha}_3=-1\boldsymbol{\alpha}_1+0\boldsymbol{\alpha}_2.$$

所以 $\boldsymbol{\alpha}_1,\boldsymbol{\alpha}_2$ 为 $\boldsymbol{\alpha}_1,\boldsymbol{\alpha}_2,\boldsymbol{\alpha}_3$ 的一个极大无关组.

任何一个向量组 $\boldsymbol{\alpha}_1,\boldsymbol{\alpha}_2,\cdots,\boldsymbol{\alpha}_m(m\geqslant2)$ 只要含有非零向量,就一定有极大无关组;如果一个向量组有极大无关组,往往极大无关组不止一个,如上例中 $\boldsymbol{\alpha}_2,\boldsymbol{\alpha}_3$ 也是 $\boldsymbol{\alpha}_1,\boldsymbol{\alpha}_2,\boldsymbol{\alpha}_3$ 的一个极大无关组. 对于一个线性无关的向量组它的极大无关组就是其本身. 例如 n 维单位向量组 $\boldsymbol{\varepsilon}_1,\boldsymbol{\varepsilon}_2,\cdots,\boldsymbol{\varepsilon}_n$ 是极大无关组.

定理 9-16　同一个向量组的任何两个极大无关组都含有相同个数的向量.

定理 9-16 说明了向量组的一个重要的内在性质. 因此引入下述概念.

定义 9-36　向量组 $\boldsymbol{\alpha}_1,\boldsymbol{\alpha}_2,\cdots,\boldsymbol{\alpha}_m$ 的极大无关组所含向量的个数称为向量组的秩. 记作:$r(\boldsymbol{\alpha}_1,\boldsymbol{\alpha}_2,\cdots,\boldsymbol{\alpha}_m)$.

如上例中向量组的秩为 $r(\boldsymbol{\alpha}_1,\boldsymbol{\alpha}_2,\boldsymbol{\alpha}_3)=2,r(\boldsymbol{\varepsilon}_1,\boldsymbol{\varepsilon}_2,\cdots,\boldsymbol{\varepsilon}_n)=n$.

若一个向量组中只含零向量,规定它的秩为零.

若一个向量组 $\boldsymbol{\alpha}_1,\boldsymbol{\alpha}_2,\cdots,\boldsymbol{\alpha}_m$ 线性无关. 则 $r(\boldsymbol{\alpha}_1,\boldsymbol{\alpha}_2,\cdots,\boldsymbol{\alpha}_m)=m$;反之若向量组 $r(\boldsymbol{\alpha}_1,\boldsymbol{\alpha}_2,\cdots,\boldsymbol{\alpha}_m)=m$. 则 $\boldsymbol{\alpha}_1,\boldsymbol{\alpha}_2,\cdots,\boldsymbol{\alpha}_m$ 一定线性无关.

对于一个向量组,如何求它的秩和极大无关组呢?

定理 9-17　列向量组通过初等变换不改变线性相关性.

定理 9-18　矩阵 $\boldsymbol{A}$ 的秩等于矩阵 $\boldsymbol{A}$ 行向量组的秩也等于矩阵列向量组的秩.

总之,求一个向量组的秩和极大无关组,可以把这些向量作为矩阵的列构成一个矩阵,用初等行变换将其化为行简化阶梯形矩阵,则非零行的个数就是向量组的秩. 列单位向量所在列对应的向量是向量组的一个极大无关组. 其余列向量均可由极大无关组线性表示,线性表示式的系数就是该向量对应于列简化阶梯形矩阵中列向量的分量.

【例 9-44】　求向量组 $\boldsymbol{\alpha}_1=(2,4,2),\boldsymbol{\alpha}_2=(1,1,0),\boldsymbol{\alpha}_3=(2,3,1),\boldsymbol{\alpha}_4=(3,5,2)$ 的一个极大无关组,并把其余向量用该极大无关组线性表示.

解：
$$A = \begin{pmatrix} 2 & 1 & 2 & 3 \\ 4 & 1 & 3 & 5 \\ 2 & 0 & 1 & 2 \end{pmatrix} \xrightarrow[r_3 - r_1]{r_2 - 2r_1} \begin{pmatrix} 2 & 1 & 2 & 3 \\ 0 & -1 & -1 & -1 \\ 0 & -1 & -1 & -1 \end{pmatrix}$$

$$\xrightarrow[(-1)r_2]{r_3 - r_2} \begin{pmatrix} 2 & 1 & 2 & 3 \\ 0 & 1 & 1 & 1 \\ 0 & 0 & 0 & 0 \end{pmatrix} \xrightarrow{r_1 - r_2} \begin{pmatrix} 1 & 0 & \dfrac{1}{2} & 1 \\ 0 & 1 & 1 & 1 \\ 0 & 0 & 0 & 0 \end{pmatrix}.$$

因此,$\boldsymbol{\alpha}_1,\boldsymbol{\alpha}_2$ 是向量组的一个极大无关组,并且

$$\boldsymbol{\alpha}_3 = \frac{1}{2}\boldsymbol{\alpha}_1 + \boldsymbol{\alpha}_2, \boldsymbol{\alpha}_4 = \boldsymbol{\alpha}_1 + \boldsymbol{\alpha}_2.$$

9.5.3.5 线性方程组解的结构

前面已经解决了方程组解的判定及如何求解问题. 下面在线性方程组有无穷多解的情况下,进一步讨论线性方程组解的结构.

A 齐次线性方程组解的结构

齐次线性方程组

$$\begin{cases} \boldsymbol{\alpha}_{11}x_1 + \boldsymbol{\alpha}_{12}x_2 + \cdots + \boldsymbol{\alpha}_{1n}x_n = 0, \\ \boldsymbol{\alpha}_{21}x_1 + \boldsymbol{\alpha}_{22}x_2 + \cdots + \boldsymbol{\alpha}_{2n}x_n = 0, \\ \qquad\qquad \cdots\cdots \\ \boldsymbol{\alpha}_{m1}x_1 + \boldsymbol{\alpha}_{m2}x_2 + \cdots + \boldsymbol{\alpha}_{mn}x_n = 0 \end{cases} \tag{9-9}$$

的矩阵形式为 $\boldsymbol{AX} = 0.$

齐次线性方程组的解有以下性质:

性质 9-13 设 x_1,x_2 是齐次线性方程组 $\boldsymbol{AX} = 0$ 的任意两个解. 则 $x_1 + x_2$ 也是 $\boldsymbol{AX} = 0$ 的解.

性质 9-14 若 x_1 是齐次线性方程组 $\boldsymbol{AX} = 0$ 的一个解. 则 kx_1 也是 $\boldsymbol{AX} = 0$ 的解. 其中 k 是任意实数.

为了讨论齐次线性方程组解的结构,引进基础解系的概念.

定义 9-37 设 $x_1,x_2,\cdots,x_r$ 为线性方程组 $\boldsymbol{AX} = 0$ 的一个解向量组,满足条件:

(1)$x_1,x_2,\cdots,x_r$ 线性无关;

(2)$\boldsymbol{AX} = 0$ 的每一个解都能由 $x_1,x_2,\cdots,x_r$ 线性表示.

则称 $x_1,x_2,\cdots,x_r$ 为方程组 $\boldsymbol{AX} = 0$ 的一个基础解系. 如果 $x_1,x_2,\cdots,x_r$ 是齐次线性方程组的一个基础解系,则 $\boldsymbol{AX} = 0$ 的全部解可表示为

$$x = c_1x_1 + c_2x_2 + \cdots + c_rx_r \quad (c_1,c_2,\cdots,c_r \text{ 为任意实数}),$$

称为齐次线性方程组的通解.

当方程组 $\boldsymbol{AX} = 0$ 的系数矩阵秩 $r(\boldsymbol{A}) = n$(未知量个数)时方程组只有零解,因此方程组

不存在基础解系. 而且 $r(A) < n$ 时有下列定理:

定理 9-19　若齐次线性方程组 $AX = 0$ 的系数矩阵的秩 $r(A) = r < n$,则方程组一定有基础解系,并且它的基础解系中解向量的个数为 $n - r$.

下面讨论齐次线性方程组 $AX = 0$ 的基础解系的求法.

设齐次线性方程组 $AX = 0$ 的系数矩阵 A 的秩为 $r(A) < n$,对矩阵 A 施行若干次初等行变换后化为如下行简化阶梯形矩阵

$$\begin{pmatrix} 1 & 0 & \cdots & 0 & k_{1,r+1} & k_{1,r+2} & \cdots & k_{1,n} \\ 0 & 1 & \cdots & 0 & k_{2,r+1} & k_{2,r+2} & \cdots & k_{2,n} \\ \vdots & \vdots & & \vdots & \vdots & \vdots & & \vdots \\ 0 & 0 & \cdots & 1 & k_{r,r+1} & k_{r,r+2} & \cdots & k_{rn} \\ 0 & 0 & \cdots & 0 & 0 & 0 & \cdots & 0 \\ \vdots & \vdots & & \vdots & \vdots & \vdots & & \vdots \\ 0 & 0 & \cdots & 0 & 0 & 0 & \cdots & 0 \end{pmatrix},$$

即方程组 $AX = 0$ 与下面方程组同解:

$$\begin{cases} x_1 = - k_{1,r+1} x_{r+1} - \cdots - k_{1n} x_n, \\ x_2 = - k_{2,r+1} x_{r+1} - \cdots - k_{2n} x_n, \\ \qquad\qquad \cdots\cdots \\ x_r = - k_{r,r+1} x_{r+1} - \cdots - k_{rn} x_n. \end{cases}$$

其中 $x_{r+1}, x_{r+2}, \cdots, x_n$ 为自由未知量.

对上面 $n - r$ 个自由未知量分别取:

$$\begin{pmatrix} x_{r+1} \\ x_{r+2} \\ \vdots \\ x_n \end{pmatrix} = \begin{pmatrix} c_1 \\ c_2 \\ \vdots \\ c_{n-r} \end{pmatrix} = \begin{pmatrix} 1 \\ 0 \\ \vdots \\ 0 \end{pmatrix}, \begin{pmatrix} 0 \\ 1 \\ \vdots \\ 0 \end{pmatrix}, \cdots, \begin{pmatrix} 0 \\ 0 \\ \vdots \\ 1 \end{pmatrix},$$

代入上式得 $AX = 0$ 的 $n - r$ 个解为:

$$x_1 = \begin{pmatrix} - k_{1,r+1} \\ - k_{2,r+1} \\ \cdots \\ - k_{r,r+1} \\ 1 \\ 0 \\ \vdots \\ 0 \end{pmatrix}, x_2 = \begin{pmatrix} - k_{1,r+2} \\ - k_{2,r+2} \\ \vdots \\ - k_{r,r+2} \\ 0 \\ 1 \\ \vdots \\ 0 \end{pmatrix}, \cdots, x_{n-r} = \begin{pmatrix} - k_{1,r+2} \\ - k_{2,r+2} \\ \vdots \\ - k_{r,r+1} \\ 0 \\ 0 \\ \vdots \\ 1 \end{pmatrix}.$$

$c_1 x_1 + c_2 x_2 + \cdots + c_{n-r} x_{n-r}(c_1, c_2, \cdots, c_{n-r}$ 为任意实数$)$是方程组 $\boldsymbol{AX} = 0$ 的全部解(证明略).

齐次线性方程组 $\boldsymbol{AX} = 0$ 的基础解系不唯一,这是因为方程组 $\boldsymbol{AX} = 0$ 的解向量组的极大无关组不是唯一的,但它们都含有相同个数的解向量,因而只求出其中的一个基础解系就可以写出方程组 $\boldsymbol{AX} = 0$ 的全部解.

【例9-45】　求下列齐次线性方程组的一个基础解系及通解:

$$\begin{cases} 2x_1 + 2x_2 - 3x_3 - 4x_4 - 7x_5 = 0, \\ x_1 + x_2 - x_3 + 2x_4 + 3x_5 = 0, \\ -x_1 - x_2 + 2x_3 - x_4 + 3x_5 = 0. \end{cases}$$

解:对系数矩阵施以初等变换

$$\boldsymbol{A} = \begin{pmatrix} 2 & 2 & -3 & -4 & -7 \\ 1 & 1 & -1 & 2 & 3 \\ -1 & -1 & 2 & -1 & 3 \end{pmatrix} \xrightarrow{r_1 \leftrightarrow r_2} \begin{pmatrix} 1 & 1 & -1 & 2 & 3 \\ 2 & 2 & -3 & -4 & -7 \\ -1 & -1 & 2 & -1 & 3 \end{pmatrix}$$

$$\xrightarrow[r_3 + r_1]{r_2 - 2r_1} \begin{pmatrix} 1 & 1 & -1 & 2 & 3 \\ 0 & 0 & -1 & -8 & -13 \\ 0 & 0 & 1 & 1 & 6 \end{pmatrix} \xrightarrow[r_1 - r_2]{r_3 + r_2} \begin{pmatrix} 1 & 1 & 0 & 10 & 16 \\ 0 & 0 & -1 & -8 & -13 \\ 0 & 0 & 0 & -7 & -7 \end{pmatrix}$$

$$\xrightarrow[-\frac{1}{7}r_3]{-1r_2} \begin{pmatrix} 1 & 1 & 0 & 10 & 16 \\ 0 & 0 & 1 & 8 & 13 \\ 0 & 0 & 0 & 1 & 1 \end{pmatrix} \xrightarrow[r_2 - 8r_3]{r_1 - 10r_3} \begin{pmatrix} 1 & 1 & 0 & 0 & 6 \\ 0 & 0 & 1 & 0 & 5 \\ 0 & 0 & 0 & 1 & 1 \end{pmatrix},$$

得 $r(\boldsymbol{A}) = 3 < 5$,方程组的解为

$$\begin{cases} x_1 = -c_1 - 6c_2, \\ x_2 = c_1, \\ x_3 = -5c_2, \quad\quad (c_1, c_2 \text{ 取任意实数}), \\ x_4 = -c_2, \\ x_5 = c_2 \end{cases}$$

从而方程组的一个基础解系为

$$x_1 = \begin{pmatrix} -1 \\ 1 \\ 0 \\ 0 \\ 0 \end{pmatrix}, \quad x_2 = \begin{pmatrix} -6 \\ 0 \\ -5 \\ -1 \\ 1 \end{pmatrix},$$

方程组的解为:$x = k_1 x_1 + k_2 x_2 (k_1, k_2$ 取任意实数$)$.

B　非齐次线性方程组解的结构

非齐次线性方程组

$$\begin{cases} a_{11}x_1 + a_{12}x_2 + \cdots + a_{1n}x_n = b_1, \\ a_{21}x_1 + a_{22}x_2 + \cdots + a_{2n}x_n = b_2, \\ \qquad\qquad\cdots\cdots \\ a_{m1}x_1 + a_{m2}x_2 + \cdots + a_{mn}x_n = b_m \end{cases}$$

矩阵形式为 $AX = B$.

性质 9-15　设 x_1, x_2 均是 $AX = B$ 的解向量,则 $x_1 - x_2$ 是其对应的齐次线性方程组 $AX = 0$ 的解向量.

性质 9-16　若 x_0 是非齐次线性方程组 $AX = B$ 的一个解,不是齐次线性方程组 $AX = 0$ 的一个解,则 $x_0 + x$ 是方程组 $AX = B$ 的一个解.

定理 9-20　设 x_0 是非齐次线性方程组 $AX = B$ 的一个解,则方程组 $AX = B$ 的任一解 x 可以表示成 x_0 与其对应齐次线性方程组 $AX = 0$ 的某个解 x' 之和: $x = x_0 + x'$.

根据定理 9-19 对于非齐次线性方程组 $AX = B$ 的解. 可以得到下面两个结论:

(1)若非齐次线性方程组 $AX = B$ 有解,则只需求出它的一个解 x_0(称为特解),并求出 $AX = 0$ 的一个基础解系 x_1, x_2, $\cdots$, x_{n-r},于是方程组 $AX = B$ 的全部解可以表示为

$$x = x_0 + c_1 x_1 + c_2 x_2 + \cdots + c_r x_r, \quad (c_1, c_2, \cdots, c_r \text{ 为任意实数}),$$

其中 r 是 A 的秩.

(2)若非齐次线性方程组 $AX = B$ 有解,且 $AX = 0$ 只有零解,则方程组 $AX = B$ 只有一解;若 $AX = 0$ 有无穷多解,则方程组 $AX = B$ 也是有无穷多解.

【例 9-46】　求下列非齐次线性方程组的通解

$$\begin{cases} 2x_1 - 3x_2 + 6x_3 - 5x_4 = 3, \\ -x_1 + 2x_2 - 5x_3 + 3x_4 = -1, \\ 4x_1 - 5x_2 + 8x_3 - 9x_4 = 7. \end{cases}$$

解:对增广矩阵 (AB) 施以初等行变换

$$(AB) = \begin{pmatrix} 2 & -3 & 6 & -5 & 3 \\ -1 & 2 & -5 & 3 & -1 \\ 4 & -5 & 8 & -9 & 7 \end{pmatrix} \xrightarrow{r_1 \leftrightarrow r_2} \begin{pmatrix} -1 & 2 & -5 & 3 & -1 \\ 2 & -3 & 6 & -5 & 3 \\ 4 & -5 & 8 & -9 & 7 \end{pmatrix}$$

$$\xrightarrow[r_3 + 4r_1]{r_2 + 2r_1} \begin{pmatrix} -1 & 2 & -5 & 3 & -1 \\ 0 & 1 & -4 & 1 & 1 \\ 0 & 3 & -12 & 3 & 3 \end{pmatrix} \xrightarrow[r_3 - 3r_2]{r_1 - 2r_2} \begin{pmatrix} -1 & 0 & 3 & 1 & -3 \\ 0 & 1 & -4 & 1 & 1 \\ 0 & 0 & 0 & 0 & 0 \end{pmatrix}$$

$$\xrightarrow{(-1)r_1} \begin{pmatrix} 1 & 0 & -3 & -1 & 3 \\ 0 & 1 & -4 & 1 & 1 \\ 0 & 0 & 0 & 0 & 0 \end{pmatrix}.$$

因为 $r(A) = r(AB) = 2 < 4$. 所以方程组有无穷多解,且解为

$$\begin{cases} x_1 = 3c_1 + c_2 + 3, \\ x_2 = 4c_1 - c_2 + 1, \\ x_3 = c_1, \\ x_4 = c_2 \end{cases} \quad (c_1, c_2 \text{ 取任意实数}),$$

从而得通解为 $\boldsymbol{x} = c_1 \begin{pmatrix} 3 \\ 4 \\ 1 \\ 0 \end{pmatrix} + c_2 \begin{pmatrix} 1 \\ -1 \\ 0 \\ 1 \end{pmatrix} + \begin{pmatrix} 3 \\ 1 \\ 0 \\ 0 \end{pmatrix}$, $(c_1, c_2$ 取任意实数),

其中 $\begin{pmatrix} 3 \\ 4 \\ 1 \\ 0 \end{pmatrix}, \begin{pmatrix} 1 \\ -1 \\ 0 \\ 1 \end{pmatrix}$ 是对应的齐次线性方程组的一个基础解系.

习题 9.5

1. 解下列线性方程组:

(1) $\begin{cases} x_1 + 2x_2 + 3x_3 = 8, \\ 3x_1 - 4x_2 - 5x_3 = 32, \\ 2x_1 + 5x_2 + 9x_3 = 16; \end{cases}$

(2) $\begin{cases} x_1 - x_2 + x_3 - x_4 = 0, \\ 2x_1 - x_2 + 3x_3 - 2x_4 = 1, \\ 3x_1 - 2x_2 - x_3 + 2x_4 = 4; \end{cases}$

(3) $\begin{cases} x_1 - 2x_2 + 3x_3 = 4, \\ 2x_1 + x_2 - 3x_3 = 5, \\ -x_1 + 2x_2 + 2x_3 = 6, \\ 3x_1 - 3x_2 + 2x_3 = 7; \end{cases}$

(4) $\begin{cases} 3x_1 - 5x_2 + x_3 - 2x_4 = 0, \\ 2x_1 + 3x_2 - 5x_3 + x_4 = 0, \\ -x_1 + 7x_2 - 4x_3 + 3x_4 = 0, \\ 4x_1 + 15x_2 - 7x_3 + 8x_4 = 0. \end{cases}$

2. 判断下列线性方程组解的情况:

(1) $\begin{cases} 2x_1 + x_2 + x_3 = 2, \\ x_1 + 3x_2 + x_3 = 5, \\ x_1 + x_2 + 5x_3 = -7, \\ 2x_1 + 3x_2 - 3x_3 = 14; \end{cases}$

(2) $\begin{cases} 2x_1 + x_2 - x_3 + x_4 = 1, \\ 3x_1 - 2x_2 + 2x_3 - 3x_4 = 2, \\ 5x_1 + x_2 - x_3 + 2x_4 = -1, \\ 2x_1 - x_2 + x_3 - 3x_4 = 4. \end{cases}$

3. 当 λ 为何值时,下列线性方程组无解? 何值时有解? 在有解的情况下,求其解.

$$\begin{cases} x_1 - 2x_2 + 3x_3 - 4x_4 = 4, \\ x_2 - x_3 + x_4 = -3, \\ x_1 + 3x_2 - 3x_4 = 1, \\ -7x_2 + 3x_3 + x_4 = \lambda. \end{cases}$$

4. 当 λ 为何值时,下列线性方程组只有零解? 何值时有非零解? 并求非零解.

$$\begin{cases} x_1 - 2x_2 + x_3 - x_4 = 0, \\ 2x_1 + x_2 - x_3 + x_4 = 0, \\ x_1 + 7x_2 - 5x_3 + 5x_4 = 0, \\ 3x_1 - x_2 - 2x_3 - \lambda x_4 = 0. \end{cases}$$

5. 设 $\boldsymbol{\alpha}_1 = (1\quad 2\quad 3\quad -1)^{\mathrm{T}}, \boldsymbol{\alpha}_2 = (0\quad 1\quad -1\quad 2)^{\mathrm{T}}, \boldsymbol{\alpha}_3 = (-3\quad 10\quad 0\quad -5)^{\mathrm{T}}$,求

　　(1) $2\boldsymbol{\alpha}_1 - 2\boldsymbol{\alpha}_2 + \boldsymbol{\alpha}_3$;　　　(2) $0\boldsymbol{\alpha}_1 + 0\boldsymbol{\alpha}_2 + 0\boldsymbol{\alpha}_3$;　　　(3) $x_1\boldsymbol{\alpha}_1 + x_2\boldsymbol{\alpha}_2 + x_3\boldsymbol{\alpha}_3$.

6. 判断向量 $\boldsymbol{\beta}$ 能否由向量组 $\boldsymbol{\alpha}_1, \boldsymbol{\alpha}_2, \boldsymbol{\alpha}_3$ 线性表出. 若能,写出它的一种表出方法.

　　(1) $\boldsymbol{\beta} = (8\quad 3\quad -1\quad -25)^{\mathrm{T}}$,　$\boldsymbol{\alpha}_1 = (-1\quad 3\quad 0\quad -5)^{\mathrm{T}}$,　$\boldsymbol{\alpha}_2 = (2\quad 0\quad 7\quad -3)^{\mathrm{T}}, \boldsymbol{\alpha}_3 = $
　　　$(-4\quad 1\quad -2\quad 6)^{\mathrm{T}}$;

　　(2) $\boldsymbol{\beta} = (8\quad 3\quad 7\quad -10)^{\mathrm{T}}$,　$\boldsymbol{\alpha}_1 = (-2\quad 7\quad 1\quad 3)^{\mathrm{T}}$,　$\boldsymbol{\alpha}_2 = (3\quad -5\quad 0\quad -2)^{\mathrm{T}}$,　$\boldsymbol{\alpha}_3 = $
　　　$(-5\quad -6\quad 3\quad -1)^{\mathrm{T}}$.

7. 判断下列向量组是否线性相关:

　　(1) $\boldsymbol{\alpha}_1 = (1\quad 1\quad 1), \boldsymbol{\alpha}_2 = (1\quad 2\quad 3), \boldsymbol{\alpha}_3 = (1\quad 6\quad 3)$;

　　(2) $\boldsymbol{\alpha}_1 = (1\quad 2\quad 3)^{\mathrm{T}}, \boldsymbol{\alpha}_2 = (1\quad -4\quad 1)^{\mathrm{T}}, \boldsymbol{\alpha}_3 = (1\quad 14\quad 7)^{\mathrm{T}}$.

8. 求下列向量组的秩及其一个极大无关组,并将其余向量用极大无关组线性表出.

　　(1) $\boldsymbol{\alpha}_1 = (1\quad 1\quad 1)^{\mathrm{T}}, \boldsymbol{\alpha}_2 = (1\quad 1\quad 0)^{\mathrm{T}}, \boldsymbol{\alpha}_3 = (1\quad 0\quad 0)^{\mathrm{T}}, \boldsymbol{\alpha}_4 (1\quad 2\quad 3)^{\mathrm{T}}$;

　　(2) $\boldsymbol{\alpha}_1 = (6\quad 4\quad 1\quad 9\quad 2)^{\mathrm{T}}, \boldsymbol{\alpha}_2 = (1\quad 0\quad 2\quad 3\quad -4)^{\mathrm{T}}, \boldsymbol{\alpha}_3 = (1\quad 4\quad -9\quad -6\quad 22)^{\mathrm{T}}, \boldsymbol{\alpha}_4 = $
　　　$(7\quad 1\quad 0\quad -1\quad 3)^{\mathrm{T}}$.

9. 求下列齐次线性方程组的一个基础解系和全部解:

(1) $\begin{cases} x_1 - 3x_2 + x_3 - 2x_4 = 0, \\ -5x_1 + x_2 - 2x_3 + 3x_4 = 0, \\ -x_1 - 11x_2 + 2x_3 - 5x_4 = 0, \\ 3x_1 + 5x_2 + x_4 = 0; \end{cases}$
(2) $\begin{cases} x_1 - 3x_2 + x_3 - 2x_4 - x_5 = 0, \\ -3x_1 + 9x_2 - 3x_3 + 6x_4 + 3x_5 = 0, \\ 2x_1 - 6x_2 + 2x_3 - 4x_4 - 2x_5 = 0, \\ 5x_1 - 15x_2 + 5x_3 - 10x_4 - 5x_5 = 0. \end{cases}$

10. 求下列线性方程组的全部解:

(1) $\begin{cases} x_1 + x_2 - 3x_3 - x_4 = 1, \\ 3x_1 - x_2 - 3x_3 + 4x_4 = 4, \\ x_1 + 5x_2 - 9x_3 - 9x_4 = 1; \end{cases}$
(2) $\begin{cases} 2x_1 - 3x_2 + x_3 - 15x_4 = 1, \\ x_1 + x_2 + x_3 - 2x_4 = 2, \\ x_1 + 4x_2 + 3x_3 + 6x_4 = 1, \\ 2x_1 - 4x_2 + 9x_3 - 9x_4 = -16. \end{cases}$

本 章 小 结

　　本章为线性代数,在线性代数中行列式与矩阵为解决问题的基本工具. 在本章中,着重利用这两个工具来讨论线性方程组的解,因此,在本章的学习中,应着重把握以下内容:

　　(1)理解行列式的性质,会熟练计算行列式,并会利用行列式解线性方程组.

　　(2)理解矩阵的概念,了解几种特殊的矩阵,熟练掌握矩阵的运算,会求逆矩阵,会求矩阵的秩,掌握矩阵的初等变换,并能利用初等变换求秩及逆矩阵.

　　(3)利用 n 维向量的概念,掌握向量的基本运算,理解向量的线性组合与线性表示,理解向量的线性相关、线性无关的概念,掌握判定向量组线性相关性的方法,了解向量组的秩与矩阵秩之间的关系,熟练掌握用矩阵的初等行变换求向量组的秩和向量组的最大无关组.

　　(4)了解线性方程组解向量的性质,理解齐次线性方程组的结构,基础解系的概念,熟练掌握齐次线性方程组通解的求法. 理解非齐次线性方程组解的结构. 掌握线性方程组是否有解的判定方法,熟练掌握非齐次线性方程组通解的求法.

本 章 习 题

1. 选择题.

(1)设 a,b,c 两两互不相同,则 $\begin{vmatrix} b+c & c+a & a+b \\ a & b & c \\ a^2 & b^2 & c^2 \end{vmatrix} = 0$ 的充要条件是(   ).

    A. $abc = 0$ B. $a+b+c$ C. $a=1,b=-1,c=0$ D. $a^2=b^2,c=0$

(2)已知齐次线性方程组 $\begin{cases} (3-\lambda)x_1 + x_2 + x_3 = 0 \\ (2-\lambda)x_2 - x_3 = 0 \\ 4x_1 - 2x_2 + (1-\lambda)x_3 = 0 \end{cases}$ 有非零解,则 λ 为(   ).

    A. 3   B. 4   C. -1 D. 3,4 或 -1

(3)设 A、B 都是 n 阶矩阵,则 $(A+B)^2 = A^2 + 2AB + B^2$ 的充要条件是(   ).

    A. $A=E$ B. $B=0$ C. $AB=BA$ D. $A=B$

(4)设 A、B 为 n 阶方阵,满足等式 $AB=0$,则必有(   ).

    A. $A=0$ 或 $B=0$ B. $A+B=0$ C. $|A|=0$ 或 $|B|=0$ D. $|A|+|B|=0$

(5)设 A 为 n 阶可逆矩阵,则 $\{[(A^T)^{-1}]^T\}^{-1} = ($ $)$.

    A. A B. A^T C. A^{-1} D. $(A^{-1})^T$

(6)设 A 为 n 阶矩阵,则下列各矩阵是对称矩阵的是(   ).

    A. $A-A^T$ B. $A+A^T$ C. CAC^T(C 为任意 n 阶矩阵)   D. $(AA^T)B$(B 为 n 阶对称矩阵)

(7)设 A 为 n 阶可逆矩阵,下述结论不正确的是(   ).

    A. $\det(A^{-1}) = \dfrac{1}{\det A}$ B. $\det(kA^{-1}) = k^n \dfrac{1}{\det A}$ $(k \neq 0)$

    C. $\det A^* = (\det A)^{n-1}$ D. $\det\begin{pmatrix} A & 0 \\ 0 & E \end{pmatrix} = \det A$

(8)向量组 $\boldsymbol{\alpha}_1, \boldsymbol{\alpha}_2, \cdots, \boldsymbol{\alpha}_s$ 线性无关的充分条件是(   ).

    A. $\boldsymbol{\alpha}_1, \boldsymbol{\alpha}_2, \cdots, \boldsymbol{\alpha}_s$ 均不是零向量

    B. $\boldsymbol{\alpha}_1, \boldsymbol{\alpha}_2, \cdots, \boldsymbol{\alpha}_s$ 中任意两个向量都不成比例

    C. $\boldsymbol{\alpha}_1, \boldsymbol{\alpha}_2, \cdots, \boldsymbol{\alpha}_s$ 中任意一个向量均不能由其余 $s-1$ 个向量线性表示

    D. $\boldsymbol{\alpha}_1, \boldsymbol{\alpha}_2, \cdots, \boldsymbol{\alpha}_s$ 中有一个部分组线性无关

(9)设非齐次线性方程组 $AX=b$ 中,系数矩阵 A 为 $m \times n$ 矩阵,且 $r(A)=r$,则(   ).

    A. $r=m$ 时,方程组 $AX=b$ 有解

    B. $r=n$ 时,方程组 $AX=b$ 有唯一解

    C. $m=n$ 时,方程组 $AX=b$ 有唯一解

    D. $r<n$ 时,方程组 $AX=b$ 有无穷多解

(10)设 A 为 n 阶方阵 $r(A)=n-2$,则齐次线性方程组 $AX=0$ 的基础解系所含向量的个数是(   ).

    A. 1 个   B. 2 个   C. $(n-2)$ 个   D. n 个

2. 填空题.

(1) 设 a,b 为实数，则当 $a = \underline{\qquad}$ 且 $b = \underline{\qquad}$ 时，$\begin{vmatrix} a & b & 0 \\ -b & a & 0 \\ -1 & 0 & 1 \end{vmatrix} = 0$.

(2) 设 A 为 3 阶方阵，则当 $|A| = 4$，$\left| \left(\dfrac{1}{2}A \right)^2 \right| = \underline{\qquad}$.

(3) 设 $A = \dfrac{1}{2}(B + E)$，则当且仅当 $B^2 = \underline{\qquad}$ 时，$A^2 = A$.

(4) $A^2 - B^2 = (A + B)(A - B)$ 的充分必要条件是 $\underline{\qquad}$.

(5) 若 n 阶矩阵满足方程 $A^2 + 2A + 3E = 0$，则 $A^{-1} = \underline{\qquad}$.

(6) 设 $\alpha_1 = (2 \quad -1 \quad 0 \quad 5)$，$\alpha_2 = (-4 \quad -2 \quad 3 \quad 0)$，$\alpha_3 = (-1 \quad 0 \quad 1 \quad k)$，$\alpha_4 = (-1 \quad 0 \quad 2 \quad 1)$，则 $k = \underline{\qquad}$ 时，$\alpha_1, \alpha_2, \alpha_3, \alpha_4$ 线性相关.

(7) 已知 $\alpha = (3,5,7,9)$，$\beta = (-1,-5,3,0)$，X 满足 $2\alpha + 3X = \beta$，则 $X = \underline{\qquad}$.

(8) 当 $k = \underline{\qquad}$ 时，向量 $\beta = (1,k,5)$ 能由向量 $\alpha_1 = (1,-3,2)$，$\alpha_2 = (2,-1,1)$ 线性表示.

(9) 齐次线性方程组 $\begin{cases} x_1 + kx_2 + x_3 = 0 \\ 2x_1 + x_2 + x_3 = 0 \\ kx_2 + 3x_3 = 0 \end{cases}$ 只有零解，则 k 应满足的条件是 $\underline{\qquad}$.

(10) 三元齐次线性方程组 $\begin{cases} x_1 - x_2 = 0 \\ x_2 + x_3 = 0 \end{cases}$ 的基础解系中线性无关的解向量个数为 $\underline{\qquad}$.

3. 计算下列行列式：

(1) $\begin{vmatrix} 2 & 1 & 0 \\ 3 & -2 & 1 \\ 7 & 4 & 5 \end{vmatrix}$;　　　　(2) $\begin{vmatrix} 1 & 1 & 1 & 5 \\ 1 & 1 & 5 & 1 \\ 1 & 5 & 1 & 1 \\ 5 & 1 & 1 & 1 \end{vmatrix}$;　　　　(3) $\begin{vmatrix} 1 & 1 & 1 & 1 \\ a & b & c & d \\ a^2 & b^2 & c^2 & d^2 \\ a^4 & b^4 & c^4 & d^4 \end{vmatrix}$.

4. 用克莱姆法则解下列方程组：

(1) $\begin{cases} x_1 + 3x_2 - 2x_3 = 0, \\ 3x_1 - 2x_2 + x_3 = 7, \\ 2x_1 + x_2 + 3x_3 = 7; \end{cases}$　　　　(2) $\begin{cases} x_1 + 2x_2 - x_3 + 3x_4 = 2, \\ 2x_1 - x_2 + 3x_3 - 2x_4 = 7, \\ 3x_2 - x_3 + x_4 = 6, \\ x_1 + x_2 + x_3 + 4x_4 = 2. \end{cases}$

5. 设 $f(x) = \begin{vmatrix} 1 & 1 & 1 \\ 3 - x & 5 - 3x^2 & 3x^2 - 1 \\ 2x^2 - 1 & 3x^5 - 1 & 7x^8 - 1 \end{vmatrix}$，证明存在 $\zeta \in (0,1)$ 使得 $f'(\zeta) = 0$.

6. 设矩阵 $A = \begin{pmatrix} 1 & -2 & 2 \\ 0 & 3 & 5 \end{pmatrix}$，$B = \begin{pmatrix} 3 & -1 & 1 \\ -2 & 0 & 1 \end{pmatrix}$，求 $A + B, A - B, AB^T, 3A - 2B$.

7. 计算下列各矩阵的乘积：

(1) $(3 \quad 2 \quad 1) \begin{pmatrix} 1 \\ 2 \\ 3 \end{pmatrix}$;　　(2) $\begin{pmatrix} a_{11} & a_{12} & a_{13} \\ a_{21} & a_{22} & a_{23} \\ a_{31} & a_{32} & a_{33} \end{pmatrix} \begin{pmatrix} x_1 \\ x_2 \\ x_3 \end{pmatrix}$;　　(3) $\begin{pmatrix} 4 & 3 \\ 7 & 5 \end{pmatrix} \begin{pmatrix} -28 & 93 \\ 37 & -126 \end{pmatrix} \begin{pmatrix} 7 & 3 \\ 2 & 1 \end{pmatrix}$.

8. 已知 $A = \begin{pmatrix} 1 & 0 \\ -1 & 0 \end{pmatrix}$，$B = \begin{pmatrix} 0 & 1 \\ -1 & 0 \end{pmatrix}$，求 $(AB)^2$ 与 A^2B^2.

9. 求下列矩阵的逆矩阵:

$(1)\begin{pmatrix} \cos\alpha & -\sin\alpha \\ \sin\alpha & \cos\alpha \end{pmatrix};$

$(2)\begin{pmatrix} 1 & 2 & 2 \\ 2 & 1 & -2 \\ 2 & -2 & 1 \end{pmatrix}.$

10. 解下列矩阵方程:

$(1)X\begin{pmatrix} 3 & -2 \\ 5 & -4 \end{pmatrix} = \begin{pmatrix} -1 & 2 \\ -5 & 6 \end{pmatrix};$

$(2)\begin{pmatrix} 1 & -2 & -1 \\ 3 & -2 & -2 \\ 2 & 1 & -1 \end{pmatrix}X = \begin{pmatrix} 1 & -3 & 0 \\ 10 & 2 & 7 \\ 10 & 7 & 8 \end{pmatrix}.$

11. 求下列矩阵的秩:

$(1)\begin{pmatrix} 1 & 1 & 0 & 1 & 0 & 0 & 1 \\ 1 & 1 & 1 & 0 & 1 & 1 & 0 \\ 2 & 2 & 1 & 1 & 0 & 1 & 1 \end{pmatrix};$

$(2)\begin{pmatrix} 1 & 1 & 1 & 1 \\ 1 & 1 & -1 & -1 \\ 1 & -1 & 1 & -1 \\ 1 & -1 & -1 & 1 \end{pmatrix}.$

12. 判定下列向量组的线性相关性,并求其秩和一个最大的无关组:

$(1)\alpha_1 = (1, -2, 0, 3), \alpha_2 = (2, 5, -1, 0), \alpha_3 = (3, 4, 1, 2), \alpha_4 = (2, -3, 2, 5);$

$(2)\alpha_1 = \begin{pmatrix} 1 \\ -1 \\ 1 \\ 2 \end{pmatrix}, \alpha_2 = \begin{pmatrix} -1 \\ -1 \\ -3 \\ -4 \end{pmatrix}, \alpha_3 = \begin{pmatrix} 0 \\ 3 \\ 3 \\ 3 \end{pmatrix}, \alpha_4 = \begin{pmatrix} 1 \\ 1 \\ 3 \\ 4 \end{pmatrix}.$

13. 求解下列齐次线性方程组:

$(1)\begin{cases} x_1 + 2x_2 + x_3 - x_4 = 0, \\ 3x_1 + 6x_2 - x_3 - 3x_4 = 0, \\ 5x_1 + 10x_2 + x_3 - 5x_4 = 0; \end{cases}$

$(2)\begin{cases} 2x_1 + 3x_2 - x_3 + 5x_4 = 0, \\ 3x_1 + x_2 + 2x_3 - 7x_4 = 0, \\ 4x_1 + x_2 - 3x_3 + 6x_4 = 0, \\ x_1 - 2x_2 + 4x_3 - 7x_4 = 0. \end{cases}$

14. 求下列非齐次线性方程组的通解:

$(1)\begin{cases} x_1 + x_2 - 3x_3 - x_4 = 1, \\ 3x_1 - x_2 - 3x_3 + 4x_4 = 4, \\ x_1 + 5x_2 - 9x_3 - 9x_4 = 0; \end{cases}$

$(2)\begin{cases} 2x_1 - 3x_2 + x_3 - 15x_4 = 1, \\ x_1 + x_2 + x_3 - 2x_4 = 2, \\ x_1 + 4x_2 + 3x_3 + 6x_4 = 1, \\ 2x_1 - 4x_2 + 9x_3 - 9x_4 = -16. \end{cases}$

附录 初等数学常用公式

1. 乘法公式与二项式定理.

(1) $(a + b)^2 = a^2 + 2ab + b^2 ; (a - b)^2 = a^2 - 2ab + b^2 ;$

(2) $(a + b)^3 = a^3 + 3a^2b + 3ab^2 + b^3 ; (a - b)^3 = a^3 - 3a^2b + 3ab^2 - b^3 ;$

(3) $(a + b)^n = C_n^0 a^n + C_n^1 a^{n-1}b + C_n^2 a^{n-2}b^2 + \cdots + C_n^k a^{n-k}b^k + \cdots + C_n^{n-1}ab^{n-1} + C_n^n b^n ;$

(4) $(a + b + c)(a^2 + b^2 + c^2 - ab - ac - bc) = a^3 + b^3 + c^3 - 3abc ;$

(5) $(a + b - c)^2 = a^2 + b^2 + c^2 + 2ab - 2ac - 2bc.$

2. 因式分解.

(1) $a^2 - b^2 = (a + b)(a - b) ;$

(2) $a^3 + b^3 = (a + b)(a^2 - ab + b^2) ; a^3 - b^3 = (a - b)(a^2 + ab + b^2) ;$

(3) $a^n - b^n = (a - b)(a^{n-1} + a^{n-2}b + \cdots + b^{n-1}).$

3. 分式裂项.

(1) $\dfrac{1}{x(x + 1)} = \dfrac{1}{x} - \dfrac{1}{x + 1} ;$ 　　(2) $\dfrac{1}{(x + a)(x + b)} = \dfrac{1}{b - a}\left(\dfrac{1}{x + a} - \dfrac{1}{x + b}\right).$

4. 指数运算.

(1) $a^{-n} = \dfrac{1}{a^n}(a \neq 0) ;$ 　　(2) $a^0 = 1(a \neq 1) ;$

(3) $a^{\frac{m}{n}} = \sqrt[n]{a^m}(a \geqslant 0) ;$ 　　(4) $a^m a^n = a^{m+n} ;$

(5) $a^m \div a^n = a^{m-n} ;$ 　　(6) $(a^m)^n = a^{mn} ;$

(7) $\left(\dfrac{b}{a}\right)^n = \dfrac{b^n}{a^n}(a \neq 0) ;$ 　　(8) $(ab)^n = a^n b^n.$

5. 对数运算.

(1) $a^{\log_a N} = N ;$ 　　(2) $\log_a M^n = n \cdot \log_a M ;$

(3) $\log_a \sqrt[n]{M} = \dfrac{1}{n}\log_a M ;$ 　　(4) $\log_a(MN) = \log_a M + \log_a N ;$

(5) $\log_a\left(\dfrac{M}{N}\right) = \log_a M - \log_a N ;$ 　　(6) $\log_{10} a = \lg a , \log_e a = \ln a.$

6. 排列组合.

(1) $P_n^m = n(n - 1)\cdots[n - (m - 1)] = \dfrac{n!}{(n - m)!}$ （约定 $0! = 1$）；

(2) $C_n^m = \dfrac{P_n^m}{m!} = \dfrac{n!}{m!(n - m)!} ;$ 　　(3) $C_n^m = C_n^{n-m} ;$

(4) $C_n^m + C_n^{m-1} = C_{n+1}^m ;$ 　　(5) $C_n^0 + C_n^1 + C_n^2 + \cdots + C_n^n = 2^n.$

7. 常用记号.

(1) $\displaystyle\sum_{i=1}^{n} a_i = a_1 + a_2 + \cdots + a_n$ (读作:西格马);

(2) $\displaystyle\prod_{i=1}^{n} a_i = a_1 a_2 \cdots\cdots a_n$ (读作:派).

8. 同角三角函数的关系与诱导公式.

平方关系: $\sin^2\alpha + \cos^2\alpha = 1, 1 + \tan^2\alpha = \sec^2\alpha, 1 + \cot^2\alpha = \csc^2\alpha$;

倒数关系: $\sin\alpha \cdot \csc\alpha = 1, \cos\alpha \cdot \sec\alpha = 1, \tan\alpha \cdot \cot\alpha = 1$;

商式关系: $\tan\alpha = \dfrac{\sin\alpha}{\cos\alpha}, \cot\alpha = \dfrac{\cos\beta}{\sin\alpha}$.

9. 其他三角函数公式.

(1) 积化和差公式.

$$\sin\alpha\cos\beta = \frac{1}{2}\left[\sin(\alpha+\beta) + \sin(\alpha-\beta)\right];$$

$$\cos\alpha\sin\beta = \frac{1}{2}\left[\sin(\alpha+\beta) - \sin(\alpha-\beta)\right];$$

$$\cos\alpha\cos\beta = \frac{1}{2}\left[\cos(\alpha+\beta) + \cos(\alpha-\beta)\right];$$

$$\sin\alpha\sin\beta = -\frac{1}{2}\left[\cos(\alpha+\beta) - \cos(\alpha-\beta)\right].$$

(2) 和差化积公式.

$$\sin x + \sin y = 2\sin\frac{x+y}{2}\cos\frac{x-y}{2};$$

$$\sin x - \sin y = 2\cos\frac{x+y}{2}\sin\frac{x-y}{2};$$

$$\cos x + \cos y = 2\cos\frac{x+y}{2}\cos\frac{x-y}{2};$$

$$\cos x - \cos y = -2\sin\frac{x+y}{2}\sin\frac{x-y}{2}.$$

(3) 倍角公式.

$$\cos 2\alpha = \cos^2\alpha - \sin^2\alpha; \quad \sin 2\alpha = 2\sin\alpha\cos\alpha; \quad \tan 2\alpha = \frac{2\tan\alpha}{1-\tan^2\alpha};$$

$$\cos 2\alpha = 1 - 2\sin^2\alpha = 2\cos^2\alpha - 1.$$

(4) 半角公式.

$$\sin^2\frac{\alpha}{2} = \frac{1-\cos\alpha}{2}; \quad \cos^2\frac{\alpha}{2} = \frac{1+\cos\alpha}{2};$$

$$\sin^2\alpha = \frac{1-\cos 2\alpha}{2}; \quad \cos^2\alpha = \frac{1+\cos 2\alpha}{2}.$$

(5) 两角和与差的公式.

$$\cos(\alpha \pm \beta) = \cos\alpha\cos\beta \mp \sin\alpha\sin\beta; \quad \sin(\alpha \pm \beta) = \sin\alpha\cos\beta \pm \cos\alpha\sin\beta;$$

$$\tan(\alpha \pm \beta) = \frac{\tan\alpha \pm \tan\beta}{1 \mp \tan\alpha\tan\beta}.$$

（6）"万能"公式.

$$\sin 2\alpha = \frac{2\tan\alpha}{1 + \tan^2\alpha}; \quad \cos 2\alpha = \frac{1 - \tan^2\alpha}{1 + \tan^2\alpha}; \quad \tan 2\alpha = \frac{2\tan\alpha}{1 - \tan^2\alpha}.$$

10. 反三角函数的特殊值（见附表1、附表2）.

附表1　反正弦、反余弦三角函数特殊值

x	-1	$-\dfrac{\sqrt{3}}{2}$	$-\dfrac{\sqrt{2}}{2}$	$-\dfrac{1}{2}$	0	$\dfrac{1}{2}$	$\dfrac{\sqrt{2}}{2}$	$\dfrac{\sqrt{3}}{2}$	1
$\arcsin x$	$-\dfrac{\pi}{2}$	$-\dfrac{\pi}{3}$	$-\dfrac{\pi}{4}$	$-\dfrac{\pi}{6}$	0	$\dfrac{\pi}{6}$	$\dfrac{\pi}{4}$	$\dfrac{\pi}{3}$	$\dfrac{\pi}{2}$
$\arccos x$	π	$\dfrac{5\pi}{6}$	$\dfrac{3\pi}{4}$	$\dfrac{2\pi}{3}$	$\dfrac{\pi}{2}$	$\dfrac{\pi}{3}$	$\dfrac{\pi}{4}$	$\dfrac{\pi}{6}$	0

附表2　反正切、反余切三角函数特殊值

x	$-\sqrt{3}$	-1	$-\dfrac{\sqrt{3}}{3}$	0	$-\dfrac{\sqrt{3}}{3}$	1	$\sqrt{3}$
$\arctan x$	$-\dfrac{\pi}{3}$	$-\dfrac{\pi}{4}$	$-\dfrac{\pi}{6}$	0	$\dfrac{\pi}{6}$	$\dfrac{\pi}{4}$	$\dfrac{\pi}{3}$
$\text{arccot} x$	$\dfrac{5\pi}{6}$	$\dfrac{3\pi}{4}$	$\dfrac{2\pi}{3}$	$\dfrac{\pi}{2}$	$\dfrac{\pi}{3}$	$\dfrac{\pi}{4}$	$\dfrac{\pi}{6}$

$$\arcsin x + \arccos x = \frac{\pi}{2}(-1 \leqslant x \leqslant 1), \arctan x + \text{arccot} x = \frac{\pi}{2}(-\infty < x < +\infty).$$

11. 数列（见附表3）.

附表3　数列相关知识

名称	定　义	通项公式	前 n 项的和公式	其　他
数列	按照一定次序排成一列的数称为数列，记为 $\{a_n\}$	如果一个数列 $\{a_n\}$ 的第 n 项 a_n 与 n 之间的关系可以用一个公式来表示，这个公式就称为这个数列的通项公式		
等差数列	$a_n - a_{n-1} = d$（d 为常数，$n \in N, n \geqslant 2$），d 称为这个数列的公差	$a_{n+1} - a_n = d$	$S_n = \dfrac{n(a_1 + a_n)}{2} = na_1 + \dfrac{n(n-1)}{2}d$	等差中项 $A = \dfrac{a+b}{2}$
等比数列	$\dfrac{a_n}{a_{n-1}} = q$（q 为常数，$n \in N, n \geqslant 2$），q 称为这个数列的公比	$a_n = a_1 q^{n-1} = a_k q^{n-k}$	$S_n = \dfrac{a_1(1 - q^n)}{1 - q} = \dfrac{a_1 - a_n q}{1 - q}$	等比中项 $G = \pm\sqrt{ab}$
数列前 n 项和与通项的关系		$a_n = \begin{cases} S_n - S_{n-1}, & n \geqslant 2 \\ S_1, & n = 1 \end{cases}$		
无穷等比递缩数列所有项的和		$S = \dfrac{a_1}{1 - q}(\,|q| < 1)$		
差分求和法（设 $a_n = \dfrac{1}{n(n+1)}$）		$S_n = a_1 + a_2 + \cdots + a_n = \dfrac{1}{1 \cdot 2} + \dfrac{1}{2 \cdot 3} + \dfrac{1}{3 \cdot 4} + \cdots + \dfrac{1}{n \cdot (n+1)}$ $= \left(1 - \dfrac{1}{2}\right) + \left(\dfrac{1}{2} - \dfrac{1}{3}\right) + \left(\dfrac{1}{3} - \dfrac{1}{4}\right) + \cdots + \left(\dfrac{1}{n} - \dfrac{1}{n+1}\right) = 1 - \dfrac{1}{n+1}$		

12. 希腊字母(见附表4).

附表4　希腊字母表

序号	大写	小写	英文注音	国际音标注音	中文读音	意义(部分)
1	A	α	alpha	a:lf	阿尔法	角度;系数
2	B	β	beta	bet	贝塔	磁通系数;角度;系数
3	Γ	γ	gamma	ga:m	伽马	电导系数(小写)
4	Δ	δ	delta	delt	德尔塔	变动;密度;屈光度
5	E	ε	epsilon	ep'silon	伊普西龙	对数之基数
6	Z	ζ	zeta	zat	截塔	系数;方位角;阻抗;相对黏度;原子序数
7	H	η	eta	eit	艾塔	磁滞系数;效率(小写)
8	Θ	θ	thet	θit	西塔	温度;相位角
9	I	ι	iot	aiot	约塔	微小,一点儿
10	K	κ	kappa	kap	卡帕	介质常数
11	Λ	λ	lambda	lambd	兰布达	波长(小写);体积
12	M	μ	mu	mju	缪	磁导系数微(千分之一)放大因数(小写)
13	N	ν	nu	nju	纽	磁阻系数
14	Ξ	ξ	xi	ksi	克西	
15	O	o	omicron	omik'ron	奥密克戎	
16	Π	π	pi	pai	派	圆周率=圆周÷直径=3.141592653589793
17	P	ρ	rho	rou	肉	电阻系数(小写)
18	Σ	σ	sigma	'sigma	西格马	总和(大写),表面密度;跨导(小写)
19	T	τ	tau	tau	套	时间常数
20	Υ	υ	upsilon	jup'silon	宇普西龙	位移
21	Φ	φ	phi	fai	佛爱	磁通;角
22	X	χ	chi	phai	西	
23	Ψ	ψ	psi	psai	普西	角速;介质电通量(静电力线);角
24	Ω	ω	omega	o'miga	欧米伽	欧姆(大写);角速(小写);角

参 考 答 案

习题1.1

1. (1) $[-1, +\infty)$；   (2) $(-\infty, +\infty)$；   (3) $(-\infty, \sqrt{2}] \cup [\sqrt{2}, +\infty)$；   (4) $[-1, 2]$；
   (5) $(-2, 0]$；

   (6) 因为 $-1 \leqslant \dfrac{2x}{1+x} \leqslant 1$ 且 $x \neq -1$，

   当 $x+1 > 0$（即 $x > -1$）时，$\begin{cases} 2x \leqslant 1+x, \\ 2x \geqslant -1-x, \end{cases}$ 所以 $\begin{cases} x \leqslant 1 \\ x \geqslant -\dfrac{1}{3} \end{cases}$，即 $\left[-\dfrac{1}{3}, 1\right]$；

   当 $x+1 < 0$（即 $x < -1$）时，$\begin{cases} 2x \geqslant 1+x, \\ 2x \leqslant -1-x, \end{cases}$ 所以 $\begin{cases} x \geqslant 1 \\ x \leqslant -\dfrac{1}{3} \end{cases}$，所以无解.

   所以定义域为 $\left[-\dfrac{1}{3}, 1\right]$.

2. (1) 偶函数；   (2) 偶函数；   (3) 奇函数；   (4) 不是偶函数也不是奇函数.

3. $\varphi[\psi(x)] = \psi^2(x) = 2^{2x}, x \in (-\infty, +\infty)$；
   $\psi[\varphi(x)] = 2^{\varphi(x)} = 2^{x^2}, x \in (-\infty, +\infty)$.

4. $f[f(x)] = \dfrac{1}{1-f(x)} = \dfrac{1}{1-\dfrac{1}{1-x}} = \dfrac{1-x}{-x} = 1 - \dfrac{1}{x}$ $(x \neq 0, 1)$.

5. 设 $t = x-1$，即 $x = t+1$，所以 $f(x-1) = (t+1)^2$，所以 $f(x) = (x+1)^2$.

6. $f(1) = 2^x\big|_{x=1} = 2, f(0) = 2^x\big|_{x=0} = 1, f(-1) = (x^2+1)\big|_{x=-1} = 2$.

7. (1) $y = \dfrac{x-3}{2}, x \in (-\infty, +\infty)$；   (2) $y = \sqrt[3]{1-x^3}, x \in (-\infty, +\infty)$；

   (3) $y = 3 \cdot 2^x, x \in (-\infty, +\infty)$；   (4) $y = \tan\dfrac{x}{2}, x \in \left(-\dfrac{\pi}{2}, +\dfrac{\pi}{2}\right)$.

8. (1) $y = \sqrt{u}$ 和 $u = x^2+2$ 复合而成；   (2) $y = \arctan u$ 和 $u = e^{x+1}$ 复合而成；
   (3) 由 $y = \log_2 u$、$u = \sqrt{v}$ 和 $v = x^3+1$ 复合而成；
   (4) 由 $y = u^2$、$u = \cos v$ 和 $v = 2\ln x$ 复合而成.

习题1.2

1. (1) 当 $n \to +\infty$ 时，$\dfrac{(-1)^{n-1}}{2^{n+1}} \to 0$；

   (2) 当 $n \to +\infty$ 时，$\dfrac{3n}{2n-1} = \dfrac{3}{2-\dfrac{1}{n}} \to \dfrac{3}{2}$；

   (3) 当 $n \to +\infty$ 时，$\dfrac{n^2}{n^2+1} = \dfrac{1}{1+\dfrac{1}{n^2}} \to 1$；

(4) 当 $n \to + \infty$ 时, $0.\overbrace{33\cdots3}^{n} = \dfrac{\overbrace{33\cdots3}^{n}}{10^n} = \dfrac{3}{10} + \dfrac{3}{100} + \cdots + \dfrac{3}{10^n} = \dfrac{3}{10} \dfrac{1 - \left(\dfrac{1}{10}\right)^n}{1 - \dfrac{1}{10}} \to \dfrac{3}{10} \dfrac{1}{1 - \dfrac{1}{10}} = \dfrac{1}{3}$.

2. (1) $\lim\limits_{x \to 1}(3x + 1) = 4$;　(2) $\lim\limits_{x \to 3} \dfrac{1}{2x} = \dfrac{1}{6}$;　(3) $\lim\limits_{x \to 1}\ln x = \ln 1 = 0$;

(4) $\lim\limits_{x \to \frac{\pi}{4}}\sin 2x = \sin \dfrac{\pi}{2} = 1$;　(5) $\lim\limits_{x \to 0}2^x = 2^0 = 1$;　(6) $\lim\limits_{x \to \infty} \dfrac{1}{x + 2} = \infty$;

(7) $\lim\limits_{x \to +\infty}\arctan x = \dfrac{\pi}{2}$;　(8) $\lim\limits_{x \to -\infty}e^x = 0$;　(9) $\lim\limits_{x \to -\infty}\text{arccot}x = \dfrac{\pi}{2}$;

(10) $\lim\limits_{x \to +\infty}\sin x$ 不存在;　(11) $\lim\limits_{x \to 0}\sin \dfrac{1}{x}$ 不存在.

3. 因为 $f(0 + 0) = \lim\limits_{x \to 0^+} \dfrac{|x|}{x} = 1$, $f(0 - 0) = \lim\limits_{x \to 0^-} \dfrac{|x|}{x} = \lim\limits_{x \to 0^-} \dfrac{-x}{x} = -1$, 所以 $\lim\limits_{x \to 0}f(x)$ 不存在.

4. (1) 略. (2) 因为 $f(0 + 0) = \lim\limits_{x \to 0^+}(2x - 1) = 1$ 存在, $f(0 - 0) = \lim\limits_{x \to 0^-}2^x = 1$ 存在, 所以 $\lim\limits_{x \to 0}f(x) = 1 = f(0)$ 存在.

5. (1) 略. (2) 因为 $f(0 + 0) = \lim\limits_{x \to 0^+}(2x + 1) = 1$, $f(0 - 0) = \lim\limits_{x \to 0^-}(x + 1) = 2$, 所以在 $x = 0$ 点处的左右极限存在. (3) 在 $x = 0$ 点处的极限不存在.

6. 因为 $f(1 + 0) = \lim\limits_{x \to 1^+}(3x - 1) = 2$, $f(1 - 0) = \lim\limits_{x \to 1^-}2^x = 2$, 所以 $\lim\limits_{x \to 1}f(x) = 2$ 存在. 所以在 $x = 1$ 点处的左右极限存在.

7. 因为 $f\left(\dfrac{\pi}{4} + 0\right) = \lim\limits_{x \to \frac{\pi}{4}^+}\sin 2x = \sin \dfrac{\pi}{2} = 1$, $f\left(\dfrac{\pi}{4} - 0\right) = \lim\limits_{x \to \frac{\pi}{4}^-}Ax = \dfrac{\pi A}{4}$, 当 $f\left(\dfrac{\pi}{4} + 0\right) = f\left(\dfrac{\pi}{4} - 0\right)$, 即 $A = \dfrac{4}{\pi}$ 时, 函数在 $x = \dfrac{\pi}{4}$ 点处的极限 $\lim\limits_{x \to \frac{\pi}{4}}f(x)$ 存在.

习题 1.3

1. (1) $\lim\limits_{x \to 2} \dfrac{x^2 - 4}{x^2 - 3x + 2} = \lim\limits_{x \to 2} \dfrac{(x - 2)(x + 2)}{(x - 2)(x - 1)} = \lim\limits_{x \to 2} \dfrac{x + 2}{x - 1} = 4$;

(2) $\lim\limits_{x \to 1} \dfrac{x - 1}{x^2 - 1} = \lim\limits_{x \to 1} \dfrac{1}{x + 1} = \dfrac{1}{2}$;

(3) $\lim\limits_{x \to 5} \dfrac{x^2 - 5x + 10}{x^2 - 25} = \infty$;

(4) $\lim\limits_{x \to -1} \dfrac{x^2 - 1}{x^2 + 3x + 2} = \lim\limits_{x \to -1} \dfrac{x - 1}{x + 2} = -2$;

(5) $\lim\limits_{x \to 2} \dfrac{x^2 - 2x}{x^2 - 4x + 4} = \lim\limits_{x \to 2} \dfrac{x(x - 2)}{(x - 2)^2} = \lim\limits_{x \to 2} \dfrac{x}{x - 2} = \infty$;

(6) $\lim\limits_{x \to 1}\left(\dfrac{1}{1 - x} - \dfrac{3}{1 - x^3}\right) = \lim\limits_{x \to 1} \dfrac{(x^2 + x + 1) - 3}{(1 - x)(1 + x + x^2)} = \lim\limits_{x \to 1} \dfrac{(x + 2)(x - 1)}{(1 - x)(1 + x + x^2)} = -1$;

(7) $\lim\limits_{x \to 1} \dfrac{x^3 - 3x + 2}{x^4 - 4x + 3} = \lim\limits_{x \to 1} \dfrac{(x^3 - x^2) + (x^2 - x) - (2x - 2)}{(x^4 - x^2) + (x^2 - x) - (3x - 3)} = \lim\limits_{x \to 1} \dfrac{x^2 + x - 2}{(x^2(x + 1)) + x - 3}$

$$= \lim_{x \to 1} \frac{(x-1)(x+2)}{x^2(x-1)+(2x^2-2x)+(3x-3)} = \lim_{x \to 1} \frac{x+2}{x^2+2x+3} = \frac{1}{2};$$

(8) $\lim\limits_{x \to 1} \dfrac{\sqrt{x}-1}{x-1} = \lim\limits_{x \to 1} \dfrac{1}{\sqrt{x}+1} = \dfrac{1}{2};$

(9) $\lim\limits_{x \to 1} \dfrac{\sqrt[3]{x}-1}{x-1} = \lim\limits_{x \to 1} \dfrac{1}{(\sqrt[3]{x})^2+\sqrt[3]{x}+1} = \dfrac{1}{3};$

(10) $\lim\limits_{x \to 0} \dfrac{\sqrt{x+1}-\sqrt{1-x}}{x} = \lim\limits_{x \to 0} \dfrac{(x+1)-(1-x)}{x(\sqrt{x+1}+\sqrt{1-x})} = \lim\limits_{x \to 0} \dfrac{2x}{x(\sqrt{x+1}+\sqrt{1-x})} = 1.$

2. (1) $\lim\limits_{x \to 0} \dfrac{\sin 5x}{x} = \lim\limits_{x \to 0} 5 \cdot \dfrac{\sin 5x}{5x} = 5;$

(2) $\lim\limits_{x \to 0} \dfrac{\sin \sqrt{x}}{\sqrt{2x}} \lim\limits_{x \to 0} \dfrac{\sin \sqrt{x}}{\sqrt{x}} \dfrac{1}{\sqrt{2}} = \dfrac{1}{\sqrt{2}};$

(3) $\lim\limits_{x \to 0} \dfrac{\sin 2x}{\sin 3x} = \lim\limits_{x \to 0} \dfrac{\sin 2x}{2x} \dfrac{3x}{\sin 3x} \dfrac{2}{3} = \dfrac{2}{3};$

(4) $\lim\limits_{x \to 0} \sin 3x \cot 6x = \lim\limits_{x \to 0} \dfrac{\sin 3x}{1} \dfrac{\cos 6x}{\sin 6x} = \dfrac{3}{6} = \dfrac{1}{2};$

(5) $\lim\limits_{x \to 0} \dfrac{\sin x}{\tan 3x} = \lim\limits_{x \to 0} \dfrac{\sin x}{1} \dfrac{\cos 3x}{\sin 3x} = \dfrac{1}{3};$

(6) $\lim\limits_{x \to 0} \dfrac{1-\cos x}{x^2} = \lim\limits_{x \to 0} \dfrac{2\sin^2 \frac{x}{2}}{x^2} = \lim\limits_{x \to 0} \dfrac{\left(\sin \frac{x}{2}\right)^2}{\left(\frac{x}{2}\right)^2} \dfrac{1}{2} = \dfrac{1}{2};$

(7) $\lim\limits_{x \to \frac{\pi}{2}} \dfrac{\cos x}{x-\frac{\pi}{2}} = \lim\limits_{x \to \frac{\pi}{2}} \dfrac{-\sin\left(x-\frac{\pi}{2}\right)}{x-\frac{\pi}{2}} = -1;$

(8) $\lim\limits_{x \to \pi} \dfrac{\sin x}{x-\pi} = \lim\limits_{x \to \pi} \dfrac{\sin(x-\pi)}{x-\pi} = 1;$

(9) $\lim\limits_{x \to 0} \dfrac{\arcsin 5x}{x} = \lim\limits_{x \to 0} \dfrac{\arcsin 5x}{5x} \cdot 5 = 5;$

(10) $\lim\limits_{x \to 0} \dfrac{x-\sin 2x}{x+\sin 3x} = \lim\limits_{x \to 0} \dfrac{1-2 \cdot \frac{\sin 2x}{2x}}{1+3 \cdot \frac{\sin 3x}{3x}} = -\dfrac{1}{4}.$

3. (1) $\lim\limits_{x \to \infty}(1+\dfrac{2}{x})^x = \lim\limits_{x \to \infty}\left[\left(1+\dfrac{2}{x}\right)^{\frac{x}{2}}\right]^2 = e^2;$

(2) $\lim\limits_{x \to \infty}(\dfrac{2+x}{3+x})^x = \lim\limits_{x \to \infty}\left[\left(1-\dfrac{1}{3+x}\right)^{-(3+x)}\right]^{-1}\left(1-\dfrac{1}{3+x}\right)^3 = e^{-1};$

(3) $\lim\limits_{x \to \infty}(\dfrac{x^2-1}{x^2-2})^{x+1} = \lim\limits_{x \to \infty}\left[\left(1+\dfrac{1}{x^2-2}\right)^{x^2-2}\left(1+\dfrac{1}{x^2-2}\right)\right]^{\frac{1}{x}} = 1;$

(4) $\lim\limits_{x \to \infty}\left(\dfrac{x}{x+1}\right)^x = \lim\limits_{x \to \infty}\left[\left(1-\dfrac{1}{x+1}\right)^{-(x+1)}\left(1-\dfrac{1}{x+1}\right)\right]^{-1} = e^{-1};$

(5) $\lim\limits_{x \to \infty}\left(\dfrac{x-1}{x+3}\right)^{x+2} = \lim\limits_{x \to \infty}\left[\left(1-\dfrac{4}{x+3}\right)^{-\frac{x+3}{4}}\left(1-\dfrac{4}{x+3}\right)^{\frac{1}{4}}\right]^{-4} = e^{-4};$

(6) $\lim\limits_{x \to 0}(1 + \sin x)^{\frac{1}{x}} = \lim\limits_{x \to 0}\Big[(1 + \sin x)^{\frac{1}{\sin x}}\Big]^{\frac{\sin x}{x}} = e$;

(7) $\lim\limits_{x \to 0}(\cos x)^{\frac{1}{x}} = \lim\limits_{x \to 0}\Big[\Big(1 - 2\sin^2 \frac{x}{2}\Big)^{\frac{1}{-2\sin^2 \frac{x}{2}}}\Big]^{-\frac{2\sin^2 \frac{x}{2}}{x}} = 1$;

(8) $\lim\limits_{x \to 0} \dfrac{\ln(1 + x)}{x} = \lim\limits_{x \to 0}\ln(1 + x)^{\frac{1}{x}} = \ln e = 1$;

(9) $\lim\limits_{x \to 0} \dfrac{1}{x}\ln\Big(\sqrt{\dfrac{1 + x}{1 - x}}\Big) = \lim\limits_{x \to 0} \dfrac{1}{2}\ln\Big(1 + \dfrac{2x}{1 - x}\Big)^{\frac{1}{x}} = \dfrac{1}{2}\lim\limits_{x \to 0}\Big[\Big(1 + \dfrac{2x}{1 - x}\Big)^{\frac{1 - x}{2x}}\Big]^{\frac{2}{1 - x}} = e^2$;

(10) 设 $y = e^x - 1$，即 $x = \ln(1 + y)$，所以 $\lim\limits_{x \to 0} \dfrac{e^x - 1}{x} = \lim\limits_{y \to 0} \dfrac{y}{\ln(1 + y)} = 1$.

习题 1. 4

1. 当 $n \to + \infty$ 时，(1)、(3)、(4)、(6) 是无穷小量；(2)、(5) 是无穷大量.

2. (1) $2x - x^2$ 是较 $x^2 - x^4$ 低阶的无穷小；

(2) ax^3 与 $\tan x - \sin x$ 是同阶的无穷小量；

(3) x^2 是较 $\tan 2x$ 高阶的无穷小量；

(4) $x\sin x$ 与 $1 - \cos x$ 是同阶的无穷小量.

3. (1) $\lim\limits_{x \to \infty} \dfrac{1}{x}\sin x^2 = 0$（有界变量与无穷小量的乘积）；

(2) $\lim\limits_{x \to 0}x^2\arctan x = 0$（有界变量与无穷小量的乘积）；

(3) $\lim\limits_{x \to 3}(x - 3)\cos x = 0$（有界变量与无穷小量的乘积）；

(4) $\lim\limits_{x \to 0}(x + 1)\cot x = \infty$.

习题 1. 5

1. (1) $\lim\limits_{x \to 1} \dfrac{x^2}{x - 2} = \dfrac{1^2}{1 - 2} = -1$； (2) $\lim\limits_{x \to 3} \dfrac{1 + x^3}{1 + x} = \dfrac{1 + 3^3}{1 + 3} = \dfrac{5}{2}$； (3) $\lim\limits_{x \to 2}x\sin \dfrac{1}{x} = 2\sin \dfrac{1}{2}$；

(4) $\lim\limits_{x \to 0^+}\ln\cos x = \ln\cos 0 = \ln 1 = 0$； (5) $\lim\limits_{x \to \frac{4}{\pi}}\arctan \dfrac{1}{x} = \arctan \dfrac{\pi}{4} = 1$；

(6) $\lim\limits_{x \to \pi} e^{\sin \frac{x}{2}} = e^{\sin \frac{\pi}{2}} = e$.

2. 因为 $\lim\limits_{x \to 2}f(x) = \lim\limits_{x \to 2} \dfrac{x^2 - 4}{x - 2} = \lim\limits_{x \to 2}(x + 2) = 4$，$f(2) = A$，所以当 $A = 4$ 时，函数在 $x = 2$ 点处连

续. 当 $x \neq 2$ 时，$f(x) = \dfrac{x^2 - 4}{x - 2} = x + 2$ 连续.

3. 因为 $f(0 + 0) = \lim\limits_{x \to 0^+} \dfrac{|x|}{x} = \lim\limits_{x \to 0^+}1 = 1$，

$f(0 - 0) = \lim\limits_{x \to 0^-} \dfrac{|x|}{x} = \lim\limits_{x \to 0^-}(-1) = -1$，

所以函数在 $x = 0$ 点处不连续.

4. 因为 $f(0 + 0) = \lim\limits_{x \to 0^+} \dfrac{\sin x}{x} = 1$，

$f(0 - 0) = \lim\limits_{x \to 0^-}(x^2 + 1) = \lim\limits_{x \to 0^-}(0 + 1) = 1$，

所以 $\lim\limits_{x \to 0}f(x) = 1 = f(0)$，所以函数在 $x = 0$ 点处连续.

5. 设 $f(x) = x^2 - 3x + 1$，所以函数 $f(x)$ 在 $[-1,2]$ 上连续，在 $(-1,2)$ 内可导，并且 $f(-1)f(2) = -5 < 0$，所以函数 $f(x)$ 在 $(-1,2)$ 内至少有一个根，即存在 $x_0 \in (-1,2)$，使 $f(x_0) = x_0^2 - 3x_0 + 1 = 0$。

6. 设 $f(x) = \sin x - 3x + 1$，所以函数 $f(x)$ 在 $\left[0,\dfrac{\pi}{2}\right]$ 上连续，在 $\left(0,\dfrac{\pi}{2}\right)$ 内可导，并且 $f(0)f\left(\dfrac{\pi}{2}\right) = 2 - \dfrac{3\pi}{2} < 0$，所以函数 $f(x)$ 在 $\left(0,\dfrac{\pi}{2}\right)$ 内至少有一个根，即存在 $x_0 \in \left(0,\dfrac{\pi}{2}\right)$，使 $f(x_0) = \sin x_0 - 3x_0 + 1 = 0$。

第1章习题

1. (1) $x^2 + 1$，$\dfrac{x^2}{x^2 + 1}$；　　(2) $-\ln(\sqrt{x^2 + 1} - x)$；　　(3) 0；　　(4) 0；

　　(5) 1；　　(6) $\dfrac{1}{3}$；　　(7) $x = 2,3$；

　　(8) $(-\infty, -1) \cup (-1,1) \cup (1, +\infty)$；　　(9) -1 或 3；　　(10) e^2.

2. (1) B；　(2) A；　(3) D；　(4) C；　(5) B；　(6) B；　(7) B；　(8) C；　(9) A；　(10) C.

3. (1) $\lim\limits_{x \to 0}(1 + \sin x)^x = \lim\limits_{x \to 0}\left[(1 + \sin x)^{\sin x}\right]^{\frac{x}{\sin x}} = e$；

　　(2) $\lim\limits_{x \to 0}\dfrac{\sqrt{x^2 + x} - x}{2x} = \lim\limits_{x \to 0}\dfrac{x}{2x(\sqrt{x^2 + x} + x)} = \infty$；

　　(3) $\lim\limits_{x \to \infty}\left(\dfrac{x - 1}{x + 1}\right)^{2x + 1} = \lim\limits_{x \to \infty}\left(1 - \dfrac{2}{x + 1}\right)^{2x + 1} = \lim\limits_{x \to 0}\left[\left(1 - \dfrac{2}{x + 1}\right)^{-\frac{x+1}{2}}\right]^{-4}\left(1 - \dfrac{2}{x + 1}\right)^{-1} = e^{-4}$；

　　(4) $\lim\limits_{x \to 0}\dfrac{\sin(x - 1)}{x^2 - 1} = \lim\limits_{x \to 0}\dfrac{\sin(x - 1)}{(x + 1)(x - 1)} = 1$；

　　(5) $\lim\limits_{x \to -1}\dfrac{x^3 + 1}{x^2 + 2x + 1} = \lim\limits_{x \to -1}\dfrac{(x + 1)(x^2 + x + 1)}{(x + 1)^2} = \lim\limits_{x \to -1}\dfrac{x^2 + x + 1}{x + 1} = \infty$；

　　(6) $\lim\limits_{x \to 0}\dfrac{1}{x}\ln(1 + 2x) = \lim\limits_{x \to 0}\ln\left[(1 + 2x)^{\frac{1}{2x}}\right]^2 = 2$；

　　(7) $\lim\limits_{x \to \infty}\dfrac{2x^2 + 3x + 1}{3x^2 + 3x - 1} = \dfrac{2}{3}$；

　　(8) $\lim\limits_{x \to \infty}\dfrac{2x^2 + 6x + 1}{x^3 + 3x + 4} = 0$；

　　(9) $\lim\limits_{x \to 1}\left(\dfrac{1}{x - 1} - \dfrac{3x - 1}{x^2 - 1}\right) = \lim\limits_{x \to 1}\dfrac{(x + 1) - (3x - 1)}{(x - 1)(x + 1)} = \lim\limits_{x \to 1}\dfrac{-2(x - 1)}{(x - 1)(x + 1)} = -2$.

4. (1) $\lim\limits_{x \to 0^+}f(x) = \lim\limits_{x \to 0^+}(2x - 1) = -1$，$\lim\limits_{x \to 0^-}f(x) = \lim\limits_{x \to 0^-}\dfrac{\tan x}{x} = 1$；

　　(2) 因为 $\lim\limits_{x \to 0^+}f(x) \neq \lim\limits_{x \to 0^-}f(x)$，所以 $\lim\limits_{x \to 0}f(x)$ 不存在.

5. 因为当 $x \to 0$ 时，$\tan x \sim x$，$e^x - 1 \sim x$，所以 $\lim\limits_{x \to 0}f(x) = \lim\limits_{x \to 0}\dfrac{\tan x}{e^x - 1} = \lim\limits_{x \to 0}\dfrac{x}{x} = 1 = f(0)$，所以函数在 $x = 0$ 点处连续.

6. 设函数 $f(x) = e^x + \sin x - 1$，因为 $f(-\pi) = e^{-\pi} - 1 < 0$，$f(\pi) = e^{\pi} - 1 > 0$，函数在 $[-\pi,\pi]$ 上连续，所以在 $(-\pi,\pi)$ 内至少有一个根.

习题 2.1

1. (1) $f'(x_0)$; (2) $f'(x_0)$; (3) $-f'(x_0)$; (4) $f'(0)$.

2. (1) $100x^{99}$; (2) $\dfrac{9}{8}x^{\frac{1}{8}}$; (3) $\dfrac{7}{2}x^{\frac{5}{2}}$.

3. $(1,1)$ 或 $(-1,-1)$.

4. $2f'(x_0)$.

5. $\left(\dfrac{1}{2},\dfrac{1}{4}\right),4x-4y-1=0$.

6. 0.

7. 0.

8. $a=b=0$.

9. 连续,不可导.

习题 2.2

1. (1) $y'=8x+3$; (2) $y'=4e^x$; (3) $y'=1+\dfrac{1}{x}$;

(4) $y'=-2\sin x+3$; (5) $y'=2^x\cdot\ln2+3^x\cdot\ln3$; (6) $y'=\dfrac{1}{x\ln2}+2x$;

(7) $y'=\dfrac{\cos x}{1+x}-\dfrac{\sin x}{(1+x)^2}$; (8) $y'=(1+\cos x)\ln x-x\ln x\sin x$;

(9) $y'=-2\csc x\cot x-3\sec^2 x+\sec x\tan x$; (10) $y'=2^x(\ln2\cot x-\csc^2 x)$.

2. (1) $y'=8(x+1)+9(3x+1)^2$; (2) $y'=(x+1)e^x$; (3) $y'=\cos2x$;

(4) $y'=\dfrac{2}{1+4x^2}$; (5) $y'=-8\sin8x$; (6) $y'=(\sin2x+2\cos2x)e^x$;

(7) $y'=-\dfrac{x}{(1+x^2)\sqrt{1+x^2}}$; (8) $y'=x3^{2x^2-1}4\ln3$; (9) $y'=\dfrac{1+3^x\ln3}{x+3^x}$;

(10) $y'=-\dfrac{\sin\lg x}{x\ln10}$.

3. $\dfrac{dy}{dx}=\dfrac{1}{(1+x)[1+\ln(1+x)]}$.

4. $f'(x)=\begin{cases}\dfrac{1}{1+x},x\geqslant0,\\1,x<0.\end{cases}$

5. $f'(x)=\dfrac{2}{3}x^{-\frac{1}{3}}-\dfrac{1}{6}x^{-\frac{5}{6}}-\dfrac{1}{3}x^{-\frac{4}{3}}$.

6. $y'=\dfrac{1}{x+\sqrt{x+1}}\left(1+\dfrac{1}{2\sqrt{x+1}}\right)$.

7. (1) $y'=\dfrac{f'(\sqrt{x})}{2\sqrt{x}}$; (2) $y'=e^x f'(e^x)$; (3) $y'=-2\sin2xf'(\cos2x)$.

8. $\dfrac{b}{a}\left(\dfrac{x}{a}\right)^{b-1}-\dfrac{a}{b}\left(\dfrac{b}{x}\right)^{a+1}+\left(\dfrac{b}{a}\right)^x\ln\dfrac{b}{a}$.

习题 2.3

1. (1) $\dfrac{\mathrm{d}y}{\mathrm{d}x} = -\dfrac{\mathrm{e}^y}{1 + x\mathrm{e}^y}$;　　(2) $\dfrac{\mathrm{d}y}{\mathrm{d}x} = \dfrac{y^2}{1 - xy}$;　　(3) $\dfrac{\mathrm{d}y}{\mathrm{d}x} = \dfrac{1 + y^2}{2 + y^2}$.

2. $\dfrac{\mathrm{d}y}{\mathrm{d}x} = \dfrac{2\mathrm{e}^{2x} - 1}{\mathrm{e}^y + 1}$.　　　　　　　3. $y' = \dfrac{y - x}{x + y}$.

4. $y' = \left(\dfrac{(x + 1)(x + 2)(x + 3)}{x^3(x + 4)} \right)^{\frac{2}{3}} \cdot \dfrac{2}{3} \left(\dfrac{1}{x + 1} + \dfrac{1}{x + 2} + \dfrac{1}{x + 3} - \dfrac{3}{x} - \dfrac{1}{x + 4} \right)$.

5. $y' = \dfrac{y^2}{x(1 - y\ln x)}$.

6. $f'(x) = \left(\ln x + \dfrac{1}{x} \right) \cdot \mathrm{e}^x \cdot x^{\mathrm{e}^x}$.

7. $y' = \sqrt[x]{\dfrac{x(x^2 - 1)}{(x - 2)^2}} \cdot \dfrac{1}{x^2} \left[1 + \dfrac{2}{x^2 - 1} - \dfrac{4}{x - 2} - \ln x - \ln(x^2 - 1) + 2\ln(x - 2) \right]$.

8. 3.

9. $\dfrac{\mathrm{d}y}{\mathrm{d}x} = \dfrac{\cos t}{1 + \sin t}$.

10. (1) $y'_x = -\dfrac{2}{3}\mathrm{e}^{2t}$;　　(2) $y'_x = \dfrac{1}{2}t$;　　(3) $y'_x \big|_{t = \frac{\pi}{2}} = \dfrac{\cos t + \sin t}{\cos t - \sin t} \big|_{t = \frac{\pi}{2}} = -1$.

11. $y - 2 = -2(x - 8)$　　或　　$y - 1 = -2(x - 6)$.

12. $y'_x = 5^{\sqrt{\frac{1+x}{1-x}}} \cdot \ln 5 \cdot \dfrac{1}{1 - x^2} \cdot \sqrt{\dfrac{1 + x}{1 - x}}$.

习题 2.4

1. (1) $y'' = \dfrac{2}{(1 + x^2)^2}$;　　(2) $y'' = \dfrac{2(1 - \ln x)}{x^2}$;　　(3) $y'' = 2x\mathrm{e}^{x^2}(2x^2 + 3)$.

2. $\dfrac{\mathrm{d}y}{\mathrm{d}x} = 2x\cos x^2 f'(\sin x^2)$,

$\dfrac{\mathrm{d}^2 y}{\mathrm{d}x^2} = 4x^2(\cos x^2)^2 f''(\sin x^2) - 4x^2 \sin x^2 f'(\sin x^2) + 2\cos x^2 f'(\sin x^2)$.

3. $y^{(4)} = 24 + \mathrm{e}^x$.

4. $\dfrac{\mathrm{d}^2 y}{\mathrm{d}x^2} = -2\dfrac{x^2 + y^2}{(x + y)^3}$.

5. $\dfrac{\mathrm{d}^2 y}{\mathrm{d}x^2} = \dfrac{1 + t^2}{4t}$.

6. (1) $y^{(n)} = (n + x)\mathrm{e}^x$;　　(2) $y^{(n)} = 2^{n-1}\sin\left(\dfrac{n - 1}{2}\pi + 2x \right)$.

7. $y^{(n)} = (n - 1)! \left[\dfrac{(-1)^{n-1}}{(1 + x)^n} + \dfrac{1}{(1 - x)^n} \right]$　　$(n = 1, 2, \cdots)$.

习题 2.5

1. (1) $\dfrac{1}{2}\mathrm{e}^{2x}$;　　(2) $\ln(1 + x)$;　　(3) $\dfrac{1}{2}\ln^2 x$.

2. (1)约等于 1.0067; (2)约等于 0.48489.

3. (1) $dy = (2x + \cos x)dx$; (2) $dy = \sec^2 x dx$;

(3) $dy = (1 + x)e^x dx$; (4) $dy = 300(3x - 1)^{99}dx$.

4. $\dfrac{1}{300}$. 5. $dy = \left(1 + \dfrac{2x}{\sin 2x}\right)e^{\ln \tan x}dx$.

6. 约等于 1.16 克.

7. 略.

第2章习题

1. (1)C; (2)B; (3)B; (4)A; (5)D; (6)D; (7)B; (8)D; (9)D; (10)B.

2. (1) $k = -\dfrac{1}{2}$; (2) $\dfrac{2x}{1 + x^4}$; (3) $\dfrac{1}{x^2}\sin\dfrac{1}{x}$; (4) $6t + 2, 6$;

(5) $(2, -1)$ 或 $(0, -2)$; (6)4; (7)6; (8) $-\dfrac{1}{e}$;

(9)0.02; (10) $\ln(1 + x)$.

3. (1) 1) $f'(5) = \dfrac{1}{3}$; 2) $f'(x) = -\sin x$.

(2) 1) $-f'(x_0)$; 2) $(\alpha - \beta)f'(x_0)$.

(3) 1)切线方程 $x + y - 2 = 0$,法线方程 $x - y = 0$;

2)切线方程 $12x - y - 16 = 0$,法线方程 $x + 12y - 98 = 0$.

(4) $\dfrac{dA}{dt} = 2\pi\alpha r_0^2(1 + \alpha t)$.

(5) $C'(40) = 32$ 元/kg.

(6)略.

(7) $a = 2, b = -1$.

(8) 1) $y' = 4x + 3\dfrac{1}{x^4} + 5$; 2) $y' = \dfrac{2}{\sqrt[3]{x}} + \dfrac{3}{x^4}$;

3) $y' = 2x\sin x + x^2\cos x$; 4) $y' = \dfrac{\sin x - 1}{(x + \cos x)^2}$;

5) $y' = 1 + \ln x + \dfrac{1}{x^2}(1 - \ln x)$; 6) $y' = \left(\dfrac{1}{x} + \ln x\right)\sin x - \left(\dfrac{1}{x} - \ln x\right)\cos x$;

7) $y' = \dfrac{1}{1 + \cos x}$; 8) $y' = \dfrac{(1 - x^2)\tan x + x(1 + x^2)\sec^2 x}{(1 + x^2)^2}$.

(9) 1) $\dfrac{8}{(\pi + 2)^2}$; 2) $16, 15a^2 + \dfrac{2}{a^3} - 1$; 3) $-\dfrac{4}{12 + \pi^3}$.

(10) $a = d = 1, b = c = 0$.

(11) $\left(-\dfrac{1}{2}, -\dfrac{9}{4}\right)$, $\left(\dfrac{3}{2}, \dfrac{7}{4}\right)$, $\left(\dfrac{\sqrt{3} - 1}{2}, -\dfrac{3}{2}\right)$.

(12) $x = -8, 0, 2$.

(13) 1) $v_0 - gt$; 2) $\dfrac{v_0}{g}$.

(14) 1) πr^2; 2) 25π.

(15)　1) $y' = 6(x^3 - x)^5(3x^2 - 1)$;　　　2) $y' = \dfrac{\ln x}{x\sqrt{1 + \ln^2 x}}$;

　　　3) $y' = \dfrac{1}{x^2}\csc^2\dfrac{1}{x}$;　　4) $y' = 2x\sin\dfrac{1}{x} - \cos\dfrac{1}{x}$;

　　　5) $y' = \dfrac{1}{2\sqrt{x + \sqrt{x + \sqrt{x}}}}\left[1 + \dfrac{1}{2\sqrt{x + \sqrt{x}}}\left(1 + \dfrac{1}{2\sqrt{x}}\right)\right]$;

　　　6) $y' = \dfrac{1}{x(1 - x)}$;　　7) $y' = -3\sin 3x\sin(2\cos 3x)$;

　　　8) $y' = 4(x + \sin^2 x)^3(1 + \sin 2x)$;　　9) $y' = \dfrac{1}{x\ln x\ln(\ln x)}$;

　　　10) $y' = \dfrac{1}{\sin^2 x^2}(\sin 2x\sin x^2 - 2x\sin^2 x\cos x^2)$;

　　　11) $y' = \dfrac{1}{\sqrt{x^2 + a^2}}$;

　　　12) $y' = -2(3x^2 + 1)\cos[\cos^2(x^3 + x)]\cos(x^3 + x)\sin(x^3 + x)$;

(16)　1) $y' = \dfrac{f'(e^x)e^x}{f(e^x)}$;　　2) $y' = 2f(\sin^2 x)f'(\sin^2 x)\sin 2x$;

　　　3) $y' = e^x(\sin x + \cos x)f'(e^x\sin x)$;

　　　4) $y' = \dfrac{1}{[\ln f(x)]^2}\left[\dfrac{\varphi'(x)\ln f(x)}{\varphi(x)} - \dfrac{f'(x)\ln\varphi(x)}{f(x)}\right] \cdot x = \mu \cdot \dfrac{dm}{dt} = -m_0 ke^{-kt}$.

(17) $i(t) = cu_m\omega\cos\omega t$.

(18) $10\dfrac{\text{cm}^2}{\text{s}}$.

(19)　1) $30x^4 + 12x$;　　2) $12\cos 2x - 24x\sin 2x - 8x^2\cos 2x$.

(20)　1) $(n + x)e^x$;　　2) $2^{n-1}\sin\left[2x + (n-1)\dfrac{\pi}{2}\right]$;　　3) $(n-1)!$.

(21) 略.

(22)　1) $\dfrac{dy}{dx} = \dfrac{y - x^2}{y^2 - x}$;　　2) $\dfrac{dy}{dx} = \dfrac{x + y}{x - y}$.

(23)　1) $y\left[\dfrac{2}{2x + 3} + \dfrac{1}{4(x - 6)} - \dfrac{1}{3(x + 1)}\right]$;

　　　2) $(\sin x)^{\cos x}(-\sin x\ln\sin x + \cos x\cot x)$.

(24)　1) $\dfrac{dy}{dx} = \dfrac{t - 1}{t + 1}$;　　2) $\left.\dfrac{dy}{dx}\right|_{t = \frac{\pi}{2}} = -1$.

(25) 切线方程为 $x = 0$, 法线方程为 $y = 0$.

(26)　1) $dy = \dfrac{1}{2}\cot\dfrac{x}{2}dx$;　　2) $dy = e^{-x}[\sin(3 - x) - \cos(3 - x)]dx$;

　　　3) $dy = \dfrac{dx}{1 + x^2}$;　　4) $dy = \dfrac{xy - y^2}{x^2 + xy}dx$.

(27)　1) 0.795;　2) 0.5076;　3) 0.01;　4) 2.0052.

(28) $2\pi R_0 h$.

(29) 565.5cm^3.

(30) 2. 23cm.

习题 3. 1

1. $\xi = 0$.　2. 证略.　　3. 证略.　　4. 证略.　　5. 证略.

习题 3. 2

1. (1)1;　(2)$\dfrac{a}{b}$;　(3)2;　(4)$\begin{cases} \dfrac{m}{n}, & m = n, \\ \dfrac{m}{n}a^{m-n}, & m \neq n; \end{cases}$　　　(5)$-\dfrac{1}{2}$;　(6)1;　(7)$\dfrac{1}{2}$;

(8)1.

2. 略.　　3. 略.

习题 3. 3

1. (1)增区间 $(-\infty, -2),(2, +\infty)$;减区间 $(-2,0),(0,2)$;

(2)增区间 $(0, +\infty)$;减区间 $(-1,0)$;

(3)增区间 $(-\infty, -2),\left(-\dfrac{4}{5}, +\infty\right)$;减区间 $\left(-2, -\dfrac{4}{5}\right)$;

(4)增区间 $(-1,1)$;减区间 $(-\infty, -1),(1, +\infty)$.

2. (1)极小值 $f(0) = 2$;　　　(2)极大值 $f(1) = 0$, 极小值 $f(3) = -4$;

(3)极大值 $f\left(\dfrac{3}{4}\right) = \dfrac{5}{4}$;　　　(4)极大值 $f(2) = \dfrac{4}{e^2}$, 极小值 $f(0) = 0$.

3. (1)最大值 $f(-1) = 10$, 最小值 $f(-4) = -71$;

(2)最大值 $f(-1) = 100. 01$, 最小值 $f(1) = 2$.

4. $h = 2\sqrt[3]{\dfrac{50}{2\pi}}, r = \sqrt[3]{\dfrac{50}{2\pi}}$.

5. $V = 10\sqrt[3]{20}$.

习题 3. 4

1. 76.　　2. 略.　　3. 略.

4. 因为 $\overline{C}(q) = \dfrac{C(q)}{q} = \dfrac{250}{q} + 20 + \dfrac{q}{10}$,

$\overline{C}'(q) = \left(\dfrac{250}{q} + 20 + \dfrac{q}{10}\right)' = -\dfrac{250}{q^2} + \dfrac{1}{10} = 0$, 得 $q_1 = 50$,

即要使平均成本最少, 应生产 50 件产品.

第 3 章习题

1. (1)A;　(2)B;　(3)C;　(4)C;　(5)B;　(6)D;　(7)A;　(8)B.

2. (1)$\dfrac{2\sqrt{3}}{9}$;　(2)0;　(3)$(-\infty, 0),(1, +\infty)$;$(0,1)$;　(4)$f(0) = 2$;$f(-1) = 0$;　(5)略.

3. (1)1;　(2)-1;　(3)1;　(4)$-\dfrac{1}{2}$;　(5)1.

4. (1)单调递减区间为 $(-\infty,-1)$, $\left(\dfrac{1}{2},5\right)$；单调递增区间为 $\left(-1,\dfrac{1}{2}\right)$, $(5,+\infty)$；极小值为

$f(-1)=0$, $f(5)=0$；极大值为 $f\left(\dfrac{1}{2}\right)=\dfrac{81}{4}\sqrt[3]{\dfrac{9}{4}}$；

(2)长为 8，宽为 4.

5. 提示：构造函数 $f(x)=\ln(x+\sqrt{1+x^2})-\dfrac{x}{\sqrt{1+x^2}}$, $f(x)$ 在 $[0,+\infty)$ 内连续，在 $(0,+\infty)$

导数大于 0，即为增函数，$f(x)>f(0)=0$.

习题 4.1

1. 略.

2. (1) $2\ln|x|-5\arcsin x+C$；　　(2) $e^{x+2}+C$；

3. $y=x^3+x$.

习题 4.2

1. (1) $-\dfrac{1}{16(2x+3)^8}+C$；　　(2) $-2e^{-\frac{x}{2}}+C$.

2. (1) $-\dfrac{1}{3}\sqrt{(1-x^2)^3}+\dfrac{1}{5}\sqrt{(1-x^2)^5}+C$；　　(2) $\dfrac{1}{2}\left(\dfrac{1}{5}\sqrt{(1-2x)^5}-\dfrac{1}{3}\sqrt{(1-2x)^3}\right)+C$.

3. (1) $x^2\arcsin x-\dfrac{1}{2}\arcsin x+\dfrac{1}{2}x\sqrt{1-x^2}+C$；　　(2) $x(\ln^2 x-2\ln x+2)+C$.

第 4 章习题

1. (1) $\ln|x|-3\arcsin x+C$；　　(2) $\dfrac{2}{5}x^{\frac{5}{2}}+x+C$.

2. $y=-\dfrac{1}{x}+3$.

3. (1)27 米；　　(2)30 秒.

4. (1) $-\dfrac{2}{9}(1-3x)^{\frac{3}{2}}+C$；　　(2) $\dfrac{1}{\sqrt{2}}\arctan\sqrt{2}x+C$；　　(3) $2\sin\sqrt{t}+C$；

(4) $\dfrac{1}{\sqrt{6}}\arctan\dfrac{\sqrt{6}}{3}x+C$.

5. (1)×；　(2)√；　(3)√；　(4)×.

6. (1) $\sqrt{x}-\ln|1+\sqrt{x}|+C$；　　(2) $6(\sqrt[6]{x}-\arctan\sqrt[6]{x})+C$.

7. (1)A；　(2)B.

8. (1) $x\arctan x-\dfrac{1}{2}\ln(1+x^2)-\dfrac{1}{2}(\arctan x)^2+C$；

(2) $\ln x\ln(\ln x)-\ln x+C$；

(3) $-e^x(x^2+2x+2)+C$；

(4) $\dfrac{1}{3}x^3\ln(1+x)-\dfrac{1}{3}\left(\dfrac{1}{3}x^2-\dfrac{1}{2}x^2+x\right)-\dfrac{1}{3}\ln|1+x|+C$.

习题 5. 1

1. (1) $\dfrac{3}{2}$;　　(2) $e-1$.

2. (1) 18;　(2) $\dfrac{\pi}{2}$;　(3) 0;　(4) a^2.

3. 230m.

4. $W = \displaystyle\int_5^{10} 3\sin(x+2)\,\mathrm{d}x$.

习题 5. 2

1. (1) $\displaystyle\int_0^1 x\mathrm{d}x < \int_0^1 \sqrt{x}\,\mathrm{d}x$;　　(2) $\displaystyle\int_0^1 x\mathrm{d}x > \int_0^1 \sin x\,\mathrm{d}x$;　　(3) $\displaystyle\int_0^{-1} e^x\mathrm{d}x < \int_0^{-1} e^{2x}\mathrm{d}x$.

2. (1) $\dfrac{1}{2} < \displaystyle\int_0^1 \dfrac{1}{1+x}\mathrm{d}x < 1$;　　(2) $\dfrac{2}{e} < \displaystyle\int_0^2 e^{x^2-2x}\mathrm{d}x < 2$.

习题 5. 3

1. (1) $\dfrac{50}{3}$;　(2) $\dfrac{\pi}{2}-1$;　(3) $\dfrac{\pi}{2}$;　(4) $\dfrac{15}{\ln 2}-\dfrac{3}{2}$.

2. 260.

习题 5. 4

1. (1) $\dfrac{4}{15}$;　(2) $\dfrac{1}{8}$;　(3) $\dfrac{1}{3}$;　(4) $1-\dfrac{\pi}{4}$.

2. (1) 0;　(2) 0.

习题 5. 5

(1) 1;　(2) $\dfrac{e^2+1}{4}$;　(3) $\dfrac{1}{2}(e^{\frac{\pi}{2}}+1)$.

习题 5. 6

1. (1) 发散；　(2) 1.

2. (1) 发散；　(2) 发散.

3. (1) 2;　(2) π.

第 5 章习题

1. (1) -4;　　(2) $\dfrac{17}{2}$.

2. (1) $\dfrac{1}{6}$;　　(2) $\sqrt{3}-\dfrac{\pi}{3}$.

3. (1) $\dfrac{1}{2}$;　　(2) $\dfrac{\pi}{4}-\dfrac{\sqrt{3}}{9}\pi+\dfrac{1}{2}\ln\dfrac{3}{2}$.

4. (1)1; 　(2) arcsinln2.

5. (1)1; 　(2)1.

习题 6.1

1. (1)、(3)、(4)、(5)、(6)是微分方程;它们的阶数分别为 2、3、1、1、1.

2. $y = \cos 2x$.

习题 6.2

(1) $y = \dfrac{c}{x}$; 　　　(2) $y = \ln\left(\dfrac{1}{2}e^{2x} + C\right)$;

(3) $y = e^{Cx}$; 　　　(4) $y = -\lg(-10^x + C)$.

习题 6.3

1. (1) $y = -\cos x + C_1 x + C_2$; 　　　(2) $y = Ce^x + x + 1$;

　(3) $y = C_2 e^{2x} - \dfrac{C_1}{2}$; 　　　(4) $C_1 y - C_1 \ln(C_1 + e^{C_1}) = \pm x + C_2$.

2. (1) $y = C_1 e^x + C_2 e^{-2x}$; 　　　(2) $y = C_1 + C_2 e^{4x}$.

3. $f(x) = 2 - 4x + 2x^2$.

4. (1) $y = -5e^x + \dfrac{7}{2}e^{2x} + \dfrac{5}{2}$; 　　　(2) $y = \dfrac{11}{16} + \dfrac{5}{16}e^{4x} - \dfrac{5}{4}x$.

第 6 章习题

1. (1)特; 　　(2) $y' + P(x)y = 0, y = Ce^{\int P(x)dx}$; 　　　(3)可分离变量, $xy = C$.

2. (1)A; (2)D; (3)B.

3. $y = \dfrac{4}{x} - \dfrac{x}{2}$.

习题 7.1

1. (1)B; 　(2)D.

2. 略.

3. (1)椭球面; 　(2)旋转抛物面.

习题 7.2

1. (1) $f(2,1) = 4, f(\sqrt{x}, x + y) = \sqrt{x}(x + y) + \dfrac{\sqrt{x}}{x + y}$;

　(2) $f(x - y, x + y, xz) = \arcsin\sqrt{2x^2 + 2y^2} + \ln xz$.

2. (1) $D = \{(x,y) \mid x^2 + 2y - 1 > 0\}$;

　(2) $D = \{(x,y) \mid -\sqrt{x^2 + y^2} \leqslant z \leqslant \sqrt{x^2 + y^2}, x^2 + y^2 \neq 0\}$.

3. (1) $\dfrac{2\sqrt{2}}{\pi}$; 　　　(2) $\ln 2$.

4. (1) $z'_x = -3, z'_y = 9$;

　(2) $f'_x(0,0) = 0, f'_y(0,0)$ 不存在;

　(3) $z'_x = yx^{y-1} \cdot y^x + x^y \cdot y^x \cdot \ln y$, $z'_y = x^y \cdot \ln x \cdot y^x + x^y \cdot x \cdot y^{x-1}$.

5. (1) $\dfrac{\partial z}{\partial x} = 4x, \dfrac{\partial z}{\partial y} = 4y$;

　(2) $\dfrac{\partial z}{\partial x} = -\dfrac{2y^2}{x^3} \cdot \ln(x^2+y^2) + \dfrac{2y}{x(x^2+y^2)}, \dfrac{\partial z}{\partial y} = \dfrac{2y}{x^2} \cdot \ln(x^2+y^2) + \dfrac{2y^3}{x^2(x^2+y^2)}$.

6. (1) $\mathrm{d}z = (yf'_1 + 2xf'_2)\mathrm{d}x + (xf'_1 + 2yf'_2)\mathrm{d}y$;

　(2) $\mathrm{d}z = \dfrac{1}{1 + \ln\dfrac{z}{y}}\mathrm{d}x + \dfrac{\dfrac{z}{y}}{1 + \ln\dfrac{z}{y}}\mathrm{d}y$.

7. (1) $z'_x = \dfrac{yz + \sqrt{xyz}}{xy - \sqrt{xyz}}, z'_y = \dfrac{xz + 2\sqrt{xyz}}{xy - \sqrt{xyz}}$;

　(2) $z'_x = \dfrac{1}{1 + \ln\dfrac{z}{y}}, z'_y = \dfrac{\dfrac{z}{y}}{1 + \ln\dfrac{z}{y}}$.

习题 7.3

1. (1) $\dfrac{2}{3}\pi R^3$　　(2) 0,8.

2. (1) B;　(2) C;　(3) D.

3. (1) 1;　(2) $\dfrac{5}{4}\pi$;　(3) $\dfrac{11}{15}$.

第7章习题

1. (1) B;　(2) A;　(3) D;　(4) B;　(5) A;　(6) B;　(7) A;　(8) C;　(9) A;　(10) D.

2. (1) $\{(x,y) \mid 2 < x^2 + y^2 < 4\}$;

　(2) $f'_x(x,y)$;

　(3) $\dfrac{y}{x^2 + y^2}$;

　(4) $a = \pm 2$;

　(5) $a = 0, b = 1$.

3. (1) $\mathrm{d}z = \left[2^x\arcsin x \cdot \ln 2 + \dfrac{2^x}{\sqrt{1-x^2}} + 2x\sec^2(x^2+y^2)\right]\mathrm{d}x + 2y\sec^2(x^2+y^2)\mathrm{d}y$;

　(2) $\dfrac{\partial z}{\partial x} = 2y \cdot (\ln x)^{2y-1} \cdot \dfrac{1}{x}, \dfrac{\partial z}{\partial y} = 2(\ln x)^{2y} \cdot \ln\ln x$;

　(3) $\displaystyle\iint\limits_{D} ay\mathrm{ctan}\dfrac{y}{x}\mathrm{d}x\mathrm{d}y = \dfrac{5}{96}\pi^2$.

习题 8.1

1. (1) 是几何级数,当 $a > 1$ 时,级数收敛,当 $a \leqslant 1$ 时发散;　(2) 发散;　(3) 发散;　(4) 收敛.

2.(1)发散；　(2)收敛；　(3)发散；　(4)发散；　(5)发散；　(6)收敛.

习题 8.2

1.(1)发散；　(2)发散；　(3)收敛；　(4)收敛.

2.(1)发散；　(2)收敛；　(3)收敛；　(4)收敛.

习题 8.3

1.(1) $\ln(a+x) = \ln a + \sum_{n=1}^{\infty} (-1)^{n-1} \dfrac{x^n}{na^n}, (-a < x < a)$;

(2) $a^x = e^{x\ln a} = \sum_{n=0}^{\infty} \dfrac{(\ln a)^n}{n!} x^n, (-\infty, +\infty)$;

(3) $\sin^2 x = \dfrac{1}{2} + \dfrac{1}{2} \sum_{n=0}^{\infty} (-1)^{n+1} \dfrac{2^{2n}}{(2n)!} x^{2n}, (-\infty, +\infty)$;

(4) $\dfrac{x}{4-x} = \sum_{n=0}^{\infty} \dfrac{x^{n+1}}{4^{n+1}}, (-4 < x < 4)$.

2.(1) $\dfrac{1}{5-x} = \sum_{n=0}^{\infty} \dfrac{(x-1)^n}{4^{n+1}}, (-3 < x < 5)$;

(2) $\lg x = \dfrac{1}{\ln 10} \sum_{n=1}^{\infty} (-1)^{n-1} \dfrac{(x-1)^n}{n}, (0 < x \leqslant 2)$.

3. $\dfrac{1}{x} = \sum_{n=0}^{\infty} (-1)^n \dfrac{(x-3)^n}{3^{n+1}}, (0 < x < 6)$.

4. $\cos x = \dfrac{1}{2} \sum_{n=0}^{\infty} (-1)^n \left[\dfrac{\left(x+\frac{\pi}{3}\right)^{2n}}{(2n)!} + \sqrt{3} \dfrac{\left(x+\frac{\pi}{3}\right)^{2n+1}}{(2n+1)!} \right], (-\infty, +\infty)$.

5. $\dfrac{1}{x^2+3x+2} = \sum_{n=0}^{\infty} \left(\dfrac{1}{2^{n+1}} - \dfrac{1}{3^{n+1}} \right)(x+4)^n, (-6 < x < -2)$.

习题 8.4

1.(1) $\dfrac{4}{\pi} \left(\sin x + \dfrac{1}{3}\sin 3x + \cdots + \dfrac{1}{2n-1}\sin(2n-1)x + \cdots \right)$;

(2) $\cos \dfrac{x}{2} = \dfrac{4}{\pi} \sum_{n=1}^{\infty} \left[\dfrac{1}{2} + \dfrac{(-1)^n}{1-4n^2}\cos nx \right] \quad (-\infty < x < +\infty)$.

2. $f(x) = \dfrac{2}{\pi} \sum_{n=1}^{\infty} \left(\dfrac{1}{n}\sin n - \cos n \right)\sin nx \,(x \in (-\infty, +\infty), x \neq 2k, x \in Z)$.

第 8 章习题

1.(1)D；　(2)D；　(3)D；　(4)C；　(5)C.

2.(1) $[4,6)$；　(2) $\dfrac{1}{2}e^{2x}$；　(3) $\Sigma(-1)^n(x-1)^n, (0 < x < 2)$；　(4) $\sqrt{R}$；　(5) $P \leqslant 0$.

3.(1)　1)收敛；　2)发散；

　　　3)收敛,提示:因 $\lim\limits_{n\to\infty} \sqrt[n]{n} = 1$, 所以 $\sqrt[n]{n} < 2$, 有 $\dfrac{1}{2n} < \dfrac{1}{n \cdot \sqrt[n]{n}}$;

4）收敛；　5）条件收敛；　6）绝对收敛.

$(2) f(x) = \dfrac{x}{(1-x)(1-2x)} = \dfrac{1}{1-2x} - \dfrac{1}{1-x} = \sum\limits_{n=0}^{\infty}(2^n-1)x^n, x \in \left(-\dfrac{1}{2}, \dfrac{1}{2}\right).$

$(3) s(x) = -\dfrac{\ln(2-x)}{x}.$

习题 9.1

1. $(1) 0$；　$(2) -1$；　$(3) 0$；　$(4) 0$；　$(5) 40$；　$(6) a_1 b_2 c - a_2 b_1 c$

2. $(1) 4$；　$(2) 0$；　$(3) 1$；　$(4) 4x^3 + x^4$.

3. $(1) -2$；　$(2) a = 0, b = 0$.

4. $(1) x_1 = -\sqrt{17}, x_2 = \sqrt{17}, x_3 = -2, x_4 = 2$；　$(2) x_1 = -2, x_2 = -\sqrt{2}, x_3 = \sqrt{2}$.

5. (1) $\begin{cases} x_1 = 1, \\ x_2 = -1, \\ x_3 = 2; \end{cases}$ 　(2) $\begin{cases} x_1 = -3, \\ x_2 = 3, \\ x_3 = 5, \\ x_4 = 0. \end{cases}$

6. $\lambda \neq \pm 1$　且 $\lambda \neq -2$.

习题 9.2

1. $(1) 3, 4$；　$(2) -4$；　$(3) \boldsymbol{AB} = \boldsymbol{BA}$；　$(4) 4$.

2. $(1) 6$；　$(2) 4$；　$(3) \begin{pmatrix} 7 & 2 \\ 45 & 17 \end{pmatrix}$；　$(4) \begin{pmatrix} -6 & 22 & -2 \\ 17 & -18 & -16 \\ -6 & 20 & 8 \end{pmatrix}$；

(5) $\begin{pmatrix} 1 & 0 \\ 0 & 1 \end{pmatrix}$；　(6) $\begin{pmatrix} 1 & n \\ 0 & 1 \end{pmatrix}$.

3. (1) $\begin{pmatrix} 6 & -9 & 3 & 9 \\ 6 & 13 & -13 & -12 \\ -15 & 23 & 9 & -17 \end{pmatrix}$；　(2) $\begin{pmatrix} -7 & 5 & 2 & -5 \\ 4 & -6 & 19 & 36 \\ 12 & -14 & 27 & 7 \end{pmatrix}$；

(3) $\begin{pmatrix} -4 & 5 & -1 & -5 \\ -2 & -7 & 13 & 12 \\ 9 & -13 & -9 & -9 \end{pmatrix}$.

4. $\begin{pmatrix} a & 0 \\ b & a \end{pmatrix}$.

5. $\boldsymbol{A}^{\mathrm{T}}\boldsymbol{B} = \begin{pmatrix} 1 & 4 & 4 \\ 0 & 2 & -2 \\ 1 & 4 & 5 \end{pmatrix}$；　$\boldsymbol{B}^{\mathrm{T}}\boldsymbol{A} = \begin{pmatrix} 1 & 0 & 1 \\ 4 & -2 & 4 \\ 4 & -2 & 5 \end{pmatrix}$；　$\boldsymbol{A}^{\mathrm{T}}\boldsymbol{B}^{\mathrm{T}} = \begin{pmatrix} 4 & -5 & 1 \\ 0 & 1 & 1 \\ 1 & -2 & -1 \end{pmatrix}$；

$(\boldsymbol{AB})^{\mathrm{T}} = \begin{pmatrix} 0 & -1 & 2 \\ 0 & -4 & 6 \\ -1 & -5 & 8 \end{pmatrix}$.

习题 **9.3**

1. (1) $A^{-1} = \begin{pmatrix} \dfrac{1}{7} & \dfrac{3}{14} \\ -\dfrac{2}{7} & \dfrac{1}{14} \end{pmatrix}$;　　　(2) $A^{-1} = \begin{pmatrix} 1 & 2 & 0 \\ -1 & -1 & 0 \\ -1 & -2 & 1 \end{pmatrix}$;

(3) $A^{-1} = \begin{pmatrix} 0 & -2 & 1 \\ 0 & \dfrac{5}{2} & -\dfrac{3}{2} \\ 0 & -1 & -1 \end{pmatrix}$;　　　(4) $A^{-1} = \begin{pmatrix} 1 & 0 & 0 \\ -1 & 1 & 0 \\ 0 & -1 & -1 \end{pmatrix}$.

2. (1) $X = \begin{pmatrix} 2 & -23 \\ 0 & 8 \end{pmatrix}$;　　(2) $X = \begin{pmatrix} -1 & 2 & 2 \\ -\dfrac{8}{3} & 5 & -\dfrac{2}{3} \end{pmatrix}$;　　(3) $X = \begin{pmatrix} 1 & 1 \\ \dfrac{1}{4} & 0 \end{pmatrix}$.

3. (1) $\begin{cases} x_1 = 1, \\ x_2 = 0, \\ x_3 = 0; \end{cases}$　　(2) $\begin{cases} x_1 = \dfrac{19}{3}, \\ x_2 = \dfrac{2}{3}, \\ x_3 = \dfrac{11}{3}. \end{cases}$

习题 **9.4**

1. (1) $\begin{pmatrix} 1 & 0 & \dfrac{7}{16} \\ 0 & 1 & \dfrac{1}{16} \\ 0 & 0 & 0 \end{pmatrix}$;　　(2) $\begin{pmatrix} 0 & 1 & 0 & 5 \\ 0 & 0 & 1 & 3 \\ 0 & 0 & 0 & 0 \end{pmatrix}$;　　(3) $\begin{pmatrix} 1 & 0 & \dfrac{1}{7} & 0 \\ 0 & 1 & -\dfrac{3}{7} & 0 \\ 0 & 0 & 0 & 1 \end{pmatrix}$;

(4) $\begin{pmatrix} 1 & 0 & -1 & 1 & 0 \\ 0 & 1 & 1 & -1 & 0 \\ 0 & 0 & 0 & 0 & 1 \\ 0 & 0 & 0 & 0 & 0 \end{pmatrix}$.

2. (1) $A^{-1} = \begin{pmatrix} 3 & -5 \\ -1 & 2 \end{pmatrix}$;　　(2) $A^{-1} = \begin{pmatrix} \dfrac{7}{6} & \dfrac{2}{3} & -\dfrac{3}{2} \\ -1 & -1 & 2 \\ -\dfrac{1}{2} & 0 & \dfrac{1}{2} \end{pmatrix}$;

(3) $A^{-1} = \begin{pmatrix} 1 & 1 & -2 & -4 \\ 0 & 1 & 0 & 1 \\ -1 & -1 & 3 & 6 \\ 2 & 1 & -6 & -10 \end{pmatrix}$.

3. (1) $R(A) = 2$;　(2) $R(A) = 2$;　(3) $R(A) = 3$;　(4) $R(A) = 3$.

4. $X = \begin{pmatrix} 1 & -5 & 1 \\ -3 & -25 & 1 \\ 2 & 10 & 0 \end{pmatrix}$.

习题 9.5

1. (1) $\begin{cases} x_1 = \dfrac{19}{2}, \\ x_2 = -\dfrac{3}{2}, \\ x_3 = \dfrac{1}{2}; \end{cases}$ (2) $\begin{cases} x_1 = 1 - c, \\ x_2 = -c, \\ x_3 = -1 + c, \\ x_4 = c; \end{cases}$ (3) $\begin{cases} x_1 = 4, \\ x_2 = 3, \\ x_3 = 2; \end{cases}$ (4) 略.

2~10 题答案略.

第 9 章习题

1. (1) B; (2) A; (3) C; (4) C; (5) A; (6) B; (7) B; (8) C; (9) A; (10) B.

2. (1) $a = 0, b = 0$; (2) $\dfrac{1}{4}$; (3) E; (4) $AB = BA$; (5) $-\dfrac{1}{3}(A + 2E)$;

   (6) $-\dfrac{7}{3}$; (7) $\left(-\dfrac{7}{3} \quad -5 \quad -\dfrac{11}{3} \quad -6 \right)$; (8) -8; (9) $\dfrac{3}{5}$; (10) 1.

3. (1) -36; (2) 512; (3) $[x + (n - 1)a](x - a)^{n-1}$.

4. (1) $\begin{cases} x_1 = 2, \\ x_2 = 0, \\ x_3 = 1; \end{cases}$ (2) $\begin{cases} x_1 = 25, \\ x_2 = -3, \\ x_3 = -6, \\ x_4 = 9. \end{cases}$

5. 略. 6. 略.

7. (1) 10; (2) $\begin{pmatrix} a_{11}x_1 + a_{12}x_2 + a_{13}x_3 \\ a_{21}x_1 + a_{22}x_2 + a_{23}x_3 \\ a_{31}x_1 + a_{32}x_2 + a_{33}x_3 \end{pmatrix}$; (3) $\begin{pmatrix} 2 & 0 \\ 0 & 3 \end{pmatrix}$.

8. $(AB)^2 = \begin{pmatrix} 0 & -1 \\ 0 & 1 \end{pmatrix}$; $A^2 B^2 = \begin{pmatrix} -1 & 0 \\ 1 & 0 \end{pmatrix}$.

9. (1) $A^{-1} = \begin{pmatrix} \cos\alpha & \sin\alpha \\ -\sin\alpha & \cos\alpha \end{pmatrix}$; (2) $A^{-1} = \begin{pmatrix} -\dfrac{1}{15} & \dfrac{2}{5} & \dfrac{2}{15} \\ \dfrac{2}{15} & \dfrac{3}{5} & -\dfrac{4}{15} \\ \dfrac{2}{5} & -\dfrac{2}{5} & \dfrac{1}{5} \end{pmatrix}$.

10. (1) $x = \begin{pmatrix} 8 & 11 \\ 32 & 43 \end{pmatrix}$; (2) $x = \begin{pmatrix} -34 & 24 & -27 \\ -19 & -12 & -15 \\ 3 & 3 & 7 \end{pmatrix}$.

11. (1) $r = 3$; (2) $r = 3$.

12. (1) $r = 4, \alpha_1, \alpha_2, \alpha_3, \alpha_4$; (2) $r = 2, \alpha_1, \alpha_2$.

13. (1) $\begin{cases} x_1 = -2c_1 + c_2, \\ x_2 = c_1, \\ x_3 = 0, \\ x_4 = c_2; \end{cases}$ (2) $\begin{cases} x_1 = 0, \\ x_2 = 0, \\ x_3 = 0, \\ x_4 = 0. \end{cases}$

14. (1) $x = k \begin{pmatrix} \frac{3}{2} \\ \frac{3}{2} \\ 1 \\ 0 \end{pmatrix} + \begin{pmatrix} \frac{5}{4} \\ \frac{1}{4} \\ 0 \\ 0 \end{pmatrix}$;　　(2) $x = k \begin{pmatrix} 5 \\ -2 \\ -1 \\ 1 \end{pmatrix} + \begin{pmatrix} -1 \\ 1 \\ -2 \\ 0 \end{pmatrix}$.

参 考 文 献

［1］李欣,郑兆,汪伟. 高等数学［M］. 合肥:合肥工业大学出版社,2009.

［2］段龙华. 经济数学［M］. 保定:河北大学出版社,2010.

［3］赵红革,颜勇. 高等数学［M］. 北京:北京交通大学出版社,2008.

［4］李凤香,程敬松. 新编经济应用数学［M］. 大连:大连理工大学出版社,2006.

［5］赵文茹,彭秋艳. 新编工程数学［M］.3 版. 大连:大连理工大学出版社,2005.

冶金工业出版社部分图书推荐

书　名	作　者	定价(元)
心理健康教育(中职教材)	郭兴民	22.00
冶金企业安全生产与环境保护(高职高专教材)	贾继华	29.00
冶金通用机械与冶炼设备(第2版)(高职高专教材)	王庆春	56.00
矿山提升与运输(第2版)(高职高专教材)	陈国山	39.00
锌的湿法冶金(高职高专教材)	胡小龙	24.00
液压气动技术与实践(高职高专教材)	胡运林	39.00
数控技术与应用(高职高专教材)	胡运林	32.00
冶金工业分析(高职高专教材)	刘敏丽	39.00
高职院校学生职业安全教育(高职高专教材)	邹红艳	25.00
洁净煤技术(高职高专教材)	李桂芬	30.00
煤矿安全监测监控技术实训指导(高职高专教材)	姚向荣	22.00
环境监测与分析(高职高专教材)	黄兰粉	32.00
冶金机械设备故障诊断与维修(高职高专教材)	蒋立刚	55.00
机械制图(高职高专教材)	阎霞	30.00
机械制图习题集(高职高专教材)	阎霞	28.00
模拟电子技术项目化教程(高职高专教材)	常书惠	26.00
单片机及其控制技术(高职高专教材)	吴南	35.00
应用心理学基础(高职高专教材)	许丽遐	40.00
机械优化设计方法(第4版)(本科教材)	陈立周	42.00
固体废物处置与处理(本科教材)	王黎	34.00
环境工程学(本科教材)	罗琳	39.00
药品商贸英语(本科教材)	汪子入	28.00
自动化专业课程实验指导书(本科教材)	金秀慧	36.00
控制工程基础(高等学校教材)	王晓梅	24.00
现代矿山生产与安全管理	陈国山	33.00